全国高职高专"十三五"规划教材

计算机文化项目制教程

主　编　陈郑军　敖开云

副主编　邹　艳　胡方霞　李健苹　何　婕　张小恒

中国水利水电出版社
www.waterpub.com.cn

·北京·

内 容 提 要

本书紧密结合全国计算机一级考试需求进行内容设计，确保覆盖考试点，改进了传统的教学组织模式，通过一个个项目来讲解，每个项目又由若干相关任务组合而成。每个任务都遵循任务说明、预备知识、任务分析、任务实施和任务小结来有序组织结构。

本书主要面向高职类和应用技术本科类院校学生的计算机基础教学，全书包含六个项目，分别是：掌握计算机文化，编辑 Word 2010 文档，使用 Excel 管理企业数据，制作 PowerPoint 2010 演示文稿，使用 Access 2010 管理学生选课数据，安全使用 Internet。

图书在版编目（C I P）数据

计算机文化项目制教程 / 陈郑军，敖开云主编. --
北京：中国水利水电出版社，2017.7（2021.1 重印）
  全国高职高专"十三五"规划教材
  ISBN 978-7-5170-5493-1

  Ⅰ．①计… Ⅱ．①陈… ②敖… Ⅲ．①电子计算机－
高等职业教育－教材 Ⅳ．①TP3

中国版本图书馆CIP数据核字(2017)第135416号

策划编辑：寇文杰　　责任编辑：封 裕　　封面设计：梁 燕

书　　名	全国高职高专"十三五"规划教材 **计算机文化项目制教程** JISUANJI WENHUA XIANGMUZHI JIAOCHENG
作　　者	主　编　陈郑军　敖开云 副主编　邹　艳　胡方霞　李健苹　何　婕　张小恒
出版发行	中国水利水电出版社 （北京市海淀区玉渊潭南路 1 号 D 座　100038） 网址：www.waterpub.com.cn E-mail：mchannel@263.net（万水） 　　　　　sales@waterpub.com.cn 电话：（010）68367658（营销中心）、82562819（万水）
经　　售	全国各地新华书店和相关出版物销售网点
排　　版	北京万水电子信息有限公司
印　　刷	三河市铭浩彩色印装有限公司
规　　格	184mm×260mm　16 开本　26 印张　654 千字
版　　次	2017 年 7 月第 1 版　2021 年 1 月第 5 次印刷
印　　数	18801—21300 册
定　　价	49.00 元

前　　言

以计算机为核心的信息技术应用能力已经成为衡量当代大学生综合素养高低的重要指标之一，信息化素养正被越来越多的高校所重视。计算机文化基础类课程正是承载着这个目标，着重培养学生必备的理论基础及全面实用的动手能力。

本书面向高职类和应用技术本科类院校学生的计算机基础教学，全书包含六个项目，分别是：项目一"掌握计算机文化"；项目二"编辑 Word 2010 文档"；项目三"使用 Excel 管理企业数据"；项目四"制作 PowerPoint 2010 演示文稿"；项目五"使用 Access 2010 管理学生选课数据"；项目六"安全使用 Internet"。

本书改进了传统的教学组织模式，通过一个个项目来讲解，每个项目又由若干个相关任务组合而成。每个任务都遵循任务说明、预备知识、任务分析、任务实施和任务小结来有序组织结构，让学生在学习相关理论知识之前就能够带着问题进行有目的的学习，调动其学习的积极性和主动性，培养其自主学习的能力。项目的分解教学也为学生搭建了知识和应用之间的桥梁，每个项目都在进行"问题是什么""问题需要什么知识""问题如何解决"的循序渐进式学习和思考，能够培养学生分析问题、解决问题的能力，对于提高学生的动手能力大有裨益。同时每个项目后的项目练习，可以帮助学生巩固所学，拓展知识和技能。

本书紧密结合全国计算机一级考试需求进行内容设计，确保覆盖考试点，且结合了当下企业在计算机应用和办公方面的大量真实案例进行任务设计，将教学过程与工作过程相结合，既遵循了教学规律，由浅入深、循序渐进地设计教学内容，又培养了学生的岗位动手能力，对于学生将来的工作有针对性指导作用。

本书由陈郑军、敖开云任主编，邹艳、胡方霞、李健苹、何婕、张小恒任副主编。其中陈郑军老师负责编写项目一、项目六以及全书的统稿和其他组织协调工作，敖开云老师负责编写项目二、项目四，邹艳老师负责编写项目三，李健苹老师负责编写项目五，胡方霞教授负责教材内容规划和审稿工作，何婕和张小恒老师负责教材课程大纲编写和 PPT 文件的制作，以及其他企业案例收集整理工作。

本书的编写得到了重庆工商职业学院各级领导的大力支持和帮助，在此表示衷心的感谢。同时，在本书编写过程中我们参考了大量的相关资料，包括教材、科研文献、博客文章等，吸取了许多前辈、专家和同仁的宝贵经验，在此一并致谢。

由于编者水平所限，难免存在疏漏，敬请广大读者批评指正。

编　者

2017 年 5 月

目　　录

项目一　掌握计算机文化

【项目描述】

本项目对计算机基础知识与基础操作进行了系统地讲解，通过 5 个任务来分别介绍了计算机常识、计算机中数据表示方法、多媒体技术、计算机组成、操作系统和外部设备等多个方面的基础知识与概念，让学生能以任务为线索将离散的计算机基础知识点串起来。

【学习目标】

1. 了解计算机的发展、类型及其应用领域；
2. 掌握计算机中数据的表示、存储与处理；
3. 掌握多媒体技术的概念与应用；
4. 掌握计算机软、硬件系统的组成及主要技术指标；
5. 掌握 Windows 操作系统的基本概念和常用术语；
6. 了解常用外部设备。

【能力目标】

1. 能够正确介绍计算机的基本特征和发展历程；
2. 能够根据自己需求选购计算机硬件配置；
3. 能够安装 Windows 7 操作系统；
4. 能够管理 Windows 7 里的资源；
5. 能够配置 Windows 7 常用功能；
6. 能够安装打印机。

任务 1.1　了解当前计算机属于哪一代计算机

【任务说明】

学习计算机基础知识，回答问题："你正在用的计算机属于哪一代计算机？"

【预备知识】

1.1.1　计算机的产生与发展

计算机是一种能按照事先存储的程序，自动、高速地进行大量数值计算和各种信息处理的现代化智能电子设备。自 1946 年以来，以计算机技术为核心的现代信息技术得到了迅猛的发展和广泛的应用，计算机及其应用已渗透到社会的各个领域，并有力地推动了社会的电子信息化进程，深刻地影响和改变着我们的生活、学习和工作。

1. 计算机的诞生

（1）古代计算工具

在漫长的文明史中，人类为了提高计算速度，不断发明和改进各种计算工具。人类使用计算工具的历史可以追溯至两千多年前。

中国古人发明的算筹是世界上最早的计算工具。南北朝时期，著名的数学家祖冲之曾借助算筹成功地将圆周率π值计算到小数点后的第 7 位（介于 3.1415926 和 3.1415927 之间）。唐代发明了使用更为方便的算盘。算盘是世界上第一种手动式计算器，一直沿用至今。

1622 年，英国数学家奥特瑞德（William Oughtred）根据对数原理发明了计算尺，可以完成加、减、乘、除、乘方、开方、三角函数、指数、对数等运算，成为工程人员常备的计算工具，一直被沿用到 20 世纪 70 年代才由袖珍计算器所取代。

随着工业的发展，需要进行大量大规模的复杂计算，传统的计算工具无法将研究人员从繁重的计算工作中解脱出来。

1642 年，法国数学家布莱斯·帕斯卡（Blaise Pascal）发明了世界上第一个加法器，它采用齿轮旋转进位方式进行加法运算。

1673 年，德国数学家莱布尼兹（Gottfried Wilhelm Leibniz）在加法器的基础上加以改进，设计制造了能够进行加、减、乘、除及开方运算的通用计算器。

这些早期计算器都是手动式的或机械式的。

（2）近代计算机

近代计算机是指具有完整意义的机械式计算机或机电式计算机，以区别于现代的电子计算机。

1834 年，英国人查尔斯·巴贝奇（Charles Babbage）设计出了分析机，该分析机被认为是现代通用计算机的雏形。巴贝奇也因此获得了国际计算机界公认的、当之无愧的"计算机之父"的称号。分析机包括三个主要部分：第一部分是齿轮式"存储仓库"；第二部分是对数据进行各种运算的装置，巴贝奇把它命名为"工厂"（Mill）；第三部分是对操作顺序进行控制，并对所要处理的数据及输出结果加以选择的装置。这种天才的思想，划时代地提出了类似于现代计算机五大部件的逻辑结构，也为后来计算机的诞生奠定了基础。遗憾的是，由于当时的金属加工业无法制造分析机所需的精密零件和齿轮联动装置，这台分析机最终未能完成。

1944 年，在 IBM 公司的支持下，美国哈佛大学的霍德华·艾肯（Howard Aiken）成功研制出机电式计算机——MARK I。它采用继电器来代替齿轮等机械零件，装备了 15 万个元件和长达 800km 的电线，每分钟能够进行 200 次以上的运算。MARK I 的问世不但实现了巴贝奇的夙愿，而且也代表着自帕斯卡加法器问世以来机械式计算机和机电式计算机的最高水平。

（3）电子计算机

第二次世界大战中，美国陆军出于军事上的目的与美国宾夕法尼亚大学签订了研制计算炮弹弹道轨迹的高速计算机的合同。历时 3 年，终于在 1946 年，世界上第一台数字电子计算机在美国宾夕法尼亚大学问世，取名 ENIAC（Electronic Numerical Integrator and Computer），它使用了 18800 多个电子管，运算速度为每秒 5000 次，耗电 150kW，重量达 30t，占地面积为 170m^2，是一台庞大的电子计算工具，如图 1-1 所示。ENIAC 在工作时，常常因为电子管被烧坏而不得不停机维修，尽管 ENIAC 还有许多弱点，但是在人类计算工具发展史上，它仍然是一座不朽的里程碑。它的成功，开辟了提高运算速度的极其广阔的可能性。它的问世，表明电子计算机时代的到来。从此，电子计算机在解放人类智力的道路上，突飞猛进地发展。电子计算机在人类社会所起的作用，与第一次工业革命中蒸汽机相比，是有过之而无不及的。

图 1-1 第一台计算机 ENIAC

2. 计算机的发展阶段

ENIAC 起初是专门用于弹道计算的，后来经过多次改进，成为能进行各种科学计算的通用计算机。

由于计算机科学理论、工程实践、工艺水平的提高和完善，以及计算机技术的广泛应用，极大地促进了计算机的发展，在短短的 70 多年间，计算机经历了四次更新换代，第五代产品也取得了重大的发展。关于产品年代的划分没有一个严格的界线，依据的原则不同，年代的划分也有所不同，下面主要从计算机硬件角度考虑划分计算机产品的年代。

（1）第一代计算机（1946—1958 年）

第一代计算机是以电子管作为主要逻辑电路元件，用磁鼓或磁芯作为主存储器，运算速度为几千次/秒，因此，这一代计算机被称为电子管计算机，主要用于科学计算，这是计算机最初的用途。例如，在数学、物理、化学、生物学、天体物理学等基础研究中，或在航天、航空、工程设计、气象分析等复杂的科学计算中，都可以用计算机来进行计算，甚至处理手工计算无法完成的工作，这对现代科学技术的发展起着巨大的推动作用。

（2）第二代计算机（1959—1964 年）

第二代计算机采用了性能优异的晶体管代替电子管作为主要逻辑电路元件。晶体管的体积比电子管小得多，这样晶体管计算机的体积大大缩小，但使用寿命和效率却都大大提高，用磁芯作为主存储器，运算速度为几万次/秒到几十万次/秒，因此，这一代计算机被称为晶体管计算机。第二代计算机除了用于科学计算外，还开始用于实时的过程控制和简单的数据处理。

（3）第三代计算机（1965—1970 年）

第三代计算机使用了中小规模集成电路作为计算机逻辑部件，取代了分立元件，普遍使用磁芯作为主存储器，并开始使用半导体存储器，运算速度为几十万次/秒到几百万次/秒，因此，这一代计算机被称为中小规模集成电路计算机。由于采用了集成电路作为计算机逻辑部件，计算机的体积变小了，速度得到了很大的提高，并出现了多用户操作系统，系统软件和应用软件有了很大发展，广泛用于各个领域，初步实现了计算机系列化和标准化。

（4）第四代计算机（1971 年至今）

1971 年到现在，称为大规模或超大规模集成电路计算机时代。第四代计算机主要特点是使用大规模或超大规模集成电路作为计算机逻辑部件和主存储器，运算速度可达每秒上亿次以上。数据通信、网络分布式处理及多媒体技术的发展，给今天人类的生产活动和社会活动带来了巨大的变革。

大规模或超大规模集成电路的出现使计算机朝着微型化和巨型化两个方向发展。尤其是微型机，自 1971 年第一片微处理器诞生之后，异军突起，以迅猛的气势渗透到工业、教育、生活等许多领域之中。今天的微机，应用广泛，到处可见。第四代计算机全面建立了计算机网络，实现了计算机之间的信息交流。多媒体技术的崛起，使计算机集图形、图像、声音和文字处理于一体。

（5）第五代计算机

从 20 世纪 80 年代开始，美国、日本及欧洲共同体都开展了第五代计算机的研究，认为第五代计算机系统会拥有智能特性，带有知识表示与推理能力，可以模拟人的设计、分析、决策、计划及其他智能活动，并具有人机自然通信能力，可以作为各种信息化企业的智能助手，使计算机技术进入一个崭新的发展阶段。

目前的电子计算机虽能在一定程度上辅助人类脑力劳动，但其智能还与人类相差甚远。比如，3 岁小孩就能立刻确认面前的是不是妈妈，而计算机却不能。计算机也不能真正听懂人说话，看懂人写的文章，因此，社会和科学的发展都需要新一代的计算机——第五代计算机。日本曾在20世纪80年代初制定了发展第五代计算机的计划，要求第五代计算机具有如下功能。

- 智能接口功能：能识别自然语言的文字、语音，能识别图形、图像。
- 解题和推理功能：根据自身存储的知识进行推理，求解问题。
- 知识库管理功能：即在计算机内存储大量知识，可供检索。

但目前对第五代计算机尚未有统一的定义。有人认为第五代计算机将包括多个运行速度更快、处理能力更强的新型微机和容量近乎无限的存储器。也有人相信第五代计算机将采用镓材料的电子线路，因为镓电路比硅电路的速度快五倍，而功耗只是后者的十分之一。此外，第五代计算机将是并行处理的工作方式，即多个处理器同时解决一个问题，多媒体技术将会是向第五代计算机过渡的重要技术。

未来的计算机将朝着巨型化、微型化、网络化、多媒体化和智能化的方向发展。未来的计算机可能在一些方面取得革命性的突破，如智能计算机（具有人的思维、推理和判断能力）、生物计算机（运用生物工程技术替代现在的半导体技术）和光子计算机（用光作为信息载体，通过对光的处理来完成对信息的处理）等。

①光子计算机

光子计算机利用光子取代电子进行数据运算、传输和存储。在光子计算机中，采用不同波长的光表示不同的数据，可快速完成复杂的计算工作。制造光子计算机需要开发出可以用一条光束来控制另一条光束变化的光学晶体管。尽管目前可以制造出这样的装置，但是它庞大而笨拙，若用它来制造一台计算机，体积将犹如一辆汽车，因此，在短期内光子计算机要达到实用是很困难的。

与传统的计算机相比，光子计算机具有以下优点。

- 超高速的运算速度。
- 强大的并行处理能力。

- 大存储容量。
- 强大的抗干扰能力。
- 良好的容错性。

据推测，未来光子计算机的运算速度可能比今天的超级计算机快 1000～10000 倍。1990 年，美国贝尔实验室宣布研制出世界上第一台光子计算机。它采用砷化镓光学开关，运算速度达 10 亿次/秒。尽管这台光子计算机与理论上的光子计算机还有一定的距离，但已显示出强大的生命力。

②分子计算机

据美国《科学》杂志报道，美国加利福尼亚大学洛杉矶分校的科学家发明了一种新型的分子开关，使分子计算机研究又向前迈进了一步。这种分子开关相当于用于电子计算机的最简单的逻辑门。分子运算机所需的电力将比现在的计算机大大减少，这将使它的功效达到硅芯片计算机的百万倍。

③神经网络计算机

近年来，欧美等国家大力投入对人工神经网络（Artificial Neural Network，ANN）的研究，并已取得很大进展。人脑是由数千亿个细胞（神经元）组成的网络系统。神经网络计算机就是用简单的数据处理单元模拟人脑的神经元，从而模拟人脑活动的一种巨型信息处理系统。它具有智能特性，能模拟人的逻辑思维及记忆、推理、设计、分析、决策等智力活动。

④生物计算机

生物计算机又称仿生计算机，是以生物芯片取代在半导体硅片而制成的计算机，涉及计算机科学、脑科学、神经生物学、分子生物学、生物物理、生物工程、电子工程、物理学、化学等有关学科。生物计算机在 20 世纪 80 年代开始研制，其最大特点是采用了生物芯片，由生物工程技术产生的蛋白质构成。在这种芯片中，信息以波的形式传播，运算速度比当今计算机快 10 万倍，能量消耗仅相当于普通计算机的 1/10，并且拥有巨大的存储能力。蛋白质能够自我组合，再生新的微型电路，从而使得生物计算机具有生物体的一些特点，如能够发挥生物体自身的调节机制自动修复芯片故障，模拟人脑的思考机制等。

⑤量子计算机

量子计算机是指利用处于多现实态下的原子进行运算的计算机，这种多现实态是量子力学的标志。在某种条件下，原子世界存在着多现实态，即原子和亚原子粒子可以同时存在于此处和彼处，可以同时表现出高速和低速，可以同时向上和向下运动。如果用这些不同的原子状态分别代表不同的数字或数据，就可以利用一组具有不同潜在状态组合的原子，在同一时间对某一问题的所有答案进行搜索，再利用一些优化策略，就可以快速获得代表正确答案的组合。

近年来，人类在研制量子计算机的道路上取得了新的突破。美国的研究人员已经成功地实现了 4 个量子位逻辑门，取得了 4 个锂离子的量子缠结状态。

与传统的电子计算机相比，量子计算机具有速度快、存储量大、搜索能力强、安全性较高等优点。

1.1.2　计算机的特点与分类

1. 计算机的特点

计算机技术的发展如此迅猛，主要是它能给人类带来巨大的经济效益，这些与它本身具有的特点是分不开的。计算机主要特点表现在以下几个方面。

（1）运算速度快

电子计算机的工作基于电子脉冲电路原理，由电子线路构成其各个功能部件，其中电子流动扮演主要角色。我们知道电子速度是很快的，现在高性能计算机每秒能进行 10 亿次以上的加法运算，很多场合下，运算速度起决定作用。例如，用计算机控制导航，要求"运算速度比飞机飞行速度还快"；气象预报需要分析大量资料，如用手工计算，则需要十天半月，这就失去了预报的意义，而用计算机 10min 就能计算出一个地区内数天的气象预报。目前，普通微机每秒钟可执行几千万条指令，巨型机可达数亿次或几百亿次。随着新技术的不断发展，工作速度还在不断增加。这不仅极大地提高了工作效率，还使许多复杂问题的运算处理有了实现的可能性。

（2）运算精度高

电子计算机的计算精度在理论上不受限制，一般的计算机均能达到 15 位有效数字。通过一定的技术手段，可以实现任何精度要求，历史上英国有个著名数学家香克斯（William Shanks），曾经为计算圆周率π，整整花了 15 年时间才算到 707 位。现在只要我们愿意，这件事交给计算机做，几个小时内就可计算到 10 万位。

（3）具有记忆功能

计算机中有许多存储单元，用以记忆信息。内部记忆能力，是电子计算机和其他计算工具的一个重要区别。由于计算机具有内部记忆信息的能力，在运算过程中就可以不必每次都从外部去取数据，而只需事先将数据输入到内部的存储单元中，运算时即可直接从存储单元中获得数据，从而大大提高了运算速度。

计算机存储器的容量可以做得很大，而且它的记忆力特别强，在这方面它远远胜于人的大脑。它不但能保存数值型数据，而且还能将文字、图形、图像、声音等转换成计算机能够存储的数据格式保存在存储装置中，可以根据需要随时使用。

（4）具有逻辑运算能力

计算机用数字化信息表示数及各类信息，并采用逻辑代数作为相应的设计手段，不但能进行数值计算，而且能进行逻辑运算，判断数据之间的关系，根据判定的结果决定下一步的操作，如 7>5，"李"<"张"，其结果是一个逻辑值：真或假。人们正是利用计算机这种逻辑运算能力实现对文字信息进行排序、索引、检索，使计算机能够灵活巧妙地完成各种计算和操作，能应用于各个科学领域并渗透到社会生活的各个方面。

（5）具有自动执行程序的能力

计算机能按人的意愿自动执行为它规定好的各种操作，只要把需要的各种操作和编好的程序存入计算机中，当它运行时，在程序的指挥、控制下，会自动地执行下去，除非要求采取人—机对话方式，一般不需要人工直接干预运算的处理过程。

2. 计算机的分类

计算机是一种能自动、高速、精确地进行信息处理的电子设备，可以应用于不同的领域与工作环境中。正是基于这些特点，出现了许多不同种类的计算机。下面详细介绍这些计算机的种类与特点。

（1）按工作原理分类

根据计算机的工作原理可分为电子数字计算机和电子模拟计算机。

①电子数字计算机。它采用数字技术，即通过由数字逻辑电路组成的算术逻辑运算部件对数字量进行算术逻辑运算。

②电子模拟计算机。它采用模拟技术，即通过由运算放大器构成的微分器、积分器，以及函数运算器等运算部件对模拟量进行运算处理。

由于当今使用的计算机绝大多数都是电子数字计算机，故一般将计算机称为电子计算机。

（2）按用途分类

根据计算机的用途可将其分为通用计算机和专用计算机。

①通用计算机是指可以用来完成不同的任务，由程序来指挥，使之成为通用设备的计算机。日常使用的计算机均属于通用计算机。

②专用计算机是指用来解决某种特定问题或专门与某些设备配套使用的计算机。

（3）按功能强弱和规模大小分类

按照计算机的功能强弱和规模大小可将其分为巨型机、大型机、中/小型机、工作站和微型机。

①巨型机：也称为超级计算机，在所有计算机中体积最大，有极高的运算速度、极大的存储容量、非常高的运算精度。巨型计算机的运算速度一般在每秒百亿次以上。巨型计算机主要用于尖端科学技术和军事国防系统的研究开发，如天气预报、飞机设计、模拟核试验、破解人类基因密码等。

②大型机：规模仅次于巨型机。具有非常庞大的主机，通常由多个中央处理器协同工作，运算速度也非常快，具有超大的存储器，使用专用的操作系统和应用软件，有非常丰富的外部设备，一般网络服务器的主机使用的都是大型计算机。

③中/小型机：这类计算机的机器规模小，结构简单，设计制造周期短，便于及时采用先进工艺技术，软件开发成本低，易于操作维护。

④工作站：这是介于微型机与小型机之间的一种高档微型机，其运算速度比微型机快，且有较强的联网功能，主要用于特殊的专业领域，如图像处理、计算机辅助设计等。

⑤微型机：也称个人计算机，简称PC，这是20世纪70年代后期出现的新机种，它的出现引起了计算机业的一场革命。它以设计先进、软件丰富、功能齐全、价格便宜等优势而拥有广大的用户。微型机采用微处理器、半导体存储器、输入/输出接口等芯片组成，与小型机相比，它体积更小，价格更低，灵活性更好，可靠性更高，使用更加方便。

随着大规模集成电路的发展，当前微型机与工作站、小型机乃至中型机之间的界限已不明显，现在的微处理器芯片速度已经达到甚至超过10年前的一般大型机的中央处理器的速度。

1.1.3　计算机的应用领域

计算机已经广泛地深入到人类社会的各个领域，各行各业都离不开计算机提供的服务。计算机的应用领域概括起来主要包括以下几个方面。

1. 数值计算（科学计算）

数值计算是计算机的看家本领，如在数学、物理、化学、生物学、天体物理学等基础研究中，或在航天、航空、工程设计、气象分析等复杂的科学计算中，都可以用计算机来进行计算，甚至可以用其处理手工计算无法完成的工作，这对现代科学技术的发展起着巨大的推动作用。

例如，建筑设计中为了确定构件尺寸，通过弹性力学导出一系列复杂方程，长期以来由于计算方法跟不上而一直无法求解。计算机不但能求解这类方程，而且引起了弹性理论上的一次突破，从而出现了有限单元法。

2. 过程控制

过程控制是利用计算机及时采集检测数据，按最优值迅速地对控制对象进行自动调节或自动控制。采用计算机进行过程控制，不仅可以大大提高控制的自动化水平，而且可以提高控制的及时性和准确性，从而改善劳动条件，提高产品质量及合格率。因此，计算机过程控制已在机械、冶金、石油、化工、纺织、水电、航天等部门得到广泛的应用。

例如，在汽车工业方面，利用计算机控制机床，控制整个装配流水线，不仅可以实现精度要求高、形状复杂的零件加工自动化，而且可以使整个车间或工厂实现自动化。

3. 数据处理

数据处理是指对各种数据进行收集、存储、整理、分类、统计、加工、利用、传播等一系列活动的统称。据统计，80%以上的计算机主要用于数据处理，这类工作量大面宽，决定了计算机应用的主导方向。

目前，数据处理已广泛地应用于办公自动化、企事业计算机辅助管理与决策、情报检索、图书管理、电影电视动画设计、会计电算化等各方面。信息正在形成独立的产业，多媒体技术使信息展现在人们面前的不仅是数字和文字，也有声情并茂的声音和图像信息。

4. 计算机辅助系统

计算机辅助系统包括计算机辅助设计（CAD）、计算机辅助制造（CAM）、计算机辅助测试（CAT）、计算机辅助教学（CAI）等。设计人员利用 CAD，可以在三维空间中定义几何图形，利用点、直线、圆、圆弧、曲线、曲面等几何元素，能够正确地构造出产品的几何模型，主要应用在机械、航天、航空、造船、电子、工程建筑、轻纺等。CAM 并不只是简单地取代传统的设计、加工方法，而是向设计人员提供了崭新的技术手段，既改善了工作条件，又能帮助设计人员思考、改进、完善设计方案，使许多用传统方法难以解决的工程问题得到满意解决。CAT 提高了设计质量，缩短了设计试用期，降低了设计试制费用，增强了产品的市场竞争力。CAI 是利用计算机代替"教师"实施教学计划，或用计算机模拟某个实验过程。把教学内容预先编成程序，存入计算机后，教学过程由学生操作计算机来完成。随着多媒体技术的发展，计算机已能将声音、图像、影视等多种媒体信息进行综合处理，因而使教学过程更加生动直观，更加多样化，极大地提高了教学质量。

5. 人工智能

人工智能（Artificial Intelligence）是计算机模拟人类的智能活动，诸如感知、判断、理解、学习、问题求解、图像识别等。现在人工智能的研究已取得不少成果，有些已开始走向实用阶段，如能模拟高水平医学专家进行疾病诊疗的专家系统，具有一定思维能力的智能机器人等。

6. 计算机网络

计算机网络是利用通信设备和线路将地理位置不同的、功能独立的多个计算机系统连接起来所形成的"网"。利用计算机网络，可以使一个地区、一个国家，甚至在世界范围内的计算机与计算机之间实现软件、硬件和信息资源共享，这样可以大大促进地区间、国际间的通信与各种数据的传递与处理，同时也可改变人们的时空概念。计算机网络的应用已渗透到社会生活的各个方面。目前，Internet（因特网）已成为全球性的互联网络，利用因特网的强大功能，可以实现数据检索、电子邮件、电子商务、网上电话、网上医院、网上远程教育、网上娱乐休闲等。

【任务分析】

根据前面所学，我们知道前四代计算机都是以运算器和内部存储器的电子器件特性来决定的，第五代计算机是以一些能力特性来衡量的。因此我们可以对自己所用的计算机的 CPU 特性进行了解，在了解自己计算机的能力特性后对照上述五代计算机特性，从而依据预备知识进行归类认识。

【任务实施】

假定自己用的计算机 CPU 是 Intel 酷睿 i5-4590。如果我们对自己的计算机 CPU 还不会认识，可以下载专业的鉴别软件 CPU-Z（http://pan.baidu.com/s/1dEDFEnB 可以获取）来查看，如图 1-2 所示。

图 1-2　CPU-Z 软件

通过百度了解到 i5-4590 "采用 22 纳米工艺制程，原生内置四核心，四线程，处理器默认主频高达 3.3GHz，最高睿频可达 3.7GHz"。也就是说一方面它是超大规模集成电路的处理器，另一方面其每秒钟的运算性能达到了 30 多亿次/每核心，完全符合第四代计算机的特性。

计算机上使用 Windows 7 操作系统，安装了很多学习软件、办公软件和影音娱乐软件。第五代计算机的核心能力特性要求计算机具备一定的智能性，从这点来看当前计算机还不具备智能性（有些计算机可能具备了一定意义上的智能性，如谷歌公司运行 AlphaGo 的计算机）。再从被划分到第五代计算机的几个特定类型（光子计算机、分子计算机、神经网络计算机、生物计算机、量子计算机）来看，当前计算机也不属于它们中的任何一种。

因此我们得出结论，当前用的计算机是第四代计算机。

【任务小结】

通过本任务我们学习了：
（1）计算机的产生历程。
（2）计算机的发展趋势。
（3）计算机的基本特性。
（4）计算机的大致分类。

任务 1.2　组装计算机

【任务说明】

假定我们需要新购置一台计算机，主要用于专业学习和影音需求。访问中关村在线的"模拟攒机"频道——网址"http://zj.zol.com.cn/"，选择自己心仪的一台计算机的各项硬件配置。

【预备知识】

1.2.1　计算机中数据的表示

计算机中的数据表示完全不同于我们日常生活的数据表示，为了更好地学习计算机知识，掌握计算机的工作原理，需要我们熟悉计算机中的数据表示，并能在不同的数据表示方式之间进行转换。

1．常用的进位制

人们习惯用十进制表示一个数，即逢十进一。实际上，人们还使用其他的进位制，如十二进制（1 打等于 12 个、1 英尺等于 12 英寸、1 年等于 12 个月），十六进制（如古代 1 市斤等于 16 两），六十进制（1 小时等于 60 分钟、1 分钟等于 60 秒）等。这些完全是由于人们的习惯和实际需要而制定的。

电子数字计算机内部一律采用二进制数表示任何信息，也就是说，各种类型的信息（数值、文字、声音、图形、图像）必须转换成二进制数字编码的形式，才能在计算机中进行处理。虽然计算机内部只能进行二进制数的存储和运算，但为了书写、阅读方便，可以使用十进制、八进制、十六进制形式表示一个数，不管采用哪种形式，计算机都要把它们变成二进制数存入内部，运算结果可以经再次转换后，通过输出设备还原成十进制、八进制、十六进制形式。

2．为什么计算机采用二进制数

电子数字计算机内部一律采用二进制数表示，这是由于二进制数在电气元件中最容易实现、稳定、可靠，而且运算简单。

（1）二进制数只要求识别"0"和"1"两个符号，具有两种稳定状态的电气元件都可以实现，如电压的高和低，电灯的亮和灭，电容的充电和放电，三极管的导通和截止等。计算机就是利用输出电压的高或低分别表示数字"1"或"0"的。

（2）二进制的运算规则简单。

例如：

加法	乘法
$0 + 0 = 0$	$0 \times 0 = 0$
$0 + 1 = 1$	$0 \times 1 = 0$
$1 + 0 = 1$	$1 \times 0 = 0$
$1 + 1 = 10$	$1 \times 1 = 1$

3．二进制数的运算

计算机只能进行二进制数的运算，二进制数的基本数字只有 0、1，运算规则如下：

（1）二进制数加法

运算规则：$0+0=0$，$0+1=1$，$1+0=1$，$1+1=10$（进位是 1，即逢二进一）。例如：

$$
\begin{array}{r}
01101110 \\
+\quad 00101101 \\
\hline
10011011
\end{array}
\qquad
\begin{array}{r}
10100101 \\
+\quad 00001111 \\
\hline
10110100
\end{array}
$$

（2）二进制数减法

运算规则：$0-0=0$，$1-0=1$，$1-1=0$，$10-1=1$（有借位，即借一当二）。例如：

$$
\begin{array}{r}
01101110 \\
-\quad 00101101 \\
\hline
01000001
\end{array}
\qquad
\begin{array}{r}
10100101 \\
-\quad 00001111 \\
\hline
10010110
\end{array}
$$

（3）二进制数乘法

运算规则：$0\times0=0$，$0\times1=0$，$1\times0=0$，$1\times1=1$。例如：

$$
\begin{array}{r}
1110 \\
\times\quad 1101 \\
\hline
1110 \\
0000 \\
1110 \\
1110 \\
\hline
10110110
\end{array}
$$

（4）二进制数除法

其运算规则与十进制相似，从被除数最高位开始，一般有余数。例如：

$$
\begin{array}{r}
111 \\
10\,\overline{)1110} \\
\underline{10} \\
11 \\
\underline{10} \\
10 \\
\underline{10} \\
0
\end{array}
$$

4. 不同进制数间转换

（1）将十进制整数转换为二进制整数

把一个十进制整数转换成二进制整数，只要将这个十进制整数反复除以 2，直至商为 0，每次得到余数，从最后一位余数读起就是用二进制表示的数。这种转换方法简称"除二取余法"。

例如，把十进制整数 13 转换成二进制整数。

$$
\begin{array}{rl}
 & \text{余数} \\
2\,\underline{\lfloor 13} & \cdots\cdots\ 1 \\
\quad 2\,\underline{\lfloor 6} & \cdots\cdots\ 0 \\
\qquad 2\,\underline{\lfloor 3} & \cdots\cdots\ 1 \\
\qquad\quad 2\,\underline{\lfloor 1} & \cdots\cdots\ 1 \\
\qquad\qquad 0 &
\end{array}
$$

得到：$(13)_{10} = (1101)_2$

（2）将十进制小数转换为二进制小数

把十进制小数转换成二进制小数，只要把该数每次乘以2，然后取其整数，一直到该数无小数或需要保留二进制的位数为止，对于所得到的整数，从上往下读就将十进制小数转换为二进制小数。这种转换方法简称"乘二取整法"。

例如，把0.8125转换成二进制数。

步骤	乘2取整	整数	
1	0.8125×2=1.625	1	最高位
2	0.625×2=1.25	1	
3	0.25×2=0.5	0	
4	0.5×2=1.0	1	最低位

因此：$(0.8125)_{10} = (0.1101)_2$

例如，把37.625转换成二进制数，这个数既有整数部分又有小数部分，就可以将整数部分和小数部分分别处理，应用除二取余法和乘二取整法来分别计算，然后将两部分结果相加。

得到：$(37.431)_{10} = (100101.101)_2$

（3）将二进制数转换为十进制数

若想将各种类型的进制数转换为十进制数，根据进制数的基本原理直接展开就可以得到相应的十进制数。

十进制数6384.036可以表示为：

$(6384.036)_{10} = 6 \times 10^3 + 3 \times 10^2 + 8 \times 10^1 + 4 \times 10^0 + 0 \times 10^{-1} + 3 \times 10^{-2} + 6 \times 10^{-3}$

同样，二进制数也可以采用相同的方法展开。

例如，把$(100101.011)_2$转换成十进制数。

$$(100101.011)_2 = 1 \times 2^5 + 0 \times 2^4 + 0 \times 2^3 + 1 \times 2^2 + 0 \times 2^1 + 1 \times 2^0 + 0 \times 2^{-1} + 1 \times 2^{-2} + 1 \times 2^{-3}$$
$$= 32 + 4 + 1 + 0.25 + 0.125$$
$$= (37.375)_{10}$$

得到：$(100101.011)_2 = (37.375)_{10}$

（4）二进制数与八进制数之间的转换

八进制数的运算规则是逢八进一，八进制数的基本数字有8个，即0、1、2、3、4、5、6、7。

二进制数与八进制数之间的转换比较简单，方法是：一个八进制数的基本数字对应一个3位二进制数。

表1-1所示为二进制数与八进制数对照表。

表1-1　二进制数与八进制数对照表

八进制	二进制	八进制	二进制
0	000	4	100
1	001	5	101
2	010	6	110
3	011	7	111

例如，把二进制数 11101010.0011 转换成八进制数。

首先对二进制数的整数和小数部分分别进行分组，每 3 位分为一组，如果整数部分的位数不是 3 的倍数，在最高位添 0，如果小数部分的位数不是 3 的倍数，在最低位添 0，然后把每组二进制数转换为八进制数，最后得到的结果就是八进制数。

$$\underset{3}{\underline{(011}} \quad \underset{5}{\underline{101}} \quad \underset{2}{\underline{010}} \quad . \quad \underset{1}{\underline{001}} \quad \underset{4}{\underline{100)}}$$

因此：$(11101010.0011)_2 = (352.14)_8$

这样就把二进制数转换为八进制数了。用同样的方法可以将八进制数转换为二进制数。

例如，把八进制数 631.25 转换成二进制数。

把每位八进制数转换为 3 位二进制数。如下：

$(6)_8 = (110)_2$

$(3)_8 = (011)_2$

$(1)_8 = (001)_2$

$(2)_8 = (010)_2$

$(5)_8 = (101)_2$

因此：$(631.25)_8 = (110011001.010101)_2$

这样就把八进制数转换为二进制数了。

（5）二进制数与十六进制数之间的转换

十六进制数的运算规则是逢十六进一，十六进制数的基本数字有 16 个，即 0、1、2、3、4、5、6、7、8、9、A（表示 10）、B（表示 11）、C（表示 12）、D（表示 13）、E（表示 14）、F（表示 15）。

二进制数与十六进制数之间的转换比较简单，方法是：一个十六进制数的基本数字对应一个 4 位二进制数。

表 1-2 所示为二进制数与十六进制数对照表。

表 1-2　二进制数与十六进制数对照表

十六进制	二进制	十六进制	二进制
0	0000	8	1000
1	0001	9	1001
2	0010	A	1010
3	0011	B	1011
4	0100	C	1100
5	0101	D	1101
6	0110	E	1110
7	0111	F	1111

例如，把二进制数 10111010101.0011 转换成十六进制数。

先对二进制数的整数和小数部分分别进行分组，每 4 位分为一组，如果整数部分的位数不是 4 的倍数，在最高位添 0，如果小数部分的位数不是 4 的倍数，在最低位添 0，然后把每组二进制数转换为十六进制数，最后得到的结果就是十六进制数。

$$\underbrace{(0101}_{5}\quad\underbrace{1101}_{D(13)}\quad\underbrace{0101}_{5}\cdot\underbrace{0011)}_{3}$$

因此：$(10111010101.0011)_2 = (5D5.3)_{16}$

这样就把二进制数转换为十六进制数了。用同样的方法可以将十六进制数转换为二进制数。

如果把十六进制数 8D6.F5 转换成二进制数，我们只需要把每位十六进制数转换为对应的 4 位二进制数即可，如下：

$(8)_{16} = (1000)_2$

$(D)_{16} = (1101)_2$

$(6)_{16} = (0110)_2$

$(F)_{16} = (1111)_2$

$(5)_{16} = (0101)_2$

因此：$(8D6.F5)_{16} = (100011010110.11110101)_2$

这样就把十六进制数转换为二进制数了。

1.2.2　数据单位和编码

1. 数据单位

数据在计算机中的存储、计算单位有三种不同的形式，即位、字节和字长。

（1）二进制位（bit）

所有信息在计算机内部都是用二进制数进行存储的，无论数字、字符、汉字、声音、图形还是图像，在计算机内部都是用二进制数表示。例如，字符"A"，在计算机内部是使用二进制数"01000001"表示的。因此，每一位二进制数叫做"二进制位"，又称为"bit"，这是计算机中最小的单位。

（2）字节（Byte）

一般一个西文字符在计算机内部是用 8 位二进制数表示，例如：字符"A"，在计算机内部是用 8 位二进制数"01000001"表示的，因此，通常把 8 个二进制位组合在一起构成一个单位，我们称它为"字节"，又称为"Byte"。字节是计算机存储和运算的基本单位。

（3）字长

计算机对数据进行处理实际上是对二进制数进行运算处理，不同型号的计算机对二进制数的处理能力是不相同的，因此，中央处理器（CPU）一次能够同时处理的二进制数的位数就称为"字长"。例如，8 位机，表示该计算机的中央处理器一次能够同时处理 8 位二进制数；32 位机，表示该计算机的中央处理器一次能够同时处理 32 位二进制数。因此，字长越长表示该计算机处理数据的能力就越强。

（4）单位换算

衡量计算机存储容量的单位有 B（字节）、KB、MB、GB、TB、PB。

其中：1KB = 1024B

　　　1MB = 1024KB

　　　1GB = 1024MB

一个 16GB 容量的优盘理论上能存放多少信息？

$$16GB = 16×1024MB$$
$$= 16×1024×1024KB$$
$$= 16×1024×1024×1024B$$
$$= 17179869184B（约为 172 亿字节）$$

注意：目前优盘、硬盘生产企业都是按 1000 进制计算容量，所以实际容量并没有标称值大。标称值的 $1GB=1000×1000×1000B ≈ 0.9313GB$。

所以我们购买的 16GB 标称容量优盘实际上只有：$16×0.9313GB ≈ 14.9GB$。

2. 编码方式

人们常见的编码很多，如：电报码，用 4 个阿拉伯数字可表示一个汉字；邮政编码，用 6 位数字（0～9）表示我国的一个地区。计算机也有自己的编码方式，英文常使用 ASCII，中文则使用国标码。

（1）ASCII

ASCII 即美国信息交换标准码（American Standard Code for Information Interchange），它是计算机尤其是微机普遍采用的一种编码方式。ASCII 字符共有 128 个，其中包括英文大小写字母、数字 0～9、各种标点符号及 33 个控制字符（即非打印字符，主要是控制计算机执行某一规定动作）。如果用字节表示字符，则每一个字符用一个字节表示，从 00000000 至 11111111 有 256 种组合状态，即 $2^8 = 256$。ASCII 有 128 个字符，因此可以使用字节的低七位的不同组合码来表示，每一个 ASCII 字符固定对应低七位的某种组合状态，而最高位固定为 0。例如，01000001 是十六进制数 41、十进制数 65，代表大写字母 A；而 01100001 是十六进制数 61、十进制数 97，代表小写字母 a 等，详见 ASCII 码表，如表 1-3 所示。

由于微机普遍采用这种编码方式，因此为计算机软件的通用性打下了良好的基础。

表 1-3　标准 ASCII 字符编码表

十六进制	十进制	字符	十六进制	十进制	字符	十六进制	十进制	字符	十六进制	十进制	字符
00	0	NUL	20	32	SP	40	64	@	60	96	'
01	1	SHO	21	33	!	41	65	A	61	97	a
02	2	STX	22	34	"	42	66	B	62	98	b
03	3	ETX	23	35	#	43	67	C	63	99	c
04	4	EOT	24	36	$	44	68	D	64	100	d
05	5	ENQ	25	37	%	45	69	E	65	101	e
06	6	ACK	26	38	&	46	70	F	66	102	f
07	7	BEL	27	39	`	47	71	G	67	103	g
08	8	BS	28	40	(	48	72	H	68	104	h
09	9	HT	29	41	)	49	73	I	69	105	i
0A	10	LF	2A	42	*	4A	74	J	6A	106	j
0B	11	VT	2B	43	+	4B	75	K	6B	107	k
0C	12	FF	2C	44	,	4C	76	L	6C	108	l
0D	13	CR	2D	45	-	4D	77	M	6D	109	m
0E	14	SO	2E	46	.	4E	78	N	6E	110	n
0F	15	SI	2F	47	/	4F	79	O	6F	111	o

十六进制	十进制	字符	十六进制	十进制	字符	十六进制	十进制	字符	十六进制	十进制	字符
10	16	DLE	30	48	0	50	80	P	70	112	p
11	17	DC1	31	49	1	51	81	Q	71	113	q
12	18	DC2	32	50	2	52	82	R	72	114	r
13	19	DC3	33	51	3	53	83	S	73	115	s
14	20	DC4	34	52	4	54	84	T	74	116	t
15	21	NAK	35	53	5	55	85	U	75	117	u
16	22	SYN	36	54	6	56	86	V	76	118	v
17	23	ETB	37	55	7	57	87	W	77	119	w
18	24	CAN	38	56	8	58	88	X	78	120	x
19	25	EM	39	57	9	59	89	Y	79	121	y
1A	26	SUB	3A	58	:	5A	90	Z	7A	122	z
1B	27	ESC	3B	59	;	5B	91	[	7B	123	{
1C	28	FS	3C	60	<	5C	92	\	7C	124	|
1D	29	GS	3D	61	=	5D	93	]	7D	125	}
1E	30	RS	3E	62	>	5E	94	^	7E	126	~
1F	31	US	3F	63	?	5F	95	_	7F	127	DEL

（2）汉字编码

我国用户在使用计算机进行信息处理时，一般都会用到汉字，所以必须解决汉字的输入、输出以及处理等一系列问题，主要就是解决汉字的编码问题。

汉字是一种字符数据，在计算机中也要用二进制数表示，计算机要处理汉字，同样要对汉字进行编码，输入汉字要用输入码，存储和处理汉字要用机内码，汉字信息传递要用国标码，输出时要用输出码等，因此就要求有较大的编码量。

由于汉字是象形文字，数目比较多，常用的汉字就有3000～5000个，不可能采用传统键盘实现，因此每个汉字必须有自己独特的编码形式。

①汉字机内码

汉字机内码简称"内码"，就是计算机在内部进行存储、传输和运算所使用的汉字编码。汉字机内码采用双字节编码方案，用两个字节（16位二进制数）表示一个汉字的内码，如汉字"啊"的机内码是1011000010100001，汉字"丙"的机内码是1011000111111011。对同一个汉字其机内码只有一个，也就是汉字在字库中的物理位置唯一。

西文字符在计算机内部是采用8位二进制数（即ASCII）表示，占1个字节，而汉字在计算机内部是采用16位二进制数表示（即汉字国标码），占2个字节。

②汉字字形码

汉字字形码是汉字字库中存储的汉字字形的数字化信息，用于显示和打印。目前大多是以点阵方式形成汉字，所以汉字字形码主要是指汉字字形点阵的代码。

字形点阵有16×16点阵、24×24点阵、32×32点阵、64×64点阵、96×96点阵、128×128点阵等。例如，汉字"土"的点阵图如图1-3所示。

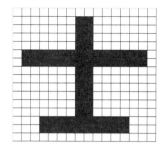

图 1-3　汉字点阵效果

不同类型的汉字字库就是由不同的汉字字形码组成的。

③汉字国标码

国标码是国家信息交换用汉字编码，它是一种机器内部编码，可将不同系统使用的不同编码全部转换为国标码，以实现不同系统之间的信息交换。国标码收录了 7445 个字符和图形，其中有 6763 个汉字，各种图形符号（英文、日文、俄文、希腊文字母、序号、汉字制表符等）共 682 个。

国标码将符号分为 94 个区，每个区分为 94 个位。每个位置可放一个字符，每个区对应一个区码，每个位置对应一个位码，区码和位码构成区位码。

区位码 4 个区的分布如下：

- 1～15 区：图形符号区，1～9 为标准区，10～15 区为自定义符号区。
- 16～55 区：一级汉字区。
- 56～87 区：二级汉字区。
- 88～94 区：自定义汉字区。

④汉字输入码

汉字输入码是为了将汉字通过键盘输入计算机而设计的代码，其表现形式多为字母、数字和符号。输入码的长度也不同，多数为 4 个字节。目前使用较普遍的汉字输入码有拼音码、五笔字形码、自然码、表形码、认知码、区位码和电报码等。

⑤汉字地址码

汉字地址码是指汉字库中存储汉字字形信息的逻辑地址码。它与汉字内码有着简单的对应关系，以简化内码到地址码的转换。

1.2.3　计算机系统组成

目前世界上普遍使用的计算机，都沿用了冯·诺依曼结构，也称为冯·诺依曼计算机。从计算机系统的组成来看，它包括两大部分：硬件系统和软件系统。所谓硬件就是指组成计算机的物理设备，如微机系统中常用的硬件主要有主机、显示器、打印机、键盘、鼠标、硬盘、光驱等。而软件是指挥和控制计算机运行的各种程序的总称，如操作系统、办公软件、杀毒软件等。硬件和软件是相辅相成的，两者缺一不可，硬件是基础，软件是建立在硬件之上的，它们必须有机地结合在一起，才能充分发挥计算机的作用。

1. 计算机基本工作原理

（1）基本概念

①指令。指令是指计算机执行一个基本操作的命令。一条指令由操作码和操作数两部分组成。操作码指明计算机要完成的操作的性质，如加、减、乘、除，操作数指明了计算机操作

的对象。例如，二进制运算式子 1001 + 1010 = 10011 中，" + "表示操作码，而"1001"和"1010"代表操作数。一台计算机中所有指令的集合称为该计算机的指令系统。计算机的指令系统是计算机功能的基本体现，不同的计算机，指令系统一般不同。

②程序。人们为解决某一问题，将多条指令进行有序排列，这一指令序列就是程序。程序是人们解决问题步骤的具体体现。

③地址。整个内存被分成若干个存储单元，每个存储单元一般可存放 8 位二进制数（按字节编址）。每个存储单元可以存放数据或程序代码。为了能有效地存取该单元内存储的内容，每个存储单元都给出了一个唯一的编号来标识，即地址。

（2）冯·诺依曼结构

冯·诺依曼是美籍匈牙利数学家，他在 1945 年提出了关于计算机组成和工作方式的基本设想。到现在为止，尽管计算机制造技术已经发生了极大的变化，但是就其体系结构而言，仍然是根据冯·诺依曼的设计思想制造的，冯·诺依曼设计思想可以简要地概括为以下三大要点。

①用二进制形式表示数据和指令。

②把程序（包括数据和指令序列）事先存入主存储器中，使计算机运行时能够自动顺序地从存储器中取出数据和指令，并加以执行，即所谓的程序存储和程序控制思想。

③确立了计算机硬件系统的五大部件：运算器、控制器、存储器、输入设备和输出设备，并规定了这五部分的基本功能。

冯·诺依曼结构是以运算器、控制器为中心的，其基本组成如图 1-4 所示。

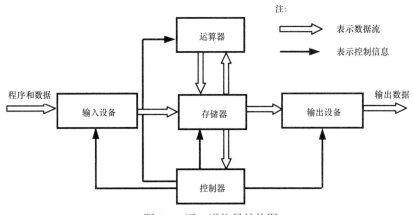

图 1-4　冯·诺依曼结构图

（3）计算机基本工作原理

根据冯·诺依曼的设计思想，计算机能自动执行程序，而执行程序又归结为逐条执行指令，计算机基本工作原理如下：

①程序存储：事先把解决问题的程序编写出来，通过输入设备把要处理的数据和程序送到存储器中保存起来。

②取指令：从存储器某个地址中取出要执行的指令并送到 CPU 内部的指令寄存器暂存。

③分析指令：把保存在指令寄存器中的指令送到控制器，翻译该指令（即指令译码）。

④执行指令：根据指令译码，控制器向各个部件发出相应控制信号，完成指令规定的操作。

⑤为执行下一条指令做好准备，程序计数器自动加 1，即生成下一条指令地址，然后按步骤②～⑤循环执行，直至收到程序结束指令为止。

2. 计算机硬件系统

硬件系统也称硬设备，它是电子的、电磁的、光学的、机械的元件、部件及各种其他设备组成的计算机实体。按冯·诺依曼结构硬件系统分成五部分，即运算器、控制器、存储器、输入设备和输出设备。其中运算器和控制器合称中央处理器或称微处理器，简称 CPU，是计算机的心脏。

（1）运算器

运算器是电子计算机用来进行各种运算的部件，它是由能够进行运算的加法器、若干个暂时存放数据的寄存器、逻辑运算线路和运算控制线路组成的，其功能是进行算术运算和逻辑运算。一切运算都在运算器中进行。

（2）控制器

控制器是计算机指挥中心，它是由脉冲发生器（主频）、节拍发生器、指令计数器、指令寄存器等和逻辑控制线路组成的，工作时从主存储器中提取指令（1 至几个字节），根据指令的功能译成相应的电信号，控制计算机各部件协调一致地工作。

（3）存储器

计算机有记忆能力，能够存储程序和数据，这种存储记忆装置称为存储器。存储器分成主存储器（也称为内存）和辅助存储器（也称为外存）。

①内存

内存分为只读存储器和随机读写存储器，它们都是由超大规模集成电路构成的，信息存取速度快，从存储器中读出该信息时，原信息不会被破坏，依然存在。

- 只读存储器（ROM）。ROM 是固化在机器内（系统板上）的只读存储器，特点是：该存储器内的程序和数据是在计算机制造过程中用特殊方法写入的，以后就固定在里面，不用特殊方法不能修改，只能进行读操作；里面的内容不会丢失，加电后会自动恢复。

ROM 里主要装有 BIOS 基本的输入/输出程序、检测程序、初始化程序、Boot 引导程序及服务程序等，机器加电启动时，首先执行 ROM 内的程序，其容量一般比较小，为几百 KB 至几 MB（字节）。

- 随机读写存储器（RAM）。随机读写存储器（RAM）又称作"随机存储器"，是与 CPU 直接交换数据的内部存储器，也叫"主存"。它可以随时读写，而且速度很快，通常作为操作系统或其他正在运行的程序的临时数据存储媒介。

RAM 是用来存放当前要运行的程序、数据及运算过程中的中间结果。这里要特别注意"当前"两个字。换句话说，程序必须要放到 RAM 后才能运行。

内存的主要优点是存取速度快，与外存相比较，其主要缺点是容量较小，断电后信息全部消失。如果不做特殊说明，内存指的都是随机读写存储器。

②外存

外存主要采用磁性材料作为存储介质，如磁盘、磁带、硬盘、光盘、U 盘等，主要功能是用来存放当前暂时不用和需要长期保留的信息。

外存的主要优点是容量大（理论上讲可以无穷大），能够长期保存信息，断电后信息依然存在，与内存相比较，其主要缺点是存取速度较慢。

（4）输入设备

可以把信息输入到计算机中的设备称为输入设备。例如，键盘和鼠标，它们是用户与计算机交换信息的设备，用户使用的命令、程序、数据主要是通过键盘和鼠标输入的，因此键盘和鼠标被称作计算机的标准输入设备。输入设备有许多种，除最基本的、最常用的键盘和鼠标外，还有扫描仪、摄像头、数码相机、手写板、麦克风等。

（5）输出设备

能够从计算机中输出信息的设备称为输出设备，如显示器、打印机、绘图仪、音响等。显示器作为计算机的标准输出设备，通过显示屏可以告诉人们计算的结果、文字和图形、图像等，键盘和显示器是人—机对话的主要设备。

1.2.4　多媒体与多媒体计算机

1. 基本概念

（1）媒体

媒体（Medium）在计算机领域中，主要有两种含义：一是指用以存储信息的实体，如磁带、磁盘、光盘、光磁盘、半导体存储器等；二是指用以承载信息的载体，如数字、文字、声音、图形、图像、动画等。

（2）多媒体

多媒体（Multimedia）这一术语在计算机界流传甚广，它是指把文字、声音、图形、图像及视频信息结合为一体，变成一个传送信息的媒体。

（3）多媒体技术

多媒体技术是处理文字、图像、动画、声音、影像等的综合技术，它包括各种媒体的处理和信息压缩技术、多媒体计算机系统技术、多媒体数据库技术、多媒体通信技术以及多媒体人—机界面技术等。

（4）多媒体的几个基本元素

①文本：是指以 ASCII 存储的文件，是最常见的一种媒体形式。

②图形：是指由计算机绘制的各种几何图形。这类图形简称"矢量图"，是根据几何特性来绘制的，矢量可以是一个点或一条线，矢量图只能靠软件生成，文件占用内存空间较小，因为这种类型的图像文件包含独立的分离图像，可以自由无限制地重新组合。它的特点是放大后不会失真，和分辨率无关，适用于图形设计、文字设计和一些标志设计、版式设计等。

③图像：是指由摄像机或图形扫描仪等输入设备获取的实际场景的静止画面。这里图像指位图图像（Bitmap），亦称为点阵图像或绘制图像，是由称作像素（图片元素）的单个点组成的。它的特点是清晰和色彩丰富，缺点是放大后会失真。

④动画：是指借助计算机生成的一系列可供动态演播的连续图像。

⑤音频：是指数字化的声音，它可以是解说、音乐及各种声响。

⑥视频：泛指将一系列静态影像以电信号的方式加以捕捉、记录、处理、存储、传送与重现的各种技术。连续的图像变化每秒超过 24 帧（Frame）画面以上时，根据视觉暂留原理，人眼无法辨别单幅的静态画面，看上去是平滑连续的视觉效果，这样连续的画面叫做视频。

2. 媒体的分类

我们平时接触到的媒体可分为感觉媒体、表示媒体、表现媒体、存储媒体和传输媒体五种类型。

（1）感觉媒体

感觉媒体是指直接作用于人的感觉器官，使人产生直接感觉的媒体，如文字、图形、图像、音乐、电影、电视等。

（2）表示媒体

表示媒体是指传输感觉媒体的中介媒体，即用于数据交换的编码，如图像编码（JPEG、MPEG 等）、文本编码（ASCII、GB 2312 等）、声音编码等。

（3）表现媒体

表现媒体是指进行信息输入和输出的媒体，如键盘、鼠标、扫描仪、麦克风、摄像机等为输入媒体，显示器、打印机、喇叭等为输出媒体。

（4）存储媒体

存储媒体是指用于存储表示媒体的物理介质，如硬盘、软盘、磁盘、光盘、ROM 及 RAM 等。

（5）传输媒体

传输媒体是指传输表示媒体的物理介质，如电话线、电缆、光纤等。

3．多媒体技术的特性

（1）多样性

由于多媒体是多种形式信息的组合，信息的多样化导致了信息载体的多样化。多种信息载体使信息的交换方式更加灵活、更加自由。多媒体技术的优势在计算机应用中体现得尤为明显。早期的计算机只能处理数值、文字等单一的信息，而多媒体计算机则可以处理文字、图形、图像、声音、动画和视频多种形式的媒体信息。在媒体输入时，不仅可依靠简单的键盘输入，还可以通过麦克风、扫描仪、采集卡等设备完成声音、图像、动画的获取；信息的变化也不再局限于简单的编辑和罗列，而是能够根据人的构思、创意进行交换、组合和加工来处理文字、图形、动画等媒体信息，以达到生动、灵活、自然的效果。

（2）集成性

多媒体技术是文字、图形、影像、声音、动画等各种媒体的综合应用，它不仅包括信息媒体的集成，还包括处理这些媒体的设备的集成。信息媒体的集成包括信息的多通道获取、多媒体信息的统一组织和存储、多媒体信息表现合成等方面。

（3）交互性

多媒体技术的交互性是指用户可以与计算机的多种信息媒体进行交互操作从而为用户提供了更加有效地控制和使用信息的手段，这也正是多媒体和传统媒体最大的不同。人们不仅可以根据自己的意愿来接收信息，还可以按照自己的思维方式来解决问题，同时可以借助这种交互式的沟通来进行学习、测试。

（4）非线性

在现实生活中人们接收到的信息不可能全都是有序的线性结构，很大一部分都是关系复杂交错的非线性结构的信息。多媒体技术的出现使人们不用再受步骤限制，不必循序渐进地获取知识。多媒体的信息结构形式一般是一种超媒体的网状结构。它改变了人们传统的读写模式，借用超媒体的方法，可把内容以一种更灵活、更具变化的方式呈现给用户。超媒体不仅为用户浏览信息、获取信息带来了极大的便利，也为多媒体的制作带来了极大的便利。

4．多媒体技术的应用

多媒体作为一种新兴的技术，具有很强的渗透性，目前多媒体技术已经被广泛地应用到各个领域，尤其给教育教学、大众传媒、娱乐、医疗、广告等方面带来了巨大变化，对人们的生活、学习和工作产生了巨大影响。

（1）教育教学方面

教育教学，包括教育培训，是多媒体计算机优势体现最明显的应用领域之一，现在世界各地的教育者们都在努力研究用先进的多媒体技术改变传统的教育教学模式。在我国城市中，多媒体教学已经替代了传统的黑板式教学方式，从以教师为中心的教学模式，逐步向学生为主体、自主学习的新型教学模式转变。音频、动画和视频的加入使教育教学活动变得丰富多彩，尤其是各种计算机辅助教学软件（CAI）及各类视听类教材图书、培训材料等使现代教育教学和培训的效果越来越好。

（2）大众传媒方面

随着互联网在人们生活中的广泛应用，电影、电视等一些传媒的作用已不再像以前那样受重视了。人们已不再仅仅满足于信息的接收，而是要亲自参与到信息的交流和处理过程中，所以要求电影、电视等具有灵活的交互功能，最大限度地服务于用户。我国现在正在淘汰模拟电视而采用数字电视，这种向数字技术的转变势必会引起广播电视技术的变革。在这种技术环境下，电视台所拥有的丰富的信息资源都以数字化多媒体信息的形式保存在一个巨大的信息库中，用户可以通过计算机网络随时随地访问信息库，选择所需要的内容，选择播放时间，不再受节目内容、播放时间等限制。

另外，随着人类知识和信息量的迅猛增长，传统的纸张书籍提供给人们的信息形式单一，携带和保存起来也很不方便。随着计算机的普及和多媒体存储技术的发展，信息表现形式丰富多样的多媒体视听产品正在快速地取代纸张。各类电子出版物（如电子文献库、电子百科全书、电子字/词典等）得到了蓬勃发展。电子书（E-book）正以其大信息量、阅读检索方便、便于携带等鲜明特点而受到越来越多学习者的青睐。书籍内容的安排方式——非线性的方式越来越接近于人脑中的知识组织方式，这样可大大缩短使用者对知识的掌握和吸收过程。相信在不久的将来人们会主要采用电子书这个新的方式来阅读。

（3）娱乐方面

在娱乐方面，有声信息已经广泛地用于各种系统中。通过声音录制可以采集到各种声音或语音，这些声音可以用于宣传、演讲或语音训练等系统中，还可以作为配音插入电子讲稿、电子广告、动画和影视中。数字影视和娱乐工具也已经进入人们的生活，如人们可以利用多媒体技术制作影视作品，观看交互式电影，就连在 KTV 唱卡拉 OK 时都可以看到系统评分结果。

（4）医疗方面

在医疗方面，多媒体技术可以进行远程问诊，不仅能够帮助不方便出门或者是远离医疗服务中心的病人通过多媒体通信设备、远距离多功能医学传感器和微型遥测系统接受医生的询问和诊断，还可以为异地医生会诊提供条件，为抢救病人赢得宝贵的时间，并充分发挥名医专家的作用，为病人节省开支。

（5）广告方面

在广告和销售服务工作中，采用多媒体技术可以高质量、实时、交互地接收和发布商业信息，提高产品促销的效果，为广大商家赢得商机。另外，各种基于多媒体技术的演示查询系统和信息管理系统，如车票销售系统、气象咨询系统、病历库、新闻报刊音像库等也在人们的日常生活中扮演着重要的角色，发挥着重要的作用。

5. 多媒体计算机

多媒体计算机（Multimedia Computer，MC）是指能够对声音、图像、视频等多媒体信息进行综合处理的计算机。它是在现有计算机基础上加上处理多媒体信息必需的硬件设备和相应的软件系统,能够综合处理文字、图形、图像、声音、动画、视频等多种媒体信息的多功能计算机。多媒体计算机系统与普通计算机一样,也是由多媒体硬件和多媒体软件两部分组成的。

(1)多媒体计算机的硬件系统

多媒体计算机硬件系统的核心是计算机系统,它除了需要较高配置的计算机主机以外,还需要视频处理设备、音频处理设备、光盘驱动器、各种媒体输入/输出设备等。

①视频处理设备负责多媒体计算机图像和视频信息的数字化摄取和回放,主要包括视频压缩卡(也称视频卡)、电视卡、加速显示卡等。视频卡主要完成视频信号的 A/D 和 D/A 转换及数字视频的压缩和解压缩功能,其信号源可以是摄像头、录放像机、影碟机等。电视卡(盒)主要完成普通电视信号的接收、解调、A/D 转换及与主机之间的通信,从而可以在计算机上观看电视节目,同时还可以以 MPEG 压缩格式录制电视节目。加速显示卡主要完成视频的流畅输出。

②音频处理设备主要完成音频信号的 A/D 和 D/A 转换及数字音频的压缩、解压缩、播放等功能,主要包括声卡、外接音箱、话筒、耳麦、MIDI 设备等。

③多媒体输入/输出设备十分丰富,按功能分为视频/音频输入设备、视频/音频输出设备、人一机交互设备、数据存储设备。视频/音频输入设备包括数码相机、摄像机、扫描仪、麦克风、录音机、VCD/DVD、电子琴键盘等;视频/音频输出设备包括音箱、电视机、立体声耳机、打印机等;人一机交互设备包括键盘、鼠标、触摸屏、光笔等;数据存储设备包括 CD-ROM、磁盘、刻录机等。

(2)多媒体计算机的软件系统

多媒体计算机的软件系统由多媒体操作系统、媒体处理系统工具和用户应用软件组成。其中多媒体操作系统是核心部分,具有实时任务调度、多媒体数据转换和同步控制、对多媒体设备的驱动和控制,以及图形用户界面管理等功能;媒体处理系统工具又称为多媒体系统开发工具软件,是多媒体系统重要的组成部分;用户应用软件是指根据多媒体系统终端用户的要求而定制的应用软件或面向某一领域的用户应用软件系统,它是面向大规模用户的系统产品。

1.2.5 微机硬件组成

大型机、中型机、小型机主要在企业和机构中存在,主要应用于高性能的高要求的特殊工作场合,随着计算机技术的不断发展它们的形式和内涵也在不断发生变化。微机也称为微型计算机,主要是指使用微处理器的个人计算机,它主要由主机、显示器、键盘、鼠标等组成,图 1-5 所示为目前市场上常见的几种微机。

图 1-5 常见的几种微机

1. 主机

主机是计算机硬件中最重要的设备,相当于人的大脑。主机箱内部包括主板、CPU(中央处理器)、存储器、显卡、声卡、硬盘、光驱等,如图 1-6 所示。

图 1-6   主机箱内部结构

（1）主机箱

主机箱有卧式和立式两种，卧式的主机箱已被淘汰，目前市场上主要是立式的主机箱，如图 1-7 所示。

图 1-7   台式机卧式和立式主机箱

主机箱的正面有电源开关、复位按钮、光驱等。主机箱的背面有很多大大小小、形状各异的插孔，这些插孔的作用是通过电缆将其他设备连接到主机上。优秀的主机箱除了结构合理、易用、散热效果好外，还要考虑美观和防电磁辐射等方面。

（2）主板

主板也称为主机板、系统板（System Board）或母板。它是一块多层印制电路板，上面分布着南北桥芯片，声音处理芯片、各种电容器、电阻器以及相关的插槽、接口、控制开关等，如图 1-8 所示。

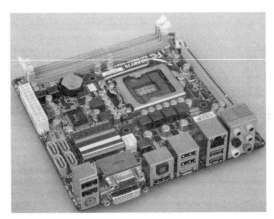

图 1-8   主板

主板上的插槽主要包括 CPU 插槽、内存条插槽、AGP 插槽和 PCI 插槽。其中，CPU 插槽用于放置 CPU，内存条插槽用于放置内存条，AGP 插槽用于放置 AGP 接口的显卡，而 PCI 插槽则用于放置网卡、声卡等。

（3）CPU

CPU（Central Processing Unit）称为中央处理单元或微处理单元（Micro Processing Unit，MPU），它是运算器和控制器的总称，是微机的心脏。它是决定微机性能和档次的最重要的部件。微机常用的微处理器芯片主要是由 Intel 公司和 AMD 公司生产的，如图 1-9 所示。

CPU 安装在主板上的 CPU 专用插槽内。由于 CPU 的线路集成度高、功率大，因此，在工作时会产生大量的热量，为了保证 CPU 能正常工作，必须配置高性能的专用风扇给它散热。当散热不好时 CPU 就会停止工作或被烧毁，出现"死机"等现象，因此，在高温环境下使用微机时应注意通风降温。

图 1-9　中央处理器——CPU

（4）内存

内存（RAM）是计算机中重要的部件之一，它是与 CPU 进行沟通的桥梁，如图 1-10 所示。计算机中所有程序的运行都是在内存中进行的，因此内存的性能对计算机的影响非常大。只要计算机在运行中，CPU 就会把需要运算的数据调到内存中进行运算，当运算完成后 CPU 再将结果传送出来，内存的运行也决定了计算机的稳定运行。内存是由内存芯片、电路板、金手指等部分组成的。

内存的频率和容量大小影响计算机的运行速度。目前市面上内存条一般为 DDR3 或 DDR4 内存条，其频率在 1066MHz～2667MHz 之间，容量有 4GB、8GB、16GB 等。

图 1-10　内存条

（5）外存储器

计算机的大量数据必须在外存储器中保存，在需要时再调入内存储器使用。外存储器主要包括硬盘存储器、光盘存储器、U 盘存储器等。光盘必须要有其驱动器才能使用。

①光盘和光驱

光盘和光驱是激光技术在计算机中的应用。光盘具有存储信息量大、携带方便、可以长久保存等优点，应用范围相当广泛，也是多媒体计算机必不可少的存储介质。光盘分为只读光盘（CD-Audio、CD-Video、CD-ROM、DVD-Audio、DVD-Video、DVD-ROM 等）和可读写光盘（CD-R、CD-RW、DVD-R、DVD+R、DVD+RW、DVD-RAM 等），分别和相应的光驱配套使用。只读光盘一次完成数据写入，以后只能读取，不能修改；可读写光盘也称为可擦写光盘，有的只能一次写入，有的可多次擦写使用。光盘和光驱如图 1-11 所示。

图 1-11　光盘和光驱

普通 CD 光盘的容量为 650MB～700MB，DVD 光盘的容量为 4.7GB，HD DVD 最大可以是 60GB，目前已经研发出 100GB 容量的 BD 光盘。光盘寿命较长，若保存合理，其有效时间可达几十年甚至百年。

光驱的品牌较多，目前市场上比较知名的光驱品牌有 Acer、建兴、Sony、Philips、美达、阿帕奇、大白鲨、NEC 等数十种。

②硬盘

硬盘存储器简称"硬盘"，是微机中最主要的数据存储设备，主要用来存放大量的系统软件、应用软件、用户数据等，硬盘分为机械硬盘和固态硬盘，如图 1-12 所示。

机械硬盘包含一个或多个固定圆盘，盘外涂有一层能通过读/写磁头对数据进行磁记录的材料。它的特点是速度高、容量大。硬盘容量和硬盘转速是硬盘的两大重要技术指标。近年来，硬盘容量提高很快，现在的硬盘容量一般在 500GB 以上，硬盘的转速主要有 5400r/min 和 7200r/min 两种。

固态硬盘（Solid State Drives）简称"固盘"，它是用固态电子存储芯片阵列制成的硬盘，由控制单元和存储单元（Flash 芯片、DRAM 芯片）组成。固态硬盘在接口的规范和定义、功能及使用方法上与普通硬盘完全相同。由于固态硬盘没有普通硬盘的旋转介质，因而其抗震性极佳，同时工作温度范围很宽，扩展温度范围的固态硬盘可工作在-45℃～+85℃间，并且具有远超机械硬盘的读写性能。

图 1-12　机械硬盘和固态硬盘

③优盘

新一代存储设备优盘，是目前使用最多的便携式外部存储设备，优盘也叫做闪存盘，是一种采用 USB 接口的无须物理驱动器的微型高容量移动存储产品，它采用的存储介质为闪存（Flash Memory）。优盘不需要额外的驱动器，将驱动器及存储介质合二为一，只要插入计算机的 USB 接口便可独立地存储、读写数据。优盘体积很小，仅大拇指般大小，重量极轻，特别适合随身携带。优盘中无任何机械式装置，抗震性能极强。另外，优盘还具有防潮防磁、耐高低温等特性，安全可靠性很好。优盘的外形如图 1-13 所示。

图 1-13　优盘

（6）显卡

显卡又称显示器适配器，它一般与显示器配套使用，一起构成微机的显示系统。显卡外形如图 1-14 所示，它的好坏将从根本上决定显示的效果。常见的显卡有 PCI 显卡、AGP 显卡和新推出的 PCI-E 显卡。描述显卡性能的主要指标有流处理器数量、核芯频率、显存、位宽等，这些指标数值越大性能越强。目前部分主板提供了集成显卡，并且部分 CPU（主要是 Intel CPU）内部也集成了核心显卡，其足以取代过去传统低端显卡的作用。因此普通影音和办公场合多采用集成显卡而不用单独配置独立显卡，如图 1-14 所示。

（7）声卡

声卡是多媒体计算机中的一块语音合成卡，计算机通过声卡来控制声音的输入、输出，声卡的外形如图 1-15 所示。

图 1-14　NVIDIA 公司顶级台式机显卡　　　　　图 1-15　台式机声卡

声卡获取声音的来源可以是模拟音频信号和数字音频信号。声卡还具备模数转换（A/D）和数模转换（D/A）功能。例如，它既可以把来自麦克风、收录机、CD 唱机等设备的语音、音乐信号变成数字信号，并以文件的形式保存，还可以把数字信号还原成真实的声音输出。有的声卡被集成在主板上，有的声卡独立插在主板的扩展插槽里。声卡的主要性能指标有采样精度、采样频率、声道数、信噪比等。

（8）网卡

网卡又称网络接口卡（Network Interface Card，NIC），它是专为计算机与网络之间的数据通信提供物理连接的一种接口卡，分为有线网卡和无线网卡两大类，如图 1-16 所示。

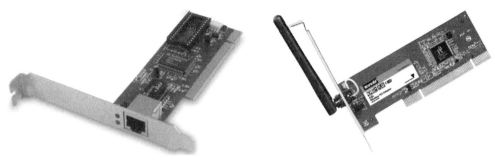

图 1-16　有线网卡和无线网卡

网卡的作用有以下两个方面。

①接收和解包网络上传来的数据，再将其传输给本地计算机。

②打包和发送本地计算机上的数据，再将数据包通过通信介质（如双绞线、同轴电缆、无线电波等）送入网络。

2．显示器

显示器是计算机中不可缺少的输出设备，它可以显示程序的运行结果，也可以显示输入的程序或数据等。目前主要有阴极射线管（CRT）显示器和液晶（LCD）显示器，如图 1-17 所示。

图 1-17　CRT 显示器和 LCD 显示器

显示器的外形很像电视机，但与电视机有本质的区别。显示器支持高分辨率，如 19 英寸显示器可以支持 1920 像素*1080 像素的高分辨率。显示器有两根连线：一根为电源线，提供显示器的电源；另一根为数据线，与机箱内的显卡连接，以输入显示数据。

3．键盘和鼠标

键盘和鼠标是常用的输入设备。

（1）键盘

键盘是计算机最重要的输入设备，通过键盘可以将英文字母、数字、标点符号等输入到计算机中，从而向计算机发出命令、输入数据等，如图 1-18 所示。可以配合不同的输入法可以完成文字录入。

（2）鼠标

鼠标是计算机在图形窗口界面中操作必不可少的输入设备，它是一种屏幕定位装置，虽然不能直接输入字符和数字，但是在图形处理软件的支持下，使用鼠标在屏幕上处理图形要比使用键盘方便得多。目前市场上的鼠标主要有有线鼠标、无线鼠标，如图 1-19 所示。

图 1-18 键盘

图 1-19 有线鼠标和无线鼠标

【任务分析】

对于大学生专业学习来说，最重要的是使用一些专业软件进行设计或开发。一台专业学习和影音用途的微机主要需要的是处理器能力和基础的影音图形能力，其他方面入门级就能胜任，为了系统稳定性，应尽量选择一线品牌产品。

根据功能需求，可以选择 Intel 的 i3 处理器。内存要买单条的，一方面节省接口，便于后期增加内存，另一方面单条性能更稳定。内存容量建议 4GB 以上，最好是 8GB，大内存可以很大程度上改善性能。主板则应胜任 i3 处理器，并集成声卡和网卡。声卡、显卡和网卡对于用户需求来说，并没有很显著的强调，目前 CPU 集成的显卡和主板集成的声卡和网卡已经完全胜任了任务需求，所以可以不用单独购买。对于大学生来说，有大量的教学资料要收集存储，可能还会下载大量的音乐和影视作品，因此需要一个大容量的硬盘，不建议买全固态硬盘，可以买混合模式硬盘或者一个小固态硬盘和一个大容量机械硬盘，以兼顾系统启动和运行性能以及存储性价比。对于显示器，建议购买 22 寸以上的显示器，便于有更好的视觉体验。为了寝室摆放方便，普通 2.0 或 2.1 的音箱即可，建议不买音箱，直接购买好一点的耳机，避免声音影响其他人学习。键盘和鼠标则是建议购买无线套装，以减少连线，提高美感。

在去计算机卖场之前，我们可以通过中关村在线提供的"模拟攒机"（http://zj.zol.com.cn/）来初步搭配自己的计算机，并对各个组件的报价有个了解。

【任务实施】

1. 打开中关村在线的模拟攒机网址

新手可以去查阅"攒机指南"，也可以去查看系统提供的"网友方案""热门配置排行"和"网友首选配件排行"栏目，如图 1-20 所示。如果已经准备好就可以直接开始选择配件进行攒机了。

图 1-20　"ZOL 模拟攒机"首页

2．模拟攒机

（1）CPU 选择

先单击"选择配件"下的"CPU"（也是默认选中的），就可以在右侧选择自己需要的 CPU 信息了，可以从处理器类型、价格等方面进行筛选。

根据任务分析，我们需要购买的是一个 i3 处理器，所以直接在类型上选择"酷睿 i3"，就会将所有正在热销的 i3 处理器罗列出来，并有其性能指标和价格参数。个人建议选择 i3 6100，其性价比兼顾，而且也是目前选择人数最多的，如图 1-21 所示。

图 1-21　选择 CPU

（2）主板选择

由于 CPU 已经定位，所以主板只要是支持 i3 处理器，集成声卡和网卡即可。我们以价格为筛选关键字，选择 400～499 区间的主板。这里选择华硕品牌的 H110M-D 主板，其价格和性能都符合需求，也是大品牌产品，如图 1-22 所示。

图 1-22　选择主板

（3）内存选择

内存选择直接以单条（8GB）为筛选关键字。这里选择金士顿的 8GB DDR4 2133 内存条，其容量大、频率高，是大品牌产品，如图 1-23 所示。

图 1-23 选择内存

（4）硬盘选择

硬盘选择以 1TB 容量和 7200rpm 转速为筛选关键字。这里选择西部数据的蓝盘，其容量大、噪声低，其他指标够用，如图 1-24 所示。

图 1-24 选择机械硬盘

（5）固态硬盘选择

在已经有机械硬盘的情况下固态硬盘不是必须的。当然为了提高系统响应速度，我们可以选购一个小容量固态硬盘作为系统安排盘使用。这里直接以价格为筛选关键字，选择 300 元以下的，如图 1-25 所示。

图 1-25 选择固态硬盘

（6）机箱选择

因为没有选择顶级处理器和高功率的显卡，所以整机电源应在普通机箱电源的承载能力以内，机箱选择主要以美观和接口作为指标。这里主板选用的是小板，可以选相对应的机箱，如图 1-26 所示。

图 1-26 选择机箱

（7）显示器选择

建议选择 20～27 寸之间的 LED 显示器，办公学习都可以有较好的体验，其支持全高清分辨率。这里选择 AOC 的 23 寸显示器，AOC 算是国产显示器中做得最好的，如图 1-27 所示。

图 1-27　选择显示器

（8）键盘和鼠标选择

无线键鼠套装可以让我们更灵活地使用计算机，而罗技也属于办公领域的顶级品牌，如图 1-28 所示。

图 1-28　选择键盘和鼠标

（9）音箱选择

如果对音质没有特别要求，选一个一线品牌的 2.0 音箱即可，如图 1-29 所示。当然为了防止影响寝室其他人休息，建议另外加配一个耳机。

图 1-29　选择音箱

（10）光驱选择

光驱目前用途越来越少，不过好在东西便宜，如图 1-30 所示。

图 1-30　选择 DVD 光驱

3．配置点评

对于整个配置，选购了 10 个部件，合计 3364 元，配置在数据运算处理性能、多媒体性能和品牌三个方面都完全胜任任务需要。实际采购中大家可以结合自己需求增减一些设备或者升降一些配置。

【任务小结】

通过本任务我们主要学习了：

（1）计算机中数据的表示。

（2）数据单位和编码。

（3）计算机系统的组成。

（4）多媒体技术。

（5）微机常见硬件。

任务 1.3　安装 Windows 7

【任务说明】

任务 1.2 新配置的计算机还没有安装操作系统，请使用正版 Windows 7 系统安装光盘给计算机安装操作系统。

【预备知识】

1.3.1　计算机软件系统

计算机只有硬件系统是不能工作的，它必须配备相应的软件系统才能正常地运行。软件系统也称软设备或程序系统，它是计算机所配置的各种程序的总称。同硬件系统一样，软件系统的内容也十分丰富，如图 1-31 所示，通常，软件系统可分为系统软件和应用软件两大类。

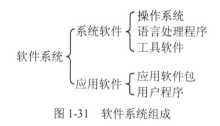

图 1-31　软件系统组成

1. 系统软件

系统软件是用来管理、控制和维护计算机各种资源，并使其充分发挥作用、提高效率、方便用户的各种程序集合，是构成微机系统必备的软件。在购置微机时，经销商根据用户的需求进行配备。

系统软件又分为操作系统、语言处理程序和工具软件三类。

（1）操作系统

操作系统（Operating System，OS）是管理和控制计算机硬件与软件资源的计算机程序，是直接运行在"裸机"上的最基本的系统软件，任何其他软件都必须在操作系统的支持下才能运行。

操作系统是用户和计算机的接口，同时也是计算机硬件和其他软件的接口。操作系统的功能包括管理计算机系统的硬件、软件及数据资源，控制程序运行，改善人机界面，为其他应用软件提供支持，让计算机系统所有资源最大限度地发挥作用，提供各种形式的用户界面，使用户有一个好的工作环境，为其他软件的开发提供必要的服务和相应的接口等。

操作系统让用户不必直接控制硬件就能够使用到硬件系统的各项资源。操作系统管理着计算机硬件资源，同时按照应用程序的资源请求，分配资源，如划分 CPU 时间，内存空间的开辟，调用打印机等。

（2）语言处理程序

语言处理程序是用来对各种程序设计语言编写的源程序进行翻译，产生计算机可以直接执行的目标程序（用二进制代码表示的程序）的各种程序的集合，如 Visual Basic 6.0。

程序设计语言是人与计算机之间交换信息的工具。人们使用程序设计语言编写程序，然后把所编程序送入计算机，计算机对这些程序进行解释或翻译，并按人的意图进行处理，达到处理问题的目的。

程序设计语言分为机器语言、汇编语言和高级语言。

①机器语言

机器语言就是用二进制代码表示的指令和指令系统，是计算机唯一能够直接识别和执行的程序设计语言。

使用机器语言编制的程序，是指令的有序序列，计算机可以直接识别和执行，所以，机器语言执行速度快，占存储空间小，且容易编制出质量较高的程序。其缺点在于，二进制指令代码很长，不易读，写起来烦琐，出错不易查找。因此，现代的计算机已不再使用机器语言编制程序。

②汇编语言

汇编语言是用字母和代码来表示的语言，与机器语言一样，也是面向机器的程序设计语言。用汇编语言表示的指令，与用机器语言表示的指令一一对应，所以，对某一机器而言，两者有相同的指令集。

使用汇编语言编制的程序，是汇编语言语句的有序序列。由于此时程序是用字母和代码表示的，所以便于书写、记忆，易于查错，从而可提高编程速度，而且容易编制出质量较高的程序。

用汇编语言编制的程序，要经过汇编程序编译（即翻译），形成用机器语言表示的目标程序才能执行。

③高级语言

高级语言是一种完全或基本上独立于机器的程序设计语言。它所使用的一套符号更接近人们的习惯，对问题的描述方法也非常接近人们对问题求解过程的表达方法，便于书写，易于掌握。用高级语言编写的程序，无须做太多修改，就可以在其他类型的机器上运行。

使用高级语言编制的程序，是高级语言语句的有序序列。其输入到计算机后，要经过解释程序或编译程序的翻译，形成用机器语言表示的目标程序才能执行。

（3）工具软件

所谓工具软件是计算机上专门用于解决某项特殊问题的应用程序，默认情况下操作系统本身就提供了很多工具软件，比如计算器、日历、防火墙等。但是因为用户需求的复杂多样性，还有很多工具软件是需要我们单独安装的，比如杀毒软件、硬件驱动程序（操作系统带有很多兼容驱动程序，但是性能不能达到最好）等。

2．应用软件

应用软件（Application Software）是和系统软件相对应的，是用户可以使用的各种程序设计语言，以及用各种程序设计语言编制的应用程序的集合，分为应用软件包和用户程序。

应用软件包是为利用计算机解决某类问题而设计的程序的集合，供多用户使用。用户程序则是为满足用户不同领域、不同问题的应用需求而提供的软件,它可以拓宽计算机系统的应用领域,放大硬件的功能。

常见应用软件包括:办公室软件、互联网软件、多媒体软件、分析软件、协作软件、商务软件等。例如我们熟悉的 Office 办公软件就是应用软件之一。

1.3.2 计算机操作系统

从 1946 年诞生第一台电子计算机以来,计算机的每一代进化都以减少成本、缩小体积、降低功耗、增大容量和提高性能为目标,随着计算机硬件的更新,操作系统也在飞速发展。

1. 操作系统发展过程

最初的计算机并没有操作系统,人们通过各种操作按钮来控制计算机,后来出现了汇编语言,操作人员通过有孔的纸带将程序输入计算机进行编译。这些将语言内置的计算机只能由操作人员自己编写程序来运行,不利于设备、程序的共用。为了解决这种问题,就出现了操作系统,这样就很好地实现了程序的共用,以及对计算机硬件资源的管理。

随着计算技术和大规模集成电路的发展,微型计算机迅速发展起来。从 20 世纪 70 年代中期开始出现了计算机操作系统。1976 年,美国 Digital Research 软件公司研制出 8 位的 CP/M 操作系统。这个系统允许用户通过控制台的键盘对系统进行控制和管理,其主要功能是对文件信息进行管理,以实现对硬盘文件或其他设备文件的自动存取。此后出现的一些 8 位操作系统多采用 CP/M 结构。

2. DOS(磁盘操作系统)

计算机操作系统的发展经历了两个阶段。第一个阶段为单用户、单任务的操作系统,继 CP/M 操作系统之后,还出现了 C-DOS、M-DOS、TRS-DOS、S-DOS 和 MS-DOS 等磁盘操作系统。

其中值得一提的是 MS-DOS,其运行界面如图 1-32 所示,它是在 IBM-PC 及其兼容机上运行的操作系统,它起源于 SCP 86-DOS,是 1980 年基于 8086 微处理器而设计的单用户操作系统。后来,微软公司获得了该操作系统的专利权,配备在 IBM-PC 机上,并命名为 PC-DOS。1981 年,微软的 MS-DOS 1.0 版与 IBM 的 PC 面世,这是第一个实际应用的 16 位操作系统。微型计算机进入一个新的纪元。1987 年,微软发布 MS-DOS 3.3 版本,这是非常成熟可靠的 DOS 版本,微软取得个人操作系统的霸主地位。

从 1981 年问世至今,DOS 经历了 7 次大的版本升级,从 1.0 版到最终的 7.0 版,不断地改进和完善。但是,DOS 系统的单用户、单任务、字符界面和 16 位的大格局没有变化,因此它对于内存的管理也局限在 640KB 的范围内。

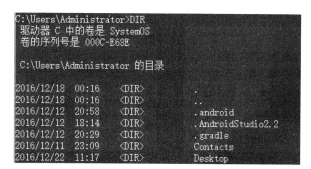

图 1-32 MS-DOS 运行界面

3. 操作系统新时代

计算机操作系统发展的第二个阶段是多用户多道作业和分时系统。最具有代表性的就是 Windows 操作系统。

Windows 是 Microsoft 公司在 1985 年 11 月发布的第一代窗口式多任务系统，它使 PC 机开始进入了所谓的图形用户界面时代。Windows 1.X 版是一个具有多窗口及多任务功能的版本，但由于当时的硬件平台为 PC/XT，速度很慢，所以 Windows 1. X 版本并未十分流行。1987 年底，Microsoft 公司又推出了 MS-Windows 2.X 版，它具有窗口重叠功能，窗口大小也可以调整，并可把扩展内存和扩充内存作为磁盘高速缓存，从而提高整台计算机的性能，此外它还提供了众多的应用程序。

1990 年，Microsoft 公司推出了 Windows 3.0，如图 1-33 所示它的功能进一步加强，其具有强大的内存管理功能，且提供了数量相当多的 Windows 应用软件，因此成为 386、486 微机新的操作系统标准。随后，Microsoft 公司发表 Windows 3.1 版，而且推出了相应的中文版。3.1 版较之 3.0 版增加了一些新的功能，受到了用户欢迎，是当时最流行的 Windows 版本。

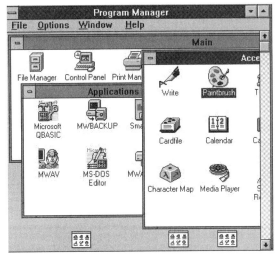

图 1-33   Windows 3.0 外观

1995 年，Microsoft 公司推出了 Windows 95。在此之前的 Windows 都是由 DOS 引导的，也就是说它们还不是一个完全独立的系统，而 Windows 95 是一个完全独立的系统，并在很多方面做了进一步的改进，还集成了网络功能和即插即用功能，是微软第一个全新的 32 位操作系统。Windows 95 是微软公司最成功的操作系统之一。

1998 年，Microsoft 公司推出了 Windows 95 的改进版 Windows 98，Windows 98 的一个最大特点就是把微软的 Internet 浏览器技术整合到了 Windows 95 里面，使得访问 Internet 资源就像访问本地硬盘一样方便，从而更好地满足了人们越来越多地访问 Internet 资源的需要。Windows 98 发布后立即就成为当时的主流操作系统。

微软在 2000 年 9 月发布了 Windows Me，这个真正的 Windows 98 的后辈，也是微软最后一个基于 DOS 的 Windows 系统。Windows Me 加入了大量新功能,如大家耳熟能详的 Windows Media Player、MSN 等，但是 DOS 核心真地不堪重负了，Windows Me 的频频宕机让微软饱受批评。Windows 95、Windows 98、Windows Me 启动时的画面如图 1-34 所示。

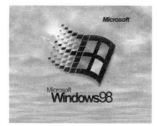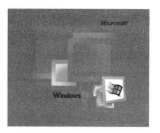

图 1-34　Windows 95、Windows 98、Windows Me 启动时画面

微软同年发行的、面向企业用户的 Windows 2000 远比 Windows Me 好用、稳定。Windows 2000 使用了 Windows NT 核心。在此前的 Windows 中，Windows 1.X～3.X 只是 DOS 的 GUI，Windows 9X 则是基于 DOS 的操作系统，这一切都离不开 DOS。然而 DOS 本身的设计理念已经大幅落后于时代，微软有必要为 Windows 换上一个新引擎——这个引擎就是 Windows NT。

Windows NT 的历史可以追溯到 20 世纪 80 年代，当时微软曾经和 IBM 联合研制 OS/2 NT 系统，虽然 OS/2 NT 并没有取得成功，但是微软却利用 OS/2 NT 开发出了 Windows NT。在 1988 年，微软开始研发 Windows NT，并在 1993 年发布了面向服务器的 Windows NT 3.1。从此，Windows NT 就出现在了人们面前。Windows 2000 使用了 Windows NT 5.0 的核心，相比前几代 Windows，它的改变更为深层。Windows 2000 更新了 Windows 资源管理器，使用了 NTFS 文件系统，对各地区的语言有了更加良好的支持。和前代相比，Windows 2000 的架构发生了翻天覆地的变化，系统被分为了用户模式和核心模式，用户程序只能够访问部分系统资源，这使得 Windows 内核的稳定性大大增强，和蓝屏频发的 Windows Me 相比，人们纷纷转投到了 Windows 2000 的怀抱。

Windows XP 发布于 2001 年 8 月，使用 Windows NT 5.1 内核。实际上，它的内核和 Windows 2000 使用的 Windows NT 5.0 内核相比并没有多大的变化。但是，Windows XP 的图形界面却焕然一新，如果说 Windows 2000 只是一艘换了引擎但还披着 Windows 9X 外皮的飞船，Windows XP 则是微软全新的旗舰。Windows NT 的很多特性都在重新设计的界面中提供了入口，如驱动程序回滚、系统还原等，ClearType 字体渲染机制的引入让逐渐普及的液晶显示器中的字体更具可读性。从 Windows XP 开始，Windows 系统开始利用 GPU 来加强系统的视觉效果，半透明、阴影等视觉元素开始出现在 Windows 系统中。

Windows Vista 推出于 2006 年底至 2007 年初，和 Windows XP 的诞生相隔了 5 年多，要知道从 Windows 2000 到 Windows XP 微软只用了一年时间，微软为 Windows Vista 准备了 5 年，新系统开发工作量可见十分巨大。Windows Vista 的第一个大变化就是更换了系统内核，内核由 Windows XP 的 NT 5.1 变为 NT 6.0。Windows Vista 改进了内存管理机制，系统 I/O 远比 Windows XP 有效率，内存泄漏问题得到了很大的改进。Windows Vista 引入了 Aero 界面，整个图形界面变得更加现代化。针对 Windows XP 的安全问题，Windows Vista 隐藏了超级管理员账号，通过 UAC 来控制系统接口，大大增强了安全性。Windows Vista 的改进实在是数不胜数，如新的雅黑字体，搜索索引的引进，WDM 音频系统的构建，资源管理器的革新，网络管理的智能化，更好的 x64 中的 32 位运行环境等，但是兼容性和性能问题挡住了大部分用户。巨大的变化直接让之前很多老软件老硬件在新 Windows 上运行出错，也直接导致 Windows Vista 难以被老用户接受，最终迎来市场滑铁卢。所幸，微软的努力并没有白费，一切都在 Windows 7 中得到了回报。NT 内核的 Windows 2000、Windows XP、Windows Vista、Windows 7 的图标如图 1-35 所示。

图 1-35　NT 内核的 Windows 2000、Windows XP、Windows Vista、Windows 7 Logo

微软在 2009 年底发布 Windows 7，在很多人心目中，Windows 7 是一个完美的桌面操作系统——它快捷高效，简洁易用，功能强大，运行稳定，支持度高。无论在媒体还是用户口中，我们都很难听到关于 Windows 7 的负面评价。Windows Vista 更换为全新 Windows NT 6.0 内核，引入了 Aero 界面，带来了诸多改进——这一切都在 Windows 7 中得到了继承。Windows 7 使用了 Windows NT 6.1 内核，和 Windows Vista 使用的 Windows NT 6.0 相比，内核方面只做了小幅优化，没有大改，这使得 Windows 7 和 Windows Vista 之间并没有严重的兼容性问题。Windows 7 发布之时距 Windows Vista 的诞生也隔了三年，在这三年间，人们的 PC 发生了很大的变化。双核 CPU 和 2G 内存成为了标配，微软在过去三年间积极和软硬件厂商合作，新版的软硬件对 Windows NT 6.X 已经有了良好的支持。此时，只要用的是主流的 PC，支持 Windows Vista 是毫无压力的，何况是比 Windows Vista 更省资源的 Windows 7——Windows 7 也是第一款比前代更省资源的 Windows 系统。

此外，Windows 7 相比 Windows Vista 也作了不少改进。Windows 7 优化了磁盘性能，增加了 SSD Trim 支持。在图形界面方面，Windows 7 的超级任务栏和 Aero Snap 功能都大受欢迎。

2012 年 10 月 25 日，微软在纽约宣布 Windows 8 正式上市，自称触控革命将开始。就像当年 PC 慢慢进入人们生活那样，平板电脑正在逐步蚕食 PC 的市场。Windows 7 是一款异常优秀的个人用桌面操作系统，但是并不适合触控使用。Windows 8 正是微软在新变化面前所做的革命。Windows 8 的界面变化极大。系统界面上，Windows 8 采用 Modern UI 界面，各种程序以磁贴的样式呈现；操作上，大幅改变以往的操作逻辑，提供屏幕触控支持；硬件兼容上，Windows 8 支持来自 Intel、AMD 和 ARM 的芯片架构，可应用于台式机、笔记本电脑、平板电脑上。Windows 8 操作系统发布后，由于其巨大的变化和侧重对触控的支撑，对 Windows 7 用户并没有多少吸引力，甚至很多 Windows 8 用户又重新安装了 Windows 7。

2015 年 7 月 29 日微软正式发布了 Windows 10。Windows 10 整合了 Windows 7 和 Windows 8 的特点，既支持触控，又保留了很多 Windows 7 特性。此外 Windows 10 还采用了免费推送的方式进行安装，在正式版本发布一年内，所有符合条件的 Windows 7、Windows 8.1 的用户都将可以免费升级到 Windows 10，Windows Phone 8.1 则可以免费升级到 Windows 10 Mobile 版。所有升级到 Windows 10 的设备，微软都将在该设备生命周期内提供支持。Windows 8 和 Windows 10 界面如图 1-36 所示。

图 1-36　Winows 8 和 Windows 10

Windows 8 和 Windows 10 相对 Windows 7 来说，有一项非常引人注目的功能就是快速启动。操作系统将系统加载文件直接保存在硬盘中，形成一个启动镜像，每次开机只需要读取一个文件即可完成启动，所以速度非常快，在固态硬盘支持下通常只要不到 10 秒即可完成系统启动。

4. Windows 7 简介

Windows 7 是由微软公司开发的操作系统，内核版本号为 Windows NT 6.1。

Windows 7 可供家庭及商业工作环境、笔记本电脑、平板电脑、多媒体中心等使用。Windows 7 延续了 Windows Vista 的 Aero 风格，并且在此基础上增添了新功能。

（1）Windows 7 可供选用版本

Windows 7 可供选择的版本有：简易版（Starter）、家庭普通版（Home Basic）、家庭高级版（Home Premium）、专业版（Professional）、企业版（Enterprise）（非零售）、旗舰版（Ultimate），其中旗舰版功能最强大，各版本介绍见表 1-4。

表 1-4　Windows 7 各版本介绍

版本	英文名称	新特性	缺少功能
简易版	Windows 7 Starter	可以加入家庭组（Home Group），任务栏有不小的变化，有了 Jump Lists 菜单。由于功能较少，所以对硬件的要求比较低	家庭组创建；完整的移动功能；更改桌面背景、主题颜色和声音
家庭普通版	Windows 7 Home Basic	主要新特性有无限应用程序、增强的视觉体验（没有完整的 Aero 透明毛玻璃效果）、高级网络支持（Ad-hoc 无线网络和互联网连接支持）、移动中心（Mobility Center）	缩略图预览、Internet 连接共享，不支持应用主题
家庭高级版	Windows 7 Home Premium	在家庭普通版上新增 Aero Glass 高级玻璃界面、高级窗口导航、改进的媒体格式支持、媒体中心和媒体流增强（包括 Play To）、多点触摸、更好的手写识别等	
专业版	Windows 7 Professional	相当于 Windows Vista 下的商业版，支持加入管理网络（Domain Join）、高级网络备份等数据保护功能、位置感知打印技术（可在家庭或办公网络上自动选择合适的打印机）等	
企业版	Windows 7 Enterprise	提供一系列企业级增强功能：BitLocker，内置和外置驱动器保护数据；AppLocker，锁定非授权软件运行；DirectAccess，无缝连接基于的企业网络；BranchCache，Windows Server 2008 R2 网络缓存等	
旗舰版	Windows 7 Ultimate	结合了 Windows 7 家庭高级版和 Windows 7 专业版的所有功能，当然硬件要求也是最高的	

2009 年 7 月 14 日，Windows 7 正式开发完成，并于同年 10 月 22 日正式发布。2009 年 10 月 23 日，微软于中国正式发布 Windows 7。2015 年 1 月 13 日，微软正式终止了对 Windows 7 的主流支持，但仍然继续为 Windows 7 提供安全补丁支持，直到 2020 年 1 月 14 日正式结束对 Windows 7 的所有技术支持。

（2）Windows 7 常用快捷键（见表 1-5）

表 1-5 Windows 7 常用快捷键

类别	组合键及其功能
轻松访问	1. 按住右 Shift 8 秒钟：启用或关闭筛选键 2. 左 Alt+左 Shift+PrntScrn：启用或关闭高对比度 3. 左 Alt+左 Shift+NumLock：启用或关闭鼠标键 4. 按 Shift 5 次：启用或关闭粘滞键 5. 按住 NumLock 5 秒钟：启用或关闭切换键 6. Alt+F4：关闭当前窗口或程序 7. Ctrl+Alt+Del：显示常见选项 8. Ctrl+Shift+Esc：快速打开任务管理器
对话框	1. Alt+Tab 在选项卡上向前移动 2. Alt+Shift+Tab 在选项卡上向后移动 3. Tab 在选项上向前移动 4. Shift+Tab 在选项上向后移动 5. Alt+加下划线的字母执行与该字母匹配的命令（或选择选项）
Windows 徽标键	Windows 徽标键+Pause——显示"系统属性"对话框。 Windows 徽标键+D——显示桌面（Windows XP/Vista 通用） Windows 徽标键+M——最小化所有窗口（Windows XP/Vista 通用） Windows 徽标键+Shift+M——将最小化的窗口还原到桌面 Windows 徽标键+E——打开计算机（Windows XP/Vista 通用，Windows XP 为打开"我的电脑"） Windows 徽标键+F——搜索文件或文件夹 Windows 徽标键+L——锁定计算机 Windows 徽标键+R——打开"运行"对话框 Windows 徽标键+T——循环切换任务栏上的程序 Windows 徽标键+Tab——使用 Aero Flip 3D 循环切换任务栏上的程序 Windows 徽标键+空格键——预览桌面 Windows 徽标键+向上键——最大化窗口 Windows 徽标键+向左键——将窗口最大化到屏幕的左侧 Windows 徽标键+向右键——将窗口最大化到屏幕的右侧 Windows 徽标键+向下键——向下还原窗口 Windows 徽标键+Home——最小化除活动窗口之外的所有窗口 Windows 徽标键+Shift+向上键——将窗口拉伸到屏幕的顶部和底部 Windows 徽标键+Shift+向左键或向右键——将窗口从一个监视器移动到另一个监视器 Windows 徽标键+P——选择演示模式 Windows 徽标键+G——循环切换小工具 Windows 徽标键+U——打开轻松访问中心（Windows XP 为打开辅助工具管理器） Windows 徽标键+X——打开 Windows 移动中心

1.3.3　BIOS 与 UEFI

1. BIOS 简介

所谓 BIOS，实际就是微机的基本输入输出系统（Basic Input-Output System），其内容集成在微机主板上的一个 ROM 芯片上，主要保存着有关微机系统最重要的基本输入输出程序、系统信息设置、开机上电自检程序和系统启动自举程序等。

（1）BIOS 的功能

BIOS ROM 芯片不但可以在主板上看到，而且 BIOS 管理功能如何在很大程度上决定了主板性能是否优越。BIOS 管理功能主要包括：

①BIOS 中断服务程序

BIOS 中断服务程序实质上是微机系统中软件与硬件之间的一个可编程接口，主要用于程序软件功能与微机硬件之间实施衔接。如 DOS 和 Windows 操作系统中对软盘、硬盘、光驱、键盘、显示器等外设的管理，都是直接建立在 BIOS 系统中断服务程序的基础上，而且操作人员也可以通过访问 INT 5、INT 13 等中断点直接调用 BIOS 中断服务程序。

②BIOS 系统设置程序

微机部件配置记录是放在一块可读写的 CMOS RAM 芯片中的，其主要保存着系统基本情况，如 CPU 特性及软硬盘驱动器、显示器、键盘等部件的信息。BIOS 的 ROM 芯片中装有"系统设置程序"，其主要用来设置 CMOS ROM 中的各项参数，这个程序在开机时按下 Delete 键即可进入设置状态，并供操作人员使用，CMOS 的 RAM 芯片中关于微机的配置信息不正确时，将导致系统故障。

③BIOS 上电自检程序

微机接通电源后，系统首先由上电自检（Power On Self Test，POST）程序来对内部各个设备进行检查。通常完整的上电自检将包括对 CPU、640KB 的基本内存、1MB 以上的扩展内存、ROM 芯片、CMOS 存储器、串并口、显卡、软硬盘子系统及键盘进行测试，一旦在自检中发现问题，系统将给出提示信息或鸣笛警告。

④BIOS 系统启动自举程序

系统在完成上电自检后，ROM BIOS 就首先按照系统 CMOS 设置中保存的启动顺序搜寻软硬盘驱动器及 CD-ROM、网络服务器等有效地启动驱动器，读入操作系统引导记录，然后将系统控制权交给引导记录，并由引导记录来完成系统的顺利启动。

（2）CMOS 是什么

CMOS 是微机主板上的一块可读写的 RAM 芯片，主要用来保存当前系统的硬件配置和操作人员对某些参数的设定。CMOS RAM 芯片由系统通过一块后备电池供电，因此无论是在关机状态中，还是遇到系统掉电情况，CMOS 信息都不会丢失。由于 CMOS ROM 芯片本身只是一块存储器，只具有保存数据的功能，所以对 CMOS 中各项参数的设定要通过专门的程序。现在多数厂家将 CMOS 设置程序加到了 BIOS 芯片中，在开机时通过按下 Delete 键进入 CMOS 设置程序可方便地对系统进行设置，因此 CMOS 设置又通常叫做 BIOS 设置。

（3）BIOS 设置和 CMOS 设置的区别和联系

BIOS 是主板上的一块 EPROM 芯片，里面装有系统的重要信息和系统参数的设置程序（BIOS Setup 程序）；CMOS 是主板上的一块可读写的 RAM 芯片，里面装的是关于系统配置的具体参数，其内容可通过设置程序进行读写。CMOS RAM 芯片靠后备电池供电，即使系统掉电信息也不会丢失。BIOS 与 CMOS 既相关又不同：BIOS 中的系统设置程序是完成 CMOS 参数设置的手段；CMOS 既是 BIOS 设定系统参数的存放场所，又是 BIOS 设定系统参数的结果。因此完整的说法是"通过 BIOS 设置程序对 CMOS 参数进行设置"。

2．UEFI 简介

UEFI 是 Unified Extensible Firmware Interface 的缩写，即统一可扩展固件接口，它是基于 EFI 1.10 标准发展起来的，不过所有者并不是英特尔公司，而是一个名为 Unified EFI Form 的国际组织。UEFI 是一种详细描述类型接口的标准，可以让 PC 从预启动的操作环境，加载到操作系统上。

（1）UEFI 的来历

EFI 是 Extensible Firmware Interface（可扩展固件接口）的缩写，是由英特尔公司倡导推出的一种在类 PC 系统中替代 BIOS 的升级方案。与传统 BIOS 相比，EFI 通过模块化、C 语言的参数堆栈传递方式和动态链接的形式构建系统，较 BIOS 而言更易于实现，容错和纠错特性更强。

虽然 EFI 与 UEFI 的叫法不同，但是两者在本质上是基本相同的。自 2000 年 12 月 12 日正式发布 EFI 1.02 标准后，EFI 一直作为代替传统的 BIOS 的先进标准而存在，拥有权在英特尔公司手中，而从 2007 年开始，英特尔公司将 EFI 标准的改进与完善工作交给了 Unified EFI Form 全权负责，随后登场的 EFI 标准则正式更名为 UEFI，以示区别。

UEFI 是 EFI 的改良与发展，实际上前者相比后者在 UGA 协议、SCSI 传输、USB 控制还有 I/O 设备方面都做了改进，还添加了网络应用程序接口、x64 绑定、服务绑定等新内容。此外参与 UEFI 标准开发的并不仅仅有英特尔一家公司，还有 AMD、苹果、戴尔、惠普、IBM、联想、微软等多个龙头企业，因此 UEFI 在兼容性上有更好的表现，通用性更强。

（2）UEFI 和 BIOS 的区别

①支持更大的硬盘

与传统 BIOS 相比，UEFI 对于新硬件的支持远超对方，其中最能体现这一点的就是我们可以在 UEFI 下使用 2.2TB 以上硬盘作为启动盘，而传统 BIOS 下这种大容量硬盘如不借助第三方软件则只能当作数据盘使用。

②图形化界面且功能更强大

UEFI 内置图形驱动功能，可以提供一个高分辨率的图形化界面，用户进入后完全可以像在 Windows 系统下那样使用鼠标进行设置和调整，操作上更为简单快捷。同时由于 UEFI 使用的是模块化设计，在逻辑上可分为硬件控制与软件管理两部分，前者属于标准化的通用设置，而后者则是可编程的开放接口，因此主板厂商可以借助后者的开放接口在自家产品上实现各种丰富的功能，包括截图、数据备份、硬件故障诊断、脱离操作系统进行 UEFI 在线升级等，UEFI 在功能上比传统 BIOS 更多、更强。

当然 UEFI 相比传统 BIOS 的优点并不仅仅是以上数点，实际上它还包括如下特点：

- 编码 99%都是由 C 语言完成的。
- 不再使用中断、硬件端口操作的方法，而采用了 Driver/Protocol 的方式。
- 不支持 x86 模式，而直接采用 Flat mode。
- 不再输出单纯的二进制代码，改为 Removable Binary Drivers 模式。
- 操作系统的启动不再是调用 INT 19H 中断，而是直接利用 Protocol/Device Path 实现。
- 更方便第三方开发。

③安全性不如 BIOS

由于 UEFI 程序是使用高级语言编写的，与使用汇编语言编写的传统 BIOS 相比要更容易受到病毒的攻击，程序代码也更容易被改写，因此目前 UEFI 虽然已经被广泛使用，但是在安全性和稳定性上仍然有待提升。

1.3.4 磁盘分区与分区格式

1. 磁盘分区

磁盘分区是使用分区编辑器将完整磁盘划分几个逻辑部分，划分出的每个逻辑部分就成为分区。一方面，将大容量的磁盘空间逻辑化为不同分区，符合人们资源管理分门别类的原则，可以将文件的性质区分得更细，按照更为细分的性质，将文件存储在不同的地方以便管理；另一方面，基于分区空间管理时有更好的性能，无论打开或检索磁盘文件，亦或进行磁盘管理时由于分区划定了范围，不必扫描整个磁盘，工作范围减小，效率自然提高了。

分区表就是用于保存磁盘上各逻辑部分分区的分配信息的地方，倘若硬盘丢失或分区表损坏了，数据就无法按顺序读取和写入，计算机操作系统将无法工作。

（1）MBR 分区表

传统的分区方案，简称为"MBR 分区方案"，是将分区信息保存到磁盘第一个扇区（MBR扇区）的 64 个字节中，每个分区项占用 16 个字节，这 16 个字节中存有活动状态标志、文件系统标识、起止柱面号、磁头号、扇区号、隐藏扇区数目（4 个字节）、分区总扇区数目（4个字节）等内容。由于 MBR 扇区只有 64 个字节用于分区表，所以只能记录 4 个分区的信息。这就是硬盘主分区数目不能超过 4 个的原因。后来为了支持更多的分区，引入了扩展分区及逻辑分区的概念，但每个分区项仍用 16 个字节存储。

主分区数目不能超过 4 个，但很多时候，4 个主分区并不能满足需要。另外最关键的是MBR 分区方案无法支持超过 2TB 容量的磁盘。因为这一方案用 4 个字节存储分区的总扇区数目，最大能表示 2 的 32 次方的扇区个数，按每扇区 512 字节计算，每个分区最大不能超过 2TB。磁盘容量超过 2TB 以后，分区的起始位置也就无法表示了。在硬盘容量突飞猛进的今天，2TB的限制早已被突破。由此可见，MBR 分区方案现在已经无法再满足大硬盘需要了。

（2）GPT 分区表

GPT 分区表是一种由基于 Itanium 处理器的计算机中可扩展固件接口（EFI）使用的磁盘分区架构。与主引导记录（MBR）分区方法相比，GPT 具有更多的优点，因为它允许每个磁盘多达 128 个分区，支持高达 18EB 的卷大小，允许将主磁盘分区表和备份磁盘分区表用于冗余，还支持唯一的磁盘和分区 ID（GUID）。在 GPT 分区中至关重要的平台操作数据位于分区，而不是位于非分区或隐藏扇区。另外，GPT 分区磁盘有多余的主要及备份分区表来提高分区数据结构的完整性。

2. 分区格式

（1）FAT16

计算机老手对 FAT16 磁盘分区格式是最熟悉不过了，我们大都是通过这种分区格式认识和踏入计算机门槛的。它采用 16 位的文件分配表，能支持的最大分区为 2GB，是曾经应用最为广泛和获得操作系统支持最多的一种磁盘分区格式，几乎所有的操作系统都支持这一种格式，从 DOS、Windows 3.X、Windows 95、Windows 97 到 Windows 98、Windows NT、Windows 2000、Windows XP、Windows Vista 和 Windows 7 的非系统分区以及一些流行的 Linux 都支持这种分区格式。

但是 FAT16 分区格式有一个最大的缺点，那就是硬盘的实际利用效率低。因为在 DOS 和 Windows 系统中，磁盘文件的分配是以簇为单位的，一个簇只分配给一个文件使用，不管这个文件占用整个簇容量的多少。而且每簇的大小由硬盘分区的大小来决定，分区越大，簇就越大。例如 1GB 的硬盘若只分一个区，那么簇的大小是 32KB，也就是说，即使一个文件只有 1 字节长，存储时也要占 32KB 的硬盘空间，剩余的空间便全部闲置在那里，这样就导致了磁盘空间的极大浪费。FAT16 支持的分区越大，磁盘上每个簇的容量就越大，造成的浪费也越大。随着当前主流硬盘的容量越来越大，这个缺点变得越来越突出。为了克服 FAT16 的这个缺点，微软公司在 Windows 97 操作系统中推出了一种全新的磁盘分区格式 FAT32。

（2）FAT32

这种格式采用 32 位的文件分配表，使其对磁盘的管理能力大大增强，突破了 FAT16 对每一个分区的容量只有 2GB 的限制。运用 FAT32 的分区格式后，用户可以将一个大硬盘定义成一个分区，而不必分为几个分区使用，大大方便了对硬盘的管理工作。而且，FAT32 还具有一个最大的优点：在一个不超过 8GB 的分区中，FAT32 分区格式的每个簇容量都固定为 4KB，与 FAT16 相比，可以大大地减少硬盘空间的浪费，提高了硬盘利用效率，但是，FAT32 的单个文件不能超过 4GB。

支持这一磁盘分区格式的操作系统有 Windows 97/98/2000/XP/Vista/7/8 等。但是，这种分区格式也有它的缺点：首先是采用 FAT32 格式分区的磁盘，由于文件分配表的扩大，运行速度比采用 FAT16 格式分区的磁盘要慢，另外，由于 DOS 系统和某些早期的应用软件不支持这种分区格式，所以采用这种分区格式后，就无法再使用老的 DOS 操作系统和某些旧的应用软件了。

（3）NTFS

NTFS 是一种新兴的磁盘格式，早期在 Windows NT 网络操作系统中常用，但随着安全性的提高，Windows Vista 和 Windows 7 操作系统中也开始使用这种格式，并且在 Windows Vista 和 Windows 7 中只能使用 NTFS 格式作为系统分区格式。其显著的优点是安全性和稳定性极其出色，在使用中不易产生文件碎片，对硬盘的空间利用及软件的运行速度都有好处。而且单个文件可以超过 4GB。它能对用户的操作进行记录，通过对用户权限进行非常严格的限制，每个用户只能按照系统赋予的权限进行操作，充分保护了网络系统与数据的安全。

3. 分区工具

（1）FDISK

操作系统自带的分区工具只有分区管理功能。当输入 FDISK 按回车键，选择 Y 按回车键，到第三屏的主菜单界面时可输入 1-1 建立主 DOS 分区，输入 1-2 建立扩展 DOS 分区，输入 1-3 建立逻辑 DOS 分区，此步骤根据要建立的逻辑盘的数量做重复操作。当建立完分区后，按 Esc 键退回到主菜单界面，再输入 2-1 进行主分区激活（此步很容易被用户所忘记，会出现重启后不能引导的现象，重新引导进入 DOS，运行 FDISK 进行激活即可）。FDISK 分区操作界面如图 1-37 所示。

（2）PowerQuest PartitionMagic

PowerQuest PartitionMagic 是老牌的硬盘分区管理工具，其界面如图 1-38 所示，其最大特点是允许在不损失硬盘中原有数据的前提下对硬盘进行重新设置分区、分区格式化以及复制、移动、格式转换和更改硬盘分区大小、隐藏硬盘分区以及多操作系统启动设置等操作。

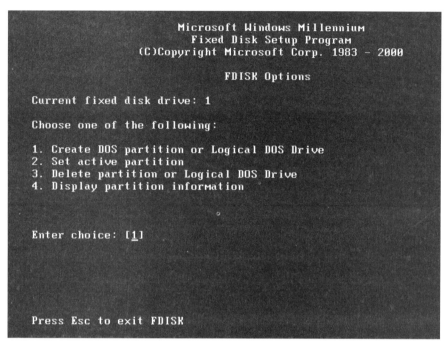

图 1-37 FDISK 分区操作界面

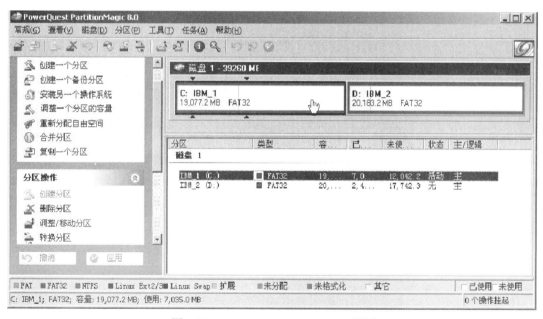

图 1-38 PowerQuest PartitionMagic 界面

（3）DiskGenius

DiskGenius 是目前最好的分区工具。它是在最初的 DOS 版的基础上开发而成的，其界面
如图 1-39 所示。Windows 版本的 DiskGenius 软件，除了继承并增强了 DOS 版的大部分功能
外，还增加了许多新的功能，如已删除文件恢复、分区复制、分区备份、硬盘复制等功能，另
外还增加了对 VMware、Virtual PC、VirtualBox 虚拟硬盘的支持。

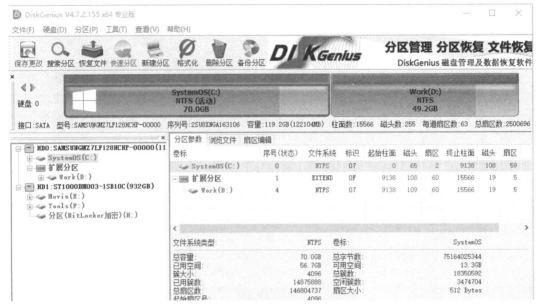

图 1-39　DiskGenius 界面

【任务分析】

用 Windows 7 系统光盘安装系统，首先需要设置光驱启动，让光盘的安装程序能够引导系统，然后用户就可以根据安装程序的提示进行系统安装。

（1）设置光驱优先启动

无论是 BIOS 还是 UEFI，一般都可以通过按 Delete 或 F2 键进入配置，然后对系统启动设备顺序进行设定。图 1-40 所示为 BIOS 设置光驱第一优先启动。

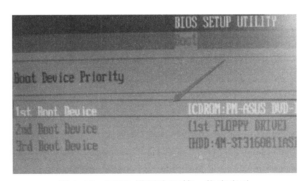

图 1-40　BIOS 设置光驱第一优先启动

（2）临时设置光驱启动

现在的主板基本上都支持在不改变 BIOS（或 UEFI）设置的情况，重新启动系统时临时选择一个启动设备。比如华硕的 UEFI 可以在启动时按 F2 键进入主界面，选择启动菜单，再在菜单中选择光驱启动即可。UEFI BIOS 引导界面如图 1-41 所示。

两种方式的区别是：第一种方式更改启动设备优先级后，需要重启才能生效，并且安装程序将光盘数据拷贝到硬盘后，又需要重新设置回硬盘启动；而第二种方式临时选择一个设备，并且立即从该设备启动，下次系统重启时还是采用原来的启动顺序。因此推荐使用第二种方式。

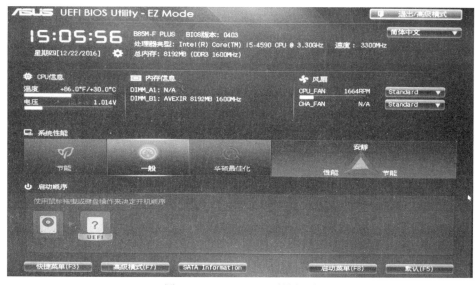

图 1-41　UEFI BIOS 引导界面

在安装系统的时候需要根据未来系统可能安装程序的需求设计系统分区的大小。一般情况下建议系统安装分区容量不少于 50GB，多余的硬盘空间还可以作为系统缓存空间。如果是全新硬盘可以在安装系统时先分出系统安装空间，剩余空间安装好系统后再拆分。如果是已经分好分区的硬盘则可以在安装时将原来的系统分区先格式化，避免原来的数据影响后续的安装。

【任务实施】

（1）把系统光盘放入光驱。

（2）设置光驱启动，并启动系统。

（3）按照光盘引导进入安装画面，见图 1-42。

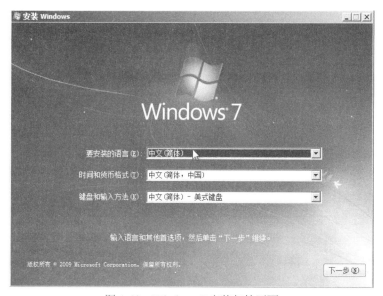

图 1-42　Windows 7 安装起始画面

第一个界面选择默认值即可，完成选择后，单击"下一步"，进入图1-43。

图1-43 Windows 7光盘安装过程文件复制阶段

安装程序首先会将光盘文件拷贝进硬盘，再进行展开安装，见图1-44。

图1-44 Windows 7正式开始安装

直接单击"现在安装"即开始安装Windows，进入图1-45。

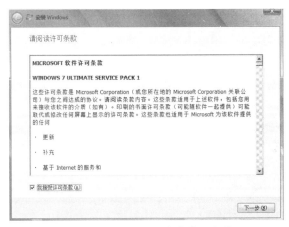

图1-45 Windows 7安装许可条款

勾选复选框☑接受 Windows 7 的安装许可条款，单击"下一步"，进入图 1-46。

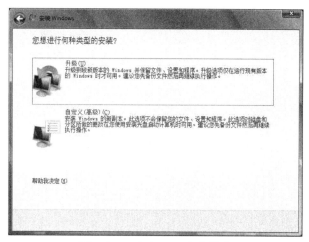

图 1-46　Windows 7 安装类型

安装程序会询问是升级安装还是全新安装。升级安装需要原来已经安装有微软公司正版 Windows XP 或者 Windows Vista，Windows 7 进行升级安装只会更新操作系统，原来系统所安装的各种软件和数据都会保留；而自定义安装则是全新安装，会安装一个纯净的系统，原来的所有数据和应用程序在新系统中都不存在（如果安装在和原系统不同的磁盘分区，则原来系统的软件和数据还在，只是在新系统中没有注册，不一定能使用）。为了系统的稳定性，建议进行全新安装。这里单击"自定义（高级）"，进入图 1-47。

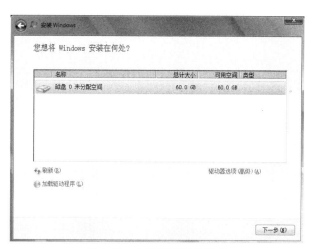

图 1-47　安装程序磁盘管理

如果硬盘还是全新没有分区，可以进行分区，如果已经分区了，需要选择要安装系统的分区。单击"驱动器选项（高级）"可以进行磁盘分区或者已经分好的分区的格式化工作，见图 1-48。

图 1-48　驱动器选项（高级）

这里以 60GB 固态硬盘为例，单击"新建"创建分区，见图 1-49。

图 1-49　新建分区

输入要创建的主分区的容量，如这里输入的 50GB（50×1024MB），单击"应用"按钮，出现图 1-50 所示对话框。

图 1-50　隐藏分区创建提示

从 Windows 7 开始 Windows 默认的安装方式会创建一些隐藏小分区来存放一些特殊数据，单击"确定"按钮（必须单击"确定"才能继续），完成分区创建，见图 1-51。

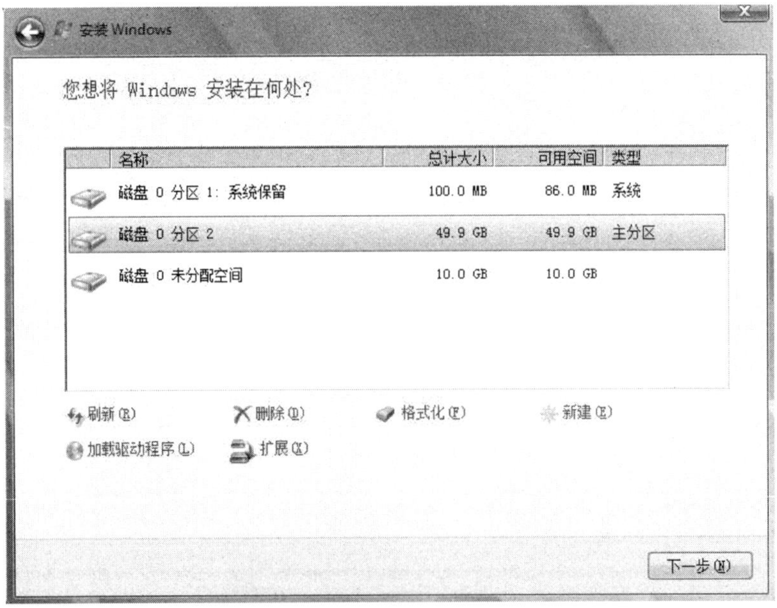

图 1-51　创建好的分区效果图

Windows 7 默认创建了一个 100MB 的系统保留分区和一个 49.9GB 的主分区（主分区+系统保留分区刚好 50GB）。100MB 的系统保留分区对系统来说并没有特别价值，建议将其合并到系统安装分区中。合并方法如下：

选中分区 2，单击"删除"按钮，系统会对删除进行警告，见图 1-52。

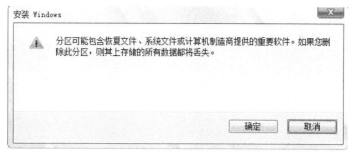

图 1-52　删除分区提示

单击"确定"按钮，删除分区 2。删除后的分区如图 1-53 所示。

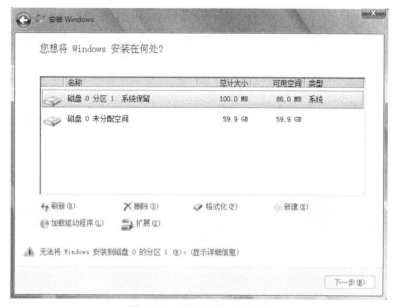

图 1-53　删除主分区后效果

选中"分区 1"，单击"扩展"，输入一个接近 30GB 的容量，见图 1-54。

图 1-54　扩展系统保留分区

单击"应用"，则系统保留分区就被扩展了，如图 1-55 所示。

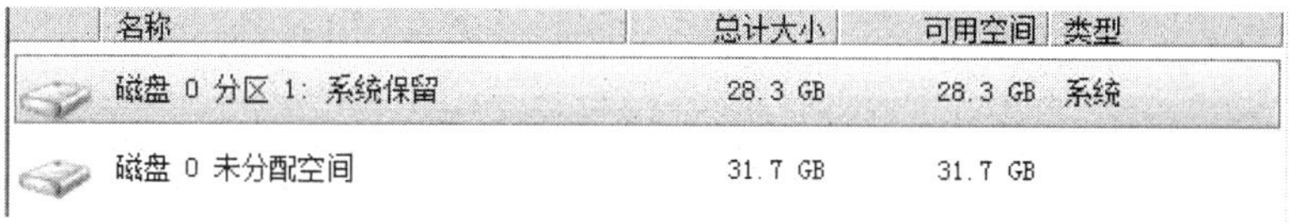

名称	总计大小	可用空间	类型
磁盘 0 分区 1：系统保留	28.3 GB	28.3 GB	系统
磁盘 0 未分配空间	31.7 GB	31.7 GB	

图 1-55　将隐藏的系统保留分区变为系统主分区

对于剩余的磁盘空间，可以创建为扩展分区。这里也可暂不处理，以后可以通过 Windows 7 自带的"磁盘管理"工具来创建。完成分区创建后，单击"下一步"按钮正式开始 Windows 7 的安装。

（4）系统安装完成后，开始设置 Windows，见图 1-56。

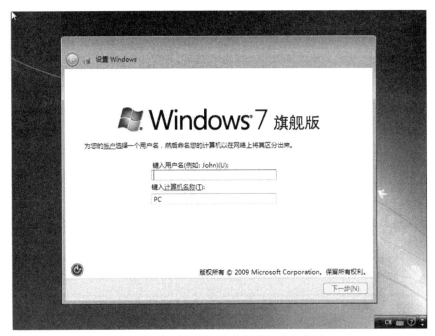

图 1-56 新系统用户名和计算机名称设置

输入期望的用户名后，单击"下一步"按钮，配置对应用户名账号的登录密码，见图 1-57。

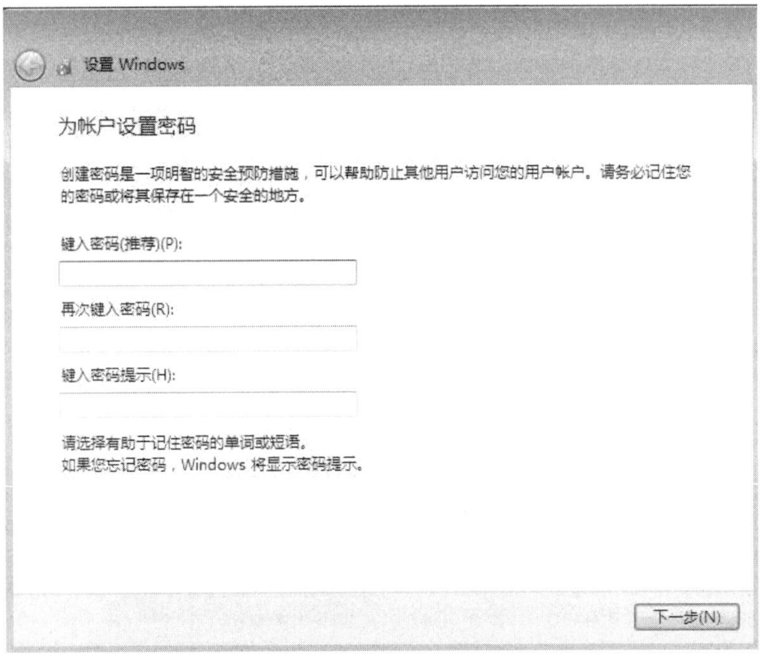

图 1-57 设置系统账号的密码和密码提示

如果保持密码为空，则创建的是没有密码的账户，启动后会自动登录到桌面。如果创建了密码，建议设置一个密码提示，如果将来忘记密码，可以通过密码提示想起密码。完成密码设置后，单击"下一步"按钮，会提示激活操作系统，见图 1-58。

图 1-58　激活系统

输入产品密钥后，单击"下一步"进入时间和日期设置页面，见图 1-59。如果选择"跳过"，安装好的系统也可以正常使用一段时间（30 天的试用评估期），逾期后系统将无法使用（当然也可以"百度"其他方式激活系统）。

图 1-59　设置系统的时区和日期、时间

完成正确的时间和日期设置后，单击"下一步"结束系统配置，见图 1-60。

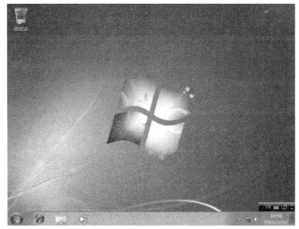

图 1-60 完成 Windows 7 安装，进入系统桌面

【任务小结】

（1）介绍了计算机软件系统的组成。
（2）介绍了微机常用操作系统。
（3）介绍了 BIOS 与 UEFI 的异同点。

任务 1.4 使用 Windows 7

【任务说明】

在 D 盘中建立一个"计算机文化"文件夹，并在该文件夹下建立四个子文件——"课件""素材""练习软件""作业题"，然后将老师提供的计算机文化课件、素材、练习软件和作业题都分别拷贝进对应文件夹。

由于"作业题"文件夹保存了所有要提交的课后作业题，需要考虑其安全性，应避免被人轻易发现或修改。

【预备知识】

1.4.1　Windows 操作系统的基本概念和常用术语

1. Windows 桌面

启动计算机自动进入 Windows 7 系统，此时呈现在用户眼前的屏幕图形就是 Windows 7 系统的桌面。使用计算机完成的各种操作都是在桌面上进行的。Windows 7 的桌面包括桌面背景、桌面图标、"开始" 按钮和任务栏四部分。

正如我们日常使用的书桌一样，桌面布置的整齐与否、背景的颜色图案、图标的摆放位置等都直接影响到工作的效率。

（1）管理桌面图标

Windows 7 刚安装完成时桌面上一般只有一个 "回收站" 图标，用户也可以根据自己的需要在桌面上任意添加图标。下面简单介绍添加桌面图标的操作方法。

①右击桌面，在弹出的快捷菜单中选择 "个性化" 菜单项，见图 1-61。

图 1-61　Windows 7 桌面快捷菜单

②在弹出的窗口中，单击左侧的 "更改桌面图标" 链接，见图 1-62。

图 1-62　Windows 7 个性化中心

③勾选需要出现在桌面的对象名称后，单击"确定"按钮，见图1-63。

图 1-63 设置桌面图标

④添加桌面图标后的效果如图1-64所示。

图 1-64 增加了桌面图标的 Windows 7 桌面

（2）图标的排列方式

①自动排列

用鼠标右键单击桌面上的空白区域，在右键菜单中选择"查看"→勾选"自动排列图标"命令，Windows 7 会自动将桌面图标从上到下、从左向右排列在桌面上。若要对图标解除锁定以便再次移动它们，可再次单击"自动排列图标"，清除旁边的复选标记即可，见图1-65（a）。如果需要改变图标的排序方式可以单击右键，在弹出的右键菜单中选择"排序方式"，再选择需要的四种排序之一即可，见图1-65（b）。

默认情况下，Windows 会在不可见的网格上均匀地隔开图标。若要将图标放置得更近或更精确，可关闭网格，即用鼠标右键单击桌面上的空白区域，在右键菜单中单击"查看"→"将图标与网格对齐"命令，清除复选标记。重复这些步骤可将网格再次打开。

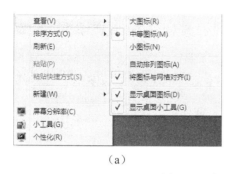
　　　　　　　（a）

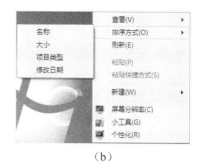
　　　　　　　（b）

图 1-65　桌面图标查看和排序方式

②移动图标的位置与缩放图标

一般情况下，桌面上的图标放置在左上部。有时用户需要将图标摆放到另外的位置。例如，有人习惯于将图标放在右下角，另外一些人喜欢在进行文本编辑时将一些工具图标放置在桌面底部。移动图标的方法很简单，首选去掉桌面右键菜单的"查看"子菜单中"自动排列图标"前的复选标记，然后只要用鼠标单击某个图标，并按住鼠标左键拖曳图标到适当的位置，再释放鼠标左键即可。

如果我们对桌面图标的大小不满意，也可以调整。在桌面任意位置单击一下（确保当前操作对象是桌面），按下 Ctrl 键，然后滑动鼠标的滚轮即可。前进滚轮是放大图标，后退滚轮是缩小图标。

（3）更改图标的标题

每个图标由两个部分组成，即图标的图案和标题。图标的标题是说明图标内容的文字信息，显然用户会希望这个标题能让自己一看就知道这个图标是做什么用的，如"网络"，用户一看就知道这个图标的作用是用来访问其他计算机资源的。但 Windows 7 系统默认的图标标题有些并不一定适合用户的要求，用户希望修改图标标题，如用户希望将图标"计算机"的标题改成"计算机资源信息管理"。

操作步骤如下：

①首先用鼠标选中"计算机"图标，这时它的图案变暗，如图 1-66（a）所示。

②再用鼠标在它的标题行单击一下，标题周围就会出现一个黑色边框，边框内出现蓝底白字，这说明已经可以对标题进行编辑了，如图 1-66（b）所示。

③这时用户如果输入文字，就会替代原有的标题。例如，输入"myComputer"替代了原来的"计算机"，如图 1-66（c）所示。

④鼠标在当前图标外任意处单击，即完成当前图标标题更改操作，如图 1-66（d）所示。

（a）

（b）

（c）

（d）

图 1-66　桌面图标重命名过程

2. 任务栏

默认情况下桌面底部的一个条状栏目就是 Windows 的任务栏，见图 1-67。用户可以调整其大小以及显示位置。

图 1-67　Windows 7 任务栏

任务栏由四个部分组成："开始"按钮、快捷图标、系统托盘和"显示桌面"按钮。

（1）"开始"按钮

最左侧的圆形带 Windows 徽标按钮就是"开始"按钮，其作用主要有两个：

①左键单击"开始"按钮，能打开"开始"菜单。

②右键单击"开始"按钮，能打开"Windows 资源管理器"。

（2）快捷图标

默认情况下 Windows 7 已经在任务栏上放置了 IE 浏览器、资源管理器和媒体播放器三个应用的快捷图标，单击他们就可以打开对应的程序。

通常一个应用程序运行后，会自动在任务栏上显示其快捷图标，一类应用程序默认只显示一个图标。比如打开"网络""myComputer"和"回收站"会共享一个资源管理器图标，单击这个图标可以弹出菜单显示具体有哪些程序正在运行，见图 1-68。

图 1-68　Windows 7 任务栏快捷图标

对于任务栏的快捷图标，可以添加更多，也可以解锁原有的，去除显示。对已经存在的图标，右键单击，在弹出的菜单中选择"将此程序从任务栏解锁"就可以去掉其在任务栏的显示；对于过去没有添加的当前正在运行的程序，可以右键单击其图标，在弹出的菜单中选择"将此程序锁定到任务栏"即可完成添加，见图 1-69。

图 1-69　Windows 7 任务栏快捷图标解锁和锁定

（3）系统托盘

系统托盘主要用于显示系统的重要信息，如系统通知、网络连接状态、音频状态和系统时间等。少部分应用程序运行后并不会显示到快捷图标区域，而是显示到系统托盘，如 QQ、杀毒软件监视程序、输入法等，见图 1-70。

图 1-70　系统托盘图标

可以通过单击系统托盘左边的"显示隐藏的图标"按钮，在弹出的菜单中单击"自定义"，即可对系统托盘图标的显示进行设置，见图 1-71。

图 1-71 系统托盘图标显示方式设置

（4）"显示桌面"按钮

任务栏最右边的小方块按钮就是"显示桌面"按钮，单击它能最小化所有正在运行的程序，显示出桌面，效果等同于按组合键 Win+E。

3. "开始"菜单

用鼠标左键单击"开始"按钮（或者按 Win 键）就可以调出一个菜单，这个菜单通常被称为"开始"菜单，见图 1-72。利用这个菜单，可以运行 Windows 7 中所有应用程序和命令。

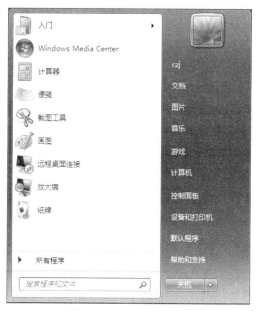

图 1-72 "开始"菜单

"开始"菜单大致由六个部分组成：

（1）"入门"子菜单。

这个子菜单专为 Windows 7 新手而设计，包括新手常用的子功能，见图 1-73（a）。

（2）常用应用程序。

Windows 7 会将使用频率高的应用程序快捷方式添加到"开始"菜单，见图 1-73（b）。

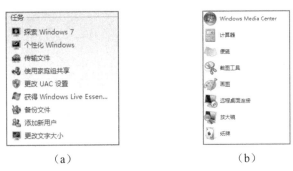

(a)　　　　　　　　　　　(b)

图 1-73　"开始"菜单的"入门"子菜单和常用应用程序

（3）"所有程序"子菜单。

所有 Windows 7 中正常安装的程序都可以在这里显示，见图 1-74（a）。

（4）快速访问菜单

Windows 7 的常用系统功能被固定在快速访问菜单部分，见图 1-74（b）。

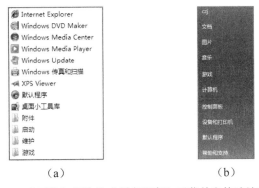

(a)　　　　　　　　　　　(b)

图 1-74　"开始"菜单的"所有程序"子菜单和快速访问菜单

（5）命令搜索框

输入应用程序的可执行文件名（英文），或输入系统显示的程序中文名称，命令搜索框就可以将相关的程序都检索出来。直接单击检索出的对象就可以运行对应的程序，见图 1-75（a）。

（6）"关机"按钮和"关机"子菜单

单击"开始"菜单的"关机"按钮边的黑色箭头按钮会弹出"关机"子菜单，菜单项包括：切换用户、注销、锁定、重新启动等，见图 1-75（b）。如果要关闭计算机则直接单击"关机"按钮即可。

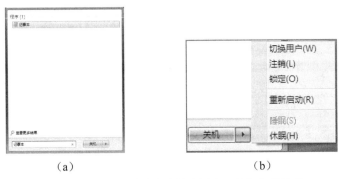

(a)　　　　　　　　　　　(b)

图 1-75　"开始"菜单的命令搜索框和"关机"子菜单

4. 个人文件夹

个人文件夹就是"开始"菜单右边第一项（快速访问菜单），它实际上就是当前登录到 Windows 的用户命名。例如，假设当前用户是"czj"，则该文件夹的名称为"czj"。此文件夹包含特定用户的文件，包括"我的文档""我的音乐""我的图片""我的视频"等 11 个子文件夹。

不同的用户登录系统时，个人文件夹的名称各不相同，对应的磁盘路径也不相同。所有用户个人文件夹默认都保存在"C:\用户"里（如果 Windows 7 安装在 C 盘）。

5. 计算机（Windows 资源管理器）

双击桌面"计算机"图标即可打开"计算机"（或者通过"开始"菜单打开），通过它能访问所有连接到计算机的设备信息，包括硬盘、优盘、光驱、打印机等。

6. 控制面板

Windows 7 系统的"控制面板"集中了计算机的所有相关设置，用户可以在这里对计算机的外观和功能、安装或卸载程序、网络连接和用户账户以及所有计算机软硬件进行设置。Windows 7 的控制面板将同类相关设置都放在了一起，整合成"系统和安全""用户账户和家庭安全""网络和 Internet""外观和个性化""硬件和声音""时钟、语言和区域""程序"和"轻松访问"八大块。

1.4.2 文件管理

在 Windows 7 中，资源管理器是文件管理实用程序，提供了管理文件的最好方法。它能对文件及文件夹进行管理，还能对计算机的所有硬件、软件以及控制面板、回收站进行管理。资源管理器窗口的显示方式清晰明了且操作方法简单实用，这一切都为文件浏览及系统管理提供了方便。

1. 文件基本概念

在介绍 Windows 7 系统的"资源管理器"之前，首先介绍 4 个概念：文件名、文件夹、库和快捷方式。

（1）文件名

在旧版本的 Windows 和 MS-DOS 系统中，使用"8.3"形式的文件命名方式，即最多可以用 8 个字符作为主文件名，以 3 个字符作为文件扩展名，如文件名"AUTOEXEC.BAT"，而且在文件名中不能使用空格、不区分大小写。Windows 95 后所有版本都开始使用长文件名，即可以使用长达 255 个字符的文件名，其中还可以包含空格，字符有大小写之分，见图 1-76。使用长文件名可以用描述性的名称帮助用户记忆文件的内容或用途，如用户写了一篇论文，题目为"多媒体设计技术"，如果是用 Word 编辑的，那么可以将这篇论文文件命名为"多媒体设计技术.doc"。

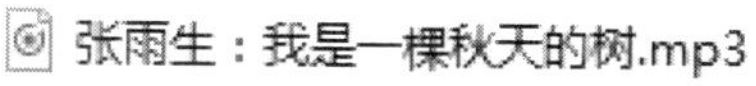

张雨生：我是一棵秋天的树.mp3

图 1-76 资源管理器中带图标的文件

（2）文件夹

文件夹是 Windows 7 系统中重要概念之一，是存储文件的容器，是系统组织和管理文件的一种形式，是为方便用户查找、维护和存储而设置的，用户可以将文件分门别类地存放在不同的文件夹中，见图 1-77。

文件夹下还可以包含其他文件夹，称之为"子文件夹"。用户可以创建任意数量的子文件夹，每个子文件夹中又可以容纳任意数量的文件和其他子文件夹。

邓丽君经典-歌曲	儿童歌曲	儿童故事
经典英文歌曲(4CD)	刘若英	齐秦
汽车CD	轻音乐	我是歌手
乌兰托娅	许茹芸	许巍
英文经典	张信哲	张学友

图 1-77　资源管理器中的文件夹

（3）库

库收集不同位置的文件，并将其显示为一个集合，无论其存储位置如何，也无需从其存储位置移动这些文件。在某些方面，库类似于文件夹。例如，打开库时将看到一个或多个文件。但与文件夹不同的是，库可以收集存储在多个位置的文件。库实际上不存储项目，只是监视所包含项目的文件夹，并允许用户以不同的方式访问和排列这些项目。从功能上来看库类似于浏览器的收藏夹，用户可以在资源管理器里选中文件或文件夹后通过工具栏或者右键菜单，将对应的资源加入库中。

Windows 7 包含 4 个默认库，分别是视频库、图片库、文档库和音乐库，见图 1-78。用户可以从"开始"菜单或资源管理器中打开常见库。

图 1-78　Windows 7 常见的 4 种库

（4）快捷方式

快捷方式实际上是一个磁盘文件，它的作用是快速运行应用程序。快捷方式不仅包括应用程序的位置信息，还有一些运行参数，这些参数是快捷方式的属性，可以通过快捷方式的"属性"对话框进行修改。

2. 资源管理器窗口介绍

在 Windows 7 中启动资源管理器的方法有 5 种。

- 直接双击桌面"计算机"图标打开：在 Windows XP 中，"计算机"图标（Windows XP 中叫"我的电脑"）对应的功能和资源管理器不同，而在 Windows 7 中两者功能已经一致，只是默认选中位置不同。通常我们使用资源管理器都是访问计算机各分区信息，所以"计算机"图标功能最直接，已经默认选中"计算机"。
- 利用"开始"菜单："开始"菜单→"所有程序"→"附件"→"Windows 资源管理器"。
- 利用"开始"按钮：用鼠标右键单击"开始"按钮，在弹出的菜单中选择"Windows 资源管理器"。
- 利用任务栏：用鼠标单击任务栏中的"Windows 资源管理器"按钮。
- 利用快捷键：Win+E。

Windows 7 资源管理器窗口界面如图 1-79 所示。

图 1-79 Windows 7 资源管理器窗口

典型的 Windows 7 资源管理器窗口是一个"工"字形结构，分为上、左、右、下四个部分。左边用来列出计算机各种资源的树型结构，右边用来列出被选中资源中的具体内容（右边资源呈现有多种形式）；上面部分（导航栏、地址栏、搜索框和工具栏）的地址栏显示最后操作结果的资源路径（在左边或右边切换路径都会改变地址栏地址），而下面部分（状态栏）则显示右边资源的状态情况。如果用户用鼠标单击右边的某个具体资源，则地址栏显示具体的资源信息，另外，当在右边进入子目录时，地址栏信息会相应改变，但是左边选中路径不会变化。

（1）导航栏："后退"按钮、"前进"按钮和"跳转"菜单

"后退"按钮：它的作用是回到最近一次查看过的文件夹。在查看文件夹的过程中，如果要返回到上一次访问过的文件夹，可单击工具栏上的"后退"按钮。

"前进"按钮：它的作用是前进到最后一次后退之前的文件夹，但是如果没有使用过"后退"按钮（跳转到以前路径也算后退），则"前进"按钮是灰色无效的，见图 1-80（a）。如果想转到下一个文件夹，可单击工具栏上的"前进"按钮。

"跳转"菜单是"前进"按钮旁边的向下箭头，只有当前资源管理器打开后至少更换过一次路径，才可以使用，它记录了打开后所有访问过的路径，可以自由地在这些路径之间切换，不用考虑先后次序，见图 1-80（b）。

"后退"和"前进"按钮总是配合地址栏一起使用的，见图 1-80（c）。例如，用户使用地址栏更改文件夹后，可以使用"后退"按钮返回到前一个文件夹。

（a）

（b）

（c）

图 1-80 资源管理的导航按钮

（2）地址栏

用户使用地址栏可以导航至指定的文件夹或库，或返回前一个文件夹或库。可以通过单击某个链接或输入位置路径来导航到其他位置。

地址栏上地址按层次分节，每个小节都可以单独选择。如果切换过路径，则地址栏右边三角按钮下拉列表中也会保存切换过的所有历史路径（和"跳转"菜单相同），选择后可以切

换路径。若使用鼠标单击地址栏空白处，地址栏的层次地址信息会变成一串文本路径，并自动选中便于用户复制，见图 1-81。

图 1-81 资源管理器的地址栏浏览和选中效果图

（3）搜索框

搜索框位于资源管理器的右侧顶部，见图 1-82，在搜索框中输入词或短语可查找当前文件夹或库中的文件夹和文件。它根据所输入的文本筛选当前视图。搜索框将查找文件名和文件内容中的文本。在库中搜索时，将遍历库中所有文件夹及其子文件夹。

图 1-82 资源管理器搜索框

Windows 7 搜索框引入了索引功能，首次搜索时 Windows 会提醒是否建立索引，建立索引后，以后再检索时速度会明显改善。对于可能频繁检索的路径，建议添加到索引中，如图 1-83 所示。

图 1-83 资源管理器新搜索提醒

（4）工具栏（包含下拉菜单）

资源管理器的工具栏分为两个部分：操作部分（左侧）和显示布局部分（右侧）。前者会因为当前打开的资源不同而动态调整，后者基本不变。多数情况下，工具栏如图 1-84 所示。

图 1-84 资源管理器工具栏

资源管理器工具栏操作部分的绝大多数功能，在选中资源后右键菜单上都会出现，所以很多后续介绍的操作，既可以通过工具栏来完成，也可以通过右键菜单来完成。

对于显示布局部分来说，最重要的就是"更改显示视图"下拉菜单，见图 1-85（a），各种视图如图 1-85（b）至（d）所示。

（a）下拉菜单　　　（b）中等图标视图　　　（c）列表视图　　　（d）详细信息视图

图 1-85 资源管理器的显示视图

从具体实践效果来看，超大图标视图、大和中等图标视图及平铺视图和内容视图下会显示图片和视频的缩略图（能看到内容的小图），小图标视图、列表视图、详细信息视图下不显示缩略图，详细信息视图下可以看到更丰富的文件信息。

3．文件夹和文件的常用操作

文件夹和文件的操作是 Windows 资源管理器的一项主要功能，它会使用户对文件夹的创建，文件夹和文件的复制、移动、改名、删除、属性的修改等日常操作变得非常简单。在资源管理器中文件夹和文件尽管呈现形式不同，但本质上都是文件，所以对它们的多数操作的方法都一样。

（1）选中文件夹或文件

选中文件或文件夹的操作完全相同，甚至在多选时文件夹和文件可以同时被选中。

①选中一个文件夹或文件

在对某个文件夹或者文件进行操作之前，首先必须选择被操作的对象。例如，要复制"图片"库中"示例图片"文件夹中的文件"企鹅.jpg"，在复制之前必须选中该文件，方法是用鼠标在资源管理器的左窗格中单击"图片"库前白色箭头展开"图片"库的下级目录，再单击下级目录中"公用图片"文件夹前的白色箭头，展开它的下级目录，再单击"示例图片"文件夹，让其变为蓝色，表示该文件夹已被选中，然后在资源管理器的右边窗格中单击"企鹅"图片，让它也呈现蓝色背景，表示选中，见图 1-86。

图 1-86　选中文件夹和选中图片文件效果

②选中多个不连续的文件夹或文件

如果要选中多个文件，只需按下 Ctrl 键不放，用鼠标单击需要选中的文件，这时可以看到被选中的文件名都变色了；如果误选了某个文件可以再次按下 Ctrl 键，再单击该文件，即可去掉选中效果，见图 1-87。

图 1-87　不连续选中（去掉八仙花）效果

③选中连续的若干个文件夹或文件

如果要选中连续的若干个文件，可以用鼠标单击需要选中的第一个文件（或最后一个文件），然后按住 Shift 键不放，再用鼠标单击最后一个文件（或第一个文件），见图 1-88。连续选中后可以再次按下 Shift 键重新选中其他文件作为最后一个文件（或第一个文件）。

图 1-88　连续选中效果

④选中全部文件

如果要选中全部文件，可以用鼠标单击资源管理器工具栏中的"组织"，然后单击"全选"菜单项，见图 1-89，也可以按 Ctrl+A 组合键来选中全部文件。

图 1-89　资源管理器"组织"菜单

（2）建立新文件夹

①使用工具栏按钮创建

如果想在某一个文件夹中创建一个新的文件夹，则首先需要在资源管理器中打开该文件夹（地址栏呈现了该文件夹的路径），再单击工具栏中"新建文件夹"，Windows 会自动在当前目录下创建一个文件夹，并自动命名为"新建文件夹"（如果当前目录已经有同名文件夹存在，则会自动在后面加括号数字以示区别，编号自动从"（2）"开始），且文件夹名称处于编辑状态，见图 1-90。

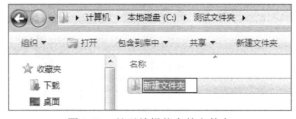

图 1-90　处于编辑状态的文件夹

用键盘切换输入法后就可以直接输入新名称，然后鼠标在资源管理器任意空白处单击即可完成重命名操作。

②在资源管理器右侧使用快捷菜单创建

和方法①相同，首先也需要打开要创建的文件夹，然后在右边空白区域单击鼠标右键，选择快捷菜单中的"新建"，再选择"文件夹"菜单项，见图1-91。剩余步骤和方法①相同。

图1-91　快捷菜单上的新建文件夹命令

③在资源管理器左侧使用快捷菜单创建

这种方法和方法②的不同在于，不用打开要创建子文件夹的目标文件夹，只需要将左边树型结构中展开，然后右击目标文件夹，选择快捷菜单中的"新建"，再选择"文件夹"菜单项，见图1-92。此方法中的"新建"子菜单和方法②的不一样。

 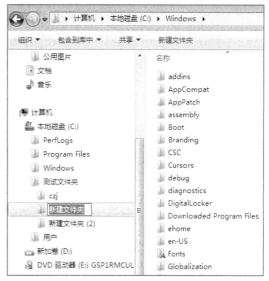

图1-92　资源管理器左侧树型目录中新建文件夹

可以看到资源管理器地址栏的当前目录是"C:\Windows"，而创建了子目录的文件夹是"C:\测试文件夹"，并且创建好的子目录是在左侧树型结构中呈现编辑状态。

（3）文件夹或文件重命名

更改文件夹名和更改文件名的方法完全相同，有三种方法可以用来更改文件夹名和文件名，下面以将"C:\测试文件夹"下子文件夹"新建文件夹"更名为"czj"为例，介绍这三种方法的操作步骤。

①利用"组织"菜单

首先在资源管理器右侧选中文件夹"新建文件夹"，然后单击工具栏中"组织"，选择"重命名"菜单项，在单击该菜单项后，文件夹"新建文件夹"即变为编辑状态，这时输入新文件夹名"czj"，就完成了更改文件夹名的操作，如图1-93所示。

图1-93 使用"组织"菜单更改文件夹名

②利用快捷菜单

选中要重命名的文件夹"新建文件夹"，单击鼠标右键，在弹出的快捷菜单中选择"重命名"命令，则文件名变为可编辑状态，重复第①种方法的操作就可完成文件夹的重命名。

③利用鼠标单击

用鼠标单击选中"新建文件夹"文件夹，在文件夹名称处再次单击就会出现文件夹名称的编辑状态，重复第①种方法的操作即可完成文件夹的重命名。

（4）删除文件夹或文件

删除文件夹的操作也很简单，需要注意的是，如果删除了文件夹则该文件夹内的文件及子文件夹将全部被删除，执行此操作前应确认是否真正要删除该文件夹中的所有内容。Windows系统默认状态下会弹出一个如图1-94所示的确认是否删除的对话框，防止用户误操作。

图1-94 "删除文件夹"对话框

删除文件夹和删除文件的方法完全相同，下面只介绍删除文件夹的四种方法。

①利用"组织"菜单

用鼠标选中要删除的文件夹，然后单击"组织"菜单中的"删除"菜单项，这时就会弹出如图1-94所示的"删除文件夹"对话框，如果用户确实要删除该文件夹，则用鼠标单击"是"按钮，即可删除该文件夹。

②利用快捷菜单

将鼠标放在需要删除的文件夹上，单击鼠标右键，在弹出的快捷菜单中选择"删除"命令，也会弹出和前面方法相同的"删除文件夹"对话框，如果用户确实要删除该文件夹，则用鼠标单击"是"按钮，即可删除该文件夹。

③利用键盘

用鼠标选中要删除的文件夹，然后按键盘上的Delete键，接下来和前面方法操作一致。

④利用鼠标拖曳

先缩小资源管理器，使得能看到桌面的回收站图标，再单击要删除的文件夹图标并拖曳它到桌面上的回收站图标上，释放鼠标左键，即可删除该文件夹。利用这种方式，系统不会弹出是否删除的确认对话框。

（5）永久删除或恢复文件夹和文件

前面介绍了四种删除文件夹或文件的方法，在对指定的文件夹或文件做了删除操作之后，实际上并没有真正删除（如果删除超大文件，则系统会直接提示无法放入回收站，将会直接删除），而是将其移入了回收站，也就是说其还继续占用着磁盘空间，如果希望永久删除或者恢复文件夹和文件，则可以到回收站中完成此工作。

双击 Windows 7 桌面上的回收站图标，即可打开如图 1-95 所示的"回收站"窗口。

图 1-95 "回收站"窗口

回收站最常用的操作有三个：清空回收站、还原项目和删除指定项目。

①清空回收站

在图 1-95 所示的"回收站"窗口中，单击工具栏"清空回收站"命令，此时回收站中的所有文件夹及文件全部被永久删除。清空回收站操作是在确定回收站中内容无用的情况下，迅速永久删除所有文件，挪出可用磁盘空间的有效方法。

②永久删除指定文件

在图 1-95 所示的"回收站"窗口中，在文件列表中选中一个或多个确实要永久删除的文件，然后单击"组织"，选择"删除"菜单项，此时系统仍会提示确认，单击"是"按钮后则可永久删除选中的文件。

③直接恢复文件

在图 1-95 所示的"回收站"窗口中，如果发现有些文件不应该删除，需要恢复，则用鼠标选中要恢复的文件，然后单击"组织"，选择"撤销"菜单项（或单击工具栏的"还原此项目"），此时被选中的文件将从"回收站"窗口中消失，还原到删除前所在的位置。

④通过剪切恢复文件

方法③是将被删除的项目恢复到删除前的位置，如果需要指定恢复的路径，则可以先选中要恢复的项目，然后在选中的项目上右击，使用快捷菜单的"剪切"，再打开目标路径，在空白地方单击鼠标右键，选择"粘贴"菜单项。

小技巧：如果不希望删除文件或文件夹后其被放入回收站，可以在执行删除操作前，先按下 Shift 键，这种情况下的删除就是永久性删除。

（6）复制文件夹或文件

复制文件夹或文件是经常要执行的文件操作。用户可以将一个文件夹中的一个或多个文件复制到另一个文件夹中，或者将一个文件夹或多个文件夹复制到另一个文件夹中。用户还可以将文件夹或文件复制到其他的磁盘中。

复制文件夹和复制文件的方法完全相同，下面只介绍复制文件夹的四种方法。

①利用"组织"菜单

用鼠标选中要复制的文件夹，单击"组织"菜单中的"复制"命令，再打开需要复制到的磁盘及其文件夹，最后单击"组织"菜单中"粘贴"命令，这样就可以将指定文件夹及该文件夹下的所有文件和所有子文件夹都复制到指定的位置。

②利用快捷菜单

将鼠标指针放在需要复制的文件夹上，单击鼠标右键，在弹出的快捷菜单中单击"复制"命令，再将鼠标指针放在需要复制到的磁盘及其文件夹上，单击鼠标右键，在弹出的快捷菜单中单击"粘贴"命令，即可完成文件夹的复制。

③利用键盘

用鼠标单击要复制的文件夹，按 Ctrl+C 组合键，再打开需要复制到的磁盘及其文件夹，按 Ctrl+V 组合键，即可完成文件夹的复制。

④利用鼠标拖曳

单击需要复制的文件夹图标并拖曳它到需要复制到的磁盘及其文件夹上，释放鼠标左键，即可完成文件夹的复制。

（7）移动文件夹或文件

前面已经介绍过，复制文件夹或文件的方法有四种，但归纳起来，不管是哪一种方法，都有如下两个步骤：

①选中需要复制的文件夹或文件并复制。

②打开或选中需要复制到的磁盘及其文件夹后进行粘贴。

移动文件夹或文件的方法跟复制文件夹或文件的方法基本相同，不同的是第一步，移动文件夹或文件的方法是选中需要移动的文件夹或文件后进行剪切。其中剪切的方法也有几种，如可以利用"组织"菜单中的"剪切"命令，利用快捷菜单中的"剪切"命令或者按 Ctrl+X 组合键进行剪切等。

（8）设置文件夹或文件的属性

文件夹和文件的属性有三种：文档属性、只读属性（只对文件）、隐藏属性。用户可以通过设置文件夹或文件的属性来保护文件。默认情况下文件和文件夹属于文档属性，如果对文件设置了只读属性，则该文件无法被更改（打开更改后无法保存），如果对文件或文件夹设置了隐藏属性，则正常情况下无法看到它们。

修改文件夹或者文件属性的方法非常简单，下面介绍两种方法。

①利用"组织"菜单

用鼠标选中需要修改属性的文件夹或者文件，单击"组织"菜单中"属性"菜单项后，出现如图 1-96 所示的设置文件夹或者文件属性的对话框，假如希望将该文件夹或者文件的属性设置为"隐藏"，只需用鼠标勾选"隐藏"复选框，使之出现☑，然后单击"确定"按钮就完成了设置。去掉属性复选框的勾选后再单击"确定"按钮可以去掉已经设置的属性。

②利用快捷菜单

将鼠标放在需要修改属性的文件夹或者文件上，单击鼠标右键，在弹出的快捷菜单中选择"属性"命令，弹出如图 1-96 所示的设置文件夹或者文件属性的对话框，后面的步骤同①。

文件或文件夹被设置隐藏属性后默认在资源管理器中就看不到了，如果希望恢复，则需要通过资源管理器的"组织"菜单下的"文件夹和搜索选项"菜单项来恢复，单击后弹出如图 1-97 所示的对话框。

图 1-96 文件只读和隐藏属性设置对话框

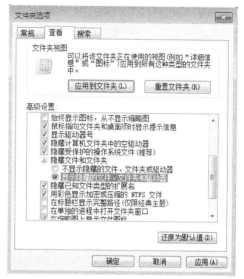

图 1-97 资源管理器文件夹选项（显示文件部分）

选中"显示隐藏的文件、文件夹和驱动器"（单选框变为◉），再单击"确定"按钮就可以重新看到隐藏的文件和文件夹了（注：显示或隐藏已知文件类型的扩展名也在这里完成）。

通过资源管理器可以看出，即便恢复了显示，被隐藏的文件和文件夹和没有设置隐藏属性的文件和文件夹还是有些不同，恢复显示的隐藏文件和文件夹图标颜色要浅一些，见图 1-98。

图 1-98 恢复显示的隐藏文件、文件夹和正常文件、文件夹对比

1.4.3 Windows 操作系统的配置

1. 设置 Windows 7 桌面背景（也称壁纸）

Windows 7 桌面允许用户自己选择图片背景，定制出符合自己需要的效果。一般设置桌面背景常用两种方法：

（1）通过控制面板完成

在桌面空白地方单击鼠标右键，选择快捷菜单的"个性化"菜单项，打开控制面板的个性化中心，见图 1-99。

图 1-99　Windows 7 个性化中心

直接就可以看到一个"桌面背景"链接，直接单击即可打开"桌面背景"配置界面，见图 1-100。

图 1-100　设置桌面背景

桌面背景图片的出现位置与方式有五种：填充（默认方式）、适应、拉伸、平铺和居中。

①填充：首先图片是等比缩放，之后按照图片的最小边来适应屏幕以达到填充屏幕效果，如果图片分辨率和屏幕的比例不一样，图片会有部分显示不了（超出屏幕之外），但是屏幕是被图片覆盖满的。

②适应：图片也是等比缩放，但是图片的高度或宽度有一样缩放到屏幕的高度或宽度后就不变化了，也就是适应方式能在保持图片比例的同时最大化显示图片，但是不一定覆盖满整个屏幕。

③拉伸：图片不按比例缩放，而是根据屏幕显示分辨率拉伸，让一张图片就占满桌面，当图片和屏幕分辨率比例不相同时图片会变形。

④平铺：图片不进行任何缩放，当图片的高度或宽度不够大时用多张图片来覆盖满屏幕。

⑤居中：图片不进行任何缩放，但是图片的中心和屏幕中心对齐。当图片较小时，则覆盖不满屏幕，当图片太大时则显示不全。

单击"浏览"选择一张自己满意的图片，然后单击最下面的"保存修改"按钮，即可完成背景设置。

如果需要动态背景，可以同时选中多张图片，这时"更改图片时间间隔"也变得可用了，见图1-101，可以根据自己需要设置更换时间和是否有序播放，最后单击"保存修改"生效。

图 1-101　桌面背景设置选项

（2）通过快捷菜单设置

打开资源管理器找到希望作为背景的图片，然后右击，选择快捷菜单的"设置为桌面背景"，见图1-102。

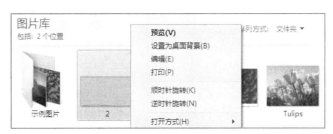

图 1-102　快捷菜单设置桌面背景

对于这种设置方式，背景图片继承系统原来的显示方式，例如，原来是居中显示，则重新设置后，新背景图片也是居中显示。

2. 设置输入法

输入法是指为将各种符号输入计算机或其他设备（如手机）而采用的编码方法。计算机使用中经常要求我们输入文字信息，也就是俗称的"打字"，正是有中文输入法的存在我们才能将汉字输入计算机中。

（1）汉字输入法简介

①汉字输入法历史

西方的拼音文字由字母组成，而且西方人使用键盘打字机已有很久的历史，因此计算机输入没有障碍。而汉字是方块字，每个字都不同，而且中国人也没有使用键盘的传统，因此计算机的输入问题阻碍了计算机在中国的普及和发展。

1978 年，上海电工仪器研究所部工程师支秉彝创造了一种"见字识码"法，并被上海市电话局采用，从而率先使计算机的汉字输入进入了实用阶段。"见字识码"用 26 个拉丁字母进行编码，以 4 个拉丁字母表示一个汉字。这种编码方案建立在字音和字形的双重关系上，见字就能识码，见字就能打码，不必死记硬背。由于每个汉字的字码是固定的，就给计算机码的存储和软件的应用带来很大方便。这种编码曾得到一定程度的应用，为建立中文计算机网络和数据库打开了大门，并使建立在电子计算机基础上的照相排版印刷的自动化得以实现。

但是，使汉字输入技术真正达到普及化、实用化的，是由王永民发明的"五笔字形"输入法。这是一种真正达到成熟阶段的汉字编码方案。1984 年 9 月，五笔字形汉字编码输入法在联合国做操作演示，达到每分钟输入 120 个字的速度，每个汉字及词组的输入最多需 4 键，从此，计算机的汉字输入问题得到了根本的解决。此后，汉字输入技术的发展越来越先进，不仅种类越来越多，而且输入设备也由普通英文键盘，发展到鼠标、手写板、麦克风甚至专用键盘等。

②什么是输入法

输入法（Input Method）也称为输入法编码方法，它是指为了将各种符号输入计算机或其他设备（如手机）而采用的编码方法。例如通过使用拼音编码、字形编码、笔画编码、图形编码甚至是语音编码都可以实现文字的输入。如果输入法能够输入汉字，则称为汉字输入法。尽管输入法是一种特定输入规则的总结，但是其必须依赖输入法软件才能实现作用。

输入法编辑器（Input Method Editor）是实现文字输入的软件，也有人称为输入法软件、输入法平台、输入法框架或输入法系统。在国内，有人直接将"输入法软件"称为"输入法"，比如将"搜狗拼音输入法软件"称为"搜狗拼音输入法"。输入法软件一般默认自带某种编码方式，例如中文输入法软件中的拼音编码，即通常所说的拼音输入法。有的输入法软件名称本身也就是该输入法的编码名称，如王码五笔字形输入法、超强二笔输入法。尽管部分输入法仅仅只有一种输入法软件可以使用，但是更多的输入法可以在多种输入法软件上使用，所以输入法软件本身并不等同于输入法编码方法。

（2）常用的中文输入法和输入法软件

Windows 系统流行的中文输入法主要有字形输入法、拼音输入法、笔画输入法、手写输入法、语音输入法五大类。几乎每种输入法都可以选择很多种输入法软件来进行输入，同时有的输入法软件还同时支持多种输入法。随着互联网和大数据的兴起，输入法软件不仅能完成输入，而且还可以保存用户的输入习惯，提供互联网热词等，极大地方便了用户输入，提高了输入体验和输入速度。

①字形输入法

字形输入法是国内最早成熟的中文输入法，"五笔字形"输入法就是其代表之作，在 20 世纪 80 年代至 90 年代曾经一度是计算机汉字输入的主流选择，统治了各种计算机教材，见图 1-103。字形输入法特点是有使用口诀，记忆量大，生僻字难输入，但是熟练掌握后就能达到较高的输入速度，适合一些要求录入速度的岗位使用。目前流行的字形输入法软件有 QQ 五笔、搜狗五笔、陈桥五笔、极简五笔等。

图 1-103 中文五笔字形输入法输入汉字

②拼音输入法

拼音输入法是按照拼音规定来输入汉字的，不需要特殊记忆，符合人的思维习惯，只要会拼音就可以输入汉字，见图 1-104。目前主流拼音是立足于义务教育的拼音知识、汉字知识和普通话水平之上，所以其对使用者普通话和识字及拼音水平的提高有促进作用。

图 1-104　中文拼音输入法输入汉字

在五笔字形流行年代，拼音输入法已经产生，但是效率非常低下，导致选择使用的人很少。但是随着拼音输入法的逐步改进和完善，其新功能和新特性已经吸引了越来越多用户的注意力，加之汉语拼音是中国启蒙教育的核心内容之一，凡接受过中文教育的人对汉语拼音并不陌生，而对于刚刚接触计算机的人来说，因为只要会汉语拼音就可以使用拼音输入法打字，所以拼音输入法成为了越来越多人输入汉字的首选。当前主流的拼音输入法主要有搜狗拼音输入法、QQ 拼音输入法、紫光拼音输入法、微软拼音输入法、谷歌拼音输入法等。

③笔画输入法。

笔画输入法是针对没有拼音基础的用户的简单输入法，它的开发初衷是专门为那些不懂汉语拼音，而又希望在最短时间内学会一种汉字输入法，以进入计算机实用阶段的人量身定做的一种实用汉字输入法，也是目前通过键盘进行输入的输入法中最简单的一种，见图 1-105。

图 1-105　中文笔画输入法输入汉字

笔画是汉字结构的最低层次，根据书写方向可将其归纳为"横、竖、撇、捺、折"五种，由于计算机键盘上没有五个笔画的键，所以笔画输入法使用"12345"五个数字进行对应笔画输入，故叫"12345 数字打字输入法"。最新的笔画输入法为了减少重码率且提高效率，提供了鼠标风格、部首风格、数字风格、键盘风格进行选择，前两者比较简单，适合入门，后两者复杂些，但是效率高。

计算机早期用户往往都是职业院校或者高校学生，具有较高的文化基础和记忆能力，导致笔画输入法一直是小众产品，发展速度慢，效果较差。其代表有惠邦五行码、点字成章笔画输入法等。

④手写输入法

手写输入法是随着计算机外设技术发展起来的一种输入法，其核心是用户借助硬件输入设备完成整个字的书写，然后计算机进行识别。可以使用鼠标或者专门的手写板进行输入，后者需要专门购置设备，并正确安装配套软件后才可以使用。手写输入法要求用户写字较为标准，尤其是正楷字识别率很高，见图 1-106。

图 1-106　手写输入法输入汉字

　　手写输入法将文字输入的难度又降到了新低，不需要记忆，不需要思考，只要书写即可完成录入，同时手写板除了可以输入文字外，还可以当画板使用，绘制计算机图形。当然其缺点是必须要写完整的文字才能进行录入，一般不支持多个字连续书写，速度较慢，同时要配置手写板才能有较好的输入体验。目前国内汉王和清华同方的手写板较为流行。

　　⑤语音输入法

　　语音输入法是使用话筒和语音识别软件来辩别文字的一种输入法，其主要是伴随移动互联网产业的兴起而流行来，见图 1-107。和手写输入法一样，语音输入法也没有使用难度，但是为了提高识别率，最好是使用标准普通话发音，并且使用环境也会对识别效果产生较大影响。

图 1-107　语音输入法输入汉字

　　语音输入在计算机上较为少用，主要应用于手机等移动终端，其代表有讯飞语音输入法。

　　（3）中文输入法软件的安装

　　①获取中文输入法软件的安装程序

　　这里以搜狗拼音输入法为例，打开浏览器（任务 6.2 中会详细介绍浏览器的使用）访问百度搜索引擎（http://www.baidu.com），搜索"搜狗拼音输入法"，见图 1-108。

图 1-108　百度检索搜狗拼音输入法软件下载地址

单击"立即下载"，将安装程序下载到指定文件夹（D:\），见图 1-109。

图 1-109 下载输入法安装程序到 D 盘根目录

②安装"搜狗拼音输入法"软件

打开资源管理器，打开 D 盘，双击目录下的"sogou_pinyin_8.2.0.8853_6991.exe"。执行外部可执行文件时，Windows 7 系统会进行"用户账户控制"警告，见图 1-110，直接单击"是"按钮，进入下一步。

图 1-110 软件安装操作系统提示

单击"立即安装"，进入安装过程，见图 1-111。

等到安装完成后，去掉"设置搜狗导航为您的默认首页"的复选标记，单击"立即体验"结束安装，见图 1-112。在紧接着的"用户使用习惯设置中"，一直单击"下一步"直到最后单击"完成"。

图 1-111 开始安装输入法	图 1-112 安装完成提示

（4）配置系统的输入法

右击任务栏的输入法图标，选择快捷菜单的"设置"菜单项，如图 1-113 所示。在弹出的"文本服务和输入语言"对话框中，可以将不需要的输入法选中后删除，至少保留英语输入法下的"美式键盘"，及中文输入法下的"美式键盘""搜狗拼音输入法"，单击"确定"按钮，保存修改，见图 1-114。

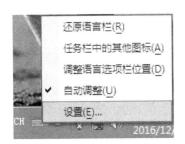

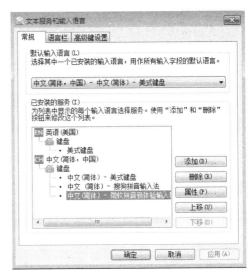

图 1-113　Windows 7 系统输入法设置菜单　　　　图 1-114　输入法设置对话框

（5）切换输入法

当系统中有多个输入法时，我们可以自由地选择需要的输入法进行输入。

①鼠标切换

单击桌面任务栏输入法图标，在弹出的输入法选择菜单中单击需要的输入法即可。

②键盘切换

在 Windows 操作系统的"中文（简体）-美式键盘"状态下使用 Ctrl+Space（空格键）组合键可以打开除了"中文（简体）-美式键盘"的第一序输入法，比如在图 1-115 所示的输入法中，会自动打开"搜狗拼音输入法"。在中文输入法状态下，使用 Ctrl+Space（空格键）组合键会关闭中文输入法，更换为"中文（简体）-美式键盘"输入法。

如果有多个输入法需要在其中进行循环切换，可以使用 Ctrl+Shift 组合键。

注意：从 Windows 10 开始中文输入法的打开使用 Win+Space 组合键，中文输入法之间切换仍然使用 Ctrl+Shift 组合键。

（6）使用"搜狗拼音输入法"软件输入文字

①输入文字

打开一个记事本，把输入法切换到"搜狗拼音输入法"，然后直接按键盘的字母组合拼音就可以打字了。例如输入"dajiahao"，如图 1-116 所示。

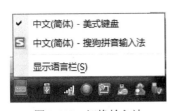

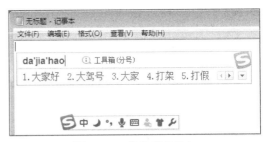

图 1-115　切换输入法　　　　　　　　　图 1-116　搜狗拼音输入

图 1-116 中，直接按空格键就可以把默认选择的第一个输入结果"大家好"输入记事本中。目前搜狗拼音输入法的正确率很高，但是也不排除有不重音的字或词出现，我们可以直接按对

应字词下的数字键进行选择（也可以用鼠标单击选择）。如果输入正确但是需要的字词没有出现，可以按"+"或"-"号在出现的候选内容中向后或向前翻页，然后再使用候选内容下的数字键进行选择。

②输入法状态

使用输入法时需要注意控制输入法的状态。在中文输入法下主要需要注意大小写、中英文、半角全角、中英文标点四种状态控制，见图1-117。以搜狗拼音输入法为例：当按下键盘上的大写键（CapsLock）时，输入法只能输入大写的英文字母，不能输入汉字；当按下键盘切换键（Shift）时能够不更换输入法在中文和英文之间切换；按下Shift+Space组合键时能够在全角和半角状态之间切换（全角状态下即便输入英文也是按中文字符宽度进行显示，其实质也是中文）。除了大写状态外，其他三种状态也可以直接通过用鼠标单击输入法状态栏上的三个图形来切换。

3. 配置网络地址

Windows 7系统安装好以后，可以配置计算机网络地址使得计算机能够使用网络资源。从Windows XP时代开始Windows系统都内置了大量的设备驱动程序，绝大多数情况下不需单独安装网卡驱动。对计算机来说，网卡是连接计算机和网络的桥梁，配置网络其实就是配置计算机的网卡的IP地址信息。

（1）查看网络信息

右击任务栏的网络图标（🖳），见图1-118。

图1-117 搜狗拼音输入法的几种状态　　　　图1-118 Windows 7网络和共享中心快捷菜单

在弹出的快捷菜单中选择"打开网络和共享中心"，可以看到当前计算机的网络连接情况，见图1-119。

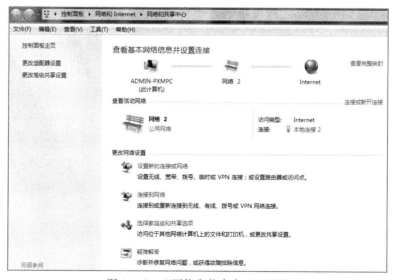

图1-119 "网络和共享中心"界面

从图 1-119 可以看出当前计算机已经能够正常连接外部网络了，可以单击"本地连接 2"查看网络连接情况，见图 1-120。

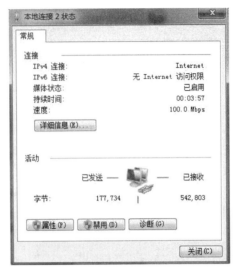

图 1-120　本地连接状态对话框

从图 1-120 中可以看到本地计算机使用了 IPv4 地址连接 Internet，局域网是 100Mbps 网速，能够正常发送和接收数据包。

（2）配置网络地址

如果我们要配置网卡的地址信息，有两种方法：

①在"网络和共享中心"页面，单击左侧的"更改适配器设置"，打开"网络连接"窗口，见图 1-121。

如果计算机有多张网卡，这里可以全部看到，并且网卡的有效性（有效或被禁用）、连接状态（连接或断开）和类型（有线或无线）也能看出来。右击"本地连接 2"，弹出快捷菜单，见图 1-122。

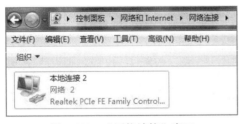

图 1-121　"网络连接"窗口

图 1-122　本地连接管理快捷菜单

单击快捷菜单的"属性"菜单项，打开"本地连接 2 属性"对话框，见图 1-123。目前绝大多数单位或个人的计算机仍然使用 IPv4 协议连接上网，所以，选中"Internet 协议版本 4（TCP/IP）"，单击"属性"按钮，打开"Internet 协议版本 4（TCP/IPv4）属性"对话框，见图 1-124。

图 1-123 "本地连接属性"对话框

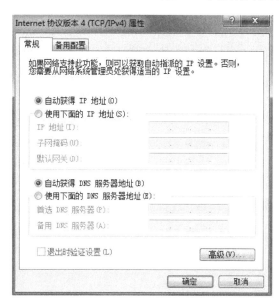

图 1-124 "Internet 协议版本 4（TCP/IPv4）属性"对话框

很多单位网络采用了 DHCP（动态 IP 地址分配协议）服务，个人计算机无需配置而由网络中心服务器自动分配 IP 地址，包括 DNS 服务器信息。如果是这种情况，则需要保持图 1-124 中两个选项都设置为"自动获得"。如果没有 DHCP 服务器，则需要用户根据单位或网络运营商提供的账号信息选择"使用下面的 IP 地址"和"使用下面的 DNS 服务器地址"进行手动配置。有关 IP 地址的知识在 6.1.3 节中会介绍到。

②在"网络和共享中心"界面上，单击"本地连接 2"，在弹出的"本地连接 2 状态"对话框中，单击"属性"按钮，后续的配置方法就和方法①完全相同了。

1.4.4 磁盘管理

1. 分区管理

如果在安装系统时只创建了主分区，则可以通过 Windows 提供的磁盘管理来分配余下的磁盘空间。即便所有分区已经创建好，也可以通过磁盘管理对分区重新进行分配（有可能会丢失原来存储在这些分区中的数据）。

（1）创建分区

右击 Windows 桌面的"计算机"图标，在弹出的快捷菜单上选择"管理"菜单项，见图 1-125。

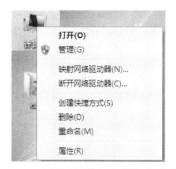

图 1-125 桌面"计算机"图标快捷菜单

　　单击"管理"菜单项将打开"计算机管理"窗口。通过这个窗口可以对整个计算机绝大多数信息进行管理。这里我们只应用其"磁盘管理"功能，见图1-126。

图1-126　"计算机管理"窗口

　　单击左侧树型目录中的"磁盘管理"，在右侧显示出当前计算机的磁盘情况，见图1-127。可以看到系统目前只分配了2个盘符（能够被用户访问的分区的路径名），一个是系统安装盘C盘，一个光驱D盘。硬盘部分还有10GB未分配空间，其可以用于创建新分区。

图1-127　磁盘管理界面

　　右击"磁盘0"的未分配区域，在弹出的快捷菜单中选择"新建简单卷"（Windows中用卷来描述所有分区信息，其概念比分区更大更复杂），见图1-128。

Windows 7 弹出"新建简单卷向导"对话框，引导用户建立新分区，见图 1-129。

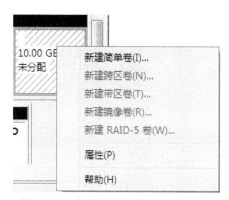

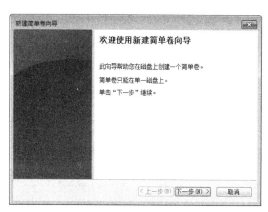

图 1-128 未分配磁盘空间的快捷菜单

图 1-129 新建分区向导

单击"下一步"继续按向导提示配置，见图 1-130。

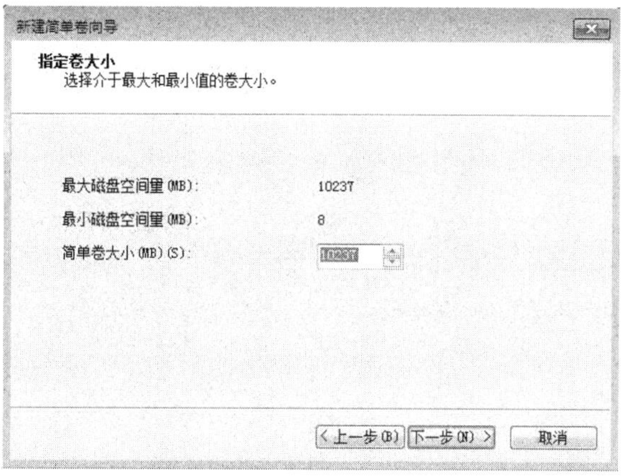

图 1-130 新建分区容量

如果剩余空间较多，可以建立多个分区。这里由于余下空间较小就全部用于一个分区的创建。分区创建的时候，向导会提示给分区分配盘符。由于光驱已经占用 D 盘符，这里只能从 E 盘符开始选择，见图 1-131。

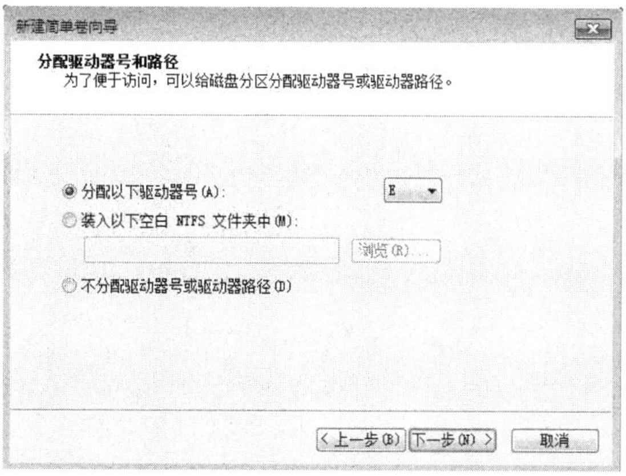

图 1-131 新建分区盘符

　　设置新分区的文件系统、分配单元大小（簇，磁盘上存储信息的最小单元）、卷标（分区的描述信息）以及格式化方式。若没有特殊要求建议都采用"NTFS"文件系统，它更安全并且支持超大文件，见图1-132。配置好信息后，单击"下一步"，单击"完成"按钮结束"新建简单卷向导"，完成新建分区操作。建好的分区效果如图1-133所示。

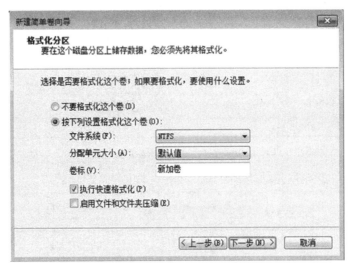

图 1-132　新建分区分区格式

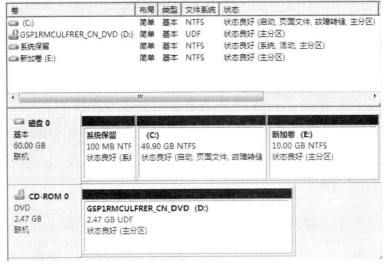

图 1-133　创建好的分区效果图

　　（2）更改分区卷标

　　在创建分区结束后，由于 E 盘最后创建，光驱盘符夹在两个硬盘盘符之间，不符合使用习惯。右击"DVD (D:)"区域，在弹出的快捷菜单中选择"更改驱动器号和路径"，见图1-134。在弹出的"更改 D:()的驱动器号和路径"对话框中，可以看到当前光驱的盘符，见图1-135。单击"更改"按钮，弹出如图1-136所示的对话框。

　　因为 C、D、E 盘符都已经使用，暂时选择光驱盘符为 F，单击"确定"按钮保存更改。由于更改了路径后可能导致有些程序无法正常工作，系统会给出一个警告提示，见图1-137。

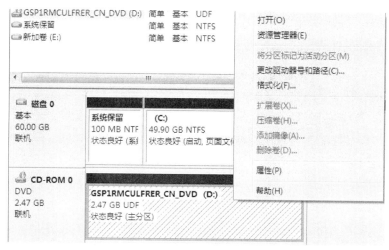

图 1-134 已创建分区的快捷菜单

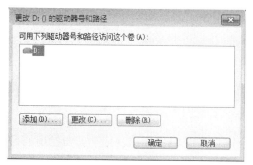

图 1-135 更改分区盘符

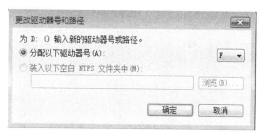

图 1-136 更改分区盘符

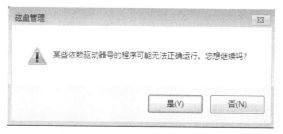

图 1-137 更改分区盘符后提示

单击"是"按钮结束光驱盘符的更改，效果如图 1-138 所示。

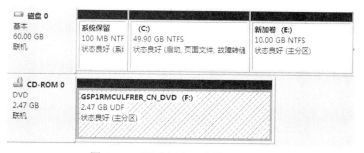

图 1-138 更改好光驱盘符后效果图

因为 D 盘盘符已经更改为 F，D 盘符就空出来了。用同样的方法可以把 E 盘符更改为 D 盘符，然后再把光驱盘符更改为 E。结束更改，效果如图 1-139 所示。

图 1-139　新加卷和光驱更换盘符后效果图

2. 格式化磁盘

磁盘格式化（Format）是在物理驱动器（磁盘）的所有数据区上写零的操作过程，格式化是一种纯物理操作，同时对硬盘介质做一致性检测，并且标记出不可读和坏的扇区。格式化硬盘可分为高级格式化和低级格式化，简单地说，高级格式化就是和操作系统有关的格式化，低级格式化就是和操作系统无关的格式化。

（1）低级格式化

低级格式化是物理级的格式化，主要是用于划分硬盘的磁柱面、建立扇区数和选择扇区间隔比。硬盘要先低级格式化才能高级格式化，而刚出厂的硬盘已经经过了低级格式化，无需用户再进行低级格式化了。一般只有在十分必要的情况下用户才需要进行低级格式化。例如，硬盘坏道太多经常导致存取数据时产生错误，甚至操作系统根本无法使用。需要指出的是，低级格式化是一种损耗性操作，其对硬盘寿命有一定的负面影响。

（2）高级格式化

高级格式化主要是对硬盘的各个分区进行磁道的格式化，在逻辑上划分磁道。对于高级格式化，不同的操作系统有不同的格式化程序、不同的格式化结果、不同的磁道划分方法。高级格式化还可分为快速格式化和正常格式化。快速格式化将创建新的文件分配表，但不会完全覆盖或擦除分区（卷）。正常格式化比快速格式化慢得多，会完全擦除分区（卷）上现有的所有数据。

例如格式化硬盘 D 分区，操作步骤如下：

①在资源管理器中选中要格式化的磁盘，如 D 盘。

②用鼠标右键单击 D 盘，在弹出的快捷菜单中选择"格式化"命令，弹出如图 1-140 所示的"格式化　新加卷(D:)"对话框。

③在"格式化　新加卷(D:)"对话框中设置如下参数：

● 容量：显示当前分区的磁盘容量信息，不可更改（早期的软盘可以选择格式化后的容量）。

● 文件系统：推荐使用 NTFS。

● 分配单元大小：建议 4096 字节（也就是 4KB）。

● 卷标：卷标的名称可以示意盘中的主要内容，一般情况下建议将其更改为磁盘主要用途的简介。

● 快速格式化：只是对已格式化过的磁盘上的文件进行删除，并不对磁盘盘面进行检测，所以速度很快。若不选择"快速格式化"，则默认为全面格式化（正常格式化）。

 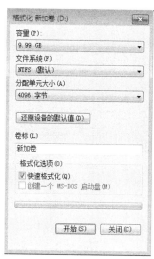

图 1-140 磁盘分区快捷菜单和格式化对话框

④完成所有选项的设置后，单击"开始"按钮，即开始进行格式化。此时在对话框的底部可以看到格式化执行的进展情况，直到格式化完成为止。

当 Windows 7 系统正在运行时，不能格式化安装有 Windows 7 系统的硬盘分区。如果用户需要格式化安装有 Windows 7 系统的硬盘，只能在退出 Windows 7 系统的情况下，用其他方法来完成。例如用其他的启动光盘（或启动优盘、移动硬盘）来引导系统后才可以格式化 C 盘。

3. 维护磁盘性能

操作系统在使用过程中会产生很多"垃圾"，比如系统临时文件、Internet 缓存文件和各类软件运行时产生的临时文件。这些临时文件大部分情况下没有太多用途，白白占用着磁盘空间，降低了磁盘性能，另处由于系统文件不断地创建与删除，原本连续的磁盘空间会被使用得"支离破碎"，一个文件的信息可能存储在磁盘的不同位置，使得计算机在访问时需要进行频繁的定位操作，也会大幅度地降低磁盘性能。所以在操作系统运行一段时间后，我们需要进行必要的磁盘维护，以节省存储空间和提高读写性能。

（1）磁盘清理

使用磁盘清理程序则可以清除操作系统中的各种临时文件，腾出它们占用的系统资源，以提高系统性能，并且在磁盘清理程序中用户还可以指定要删除的文件类型及这些文件所占用的磁盘空间大小，进行精确删除。

操作步骤如下：

①单击"开始"按钮，在弹出的"开始"菜单中选择"所有程序"，在左边菜单中选择"附件"，在"附件"子菜单中选择"系统工具"，最后选择"清理磁盘"命令，弹出如图 1-141 所示的"磁盘清理：驱动器选择"对话框。

②在"驱动器"下拉列表中选择需要清理的磁盘，单击"确定"按钮，弹出如图 1-142 所示的"磁盘清理"对话框。

③在"要删除的文件"列表中选中需要删除的文件项目（如果要删除 Internet 临时文件，则将 Internet 临时文件的复选框打上"√"）。

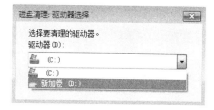

图 1-141 磁盘清理分区选择对话框

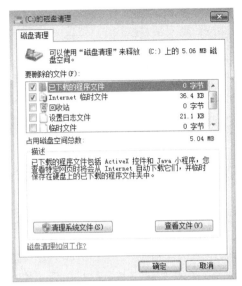

图 1-142　磁盘清理内容选择对话框

④单击"确定"按钮即可开始清理工作。

（2）磁盘碎片整理

针对磁盘"碎片"较多的情况，为了提高磁盘的性能，可以使用磁盘整理工具"磁盘碎片整理程序"重新整理磁盘，从磁盘的开始位置存放文件，将文件存放在连续的扇区中，从而在存储文件的扇区后面形成连续的空闲空间，用于存储以后生成或复制的文件，这样就可以有效地提高磁盘的读写性能。

使用"磁盘碎片整理程序"整理磁盘的步骤如下：

①用鼠标单击"开始"按钮，在弹出的"开始"菜单中选择"所有程序"，在左边菜单中选择"附件"，在"附件"子菜单中选择"系统工具"，最后选择"磁盘碎片整理程序"命令，弹出如图 1-143 所示的"磁盘碎片整理程序"对话框。

图 1-143　磁盘碎片整理程序

②在"磁盘"列表中选择要整理的磁盘，然后单击"分析磁盘"，如果磁盘碎片比例不高，可以暂不整理，否则就单击"磁盘碎片整理"按钮，进入磁盘整理进程。需要注意的是，整理磁盘要花费很长的时间，特别是整理硬盘，用户要耐心等待。

【任务分析】

根据任务说明，本任务主要围绕资源管理器进行操作，当然如果系统没有 D 盘或者 D 盘是光驱，则需要使用磁盘管理工具新增一个硬盘分区 D 盘，然后在资源管理器中进行文件夹的创建、文件的复制（或移动）、文件和文件夹权限的设置操作。

【任务实施】

（1）打开资源管理器查看是否有硬盘分区 D 盘存在，见图 1-144。

图 1-144　查看资源管理器

（2）使用磁盘管理工具新增分区，见图 1-145。为了下一步操作便利，新创建的分区直接使用 F 盘符。

图 1-145　对未分配空间创建分区

（3）更改新增分区盘符和光驱盘符，见图 1-146。先修改光驱 D 盘为 E 盘，然后更改 F 盘为 D 盘。

图 1-146　更改光驱和新建分区的盘符

（4）打开资源管理器，打开 D 盘，建立"计算机文化"文件夹，见图 1-147。

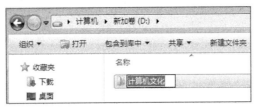

图 1-147　创建文件夹

（5）用同样的方法在"计算机文化"文件夹里创建 4 个子文件夹："课件""素材""练习软件""作业题"，见图 1-148。

图 1-148　创建下级子目录

（6）插入优盘，将老师提供的资料全选并复制，见图 1-149。

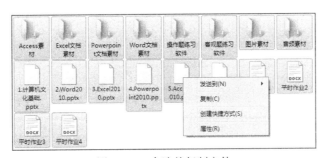

图 1-149　全选并复制文件

（7）切换目录到"D:\计算机文化"，将所有文件都粘贴进去，见图 1-150。

图 1-150　文件粘贴

为了避免反复切换目录拷贝，先一次性拷贝到"计算机文化"根目录。

（8）单击选中"1.计算机文化基础.pptx"，再按下 Shift 键单击"6.网络与安全.pptx"，选中所有的课件，并剪切，见图 1-151，然后右击"课件"文件夹，选择"粘贴"。如法炮制，将所有的文件都移动到对应的文件夹下。

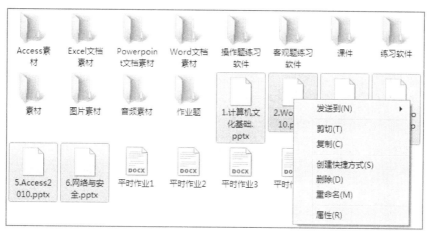

图 1-151 文件移动

（9）对"作业题"文件夹里所有作业，全选并右击，选择"属性"，选中"只读"属性，单击"确定"按钮，再右击"作业题"文件夹，选择"属性"，选中"隐藏"属性，单击"确定"按钮，见图 1-152。

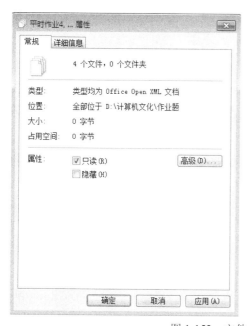

图 1-152 文件和文件夹属性设置

注意：由于先设置了文件夹内的文件为只读，所以设置文件夹属性时，可以看到"只读"已经选择了。这里提醒大家，只读属性是只对文件起作用的。

【任务小结】

本任务主要学习了：

（1）Windows 操作系统的基本概念和术语。

（2）文件的知识和资源管理器的使用。

（3）如何配置 Windows 桌面、安装和使用输入法，配置网络地址。

（4）如何进行磁盘维护。

任务 1.5 安装打印机

【任务说明】

你的计算机要打印一些文档，需要选购一台打印机，并且打印机安装后，还要共享出来给局域网中其他用户使用。

【预备知识】

1.5.1 认识打印机

打印机（Printer）是计算机最重要的输出设备之一，用于将计算机处理结果打印在相关介质上。衡量打印机好坏的指标有三项：打印分辨率、打印速度和噪声。

（1）按打印原理的不同，可将打印机分为针式打印机、喷墨打印机和激光打印机三种，如图 1-153 所示。

　　针式打印机　　　　　　　　　喷墨打印机　　　　　　　　激光打印机

图 1-153　打印机

①针式打印机：针式打印机主要由打印机芯、控制电路和电源三大部件构成。打印机芯上的打印头有 24 个电磁线圈，每个线圈驱动一根钢针产生击针或收针的动作，通过色带击打在打印纸上，形成点阵式字符。

②喷墨打印机：喷墨打印机使用打印头在纸上形成文字或图像。打印头是一种包含数百个小喷嘴的设备，每一个喷嘴都装满了从可拆卸的墨盒中流出的墨。喷墨打印机的分辨率依赖于打印头在纸上打印的墨点的密度和精确度，打印质量根据每英寸上的点数（DPI）来衡量，点数越多，打印出来的文字或图像越清晰、越精确。目前，许多喷墨打印机都提供了彩色打印功能，且越来越接近一些激光打印机的打印质量。喷墨打印机也有一些不足之处，如墨盒的费用较高，打印页的颜色会随着时间延长而变浅等。

③激光打印机：激光打印机的打印质量最好，其关键技术是机芯及其控制电路。激光打印机在一个负电荷导光的鼓上提取图像再生成计算机文档，激光涉及的区域丢失了一些电荷，当鼓转过含有色剂的区域时，一种干的粉末状的颜料即可印在纸上形成影像。

（2）按功能多少，可将打印机分为普通打印机、多功能一体机。

①普通打印机：是指其功能就只是提供打印输出的打印机。

②多功能一体机：理论上多功能一体机的功能有打印、扫描、传真，但对于实际的产品来说，只要具有其中的两种功能就可以称为多功能一体机了，见图1-154。

较为常见的多功能一体机在类型上一般有两种：一种涵盖了三种功能，即打印、扫描、复印，典型代表为爱普生（EPSON）L360；另一种则涵盖了四种功能，即打印、复印、扫描、传真，典型代表为惠普（HP）LaserJet Pro M1216nfh。

图1-154　多功能一体机

（3）按打印出的内容的维度，可将打印机分为二维平面打印机和3D打印机。

①二维平面打印机：绝大多数打印机的输出结果都是二维的，如一张纸、一幅相片或者一些发票等，这类打印机都属于二维平面打印机。前面分类中介绍到的打印机都是二维平面打印机。

②3D打印机：日常生活中使用的普通打印机可以打印计算机设计的平面物品，而所谓的3D打印机与普通打印机工作原理基本相同，只是打印材料有些不同，普通打印机的打印材料是墨水和纸张，而3D打印机内装有金属、陶瓷、塑料、砂等不同的"打印材料"，这是实实在在的原材料，打印机与计算机连接后，通过计算机控制可以把"打印材料"一层层叠加起来，最终把计算机上的图像变成实物。通俗地说，3D打印机是可以"打印"出真实的3D物体的一种设备，见图1-155，比如打印一个机器人，打印玩具车，打印各种模型，甚至是食物等。之所以通俗地称其为"打印机"是因为其参照了普通打印机的技术原理，分层加工的过程与喷墨打印十分相似。这项打印技术称为3D立体打印技术，如图1-155所示。

图1-155　3D打印机

1.5.2　打印机的安装

1. 安装打印机硬件

不同打印机的安装方式大致相同，主要的区别在于打印机接口连接上。通常情况下打印机只有一根电源线和一个数据线，其中数据线连接计算机接口，通常分为三种（绝大多数计算机都不会拥有 DIP 开关类型接口）。常见打印机接口如图 1-156 所示。

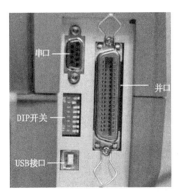

图 1-156　常见打印机接口

注意： 连接数据线到计算机时最好不要打开打印机电源，等待连接好后，再打开电源。

（1）串口打印机

COM 接口是指串行通信端口（Cluster Communication Port）。串行口不同于并行口之处在于它的数据和控制信息是一位接一位地传送出去的。虽然这样速度会慢一些，但传送距离较并行口更长，因此若要进行较长距离的通信时，应使用串行口。现在计算机一般提供的是 COM 1 接口，使用的是 9 针 D 型连接器，也称之为 RS-232 接口。

安装打印机时先将打印机端串口线接好，见图 1-157，然后接计算机后面串口，见图 1-158。需要注意是，无论串口还是并口，都类似显示器 VGA 接口，需要稍微拧紧螺丝。

图 1-157　打印机串口线

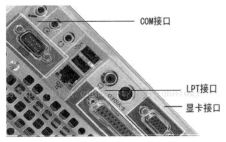

图 1-158　主板串口、并口

（2）并口打印机

LPT 接口简称"并口"，一般用来连接打印机或扫描仪，采用 25 脚的 DB-25 接头，见图 1-159。LPT 并口是一种增强了的双向并行传输接口，在 USB 接口出现以前是扫描仪、打印机最常用的接口，特点是设备容易安装及使用，但是速度比较慢。

（3）USB 接口

USB 是英文 Universal Serial Bus（通用串行总线）的缩写，是一个外部总线标准，用于规范计算机与外部设备的连接和通信，是应用在 PC 领域的接口技术。USB 是在 1994 年底由英特尔、康柏、IBM、Microsoft 等多家公司联合提出的，1996 年正式推出后，已成功替代串口和并口，并成为二十一世纪个人计算机和大量智能设备的必配接口之一。

USB 接口支持设备的即插即用和热插拔功能，具有传输速度快，使用方便，连接灵活，独立供电等优点，可以连接鼠标、键盘、打印机、扫描仪、摄像头、充电器、闪存盘、MP3 机、手机、数码相机、移动硬盘、外置光驱/软驱、USB 网卡、ADSL 调制解调器、电缆调制解调器等几乎所有的外部设备。

目前绝大多数打印机都采用了 USB 接口，见图 1-160。使用时，方口一端连接打印机，标准 USB 接口端连接计算机。

 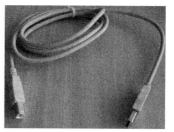

图 1-159　打印机并口线　　　　　　　图 1-160　打印机 USB 接口线

2．安装打印机驱动

在将打印机和计算机连接好了后，接通电源后，就可以安装打印机的驱动了。

（1）获得驱动程序

如果是新打印机，在打印机包装里肯定有打印机的驱动程序光盘，可直接将光盘放入光驱，然后运行光盘上的 autorun.exe 或者 setup.exe（如果自动运行，则不用打开光驱去找可执行文件），见图 1-161。

图 1-161　打印机驱动光盘安装驱动程序

如果没有驱动程序光盘或者没有光驱，则可以直接通过互联网下载。一种是到打印机企业的官方网站下载，另一种是通过专门的驱动程序网站下载（http://www.drvsky.com/，驱动天空网站）。下载后解压缩执行安装程序即可。

（2）根据安装程序提示进行操作

部分打印机安装驱动时会提示先拔掉数据线，再插上数据线，是为了让计算机和打印机之间进行端口匹配，只有端口匹配完成，计算机才能正常驱动这款打印机，否则计算机就不能驱动这款打印机，驱动程序也安装不了。

①有安装向导。这种情况是最常见的，可根据安装程序的提示来进行设备连接与安装，如图 1-162 所示。

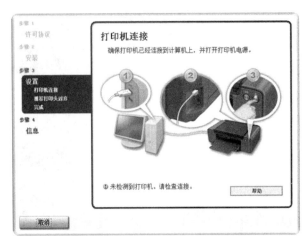

图 1-162　打印机驱动程序安装向导

打印机开机后端口会自动匹配，匹配完成后图 1-162 就会自动消失并提示安装成功。此时在计算机的硬件设备中会出现一个新的打印设备，打印时选择这个新出现的设备就可以打印了。

②只有纯驱动，没有安装界面。这种情况下数据线先连接计算机，打印机开机后计算机右下角会发现新硬件，按照新硬件安装向导，单击"下一步"，根据操作系统提示去安装驱动文件也可以正常完成安装，并提示安装成功。

③只有纯驱动，没有安装界面，并且连接数据线且打印机开机后，计算机右下角没有提示发现新硬件。这种情况通常是一些老式打印机，其驱动安装如下：

单击控制面板中"设备和打印机"，打开图 1-163。

图 1-163　控制面板中打印机配置位置

单击工具栏中"添加打印机"，打开图 1-164。

图 1-164　添加打印机

在弹出的对话框中选择"添加本地打印机"，打开图 1-165。

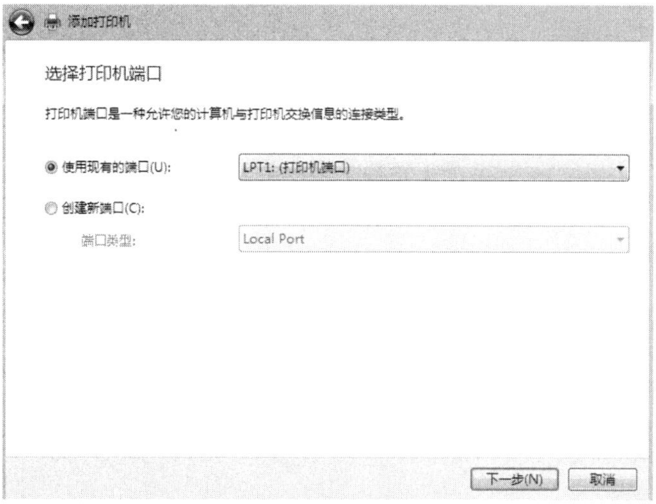

图 1-165　打印机端口类型选择

根据打印机数据线类型选择端口信息，然后单击"下一步"，打开图 1-166。

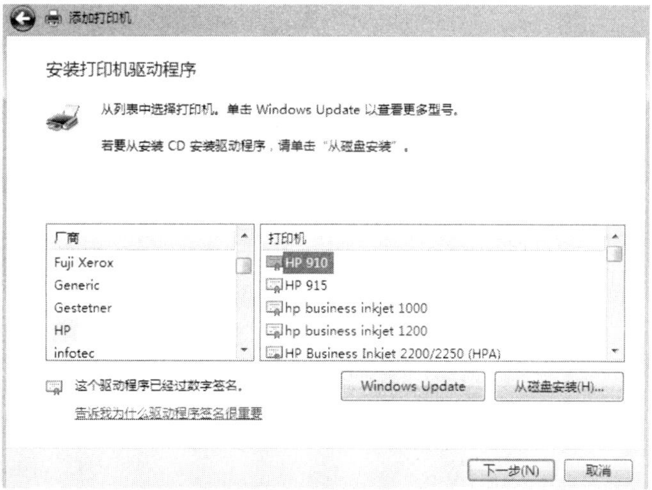

图 1-166　打印机型号选择

选择对应的厂商和打印机类型，然后单击"从磁盘安装"，浏览并定位驱动程序位置，如图 1-167 所示，后续根据提示信息就可以完成打印机的安装。

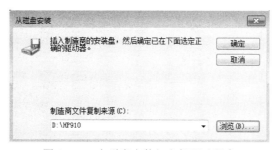

图 1-167　在磁盘安装打印机驱动程序

3. 共享打印机

（1）打开控制面板的"设备和打印机"，用鼠标右键单击已经安装好的打印机图标，在弹出的快捷菜单中选择"打印机属性"（注意不要选成"属性"了），见图1-168。

图1-168　打印机属性对话框

（2）选择"共享"选项卡，见图1-169，单击"更改共享选项"，然后勾选"共享这台打印机"，并给共享打印机命一个好记忆的名称，如图1-170所示，再单击"确定"即可。

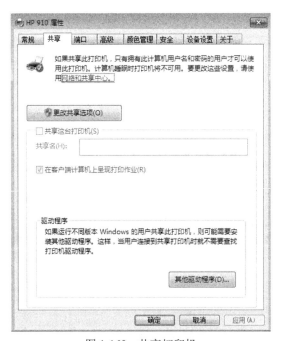

图1-169　共享打印机

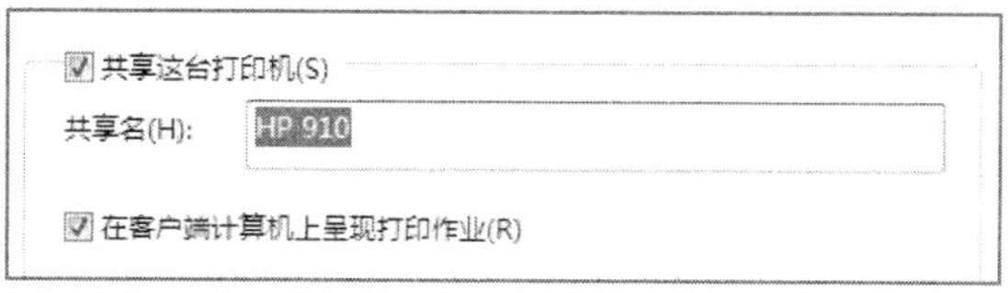

☑ 共享这台打印机(S)

共享名(H):　HP 910

☑ 在客户端计算机上呈现打印作业(R)

图 1-170　打印机共享名设置

【任务分析】

目前国内打印机市场竞争激烈，兄弟系列打印机和佳能系列打印机是市场主流，建议购买主流产品，性价比相对高，而且便于后期维护。就本任务来说，建议一步到位买一台多功能一体机，把将来可能需要的扫描、复印问题都一并解决了。传真机一般都是通过电话网络传递黑白效果的证件，其费用相对高，而且传输效果差。在网络通信如此发达的今天，完全可以用手机拍照或者扫描仪扫描后，再通过即时通信软件，例如 QQ、微信等发送出去。所以三合一功能打印机就能胜任了，不必买带有传真功能的打印机。

结合任务需求，推荐选用"爱普生 L360"。首先爱普生是打印机领域专家，其打印机一直具有好口碑，其次它是一个喷墨打印机，虽然耗材比激光打印机略贵，但是喷墨可以打印彩色的相片，这是普通激光打印机做不到的，用户也不会受激光打印机的炭粉尘和打印产生的臭氧影响。

【任务实施】

1. 购买（见图 1-171）

图 1-171　打印机选购

2. 安装打印机硬件

（1）拆开包装后可以看到说明书、电源线、USB 数据线、光盘和打印机。

（2）L360 型号打印机有一个后盖，将打印机的后盖向上推，就可以看见一个电源接口。爱普生 L360 采用的是 USB 接口，将数据线和电源线都连接好就可以了，新打印机的墨盒已经有墨水，不用添加。

3. 安装打印机驱动程序

（1）拿出驱动光盘，插入计算机（如果没有光驱或者光盘读不出来，可以去其他有光驱的计算机上拷贝驱动程序到优盘，然后用优盘安装）。

（2）按照说明书上的详细说明去安装。

（3）安装完后会有提示。

4．共享打印机

控制面板→"设备和打印机"→用鼠标右键单击已经安装好的打印机图标→选择"打印机属性"→"共享"选项卡→单击"更改共享选项"→勾选"共享这台打印机"→单击"确定"按钮。

【任务小结】

本任务主要学习了：

（1）打印机的概念和类型。

（2）打印的连接和驱动安装。

（3）打印机共享。

【项目练习】

一、单选题

1．第一代电子数字计算机适应的程序设计语言为（　　）。

　　A．机器语言　　　　　　　　　　B．高级语言

　　C．数据库语言　　　　　　　　　D．可视化语言

2．既可以接收、处理和输出模拟量，也可以接收、处理和输出数字量的计算机是（　　）。

　　A．电子数字计算机　　　　　　　B．电子模拟计算机

　　C．数模混合计算机　　　　　　　D．专用计算机

3．计算机能自动、连续地工作，完成预定的处理任务，主要是因为（　　）。

　　A．使用了先进的电子器件　　　　B．事先编程并输入计算机

　　C．采用了高效的编程语言　　　　D．开发了高级操作系统

4．计算机的应用领域可大致分为几个方面，下列四组中，属于其应用范围的是（　　）。

　　A．计算机辅助教学、专家系统、操作系统

　　B．工程计算、数据结构、文字处理

　　C．实时控制、科学计算、数据处理

　　D．数值处理、人工智能、操作系统

5．关于信息，下列说法错误的是（　　）。

　　A．信息可以传递　　　　　　　　B．信息可以处理

　　C．信息可以和载体分开　　　　　D．信息可以共享

6．计算机系统由两大部分构成，它们是（　　）。

　　A．系统软件和应用软件　　　　　B．主机和外部设备

　　C．硬件系统和软件系统　　　　　D．输入设备和输出设备

7．计算机中存储容量的基本单位是字节 Byte，用字母 B 表示，1MB=（　　）。

　　A．1000KB　　　　　　　　　　B．1024KB

　　C．512KB　　　　　　　　　　 D．500KB

8．能把汇编语言源程序翻译成目标程序的程序，称为（　　）。

A．编译程序　　　　　　　　　B．解释程序

C．编辑程序　　　　　　　　　D．汇编程序

9．下列四项设备属于计算机输入设备的是（　　　）。

A．声音合成器　　　　　　　　B．激光打印机

C．光笔　　　　　　　　　　　D．显示器

10．在下列存储器中，访问周期最短的是（　　　）。

A．硬盘存储器　　　　　　　　B．外存储器

C．内存储器　　　　　　　　　D．软盘存储器

11．以下不属于外部设备的是（　　　）。

A．显示器　　　　　　　　　　B．只读存储器

C．键盘　　　　　　　　　　　D．硬盘

12．下面关于微处理器的叙述中，不正确的是（　　　）。

A．微处理器通常以单片集成电路制成

B．它至少具有运算和控制功能，但不具备存储功能

C．Pentium 是目前 PC 机中使用得最广泛的一种微处理器

D．Intel 公司是国际上研制、生产微处理器最有名的公司之一

13．计算机的字长取决于（　　　）。

A．数据总线的宽度　　　　　　B．地址总线的宽度

C．控制总线的宽度　　　　　　D．通信总线的宽度

14．计算机内部采用二进制数进行运算、存储和控制的主要原因是（　　　）。

A．二进制数的 0 和 1 可分别表示逻辑代数的"假"和"真"，适合计算机进行逻辑
运算

B．二进制数数码少，比十进制数容易读懂和记忆

C．二进制数数码少，存储起来占用的存储容量小

D．二进制数数码少，在计算机网络中传送速度快

15．汉字编码及 ASCII 码，用来将汉字及字符转换为二进制数。下列四种说法中正确的
是（　　　）。

A．汉字编码有时也可以用来为 ASCII 码中的 128 个字符编码

B．用 7 位二进制数编码的 ASCII 码最多可以表示 256 个字符

C．存入 512 个汉字需要 1KB 的存储容量

D．存入 512 个 ASCII 字符需要 1KB 的存储容量

二、简答题

1．计算机的发展经历了哪几代？每一代的主要划分特征是什么？

2．计算机有哪些应用领域？请举例说明。

3．简述计算机的特点。

4．简述计算机的各种分类方法。

5．计算机采用二进制的主要原因是什么？

6．汉字内码与外码有何不同？

7．计算机的硬件系统包括哪些内容？

8．计算机的软件系统包括哪些内容？

9．简述计算机的基本工作原理。

10．打印机包括哪几种类型？各有什么特点？

11．简述多媒体技术的特性。

12．简述多媒体技术的应用。

13．简述多媒体技术的应用领域。

14．Windows 7 有哪些版本？

15．简述 Windows 7 的新功能特性。

16．Windows 7 的桌面由哪些元素组成？它们的作用分别是什么？

17．如何选择一个文件或多个不连续的文件？

18．简述 Windows 7 中"库"的含义和作用。

19．创建快捷方式有哪些方法？

20．Windows 7 操作系统中的文件夹有什么作用？

三、计算题

1．数值转换

（1）$(213.625)_{10} = ($　　　　　$)_2$

（2）$(111001.101)_2 = ($　　　　　$)_{10}$

（3）$(100110111.1101)_2 = ($　　　　　$)_8$

（4）$(501.32)_8 = ($　　　　　$)_2$

（5）$(10010111010.11)_2 = ($　　　　　$)_{16}$

（6）$(7AD.2B)_{16} = ($　　　　　$)_2$

2．单位换算

（1）$1TB = ($　　　　　$)GB$

（2）$1GB = ($　　　　　$)MB$

（3）$1MB = ($　　　　　$)KB$

（4）$1KB = ($　　　　　$)B$

（5）$1B = ($　　　　　$)Bit$

四、操作题

1．将任务栏移动到桌面的右边，并使其自动隐藏。

2．设置日期和时间为 2004 年 10 月 1 日下午 3 点，再改成准确的时间。取消任务栏的"自动隐藏"属性。

3．将"日历"小工具添加到桌面上。

4．在 D 盘建立一个新的文件夹并命名为"2006"。

5．在 D:\2006 文件夹下面建立一个新文件夹"application"。

6．在 D:\2006 文件夹下面建立一个新文件夹"doc"，再在"doc"下面建立一个文件夹"myfiles"。

7．请在 D:\exam\8888888888 文件夹下进行如下操作：

（1）在 D:\exam\8888888888 下的 cup7 文件夹下建立 user7 文件夹。

（2）在 D:\exam\8888888888 文件夹下查找 sowerfile 文件夹，并将其改名为 FORFILE。

（3）将 D:\exam\8888888888 下 package 文件夹设置为隐藏属性。

8．请在 D:\exam\4444444444 文件夹下进行如下操作：

（1）在 D:\exam\4444444444 文件夹下建立 john109.doc 文件。

（2）将 D:\exam\4444444444 下的 maths109.doc 文件移到 D:\exam\4444444444 下 harry109 文件夹下。

（3）将 D:\exam\4444444444 下 book109 文件夹的 physics.pdf 文件更名为 choses109.pdf。

9．请在 D:\exam\2222222222 文件夹下进行如下操作：

（1）将 D:\exam\2222222222 下的 txt35 文件夹移到 D:\exam\2222222222 下 exer35 文件夹中。

（2）将 D:\exam\2222222222 下的 she35 文件夹复制到 D:\exam\2222222222 下 star35 文件夹中。

（3）将 D:\exam\2222222222 下的 flower35 文件夹更名为 gress35。

10．搜索应用程序"PowerPoint.exe"，并在桌面上建立其快捷方式，将快捷方式名为"幻灯片制作"。

11．打开记事本，然后输入"这是我的画。步骤：打开'画图'程序，绘制一幅自认为美丽的图画。"，然后将记事本中的内容保存于桌面上，文件名为"jsb.txt"。

12．搜索应用程序"calc.exe"，并在桌面上建立其快捷方式，快捷方式名为"计算器"，并将此快捷方式添加到"开始"菜单的"启动"项中。

13．设置桌面属性：找一张自己喜欢的图片，将其设置成桌面背景，并分别以居中、拉伸、平铺方式显示。

14．设置屏幕保护程序：设置屏幕保护程序，位置居中，背景颜色为蓝色，文字为"欢迎使用 Windows 7"，文字格式采用隶书、斜体，2min 后启动屏幕保护程序，采用"在恢复时使用密码保护"选项。说明：采用"在恢复时使用密码保护"选项后，若想重回到工作状态，需要输入登录 Windows 7 时的密码，这样在用户暂时离开计算机后，可防止其他人操作其计算机。

15．尝试自己安装操作系统，包括磁盘分区、格式化等（可以借助 VMware 虚拟机练习安装）。

16．安装打印机，并尝试打印。

项目二 编辑 Word 2010 文档

【项目描述】

本项目将对 Microsoft Office 2010 中的文字处理软件 Word 2010 的基本操作和使用技巧进行系统介绍，以六个典型的案例（制作年度总结文档、制作演讲稿——走进舟山、古诗排版设计、制作公司宣传海报、电子板报设计和制作期末成绩表）为基础，介绍 Word 2010 的基本概念和基本功能，包括文字的输入、编辑、排版，使用艺术字、剪贴画、图片、文本框等进行图文混排，制作表格，文档的分栏、分页，页眉和页脚的设置，项目符号的设置，长文档编辑等。

【学习目标】

1. 掌握 Word 2010 的启动和退出方法；
2. 熟悉 Word 2010 工作窗口，掌握创建、打开、保存、打印、关闭文档的方法；
3. 掌握 Word 2010 中设置字体与段落格式、页面设置等基本排版技术；
4. 掌握 Word 2010 中插入、编辑和美化表格的方法；
5. 掌握 Word 2010 中插入和编辑图形、图片、文本框、艺术字的方法；
6. 掌握 Word 2010 中样式和格式刷的使用；
7. 掌握 Word 2010 插入页眉和页脚的方法。

【能力目标】

1. 能熟练进行 Word 2010 文档创建、打开、保存、打印、关闭等操作；
2. 能熟练设置字体与段落格式及页面；
3. 能熟练运用样式和格式刷工具进行排版；
4. 能熟练插入、编辑和美化表格；
5. 能熟练插入和编辑图形、图片、文本框、艺术字等对象进行图文混排；
6. 会在文档中插入页眉、页脚。

任务 2.1 制作年度总结文档

【任务说明】

小江 3 月份大学毕业后来到星源工程公司，工作不到一年，下面是他写的一篇年度总结，如图 2-1 所示。

本次任务要求：录入文本，选择文本，设置文字字体，设置文字段落，插入日期和符号。

个人总结

将近一年的时间很快过去了，在星源工程公司这段时间里，我在部门领导与同事们的关心与帮助下较好地完成了各项工作，在思想觉悟方面有了更进一步的提高，作为中共党员，更时刻以党员的标准严格要求自己，现将本年度的主要工作总结如下：

一、思想政治表现

能够认真贯彻党的基本路线及方针及政策，通过报纸、书籍积极学习政治理论；学习公司的文化、理念及发展方向，爱岗敬业，具有强烈的责任感和事业心，积极主动认真地学习专业知识，工作态度端正，认真负责。

二、工作内容方面

我是三月份来到星源工程公司网络分公司工作，担任移动通信业务部设备主管，协助部门经理做各项工作。我主要负责公司的设备安装项目，具体工作内容有：负责合同的签订、业务的联系，监督施工队的施工情况、材料的订购、文件的似草，及按时完成部门的管理体系要求的各项工作等。为了做好工作，我不怕麻烦，向领导请教，向同事学习，自己摸索实践，在很短的时间内便熟悉了部门的工作，明确了工作的程序、方向，提高了工作能力，在具体的工作中形成了一个清晰的工作思路，能够顺利地开展工作并熟练地完成本职工作。

三、工作态度方面

热爱自己的本职工作，能够正确认真地对待每一项工作，工作投入，热心为大家服务，认真遵守公司纪律，保证按时出勤，至今没有请假现象，有效利用工作时间，坚守岗位，需要加班完成工作时加班加点，保证工作按时完成。

四、工作质量方面

在开展工作之前做好个人工作计划，及时且保质保量地完成各项工作，达到预期的效果，同时在工作中学习了很多东西，也锻炼了自己，经过不懈的努力，使工作水平有了长足的进步，开创了工作的新局面，为部门工作做出了应有的贡献。

五、不足

总结八个月的工作情况，尽管有了一定的进步和成绩，但在一些方面还存在着不足，有待于在今后的工作中加以改进。主要表现在：

※　缺乏主动性
※　缺乏创新精神
※　工作不太扎实，不能与时俱进

二〇一五年十二月十八日

图 2-1　年度总结

【预备知识】

2.1.1　Word 2010 启动和退出

1. 启动 Word 2010

启动 Word 2010 的方法有很多种，常用的有以下三种方法。

（1）使用"开始"菜单

①单击桌面上的"开始"按钮，弹出"开始"菜单。

②选择"所有程序"→Microsoft Office→Microsoft Word 2010，即可启动 Word 2010。

（2）利用桌面快捷方式

这是一种启动 Word 2010 的最简单的方法，只要用鼠标双击桌面上创建的 Word 2010 的快捷方式，即可启动 Word 2010。

（3）直接启动

在资源管理器中，找到要编辑的 Word 文档，直接双击此文档即可启动 Word 2010。

2. 退出 Word 2010

退出 Word 2010 有以下三种方法。

（1）利用"文件"菜单

用鼠标单击 Word 2010 主窗口左上角的"文件"，在该菜单中单击"退出"命令。如果用户的文档是新创建的,还未取文件名,则系统会弹出一个对话框要求用户输入该文档的文件名，用户输入文件名后，单击"保存"按钮即可退出 Word 2010。

（2）利用"关闭"按钮

用鼠标单击 Word 2010 主窗口右上角的"关闭"按钮。

（3）利用快捷键

在 Word 2010 窗口中，按快捷键 Alt+F4 也可以退出 Word 2010。

2.1.2　Word 2010 窗口简介

启动 Word 2010 后，可以看到如图 2-2 所示的工作界面。

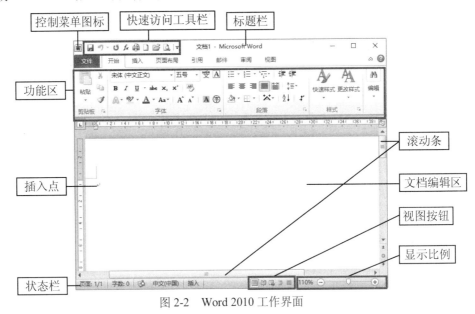

图 2-2　Word 2010 工作界面

　　Word 2010 的工作界面包括控制菜单图标、快速访问工具栏、标题栏、功能区、文档编辑区、状态栏等。下面对界面中的各个部分分别予以介绍。

　　（1）控制菜单图标：位于界面的左上角，单击该按钮可打开其下拉菜单，用户可以操作 Word 2010 窗口。

　　（2）快速访问工具栏：默认情况下，快速访问工具栏位于 Word 窗口的顶部、Word 按钮的右侧。使用它可以快速访问使用频繁较高的工具，如"保存"按钮、"撤销"按钮、"恢复"按钮等。用户还可将常用的命令添加到快速访问工具栏，其方法是：单击快速访问工具栏右侧的"自定义快速访问工具栏"按钮，从弹出的下拉菜单中可以设置快速访问工具栏中显示的按钮。例如，如果希望在快速访问工具栏中显示"快速打印"按钮，只需在下拉菜单中选中"快速打印"菜单项即可。

　　（3）标题栏：位于快速访问工具栏的右侧，在界面最上方的区域，用于显示当前正在编辑的文档的文档名等信息。如果当前文档尚未被保存或是由 Word 自动打开的，其名为"文档n"，这里 n 代表数字 1、2、3…，它是 Word 2010 给打开的无名文档的自动编号。

　　（4）功能区：在 Word 2010 中，功能区替代了早期版本中的菜单栏和工具栏，而且它比菜单栏和工具栏承载了更丰富的内容，包括按钮、库、文本框等。为了便于浏览，功能区中集合了若干个围绕特定方案或对象进行组织的选项卡，每个选项卡又细化为几个组，每个组中又列出了多个命令按钮。

　　（5）文档编辑区：Word 2010 界面中的空白区域即文档编辑区，它是输入与编辑文档的场所，用户对文档进行的各种操作的结果都显示在该区域中。

　　（6）插入点：在文档编辑区中闪动的竖直短线条。实际上插入点就是光标所在的位置，它表明了输入文字时文字符号的插入位置，用光标控制键可移动它。

　　（7）滚动条：滚动条有垂直滚动条与水平滚动条两种，分别位于文档编辑区的最右边和最下边。在滚动条的两端各有一个方向相反的箭头按钮，中间有一个滑块。滑块标明了在当前文档编辑区内所显示出的文本在整个文档里的相对位置，而整个文档的长度和文本行的宽度则由垂直滚动条和水平滚动条的长度来表示。用鼠标单击滚动条两端的箭头或拖动滑块，可以使文档的其他内容显示出来。

（8）状态栏：位于工作界面的最下方，用于显示当前文档的基本信息，包括当前文本在文档中的页数、总页数、字数、文档检错结果、语言状态等内容。

（9）视图按钮：视图按钮位于状态栏的右侧，主要用来切换视图模式，可方便用户查看文档内容，其中包括页面视图、阅读版式视图和 Web 版式视图。

（10）显示比例：位于视图按钮的右侧，主要用来显示文档比例，默认显示比例为 100%，用户可以通过移动控制杆滑块来改变页面显示比例。

2.1.3　创建和打开文档

使用 Word 2010 编辑文档，用户首先要学会如何创建文档，如何打开文档，如何根据要求保存文档，如何关闭文档，这样才能有效地进行 Word 文档的基本操作。

1. 创建空白新文档

新建空白文档是用户使用 Word 2010 编写文稿的第一步。中文版 Word 2010 为用户提供了多种文档类型，例如空白文档、博客文章、书法字帖等。

用户每次通过"开始"菜单或使用快捷方式打开 Word 2010 时，程序就会自动创建一个空白文档，直接在其中编辑内容即可。创建空白新文档的方法主要有三种。

（1）单击"文件"→"新建"→"可用模板"，此时在工作区的右边区域会弹出"空白文档"，单击"创建"按钮即可。

（2）单击快速访问工具栏中的"新建文档"按钮，即可创建空白文档。

（3）利用快捷键 Ctrl+N 也可创建空白文档。

2. 打开文档

在 Word 2010 窗口中打开已有 Word 2010 文档的方法有四种。

（1）单击"文件"，在弹出的菜单中选择"打开"命令，将会弹出如图 2-3 所示的"打开"对话框，在该对话框中选择需要打开的文档，单击"打开"按钮即可。

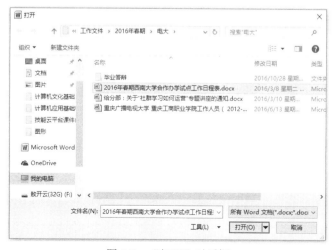

图 2-3　"打开"对话框

（2）单击快速访问工具栏中的"打开"按钮。

（3）按快捷键 Ctrl+O。

（4）打开最近使用过的 Word 2010 文档。

Word 2010 具有记忆功能，它可以记住最近打开过的文档。单击"文件"，在弹出的菜单中选择"最近所用文件"，在菜单右边列出了最近使用过的文件，如图 2-4 所示，单击所需的文件名，便可快速打开相应的 Word 文档。

图 2-4 "最近所用文件"列表

2.1.4 文档的保存

在 Word 2010 中将文档调入进行编辑处理后，如果对文档内容进行了修改，则应当将其保存起来，否则，文档内最新编辑的内容在退出 Word 2010 后会丢失。

在编辑文档的任何时候，都可以单击"保存"命令保存当前文档或全部打开的文档的内容，也可将文档用另一个名字保存起来。

保存文档的方法有以下四种。

（1）用键盘命令

按 Ctrl+S 组合键。这是最简单、最方便的保存方法。

（2）单击"保存"按钮

用鼠标单击快速访问工具栏上的"保存"按钮。

（3）利用"文件"菜单

单击"文件"，在弹出的菜单中选择"保存"命令。如果当前正在编辑的文档还未取文件名，则在首次存盘时，系统会弹出一个"另存为"对话框，如图 2-5 所示。在对话框的文件夹列表中选择需要存放当前文档的文件夹，并在"文件名"文本框中输入当前文档的文件名，然后单击"保存"按钮即可。

（4）将当前文档"另存为"保存

如果要将当前正在编辑的文档用另一个文件名保存起来，则可用鼠标单击"文件"，在弹出的菜单中选择"另存为"命令后，将弹出一个"另存为"对话框，如图 2-5 所示。在对话框的文件夹列表中选择需要存放当前文档的文件夹，并在"文件名"栏输入当前文档需要另存的文件名，然后单击"保存"按钮即可。

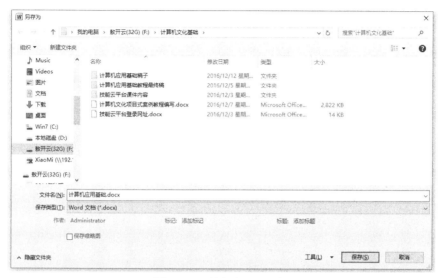

图 2-5　"另存为"对话框

2.1.5　输入文本

当启动 Word 2010 进入主窗口后，即可输入文本。在新文档中，光标位于屏幕左上角，Word 2010 在此处开始文本的输入。下面分别介绍普通文本、日期和时间以及特殊符号在文档中的输入方法。

1. 输入普通文本

一般文档都由普通文本组成，在 Word 中输入的普通文本包括英文文本和中文文本两种。

（1）输入英文文本

默认的输入状态一般是英文输入状态，允许输入英文字符。可以通过键盘直接输入英文的大小写字符。按 CapsLock 键可在大小写状态之间进行切换；按住 Shift 键，再按需要输入的英文字母键，即可输入相对应的大写字母；按 Ctrl+Space 组合键，可在英文输入状态和中文输入状态之间进行切换。

（2）输入中文文本

当要在文档中输入中文时，首先要将输入法切换到中文状态。例如，假设用户希望用搜狗拼音输入法输入汉字，则应按 Ctrl+Shift 组合键来选择搜狗拼音输入法（也可以用鼠标在任务栏上单击输入法按钮进行选择），当输入法选择好后，就可以输入文本了。每输入一个字符或文字，光标都会向后移动，一行输满后，计算机会自动换行。输入文本的窗口如图 2-6 所示。

2. 输入日期和时间

在编辑文档的过程中，经常需要输入日期和时间，使用 Word 2010 的插入日期和时间功能，可以快速实现该操作。

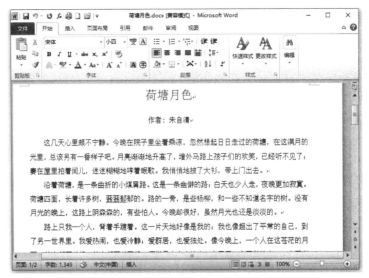

图 2-6 输入文本的窗口

在文档中快速插入日期和时间的具体操作步骤如下：

（1）将插入点定位在要插入日期和时间的位置。

（2）在"插入"选项卡中，单击"文本"组中的 日期和时间 按钮，弹出如图 2-7 所示的"日期和时间"对话框。

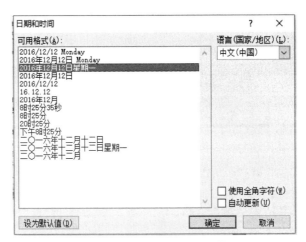

图 2-7 "日期和时间"对话框

（3）在"可用格式"列表框中选择一种日期和时间格式，在"语言（国家/地区）"下拉列表中选择一种语言。

（4）如果选中"自动更新"复选框，则以域的形式插入当前的日期和时间，该日期和时间是一个可变的数值，它可根据打印的日期和时间的改变而改变；取消选中"自动更新"复选框，则可将插入的日期和时间作为文本永久地保留在文档中。

（5）单击"确定"按钮，即可在文档中插入日期和时间。

3. 输入特殊字符

Word 2010 是一个强大的文字处理软件，通过它不仅可以输入汉字，还可以输入特殊符号，如☀、☏、✪等，从而使制作的文档更加丰富、活泼。

（1）使用"符号"按钮插入特殊符号

使用"符号"按钮插入特殊符号的操作步骤如下：

①把插入点置于文档中要插入特殊符号的位置。

②在"插入"选项卡中，单击"符号"组中的"符号"按钮，在如图 2-8 所示的下拉列表中选择需要插入的符号即可。

（2）使用"符号"对话框插入特殊符号

使用"符号"对话框插入特殊符号的操作步骤如下：

①把插入点置于文档中要插入特殊符号的位置。

②在"插入"选项卡中，单击"符号"组中的"符号"按钮，在下拉列表中选择"其他符号"选项，弹出如图 2-9 所示的"符号"对话框。

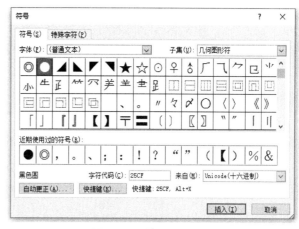

图 2-8　插入特殊符号列表　　　　　　　　图 2-9　"符号"对话框

③在"符号"对话框中的"字体"下拉列表中选择所需的字体，在"子集"下拉列表中选择所需的选项。

④在列表框中选择需要的符号，单击"插入"按钮，即可在插入点处插入该符号。

⑤单击"特殊字符"标签，可打开"特殊字符"选项卡。

⑥选中需要插入的特殊字符，然后单击"插入"按钮，最后单击"关闭"按钮即可完成特殊字符的插入。

2.1.6　选择文本

在对文字进行编辑处理时，常常会对若干文本行、一个自然段或者是整个文档进行同一种基本编辑操作。为此，首先应当给它们做上标记，即选择文本，以确定操作的范围。被选择的区域也称为块，在 Word 中可以对这个块进行剪切、清除、复制、移动、粘贴等操作，或者改变它们的字体设置等，选择操作可以使用鼠标，也可以使用键盘。

下面主要以如何选择文字来介绍选择操作，如果文档中包括了图形、图标等项目，操作方法是一样的。

在选择操作中，当文本呈现蓝色状态时表示被选中，以此来表示这部分区域已经被选择，如图 2-10 所示。从图 2-10 中可以看出，第一段文本的第 2 行和第 3 行文字都变为蓝色了，表示这部分内容已经被选中。

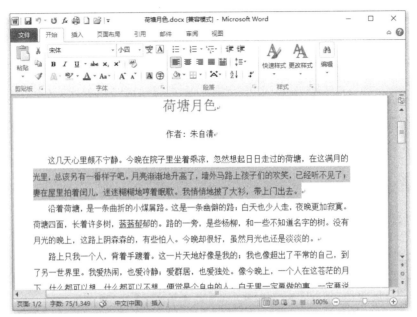

图 2-10　选择文本

1．用鼠标进行选择

（1）选择一句话

一句话用中文句号"。"或回车符" ↵ "分隔。选择时先将鼠标移到此句话中任意一个字符上，按下 Ctrl 键不放，然后单击鼠标左键即可。

（2）选择一行文本

在操作时，先将鼠标指针移到本行文本的最左边，此时鼠标指针变为右斜箭头 ⟍，单击鼠标左键即可选择该文本行。

（3）选择不连续的多行文本

首先选择第一行文本，然后将鼠标指针移到文本行的最左边，此时鼠标指针变为右斜箭头 ⟍，按下 Alt 键不放，单击鼠标左键即可选择不连续的文本行。

（4）选择连续的多个文本行

在操作时，先将鼠标指针移到需选择文本的第一行或最后一行的最左边，此时鼠标指针变为右斜箭头 ⟍，按下鼠标左键不松手，相应地向上或向下拖曳鼠标即可。

（5）选择一个自然段

一个自然段就是指在输入文本时按下了回车键作为结束标记" ↵ "。在选择自然段时，先将鼠标指针移到该段文本任意一行的最左边，此时鼠标指针变为右斜箭头 ⟍，再双击鼠标左键即可。

另一种方法是将鼠标指针移到该自然段内的任意位置上，再三击鼠标左键，也可以选择该自然段。

如果要选择多个连续的自然段，在选择了第一个段后按住鼠标左键并拖曳鼠标即可。

（6）选择整个文档

选择整个文档有两种方法。

①选择时，先将鼠标指针移到当前屏幕的最左边，此时鼠标指针变为右斜箭头 ⟍，连击三次鼠标左键即可。

②选择时，先将鼠标指针移到当前文本的最左边，此时鼠标指针变为右斜箭头，然后按住 Ctrl 键不放，单击鼠标左键即可。

（7）选择任意的区域

如果要任意选择一块区域，则可先将鼠标指针移到需选择区域的第一个字上，再按住鼠标左键不放并且将鼠标拖过要选择的文本。如果将鼠标向上或向下进行拖曳，则选择若干行，如果向左或向右拖曳则选择这一行的若干文字。

更快的方法是：将输入光标定位在需选择区域的其中一处，按下 Shift 键，再将鼠标移到需选择区域的另一处，单击鼠标左键。

（8）选择一个矩形区域的文本

如果要选择一个矩形区域的文字，首先将光标移动到预定的矩形区域的某列位置上，再按 Alt 键，然后拖动鼠标，光标所扫过的区域即是矩形区域。

（9）取消选择

要取消所选择的区域，只需单击鼠标左键即可。

2. 用键盘进行选择

用键盘对文本区域进行选择操作的特点是用 Shift 键、Ctrl 键和光标控制键的组合，选择起始位置均从当前光标所在位置开始。表 2-1 所示为操作按键与选择范围。

表 2-1　操作按键与选择范围

组合键	选择范围
Shift+→	向右选择一字
Shift+←	向左选择一字
Ctrl+Shift+→	向右选择一英文句
Ctrl+Shift+←	向左选择一英文句
Shift+Home	向左选择到文本行首
Shift+End	向右选择到文本行尾
Shift+↑	从当前列位置选择到上一行相同列位置
Shift+↓	从当前列位置选择到下一行相同列位置
Ctrl+Shift+↑	向上到所在段首
Ctrl+Shift+↓	向下到所在段尾
Ctrl+Shift+Home	向上到文档开始
Ctrl+Shift+End	向下到文档结束
Shift+PgUp	向上一屏幕
Shilt+PgDn	向下一屏幕
Ctrl+A	选择全部文档

以上所介绍的选择操作对图片、图形、表格等均适用。

2.1.7　设置字体、字形和字号

字体格式设置主要使用"开始"选项卡中的"字体"选项组，如图 2-11 所示。

图 2-11　"字体"选项组

1. 设置字体

字体一般分为英文字体和中文字体两大类，其中英文字体又包括若干种，如 Times New Roman、Arial、Verdana 等，中文字体也有若干种，如黑体、宋体、隶书等。在 Word 2010 中，中文字体和英文字体自动转换，如果用户输入的文本是中文，它默认的字体是"宋体"。反之，若输入的文本是英文，则它默认的字体是 Times New Roman。若用户希望改变字体，可按下列步骤进行操作：

（1）首先选择欲设置字体的文本。

（2）在"开始"选项卡中的"字体"组中单击 宋体 右侧的下箭头按钮，弹出如图 2-12 所示的"字体"下拉列表。

（3）从中选择一种字体，如"隶书"，这样选中的文本就改变为隶书了（见图 2-13）。

图 2-12　"字体"下拉列表

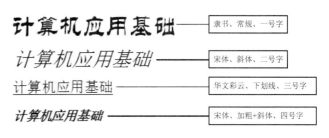

图 2-13　字体、字形和字号的显示效果

2. 设置字形

Word 2010 共设置了常规、加粗、斜体和下划线四种字形，默认设置为常规字形，用户可以按以下步骤设置文本的字形，在文档中使用加粗、斜体或下画线。

（1）选择要改变或设置字形的文本。

（2）在"开始"选项卡中的"字体"组中单击字形按钮（**B** 表示加粗、*I* 表示斜体、**U** 表示下划线），该部分文本就变成了相应的字形（见图 2-13）。

（3）除单独设置上述三种字形外，用户还可以使用这三种字形的任意组合，即加粗+斜体、加粗+下划线、斜体+下划线和加粗+斜体+下划线等。要使用这些组合字形时，只要单击相应的按钮就可以了，如设置文本既是粗体又是斜体的方法是：选择要改变或设置字形的文本，然后单击"加粗"和"斜体"按钮，该部分文本就变成了既是粗体又是斜体的字形。

3. 设置字号大小

根据文档内容的需要进行字体和字形的变化之外，还应该在文字的大小上使文档的各部分有所区别，这样可以使文档脉络清晰，层次分明。例如，文档的标题以及各部分的小标题中的文字应该比正文中的文字稍微大一些，内容提要中的文字则要比正文部分的文字小一些。因此，在文档中设置文字大小是很有必要的。

在 Word 2010 的默认设置中，共有从 5 磅到 72 磅的 21 种字体大小，用户也可以输入大于 72 的磅值，打印或显示出更大的字符。在 Word 2010 中文版中，根据中国人的使用习惯增加了字"号"的选择方式，从"八号"到"初号"依次增大，共 16 种字体大小。

设置文字大小的方法如下：

（1）选择要设置文字大小的文本。

（2）在"开始"选项卡中的"字体"组中单击 `10` 右侧的下箭头按钮，弹出如图 2-14 所示的"字号"下拉列表。

（3）选择一种字号（可以选择号数，也可以选择磅值），如"三号"，这样选中的文本就设置为"三号"字了。字体、字形和字号的显示效果如图 2-13 所示。

4. 使用"字体"对话框设置字体、字形和字号

以上介绍的是利用"开始"选项卡"字体"组中的命令按钮来设置文本的字体、字形和字号，用户也可以使用"字体"对话框来设置文本的字体、字形和字号。操作步骤如下：

（1）选择要设置文字大小的文本。

（2）在"开始"选项卡的"字体"组中单击"对话框启动器"按钮 ，弹出如图 2-15 所示的"字体"对话框。

图 2-14　"字号"下拉列表　　　　　　　　　　图 2-15　"字体"对话框

（3）单击"字体"选项卡，在"字体"栏选择中文字体和英文字体，在"字形"列表框中选择相应的字形，在"字号"列表框中选择需要的字号。

（4）设置完成后，单击"确定"按钮。

5．设置文本颜色

为了突出显示某部分文本，或者为了美观，为文本设置颜色或者突出显示是常用操作。Word 2010 默认的文本颜色是白底黑字。用户可根据需要，为文本设置合适的颜色。

操作步骤如下：

（1）在文档中选中需要设置字体颜色的文本。

（2）在"开始"选项卡的"字体"组中单击"字体颜色"按钮 右边的下箭头按钮，弹出如图 2-16 所示的"字体颜色"下拉列表。

（3）在该下拉列表中选择需要的颜色即可。

（4）如果下拉列表中没有需要的颜色，可单击 其他颜色(M)... ，在弹出的"颜色"对话框中选择需要的颜色，如图 2-17 所示。

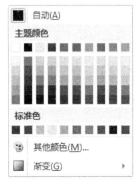
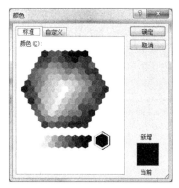

图 2-16　"字体颜色"下拉列表　　　　图 2-17　"颜色"对话框

（5）设置完成后，单击"确定"按钮。

6．设置文本效果

操作步骤如下：

（1）在文档中选中需要设置文本效果的文本。

（2）在"开始"选项卡的"字体"组中单击"文本效果"按钮 ，将会弹出"文本效果"下拉列表。

（3）在该下拉列表中选择需要的"文本效果"即可。

2.1.8　设置段落格式

在 Word 2010 中一个段落就是一个自然段，它可以包括文字、图形、表格、公式、图像或其他项目，每个段落用段落标记表示结束。段落标记通常由回车键产生。可以单击"开始"选项卡的"段落"组中的"显示/隐藏"按钮来显示或隐藏段落标记。

1．设置段落对齐方式

段落有 5 种对齐方式，即左对齐、居中、右对齐、两端对齐和分散对齐。对齐方式确定段落中选择的文字或其他内容相对于缩进结果的位置。

设置文本对齐方式的操作步骤如下：

（1）选择文字区域或将光标移到段落文字上。

（2）在"开始"选项卡的"段落"组中单击对齐方式按钮（左对齐： 、居中： 、右对齐： 、两端对齐： 、分散对齐： ）。

- 左对齐：段落文字从左向右排列对齐。
- 居中：段落文字放在每行的中间。
- 右对齐：段落文字从右向左排列对齐。
- 两端对齐：指一段文字（两个回车符之间）两边对齐，对微小间距自动调整，使左边对齐成一条直线。
- 分散对齐：增大字间距，使文字恰好从左缩进处排到右缩进处。

图 2-18 所示为 5 种对齐方式的示例效果。

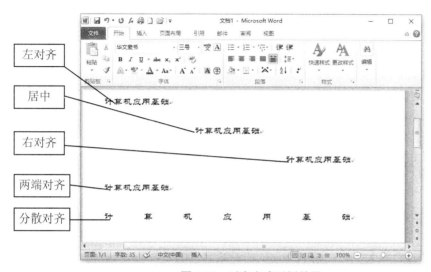

图 2-18　对齐方式示例效果

2. 设置段落缩进

段落缩进是指文本与页边距之间保持的距离。段落缩进包括首行缩进、悬挂缩进、左缩进和右缩进四种缩进方式。设置段落缩进有多种方法，这里主要介绍三种。

（1）使用"开始"选项卡中"段落"组的工具按钮设置段落缩进

①将光标定位于要设置段落缩进的段落的任意位置。

②单击"增加缩进量"按钮，即可将当前段落右移一个默认制表位的距离。相反，单击"减少缩进量"按钮，即可将当前段落左移一个默认制表位的距离。

③根据需要可以多次单击上述两个按钮来完成段落缩进。

（2）使用"段落"对话框设置段落缩进

①将光标定位于要设置段落缩进的段落的任意位置。

②打开"开始"选项卡，在"段落"组中单击"对话框启动器"按钮，弹出如图 2-19 所示的"段落"对话框。

③单击"缩进和间距"选项卡，在"缩进"区域中设置缩进量。

- 左侧：输入或选择希望段落从左侧页边距缩进的距离。值为负时文字出现在左侧页边距上。
- 右侧：输入或选择希望段落从右侧页边距缩进的距离。值为负时文字出现在右侧页边距上。
- 特殊格式：希望每个选择段落的第一行具有的缩进类型。单击其右边的下箭头按钮，将弹出下拉列表，其选项的含义如下：

图 2-19　"段落"对话框

> 无：把每个段落的第一行与左侧页边距对齐。
> 首行缩进：把每个段落的第一行，按"磅值"微调框内指定的量缩进。
> 悬挂缩进：把每个段落中第一行以后的各行，按"磅值"微调框内指定的量右移。

● 磅值：在其微调框中输入或选择希望第一行或悬挂行缩进的量。

④设置完成后，单击"确定"按钮。

（3）使用"标尺"设置段落缩进

用鼠标选择"视图"选项卡，选中"标尺"复选框，在 Word 窗口的上边和左边就可以看到水平标尺和垂直标尺了。使用水平标尺是进行段落缩进最方便的方法之一。水平标尺上有首行缩进、悬挂缩进、左缩进和右缩进 4 个滑块，如图 2-20 所示。

图 2-20　水平标尺

①左缩进：控制整个段落左边界的位置。

②右缩进：控制整个段落右边界的位置。

③首行缩进：改变段落中第一行第一个字符的起始位置。

④悬挂缩进：改变段落中除第一行以外所有行的起始位置。

3. 设置行间距和段落间距

行间距是指段落中行与行之间的距离，段落间距是指段落与段落之间的距离。

（1）设置行间距

操作步骤如下：

①选择需要设置行间距的文字区域。

②打开"开始"选项卡，在"段落"组中单击"对话框启动器"按钮，弹出如图 2-19 所示的"段落"对话框。

③单击"缩进和间距"选项卡，在"行距"下拉列表中选择一种行间距。

- 单倍行距：把每行间距设置成能容纳行内最大字体的高度。例如，对于 10 磅的文字，行距应略大于 10 磅，为字符的实际大小加上一个较小的额外间距。额外间距因使用的字体而异。

- 1.5 倍行距：把每行间距设置成单倍行距的 1.5 倍。例如，对于 10 磅的文字，其间距约为 15 磅。

- 2 倍行距：把每行间距设置成单倍行距的 2 倍。例如，对于 10 磅的文字，2 倍间距把间距设为约 20 磅。

- 最小值：选中该选项后可以在"设置值"微调框中输入固定的行间距，当该行中的文字或图片超过该值时，Word 2010 自动扩展行间距。

- 固定值：选中该选项后在"设置值"微调框中输入固定的行间距，当该行中的文字或图片超过该值时，Word 2010 不会扩展行间距。

- 多倍行距：选中该选项后在"设置值"微调框中输入的值为行间距，此时的单位为行，而不是磅。允许行距以任何百分比增减。例如，把行距设成 1.2 倍，则行距增大 20%；而把行距设为 0.8 倍，则行距减小 20%；把行距设为 2 倍，则等于把行距设为 2 倍行距。

④以上行间距设置完成后，单击"确定"按钮。

（2）设置段落间距

段落间距是指段落和段落之间的距离，在图 2-19 中，可在"缩进和间距"选项卡的"间距"栏内设置段落间的距离。其中，"段前"表示在每个选择段落的第一行之上留出一定的间距量，单位为行。"段后"表示在每个选择段落的最后一行之下留出一定的间距量，单位为行。

4. 给段落文字加边框

在段落或文字周围添加边框，可以使这部分文档更加突出，让文档更具有艺术效果。

操作步骤如下：

（1）如果要在某个段落的四周添加边框，可单击该段中任意一处；如果要给某部分文字（如一个单词）或某几个段落周围添加边框，则选择这些文字或段落。

（2）单击"开始"选项卡，在"段落"组中单击"边框和底纹"按钮，弹出如图 2-21 所示的"边框和底纹"对话框。

（3）如果为单个段落添加边框，则在图 2-21 所示的右下角的"应用于"下拉列表中选择"段落"。

（4）在"设置"栏中选择边框类型，其中包括"无""方框""阴影""三维"或"自定义"，用户可以在预览框中逐个观察它们的效果。图 2-22 所示为加了方框的段落效果。

（5）如果要指定只在某些边添加边框，则单击"自定义"，并在"预览"区域单击图示中的这些边，或者单击"预览"区域左面和下面的按钮设置或删除边框。

图 2-21　"边框和底纹"对话框

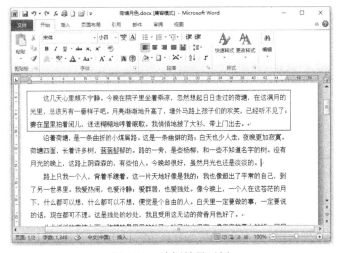

图 2-22　边框效果示例

（6）在"样式"列表框中选择一种边框样式，分别单击"颜色"和"宽度"方框右端的向下箭头，选择边框的颜色和宽度。

（7）单击"选项"按钮，打开"边框和底纹选项"对话框，在其中确定边框与文档之间的精确位置，单击"确定"按钮关闭此对话框。

（8）单击"确定"按钮，则完成边框设置。

删除边框时，只需在图 2-21 所示的"边框"选项卡中选择"设置"栏中的"无"，单击"确定"按钮即可。

5. 给段落文字加底纹

给文字添加底纹就是给文字填充不同的背景。其操作步骤如下：

（1）如果要给段落添加底纹，可以单击该段落中任意一处。如果给指定文字（如一个单词或几个段落）添加底纹，则选择这部分文字。

（2）单击"开始"选项卡，在"段落"组中单击"边框和底纹"按钮□，弹出如图 2-21 所示的"边框和底纹"对话框。

（3）单击"底纹"选项卡，如图 2-23 所示。

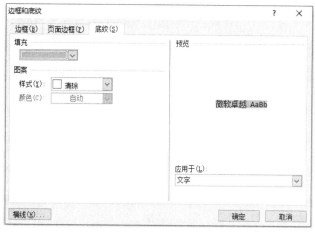

图 2-23　"底纹"选项卡

（4）根据需要进行如下设置。

- 在右下角的"应用于"下拉列表中确定添加底纹的文档（文字或段落）。
- 从"填充"下拉列表中为底纹选择一种背景颜色。
- 在"图案"栏中，从"样式"下拉列表中选择一种底纹样式，再从其下方的"颜色"下拉列表中为该底纹选择一种颜色。

（5）设置完成后，单击"确定"按钮，效果如图 2-24 所示。

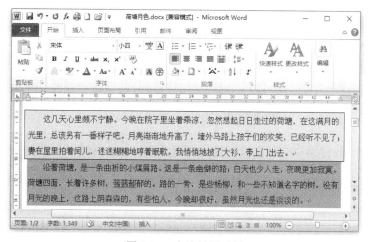

图 2-24　底纹效果示例

删除底纹时，只需在图 2-23 所示的"填充"下拉列表中单击"无"，然后单击"确定"按钮即可。

【任务分析】

经过前面的知识准备，我们现在可以对"年度总结"进行编辑排版。在本任务中，要完成如下工作：

（1）创建空白文档，并录入文本内容。

（2）对标题进行格式排版，设置为黑体、三号、加粗、居中。

（3）分别对小标题进行格式排版，设置为黑体、四号、加粗。

（4）分别对段落进行格式排版，设置为宋体、五号、首行缩进 2 字符、段前 0.5 行、段后 0.5 行、1.5 倍行距。

（5）在文本末位插入特殊符号和日期。

【任务实施】

1．创建文档

（1）新建一个空白文档。

（2）单击快速访问工具栏中的"保存"按钮，将会打开"另存为"对话框，再选择文档存盘路径，在"文件名"处输入文件名"年度总结.docx"。

（3）单击"保存"按钮，即可保存文档。

2．录入文字

把图 2-1 所示的"年度总结"文本输入到文档中，每个自然段结束时按 Enter 键表示段落结束。

3．练习选择文本

用 2.1.6 节介绍的方法练习选择文本。

4．格式排版

（1）标题排版设置

①将鼠标指针移到标题行"个人总结"的最左边，此时鼠标指针变为右斜箭头，单击鼠标左键即可选中该标题行。

②选择"开始"选项卡，在"字体"组中设置标题文字为黑体、三号、加粗。

③在"段落"组中单击"居中"按钮，将标题居中。

（2）小标题排版设置

①将鼠标指针移到第一个小标题行"一、思想政治表现"的最左边，此时鼠标指针变为右斜箭头，单击鼠标左键即可选中该小标题行。

②将鼠标指针移到第二个小标题行"二、工作内容方面"的最左边，此时鼠标指针变为右斜箭头，按住 Alt 键不放，单击鼠标左键即可选中该小标题行。

③用相同方法选中第三个小标题行"三、工作态度方面"、第四个小标题行"四、工作质量方面"和第五个小标题行"五、不足"。

④选择"开始"选项卡，在"字体"组中设置小标题文字为黑体、四号、加粗。

（3）正文段落排版设置

①先将鼠标指针移到第一段文本任意一行的最左边，此时鼠标指针变为右斜箭头，再双击鼠标左键即可选择该自然段。

②选择"开始"选项卡，在"字体"组中设置文字为宋体、五号。

③选择"开始"选项卡，在"段落"组中单击"对话框启动器"按钮，弹出如图 2-25 所示的"段落"对话框。

④在"缩进和间距"选项卡中，将"对齐方式"设置为"左对齐"，将"特殊格式"设置为"首行缩进"，"磅值"设置为"2 字符"，"段前"设置为"0.5 行"，"段后"设置"0.5 行"，"行距"设置为"1.5 倍行距"。

⑤最后单击"确定"按钮即可。

⑥用相同方法对其他"段落"进行设置。

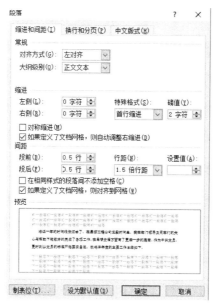

图 2-25　"段落"对话框

5. 插入特殊符号

（1）将光标插入点移到"缺乏主动性"的前面。

（2）在"插入"选项卡中，单击"符号"组中的"符号"按钮，将会弹出如图 2-26 所示的"符号"下拉列表。

（3）在列表中选择需要的符号，例如，选择符号"※"，即可在插入点处插入该符号。

（4）用同样的方法，在"缺乏创新精神""工作不太扎实，不能与时俱进"前面插入符号"※"，如图 2-27 所示。

图 2-26　"符号"下拉列表

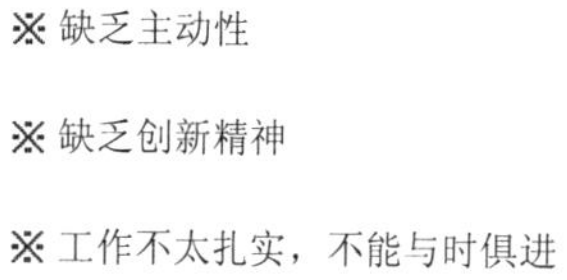

※ 缺乏主动性

※ 缺乏创新精神

※ 工作不太扎实，不能与时俱进

图 2-27　"特殊符号"效果图

6. 插入日期

（1）将鼠标移到文档的末尾，选择"开始"选项卡，在"段落"组中单击"文本右对齐"
≡ 按钮。

（2）选择"插入"选项卡，在"文本"组中单击 日期和时间 按钮，将会弹出如图 2-28 所示的"日期和时间"对话框。

（3）在"语言"栏选择"中文（中国）"，在"可用格式"列表框中选择所需日期和时间格式。

（4）最后单击"确定"按钮即可将当前系统日期插入到该文档中。

（5）选中该日期，选择"开始"选项卡，在"字体"组中设置文字为宋体、五号。

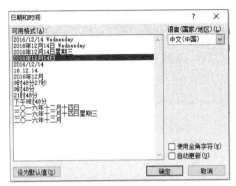

图 2-28 "日期和时间"对话框

7. 保存文档

单击快速访问工具栏中的"保存"按钮即可。

【任务小结】

本任务主要介绍了：Word 2010 空白文档的创建和保存，文本的录入和修改，字体、字形、字号、段落的设置，特殊符号、日期的插入。

本任务中文档的编辑和排版的方法不唯一，读者可以用不同的方法进行练习。

任务 2.2 制作演讲稿——走进舟山

【任务说明】

小王准备组织一次旅游推介讲座。下面是他撰写的一篇演讲稿——走进舟山，如图 2-29 所示。

本次任务要求：录入文本，复制和移动文本，设置文字字体，设置文字段落，查找和替换文本，设置页面布局。

演讲稿

走进舟山

中国第一大群岛——舟山，它位于我国东南沿海，中国大陆海岸线的中心，地理坐标为东经 121°30′～123°25′，北纬 29°32′～31°04′，区域面积为 2.22 万平方公里，其中岛屿面积为 1440 平方公里，它是著名的长江、钱塘江和甬江的出海口。

舟山市是 1987 年 1 月经国务院批准的唯一的省辖海港口旅游城市，也是全国唯一以群岛组成的海上城市。市辖定海、普陀、岱山、嵊泗二区二县，总人口近百万。舟山本岛为全国第四大岛，面积为 50.2 平方公里，是舟山市人口的主要集聚地和政治、经济、文化中心。

舟山群岛历史悠久，古称"海中洲"，据史考古，早在六千年前的新石器时代，就有人居住在舟山本岛西北部的马岙镇原始村落的 99 座土墩中，已创造了光辉灿烂的"海岛河姆渡"文化，其被誉为"东海第一村"。

舟山群岛夏无酷酷暑，冬无严寒，气候宜人，境内大小岛屿星罗棋布，1390 座岛屿宛如撒落在碧波万顷东海洋面上的璀璨明珠，构成了"千岛之城"的壮丽景色。海岛特有的景致赋予了这里无穷的迷人魅力，蓝天、碧海、绿岛、金沙、白浪成为舟山生态旅游环境的主色调。

境内山海景观独特，名胜古迹众多，旅游资源极其丰富。有佛教文化景观、山海文化景观、历史军事文化景观和海岛渔俗景观 1000 余处，主要分布在 23 个岛屿上。目前，拥有"海天佛国"普陀山、"晴沙列岛"嵊泗两大国家级风景名胜区和"东海蓬莱"岱山岛、"金庸笔下"桃花岛两大省级风景名胜区以及全国唯一的海岛历史文化名城——定海。

舟山以"海天佛国，海洋文化，海鲜美食，海滨休闲"为特色的海岛旅游，已成为舟山市的一大支柱产业。舟山旅游集佛教朝拜、山海观光、海鲜美食、滨海运动、环境疗养、休闲度假、商务会议等多项旅游功能于一体。优越的区位条件，丰富的旅游资源，良好的接待设施，便捷的交通运输，豪爽的好客习俗，每年吸引国内外游客近 600 万，并以 15% 的速度逐年递增，使这里成为了华东旅游资源最丰富的地区之一，成为中国海岛海洋旅游的聚焦点，是中国东部著名的海岛旅游胜地。

图 2-29 演讲稿

【预备知识】

2.2.1　复制文本

复制文本就是将已选中的文本复制到另外一个地方，其操作方法有两种。

1. 粘贴复制

（1）首先选择要复制的文本。

（2）用"复制"命令将已选择的文字和图形复制到剪贴板上。

要将已选择的内容复制到剪贴板上，有两种方法。

● 单击"开始"选项卡上的"复制"按钮。

● 按 Ctrl+C 组合键。

（3）将光标移到需要复制到的目标位置，然后用"粘贴"命令将剪贴板上的内容插入到当前光标所在的位置。

粘贴的方法有两种。

● 单击"开始"选项卡上的"粘贴"按钮。

● 按 Ctrl+V 组合键。

2. 鼠标拖动复制

（1）首先用鼠标选中要复制的文本，松开鼠标左键。

（2）将光标移到选中的文本区域，按住鼠标左键不放并拖动鼠标至要复制到的目标位置。

（3）按住 Ctrl 键不放，然后松开鼠标左键，此时就把选中的文本插入到指定的位置了。

2.2.2　移动文本

移动文本就是将已选中的文本移动到另外一个地方，其操作方法有两种。

1. 剪切移动

（1）首先选择要移动的文本。

（2）用"剪切"命令将已选择的文字和图形剪切到剪贴板上。

要将已选择的内容剪切到剪贴板上，有两种方法。

● 单击"开始"选项卡上的"剪切"按钮。

● 按 Ctrl+X 组合键。

（3）将光标移到需要移动到的目标位置，然后用"粘贴"命令将剪贴板上的内容插入到当前光标所在的位置，这样就完成了文本的移动。

2. 鼠标拖动移动

（1）首先用鼠标选中要复制的文本，松开鼠标左键。

（2）将光标移到选中的文本区域，按住鼠标左键不放并拖动鼠标至要移动到的目标位置。

（3）然后松开鼠标左键，此时就把选中的文本插入到指定的位置了，完成文本的移动。

2.2.3　查找与替换

1. 查找

查找功能用于在一个文档中搜索一个单词、一段文本甚至是一些特殊的字符或者一些格式的组合。例如，查找文本中的文字"荷塘"，其操作步骤如下：

（1）一般查找

①打开"开始"选项卡，单击"编辑"组中"查找"按钮右边的箭头按钮，弹出"查找"菜单，如图 2-30 所示。

②单击"查找"命令，在 Word 窗口的左边会弹出"导航"窗格，在"导航"下方的文本框中输入需要查找的文字"荷塘"并按回车键，Word 2010 将查找指定的文字"荷塘"，并突出显示所查找的文字，如图 2-31 所示。

图 2-30　"查找"菜单

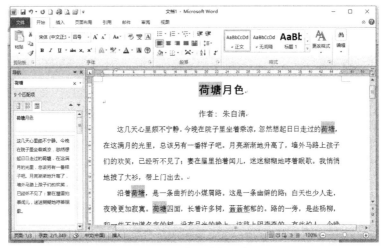

图 2-31　查找到的文本

③单击"导航"窗格上的"关闭"按钮，返回正常编辑状态。

（2）高级查找

①打开"开始"选项卡，单击"编辑"组中"查找"按钮右边的箭头按钮，弹出"查找"菜单，如图 2-30 所示。

②单击"高级查找"命令，将会弹出"查找和替换"对话框，单击"更多"按钮，如图 2-32 所示。

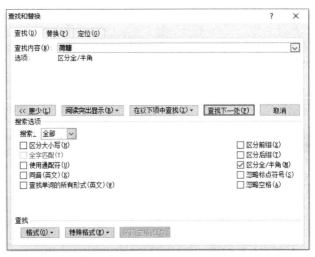

图 2-32　更多选项查找对话框

③在"查找内容"栏内输入需要查找的文字"荷塘"，开始查找之前，单击"搜索"框中的下拉箭头，可以看出其中有"全部""向上"和"向下"三个选项，选择其中一个。"全部"是指在整个文档中进行搜索查找，"向上"是指从当前光标位置向文档开始处进行搜索查找，"向下"是指从当前光标位置向文档末尾进行搜索查找。

④用户还可以根据需要设置其他选项，如希望在查找过程中区分字母的大小写，可选中☑区分大小写(H) 复选框。

⑤单击"查找下一处"按钮，Word 2010 将按照指定的范围开始查找。当查找至所输入的内容后，Word 2010 将突出显示所查找的文字。此时，可以单击"取消"按钮，返回正常编辑状态，也可以单击"查找下一处"按钮继续进行查找。

2. 替换

替换功能是将查找到的内容用另外一些内容来代替。例如，将文档中的所有"计算机应用基础"都改为"计算机基础知识"，其操作步骤如下：

（1）打开"开始"选项卡，单击"编辑"组中的"替换"按钮，将会弹出如图 2-33 所示的"查找和替换"对话框。

（2）在"查找内容"文本框中输入被替换的文字，在"替换为"文本框中输入要替换的文字，如图 2-33 所示。如果单击"全部替换"按钮，则 Word 2010 将把文档中所有查找到的内容"计算机应用基础"，都替换为指定的内容"计算机基础知识"。

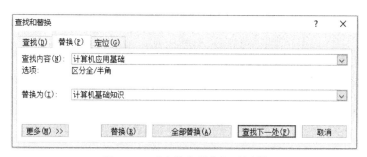

图 2-33　"查找和替换"对话框

如果只需替换在某些位置出现的文字，可以每次单击"查找下一处"按钮，查找到所需内容之后，确认需要替换则单击"替换"按钮将其替换，否则单击"查找下一处"按钮，Word 2010 会继续查找下一个需要替换的内容。最后，单击"取消"按钮返回正常的编辑状态。

2.2.4　页面设置

页面设置主要包括设置纸张大小与方向，修改页边距，设置纸张版式等内容。

1. 设置纸张大小和方向

操作步骤如下：

（1）用鼠标单击"页面布局"选项卡，在"页面设置"组中单击"对话框启动器"按钮，弹出"页面设置"对话框，如图 2-34 所示。

（2）设置纸张大小。

单击"纸张"选项卡，如图 2-35 所示。在"纸张大小"下拉列表中选择打印纸张的类型。如果用户需要使用特定的纸型，可以在"宽度"和"高度"微调框中输入相应的数值。其中"宽度"表示自定义的纸张宽度值，"高度"表示自定义的纸张高度值。

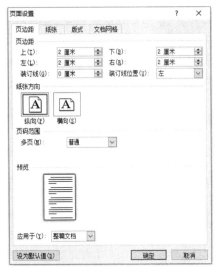

图 2-34　"页面设置"对话框

图 2-35　"纸张"选项卡

（3）设置纸张方向。

纸张有长和宽之分，纸张在打印机上有两种放置方法：纵向和横向。因此，除了设置纸张大小之外，还应该设置纸张放置方向。

单击"页边距"选项卡，如图 2-34 所示，用鼠标在"纸张方向"选项框中单击"纵向"或"横向"。一般默认纸张方向是"纵向"。如果文档内容较宽，通常选择"横向"。当改变页面方向时，Word 2010 将上边距和下边距的值转换成左边距和右边距的值，反之亦然。

（4）设置完成后，单击"确定"按钮。

2．设置页边距

在 Word 2010 中，页边距是指正文文本边缘与打印纸边缘之间的距离，也就是正文文本在纸面四周留出的空白区域。在默认状态下，这部分区域中没有任何内容，但用户可以在其中插入页眉、页脚或页码等内容。

根据文档内容的要求设置适当的页边距可以从整体上增进文档的外观效果，提高读者的阅读兴趣。用户可以设置上下左右互不相同的页边距，也可以使上下或左右页边距相同，还可以为双面打印文档设置对称页边距，甚至可以为装订文档预留空白（添加装订线）。

操作步骤如下：

（1）用鼠标单击"页面布局"选项卡，在"页面设置"组中单击"对话框启动器"按钮 ，弹出"页面设置"对话框，如图 2-34 所示。

（2）在"页边距"选项卡中即可设置页边距，各选项的含义如下：

- 上：表示页面顶端与第一行正文之间的距离（上边距）。
- 下：表示页面底端与最后一行正文之间的距离（下边距）。
- 左：表示页面左边与无左缩进的每一行正文左端之间的距离（左边距）。
- 右：表示页面右边与无右缩进的每一行正文右端之间的距离（右边距）。
- 装订线：表示要添加到页边距上以便进行装订的额外空间。
- 装订线位置：表示将"装订线"放在页面的左边还是上边。
- 页码范围：常用的有两种，即普通和对称页边距。其中"普通"表示单面打印；"对称页边距"表示双面打印，用于使对开页的页边距互相对称。内侧页边距都是等宽的，外侧页边距也都是等宽的。当选择"对称页边距"时，"左"框改变为"内侧"框，而"右"框改变为"外侧"框。

● 应用于：表示上述设置在文档中的应用范围，默认是"整篇文档"。根据需要可在下拉列表中选择应用范围。

● 设为默认值：该按钮用于更改默认的页边距设置。Word 2010 可把新的设置保存为默认设置。今后，每次启动基于该模板的文档时，Word 2010 都将应用新的设置。

3. 设置版式

操作步骤如下：

（1）用鼠标单击"页面布局"选项卡，在"页面设置"组中单击"对话框启动器"按钮，弹出"页面设置"对话框，如图 2-34 所示。

（2）单击"版式"选项卡，如图 2-36 所示。

图 2-36　"版式"选项卡

（3）在"节的起始位置"下拉列表中为文档中各个节设置起始位置。

（4）在"页眉""页脚"微调框中输入页眉和页脚距页面两端的距离，还可以根据用户需要选中 ☑ 奇偶页不同(O) 和 ☑ 首页不同(P) 复选框。

（5）最后单击"确定"按钮完成版式设置。

2.2.5　添加页眉和页脚

页眉和页脚是打印在文档每一页顶部和底部的说明性文字。页眉的内容可以包括页号、章节名、日期、时间等；页脚的内容可以包含文章的注释信息。页眉打印在文档的每一页顶部页边距中，页脚打印在底部的页边距中。键入页眉或页脚后，Word 2010 自动将其插入到每一页。Word 2010 还可自动调整文档的页边距以适应页眉或页脚。

只有在"页面视图"下，才显示页眉或页脚。用户可以灵活地设置页眉、页脚，并为它们编排格式。

1. 给文档添加页眉

操作步骤如下：

（1）用鼠标单击"插入"选项卡，单击"页眉和页脚"组中的"页眉"按钮，在弹出的菜单中选择"编辑页眉"命令，弹出"页眉和页脚工具－设计"选项卡，如图 2-37 所示。

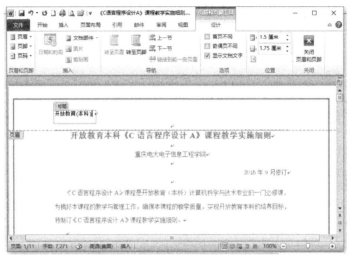

图 2-37　"页眉"编辑窗口

（2）此时，Word 文档页面的顶部和底部各出现一个虚线框，如图 2-37 所示，用鼠标单击文档顶部虚线框即可输入页眉文本。

（3）页眉输入完成后，单击"页眉和页脚工具－设计"选项卡中的"关闭页眉和页脚"按钮，或双击变灰的正文即可返回文档编辑状态。

2. 给文档添加页脚

操作步骤如下：

（1）用鼠标单击"页眉和页脚工具－设计"选项卡上的"转至页脚"按钮就可以将光标移至页脚区进行编辑，如图 2-38 所示。

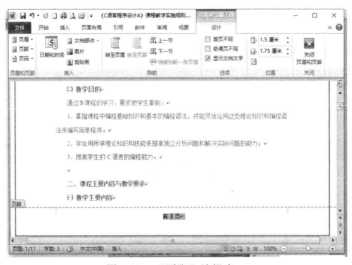

图 2-38　"页脚"编辑窗口

（2）此时，用户可以输入页脚文字。

（3）页脚输入完成后，单击"页眉和页脚工具－设计"选项卡中的"关闭页眉和页脚"按钮，或双击变灰的正文即可返回文档编辑状态。

3．给文档添加页码

例如，在每一页的底部输入"第 n 页"。

操作步骤如下：

（1）设置页码格式。

①用鼠标单击"插入"选项卡，单击"页眉和页脚"组中的"页码"按钮，在弹出的菜单中选择"设置页码格式"命令，将会弹出如图 2-39 所示的"页码格式"对话框。

图 2-39　"页码格式"对话框

②在"编号格式"下拉列表中选择一种页码格式，在"页码编号"栏选择"起始页码"单选按钮，并在文本框中输入起始页码。

③单击"确定"按钮即可。

（2）插入页码。

①用鼠标单击"插入"选项卡，单击"页眉和页脚"组中的"页码"按钮，在弹出的菜单中选择"页面底端"，在其下拉列表中选择一种页码格式即可插入页码。

②在输入的页码前后分别输入"第"和"页"。

③页脚输入完成后，单击"页眉和页脚工具－设计"选项卡中的"关闭页眉和页脚"按钮，或双击变灰的正文即可返回文档编辑状态。

上面介绍的是简单的页眉、页脚设置的方法，在页眉、页脚区域中，完全可以像编辑普通文本一样编辑、插入各种文字、图形以及进行各种格式编排，它们除了能够在每一页重复出现之外，和普通文本之间没有什么区别。

2.2.6　格式刷

格式刷是快速地将需要设置格式的对象设置成某种格式的工具，可以实现对文本或段落格式的复制，并且可以复制项目符号与编号、边框与底纹以及所设置的制表位等。

操作步骤如下：

（1）首先选中已设置好格式的文本。

（2）用鼠标单击"开始"选项卡，在"剪贴板"组中单击"格式刷"按钮，此时鼠标指针变为 ▴I 。

（3）用鼠标涂刷需要复制格式的文本即可。

说明：如果单击"格式刷"按钮，格式刷使用一次就失效，如果双击"格式刷"按钮，格式刷可以多次重复使用，用鼠标单击"格式刷"按钮后，格式刷失效。

【任务分析】

经过前面的知识准备，我们现在可以对"演讲稿——走进舟山"进行编辑排版。在本任务中，要完成如下工作：

（1）创建空白文档，并录入文本内容、移动文本。

（2）对标题进行格式排版，设置为黑体、初号、加粗，并制作特殊效果。

（3）对副标题进行格式排版，设置为微软雅黑、二号、加粗、斜体、红色。

（4）分别对各段落进行格式排版，设置为宋体、小四号、首行缩进 2 字符、段前 0.5 行、段后 0.5 行、17 磅行距。

（5）将文档中的"中华人民共和国"替换为"中国"。

（6）对文档进行页面设置，并插入页码。

【任务实施】

1．创建文档

（1）新建一个空白文档。

（2）单击快速访问工具栏中的"保存"按钮，将会打开"另存为"对话框，再选择文档存盘路径，在"文件名"处输入文件名"演讲稿——走进舟山.docx"。

（3）单击"保存"按钮，即可保存文档。

2．录入文字

把图 2-29 所示的"演讲稿——走进舟山"文本输入到文档中，每个自然段结束时按 Enter 键表示段落结束。

3．移动文本

将"演讲稿——走进舟山"文档中的正文第 3、4 段文本交换。

（1）将鼠标指针移到第 3 段文本的最左边，此时鼠标指针变为右斜箭头，双击鼠标左键即可选中该段文本。

（2）选择"开始"选项卡，在"剪贴板"组中单击"剪切"按钮。

（3）将插入点移动第 5 段文本的最前面，选择"开始"选项卡，在"剪贴板"组中单击"粘贴"按钮即可。

4．格式排版

（1）标题排版

①将鼠标指针移到标题行"演讲稿"的最左边，此时鼠标指针变为右斜箭头，单击鼠标左键即可选中该标题行。

②选择"开始"选项卡，在"字体"组中设置标题文字为黑体、初号、加粗。

③在"段落"组中单击"居中"按钮，将标题居中。

④在"字体"组中单击"文本效果"按钮，将会弹出如图 2-40 所示的"文本效果"列表。

⑤在"文本效果"列表中选择一种文本效果即可。

图 2-40 "文本效果"列表

⑥将鼠标指针移到副标题行"走进舟山"的最左边,此时鼠标指针变为右斜箭头⫽,单击鼠标左键即可选中该副标题行。

⑦选择"开始"选项卡,在"字体"组中设置标题文字为微软雅黑、二号、加粗、斜体,颜色设置为红色。

⑧在"段落"组中单击"居中"按钮,将该副标题居中。

(2)正文段落排版

①先将鼠标指针移到第一段文本任意一行的最左边,此时鼠标指针变为右斜箭头⫽,双击鼠标左键即可选择该自然段。

②选择"开始"选项卡,在"字体"组中设置文字为宋体、小四号。

③选择"开始"选项卡,在"段落"组中单击"对话框启动器"按钮📄,弹出如图 2-41所示的"段落"对话框。

图 2-41 "段落"对话框

④在"缩进和间距"选项卡中,将"对齐方式"设置为"左对齐",将"特殊格式"设置为"首行缩进","磅值"设置为"2 字符","段前"设置为"0.5 行","段后"设置为"0.5 行","行距"设置为"固定值","设置值"为"17 磅"。

⑤最后单击"确定"按钮即可。

⑥先将鼠标指针移到第一段文本任意一行的最左边，此时鼠标指针变为右斜箭头⌐，双击鼠标左键即可选择该自然段。

⑦用鼠标单击"开始"选项卡，在"剪贴板"中双击"格式刷"按钮，此时鼠标指针变为▲I 。

⑧用鼠标涂刷正文中其他段落，从而复制第 1 自然段的文本格式。

⑨最后，在"剪贴板"中单击"格式刷"按钮，取消格式刷。

5．查找和替换

将文档中的"中华人民共和国"替换为"中国"。

（1）打开"开始"选项卡，单击"编辑"组中的"替换"按钮（或按 Ctrl+H 组合键），将会弹出如图 2-42 所示的"查找和替换"对话框。

图 2-42　"查找和替换"对话框

（2）在"替换"选项卡的"查找内容"文本框中输入被替换的文字"中华人民共和国"，在"替换为"文本框中输入要替换的文字"中国"，单击"全部替换"按钮即可。

6．页面设置

（1）用鼠标单击"页面布局"选项卡，在"页面设置"组中单击"对话框启动器"按钮，弹出"页面设置"对话框。

（2）在"页边距"选项卡中设置上、下、左、右边距都为 2 厘米，纸张方向为"纵向"，页码范围为"普通"。

（3）单击"纸张"选项卡，设置纸张大小为"B5"。

（4）最后，单击"确定"按钮。

7．插入页码

页码格式设置为"第 n 页"。

（1）用鼠标单击"插入"选项卡，单击"页眉和页脚"组中的"页码"按钮，在弹出的菜单中选择"页面底端"，在其下拉列表中选择一种页码格式即可插入页码。

（2）在输入的页码前后分别输入"第"和"页"。

（3）页脚输入完成后，单击"设计"选项卡中的"关闭页眉和页脚"按钮，或双击变灰的正文即可返回文档编辑状态。

8．保存文档

单击快速访问工具栏中的"保存"按钮即可。

【任务小结】

本任务主要介绍了：Word 2010 空白文档的创建和保存，文本的录入和修改，字体、字形、字号、段落的设置，段落文本的移动，文本效果的设置，查找和替换文本，页面设置，页码的插入。

本任务中文档的编辑和排版的方法不唯一，读者可以用不同的方法进行练习。

任务 2.3 古诗排版设计

【任务说明】

小张是某学校的教师，他想给学生介绍《黄鹤楼》这首诗，需要把这首诗录入 Word 文档、标注拼音，并给出注释和诗词释意，诗文如图 2-43 所示。

```
诗词鉴赏
黄鹤楼
崔颢
昔人已乘黄鹤去，此地空余黄鹤楼。
黄鹤一去不复返，白云千载空悠悠。
晴川历历汉阳树，芳草萋萋鹦鹉洲。
日暮乡关何处是？烟波江上使人愁
【注释】
昔人：指传说中的仙人。
黄鹤楼：旧址在今武汉长江大桥桥头处。
历历：清楚分明。
汉阳：指今武汉市汉阳县一带。
萋萋：草茂盛的样子。
鹦鹉洲：在今武汉西南长江中。
【诗文释意】
前人早已乘着黄鹤飞去，这里留下的只是那空荡荡的黄鹤楼。黄鹤飞去
后就不再返回，千百年来只有白云悠悠飘浮。晴朗的汉江平原上，是一
片片葱郁的树木和茂密的芳草，它们覆盖着鹦鹉洲。天色渐暗，放眼远
望，何处是我的故乡？江上的烟波迷茫，使人生出无限的哀愁。
```

图 2-43　诗词鉴赏——黄鹤楼

本次任务要求：录入文本，设置字体、段落格式，能进行简繁转换，为文字添加拼音和尾注。

【预备知识】

2.3.1　设置字符特殊效果

1. "字体"组中的命令按钮

在"开始"选项卡上的"字体"组中还有以下命令按钮，如表 2-2 所示。

表 2-2　"字体"组中的命令按钮

按钮	功能
B 加粗	给所选文字设置加粗
I 倾斜	给所选文字设置倾斜
U ▾ 下划线	给所选文字添加下划线
abc 删除线	绘制一条贯穿所选文字的线
X₂ 下标	在文字基线下方创建小字符，即下标

按钮	功能
$\mathbf{x}^2$ 上标	在文本行上方创建小字符，即上标
A▼ 文本效果	给所选文字设置文本效果
ab 突出显示文本	使文字看上去像是使用荧光笔做了标记一样
A▼ 字体颜色	给所选文字添加颜色
A 字符底纹	为所选文字添加底纹背景
字 带圈字符	在字符周围放置圆圈或者边框加以强调
A 增大字体	增大字号
A 减小字体	减小字号
Aa▼ 更改大小写	将所选文字更改为全部大写、全部小写或其他常见的大小写形式
A 清除格式	清除所选内容的所有格式，只留下纯文本
wén 拼音指南	显示拼音字符以明确发音
A 字符边框	在一组字符或者句子周围添加边框

2. 设置上标和下标

设置上标和下标是文档编辑中的常用功能，如平方符号、参考文献、数学符号等。

操作步骤如下：

（1）选中要设置为上标或下标的文本。

（2）在"开始"选项卡的"字体"组中单击"上标"按钮 $\mathbf{x}^2$，即可将其设置为上标，单击"下标"按钮 $\mathbf{x}_2$，即可将其设置为下标，效果如图 2-44 所示。

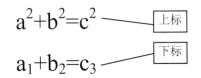

$$a^2+b^2=c^2 \quad \longrightarrow \boxed{\text{上标}}$$

$$a_1+b_2=c_3 \quad \longrightarrow \boxed{\text{下标}}$$

图 2-44　上标和下标效果

3. 下划线

设置下划线是文档编辑中的常用功能，用于强调文本的重要性。

操作步骤如下：

（1）选中要设置下划线的文本。

（2）在"开始"选项卡的"字体"组中单击"下划线"按钮 U ▼，即可出现下划线，如图 2-45 所示。

<u>计算机应用基础</u>

图 2-45　"下划线"效果

4．设置带圈字符

如果要为文本添加圆圈，可按以下步骤操作。

（1）选中要设置带圈的文字。

（2）在"开始"选项卡的"字体"组中单击"带圈字符"按钮，即可为选中字符添加圆圈，如图 2-46 所示。

5．设置删除线

如果用户写了一篇文章，送给另外的人审阅、修改，审阅者可以给希望删除的文本加上删除线作为修改标记，但不删除文档的任何内容，这样，文档的作者看到修改过的文档时，就可以根据自己的意愿决定是否采纳审阅人的意见。

操作步骤如下：

（1）选择要添加删除线的文本。

（2）在"开始"选项卡的"字体"组中单击"删除线"按钮，即可在选中文本上添加删除线，如图 2-47 所示。

图 2-46　"带圈文字"效果图 　　　　图 2-47　"删除线"效果图

6．拼音指南

利用"拼音指南"功能，可自动将汉语拼音标注在选定的中文文字上方。

（1）选定一段文字。

（2）在"开始"选项卡的"字体"组中单击"拼音指南"按钮，将会弹出如图 2-48 所示的"拼音指南"对话框。汉语拼音会自动标记在选定的中文文字上。一次最多只能选定 30 个文字并自动标记拼音。

图 2-48　"拼音指南"对话框

"拼音指南"对话框中，对齐方式是指拼音相对于文字的对齐方式，偏移量是指拼音和文字的间距。

7．简繁互换

有些时候需要将简体中文转换成繁体中文，或者将繁体中文转换成简体中文，转换的方法如下：

（1）选取需要转换的文字，例如句子、标题、段落等。

（2）单击"审阅"选项卡，在"中文简繁转换"组中单击"繁转简"或"简转繁"按钮即可，如图 2-49 所示。

詩詞鑒賞

图 2-49　"简转繁"效果图

2.3.2　设置字间距

字间距是文本中字符与字符之间的水平距离。

操作步骤如下：

（1）选取需要设置字间距的文本。

（2）在"开始"选项卡的"字体"组中单击"对话框启动器"按钮，将会弹出"字体"对话框。

（3）单击"高级"选项卡，如图 2-50 所示。

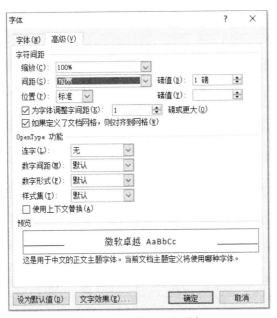

图 2-50　"高级"选项卡

"高级"选项卡中的参数说明如下：

● 间距：指字符之间的距离大小，在其下拉列表中有"标准""加宽"和"紧缩"三个选项。其中，"标准"是默认间距；"紧缩"表示字符之间的距离缩小，在该选项后的"磅值"微调框中输入的数值越大，则字符之间的距离越小；"加宽"表示字符之间的距离加大，在该选项后的"磅值"微调框中键入的数值越大，则字符之间的距离越大。

● 位置：指示文字将出现在基准线的什么方位（基准线是一条假设的恰好在文字之下的线），在其下拉列表中有"标准""提升"和"降低"三个选项。若要进行特定设置，应在后面的"磅值"微调框中输入某一数值，该值是相对于基准线把文字升高或降低的磅值。

- 为字体调整字间距：选中该复选框则系统自动地进行字间距调整。间距大小取决于选择的字符。可在"磅或更大"微调框中输入或选择字体大小，Word 2010 将自动调整大于该值的字间距。
- 预览：字间距设置效果可在"预览"文本框中显示出来。

（4）设置完成后，单击"确定"按钮。

2.3.3 项目符号与编号

在文档编辑中，文档的格式多种多样。例如，编辑产品目录时，用户可以使用一个段落介绍一种产品，并且在每个段落之前添加诸如实心圆点"●"、菱形"◆"或其他符号，这些符号称为项目符号。在文档中，还会经常出现一些编号，如"第一章""第二章"……，"第一条""第二条"……，1、2、3…等，这些编号都称为项目编号。

下面分别介绍项目符号和项目编号的用法。

1. 项目符号的用法

添加项目符号的方法如下：

（1）选择要添加项目符号的文本。

（2）单击"开始"选项卡，单击"段落"组中"项目符号"按钮 ≡ 右侧的下箭头按钮 ，弹出如图 2-51 所示的"项目符号库"下拉列表。

（3）该下拉列表中列出了 7 种默认的项目符号，如果其中包括用户需要的符号，并且用户不准备更改项目符号的各项格式，单击该项目符号即可。

（4）如果在步骤（3）中没有找到需要的符号或者想修改某些格式，单击 定义新项目符号(D)... 按钮，弹出如图 2-52 所示的"定义新项目符号"对话框。在该对话框中可定义用户需要的新项目符号。

图 2-51 "项目符号库"下拉列表

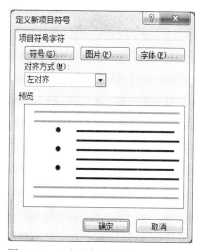

图 2-52 "定义新项目符号"对话框

- 单击"符号"按钮，弹出如图 2-53 所示的"符号"对话框，选择用户需要的符号后，单击"确定"按钮。

● 单击"图片"按钮，弹出如图 2-54 所示的"图片项目符号"对话框，选择用户需要的图片项目符号后，单击"确定"按钮。

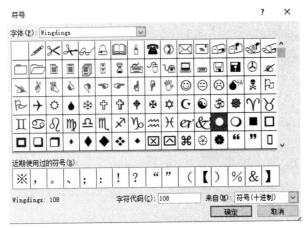

图 2-53 "符号"对话框

图 2-54 "图片项目符号"对话框

● 单击"字体"按钮，在弹出的"字体"对话框中可设置项目符号的字体。

（5）如果要修改已有的项目符号，可以先选择这些项目符号，然后用上述步骤（2）和步骤（4）修改其格式。

（6）单击"段落"组中的"项目符号"按钮，可以为选择段落添加默认种类和格式的项目符号。

（7）项目符号设置好后，如果继续输入文档，当按回车键时，下一个项目符号将会自动产生。项目符号效果示例如图 2-55 所示。

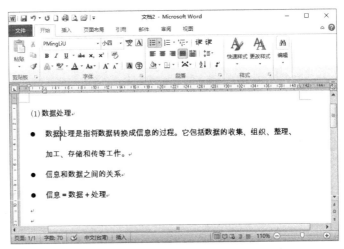

图 2-55 项目符号效果示例

2. 项目编号的用法

添加项目编号的方法与添加项目符号的方法相似，其操作步骤如下：

（1）选择要自动编号的文本。

（2）单击"开始"选项卡，单击"段落"组中"编号"按钮右侧的下箭头按钮，弹出如图 2-56 所示的"编号库"下拉列表。

（3）"编号库"下拉列表中列出了很多格式的编号，如果其中包括用户需要的编号，并且用户不准备更改编号的各项格式，单击该编号即可。

（4）如果在步骤（3）中没有找到需要的编号样式或者想修改某些格式，单击 定义新编号格式(D)... 按钮，弹出如图 2-57 所示的"定义新编号格式"对话框。在该对话框中可定义用户需要的新编号样式。

图 2-56　"编号库"下拉列表　　　　图 2-57　"定义新编号格式"对话框

● 在"编号样式"下拉列表中选择一种编号方式。

● 在"编号格式"文本框中，可以在编号前后添加诸如"步骤""第"等。

● 单击"字体"按钮，打开"字体"对话框，可以设置编号的字体。

● 在"对齐方式"下拉列表框中可设置对齐方式。

（5）设置完成后，单击"确定"按钮即可。

如果要删除项目符号或编号，可以先选择要删除项目符号或编号的项目，再单击"段落"组中的"项目符号"按钮或"编号"按钮即可。

3. 多级列表编号

在编辑和组织文档时，经常用到多级列表编号。例如：

　　第一章　XXXXX

　　第 1 节　XXXXX

　　　1.1 XXXX

　　　　1.1.1 XXX

　　　　1.1.2 XXX

　……

　　　1.2 XXXX

　　　　1.2.1 XXX

　　　　1.2.2 XXX

　……

　　第 2 节 XXXXX

　……

下面介绍设置多级列表编号的方法。

（1）单击"开始"选项卡，单击"段落"组中"多级列表"按钮 右侧的下箭头按钮 ，弹出如图 2-58 所示的"列表库"下拉列表。

图 2-58　"列表库"下拉列表

（2）选择其中一种格式后，单击"确定"按钮即可。

2.3.4　中文版式

在"段落"组中有一个"中文版式"按钮 ，利用其可以设置一些特殊的排版格式。

1. 纵横混排

在 Word 文档中，有时出于某种需要必须使文字纵横混排（如对联中的横批和竖联等），这时就要用到"纵横混排"命令。

操作步骤如下：

（1）选定需要竖排的文字。

（2）单击"开始"选项卡，单击"段落"组中"中文版式"按钮 右侧的下箭头按钮 ，弹出如图 2-59 所示的"中文版式"下拉菜单。

（3）在该下拉菜单中单击"纵横混排"命令即可。若要将竖排文字与行宽对齐，可选中"适应行宽"复选框，最后单击"确定"按钮。

2. 合并字符

合并字符就是将一行字符折成两行，但显示在一行中。这个功能在制作名片、出版书籍或发表文章等时，可以发挥其作用。

操作步骤如下：

（1）选中需要合并的字符。

（2）单击"开始"选项卡，单击"段落"组中"中文版式"按钮 右侧的下箭头按钮 ，弹出如图 2-59 所示的"中文版式"下拉菜单。

（3）在“中文版式”下拉菜单中单击“合并字符”命令，将会弹出“合并字符”对话框，在该对话框下面的“字体”列表框中，用户可以选择合并字符的字体，在“字号”列表框里可选择合并字符的大小，并可以预览合并后的效果，最后单击“确定”按钮，图 2-60 所示为“合并字符”效果。

纵横混排(T)...
合并字符(M)...
双行合一(W)...
调整宽度(I)...
字符缩放(C)

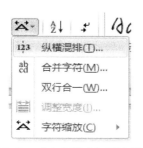

图 2-59 “中文版式”下拉菜单

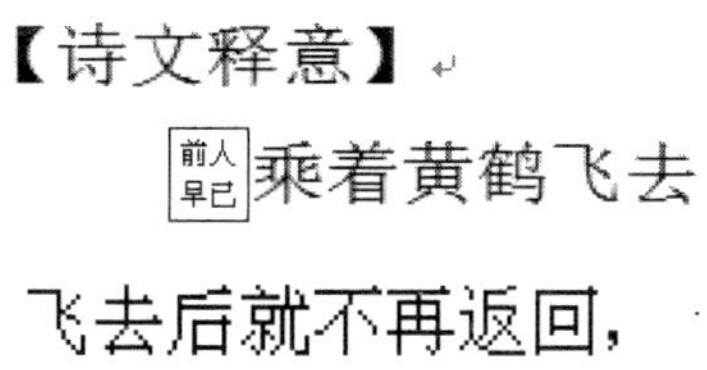
【诗文释意】
前人早已乘着黄鹤飞去
飞去后就不再返回，

图 2-60 “合并字符”效果

3. 双行合一

有时候用户需要在一行里显示两行文字，这时可以使用双行合一的功能来达到目的。

操作步骤如下：

（1）选择要双行显示的文本（注意：只能选择同一段落内且相连的文本）。

（2）单击“开始”选项卡，单击“段落”组中“中文版式”按钮右侧的下箭头按钮，弹出如图 2-59 所示的“中文版式”下拉菜单。

（3）在该下拉菜单中单击“双行合一”命令，将会弹出“双行合一”对话框，预览一下双行合一的效果，选中“带括号”复选框可对双行合一的文字加括号，单击“确定”按钮，如图 2-61 所示。

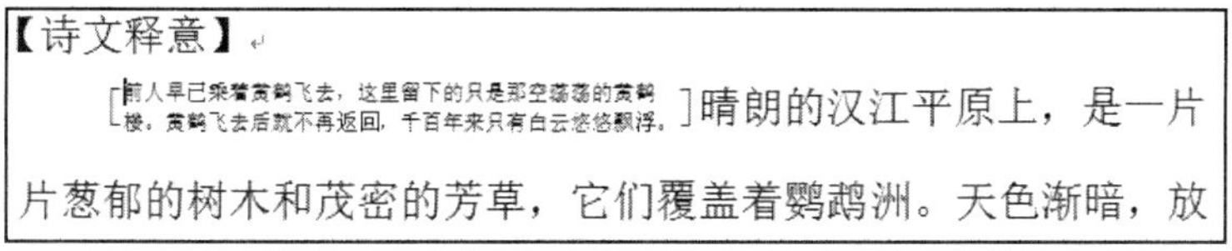
【诗文释意】
[前人早已乘着黄鹤飞去，这里留下的只是那空荡荡的黄鹤楼。黄鹤飞去后就不再返回，千百年来只有白云悠悠飘浮。]晴朗的汉江平原上，是一片
片葱郁的树木和茂密的芳草，它们覆盖着鹦鹉洲。天色渐暗，放

图 2-61 “双行合一”效果

如果要删除“双行合一”，把光标定位到已经双行合一的文本中，单击“段落”→“中文版式”→“双行合一”，在弹出的“双行合一”对话框中，单击左下角的“删除”按钮，可以删除“双行合一”，恢复一行显示。

4. 字符缩放

在一些特殊的排版中需要设置字符的宽与高有一定的缩放比例。

操作步骤如下：

（1）选中需要缩放的字符。

（2）单击“开始”选项卡，单击“段落”组中“中文版式”按钮右侧的下箭头按钮，弹出如图 2-59 所示的“中文版式”下拉菜单。

（3）在该下拉菜单中单击“字符缩放”命令，在其下拉列表中选择需要缩放的比例，也可以在“其他”选项中直接输入百分比的数值。

5. 文字宽度调整

Word 2010 还提供了通过设置文字的宽度来调整字符间距的办法。

操作步骤如下：

（1）选择需要调整宽度的文字。

（2）单击"开始"选项卡，单击"段落"组中"中文版式"按钮 ✕· 右侧的下箭头按钮 ▾，弹出如图 2-59 所示的"中文版式"下拉菜单。

（3）在该下拉菜单中单击"调整宽度"命令，将会弹出如图 2-62 所示的"调整宽度"对话框，输入需要的宽度，单击"确定"按钮即可。

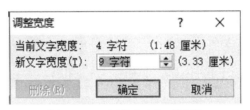

图 2-62　"调整宽度"对话框

2.3.5　脚注和尾注

脚注和尾注用于在打印文档时为文档中的文本提供解释、批注以及相关的参考资料。可用脚注对文档内容进行注释说明，而用尾注说明引用的文献。在默认情况下，Word 将脚注放在每页的结尾处而将尾注放在文档的结尾处。

1．插入脚注和尾注

方法 1：菜单方式

在页面视图中，单击要插入注释引用标记的位置，单击"引用"→"脚注"组中"插入脚注"或"插入尾注"→输入注释文本。

方法 2：键盘快捷方式

要插入脚注，可按 Ctrl+Alt+F 组合键，插入尾注，可按 Ctrl+Alt+D 组合键，然后输入注释文本。

2．更改脚注和尾注

将插入点置于文档中的任意位置，单击"引用"选项卡→"脚注"组的对话框启动器→选择"脚注"或"尾注"→选择"编号格式"→单击"应用"按钮即可。

【任务分析】

经过前面的知识准备，我们现在可以对"诗词鉴赏——黄鹤楼"进行编辑排版。在本任务中，要完成如下工作。

（1）创建空白文档，并录入文本内容、移动文本。

（2）"诗词鉴赏"标题排版设置：黑体、一号、加粗，字间距（加宽、2 磅）、转换为繁体。

（3）"黄鹤楼"标题排版设置：黑体、二号、加粗、字间距（加宽、2 磅）、居中、添加拼音。

（4）作者"崔颢"排版设置：黑体、三号、加粗、字间距（加宽、3 磅）、居中、添加拼音。

（5）正文段落排版设置：宋体、四号、字间距（加宽、2 磅）、居中、添加拼音。

（6）对"注释"及其内容和"诗文释意"及其内容进行排版，并添加尾注。

【任务实施】

1. 创建文档

（1）新建一个空白文档。

（2）单击快速访问工具栏中的"保存"按钮，将会打开"另存为"对话框，再选择文档存盘路径，在"文件名"处输入文件名"诗词鉴赏——黄鹤楼.docx"。

（3）单击"保存"按钮，即可保存文档。

2. 录入文字

把图 2-43 所示的"诗词鉴赏——黄鹤楼"文本输入到文档中，每个自然段结束时按 Enter 键表示段落结束。

3. 格式排版

（1）"诗词鉴赏"标题排版设置

①将鼠标指针移到标题行"诗词鉴赏"的最左边，此时鼠标指针变为右斜箭头，单击鼠标左键即可选中该标题行。

②选择"开始"选项卡，在"字体"组中单击"对话框启动器"按钮，弹出如图 2-63 所示的"字体"对话框。

③设置字体：在"字体"选项卡中设置标题文字为黑体、一号、加粗。

④设置字间距：单击"高级"选项卡，如图 2-64 所示，"间距"设置为"加宽"，"磅值"设置为"2 磅"，最后单击"确定"按钮。

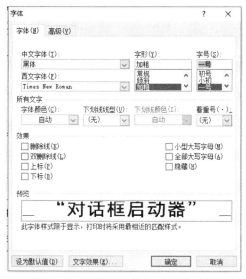
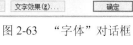

图 2-63　"字体"对话框

图 2-64　"高级"选项卡

⑤设置繁体：单击"审阅"选项卡，在"中文简繁转换"组中单击"简转繁"按钮即可。

（2）"黄鹤楼"标题排版设置

①将鼠标指针移到标题行"黄鹤楼"的最左边，此时鼠标指针变为右斜箭头，单击鼠标左键即可选中该标题行。

②选择"开始"选项卡，在"字体"组中单击"对话框启动器"按钮，弹出如图 2-63 所示的"字体"对话框。

③设置字体：在“字体”选项卡中设置标题文字为黑体、二号、加粗。

④设置字间距：单击“高级”选项卡，如图 2-64 所示，“间距”设置为“加宽”，“磅值”设置为“2 磅”，最后单击“确定”按钮。

⑤选择“开始”选项卡，在“段落”组中单击“居中”按钮，将“黄鹤楼”居中。

（3）作者“崔颢”排版设置

①将鼠标指针移到标题行“崔颢”的最左边，此时鼠标指针变为右斜箭头，单击鼠标左键即可选中该行。

②选择“开始”选项卡，在“字体”组中单击“对话框启动器”按钮，弹出如图 2-63 所示的“字体”对话框。

③设置字体：在“字体”选项卡中设置标题文字为黑体、三号、加粗。

④设置字间距：单击“高级”选项卡，如图 2-64 所示，“间距”设置为“加宽”，“磅值”设置为“3 磅”，最后单击“确定”按钮。

⑤选择“开始”选项卡，在“段落”组中单击“居中”按钮，将“崔颢”居中。

（4）正文段落排版设置

①选中诗词正文。

②选择“开始”选项卡，在“字体”组中单击“对话框启动器”按钮，弹出如图 2-63 所示的“字体”对话框。

③设置字体：在“字体”选项卡中设置标题文字为宋体、四号。

④设置字间距：单击“高级”选项卡，如图 2-64 所示，“间距”设置为“加宽”，“磅值”设置为“2 磅”，最后单击“确定”按钮。

⑤选择“开始”选项卡，在“段落”组中单击“居中”按钮，将诗词正文居中。

（5）“注释”及其内容排版设置

①用前面的方法对“注释”及其注释内容进行设置：宋体、常规、小四、间距（加宽）、磅值（2 磅）。

②选中注释内容。

③单击“开始”选项卡，单击“段落”组中“项目符号”按钮右侧的下箭头按钮，弹出“项目符号库”下拉列表。

④选择该下拉列表中的一种项目符号，如图 2-65 所示。

【注释】

- 昔人：指传说中的仙人。
- 黄鹤楼：旧址在今武汉长江大桥桥头处。
- 历历：清楚分明。
- 汉阳：指今武汉市汉阳县一带。
- 萋萋：草茂盛的样子。
- 鹦鹉洲：在今武汉西南长江中。

图 2-65 “项目符号”效果

（6）“诗文释意”及其内容排版设置

①用前面的方法对“诗文释意”及其内容进行设置：宋体、常规、小四、间距（加宽）、磅值（2 磅）。

②选中诗文释意内容。

③选择"开始"选项卡，在"段落"组中单击"对话框启动器"按钮▣，弹出"段落"对话框。

④在"缩进和间距"选项卡中，将特殊格式设置为"首行缩进"，磅值设置为"2 字符"，

⑤最后单击"确定"按钮即可。

4．设置段落间距

（1）按快捷键 Ctrl+A 选中全部文本。

（2）选择"开始"选项卡，在"段落"组中单击"对话框启动器"按钮▣，弹出"段落"对话框。

（3）在"缩进和间距"选项卡中，"段前"设置为"0.5 行"，"段后"设置为"0.5 行"，"行距"设置为"单倍行距"。

（4）最后单击"确定"按钮即可。

5．添加拼音

（1）选中"黄鹤楼"标题、作者和诗词正文部分。

（2）在"开始"选项卡的"字体"组中单击"拼音指南"按钮，将会弹出如图 2-66 所示的"拼音指南"对话框，设置拼音对齐方式为"1-2-1"，偏移量为"5 磅"，字号为"8 磅"。

（3）设置完成后，单击"确定"按钮即可。

6．添加尾注

（1）把插入点放在作者"崔颢"的后面。

（2）选择"引用"选项卡，在"脚注"组中单击"对话框启动器"按钮▣，将会弹出如图 2-67 所示的"脚注和尾注"对话框。在"位置"区域选择"尾注"，在"格式"部分选择如图 2-67 所示的编号格式，单击"应用"按钮。

图 2-66　"拼音指南"对话框

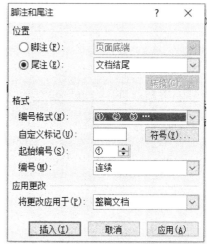

图 2-67　"脚注和尾注"对话框

（3）在文档尾部录入作者的介绍内容："崔颢（704－754），汴州（今河南开封市）人，唐代诗人，唐开元年间进士，官至太仆寺丞，天宝时任司勋员外郎。最为人称道的是他那首《黄鹤楼》，据说李白为之搁笔，曾有'眼前有景道不得，崔颢题诗在上头'的赞叹。《全唐诗》收录其诗三十九首。"将字体设置为宋体、常规、小五，效果如图 2-68 所示。

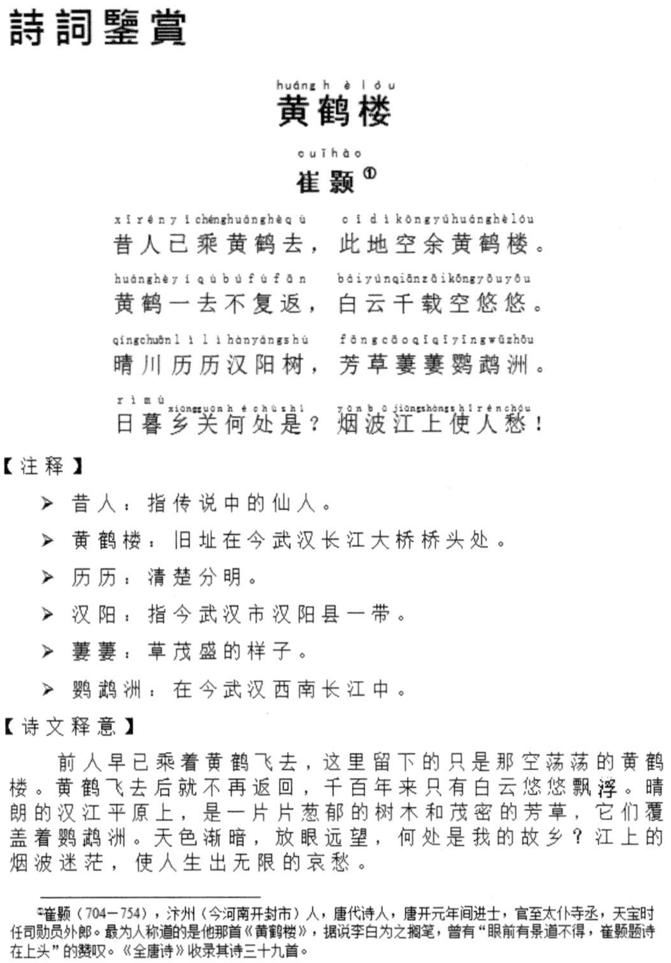

詩詞鑒賞

huáng hè lóu
黄鹤楼

cuī hào
崔颢[①]

昔人已乘黄鹤去，此地空余黄鹤楼。
黄鹤一去不复返，白云千载空悠悠。
晴川历历汉阳树，芳草萋萋鹦鹉洲。
日暮乡关何处是？烟波江上使人愁！

【注释】

- 昔人：指传说中的仙人。
- 黄鹤楼：旧址在今武汉长江大桥桥头处。
- 历历：清楚分明。
- 汉阳：指今武汉市汉阳县一带。
- 萋萋：草茂盛的样子。
- 鹦鹉洲：在今武汉西南长江中。

【诗文释意】

前人早已乘着黄鹤飞去，这里留下的只是那空荡荡的黄鹤楼。黄鹤飞去后就不再返回，千百年来只有白云悠悠飘浮。晴朗的汉江平原上，是一片片葱郁的树木和茂密的芳草，它们覆盖着鹦鹉洲。天色渐暗，放眼远望，何处是我的故乡？江上的烟波迷茫，使人生出无限的哀愁。

[①]崔颢（704—754），汴州（今河南开封市）人，唐代诗人，唐开元年间进士，官至太仆寺丞，天宝时任司勋员外郎。最为人称道的是他那首《黄鹤楼》，据说李白为之搁笔，曾有“眼前有景道不得，崔颢题诗在上头”的赞叹。《全唐诗》收录其诗三十九首。

图 2-68 “诗词鉴赏——黄鹤楼”效果

7. 保存文档

单击快速访问工具栏中的“保存”按钮即可。

【任务小结】

本任务主要介绍了：Word 2010 空白文档的创建和保存，文本的录入和修改，字体、字形、字号、段落的设置，简繁转换，项目符号与编号的插入，拼音的添加，尾注的添加。

本任务中文档的编辑和排版的方法不唯一，读者可以用不同的方法进行练习。

任务 2.4 制作公司宣传海报

【任务说明】

小杨是龙马电器销售公司的一名销售经理，公司准备在国庆期间举行“迎双节，欢购物”活动，要制作公司宣传海报，海报内容如图 2-69 所示。

本次任务要求：录入文本，设置字体、段落格式，插入艺术字，进行图文混排。

> 龙马电器销售公司目前有员工 180 人，211 年销售总额达 2.3 亿元。
>
> 龙马电器销售公司成立于 2001 年，是一家综合型家用电器销售公司，主要产品包含冰箱、彩电、洗衣机、空调、整体橱柜及小家电等。公司一直以"客户第一，质量保证，价格优先，服务至上"为经营理念，通过规模经营、统购分销、集中配送等先进经营方式，将运输成本降至最低，最大限度地为消费者争取并提供利益优惠。
>
> 龙马人为消费者提供人性化的专业服务，倡导设计、订货、安装、维修一条龙的服务理念，提供"无理由退换货""60 天质量试用""低价补偿""即买即送"四大服务保障，让消费者省心、放心、开心，尽享购物之乐，毫无后顾之忧。
>
> 2012 年 10 月 1 日至 2012 年 10 月 4 日将举行"迎双节，欢购物"活动，活动期间所有商品 7 折销售，凡购物 1000 元以上者可以参加 2012 年 10 月 7 日举行的现金抽奖活动。张张有奖，奖金最高达 1 万元。
>
> 在活动期间进店即有礼相送。
>
> 2012 年 9 月 12 日

图 2-69　海报内容

【预备知识】

2.4.1　艺术字

有时在输入文字时希望能出现一些特殊效果，让文档更加生动活泼，富有艺术色彩。例如，产生弯曲、倾斜、旋转、拉长、阴影等效果，如图 2-70 所示。在 Word 2010 中提供了用 WordArt 设置艺术字的功能，而 WordArt 是 Word 的一种附属应用程序。如果没有安装的话，可以使用 Word 的安装程序进行安装。

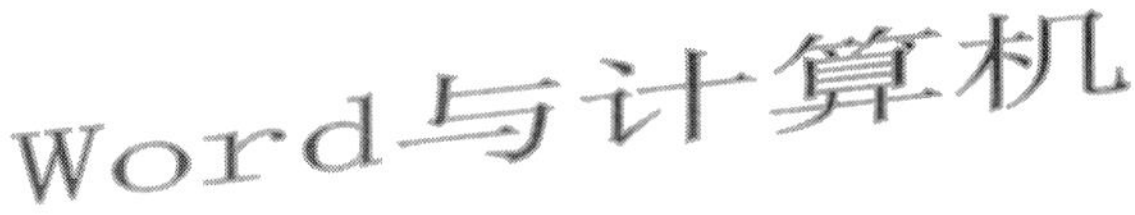

图 2-70　艺术字效果

1．插入艺术字

操作步骤如下：

（1）将光标定位到需要插入艺术字的位置。

（2）单击"插入"选项卡，在"文本"组中单击"艺术字"按钮，弹出其下拉列表，如图 2-71 所示。

（3）在该下拉列表中选择一种艺术字样式，弹出如图 2-72 所示的编辑艺术字文字文本框。

（4）在文本框中输入需要插入的艺术字，如输入"Word 与计算机"。选中输入的文本，可以对文本设置字体、字形、字号等。

（5）设置完成后，将光标移出即可。

图 2-71 "艺术字"下拉列表　　　　　　图 2-72 编辑艺术字文本框

2. 编辑艺术字

在文档中插入艺术字后，可以根据需要对其进行各种修饰和编辑。当用户选中需要编辑的艺术字时，会在 Word 2010 的功能区增加一个"绘图工具－格式"选项卡，在该选项卡中含有很多编辑艺术字的工具按钮，如图 2-73 所示。

图 2-73 "绘图工具－格式"选项卡

（1）更改文字

如果要对艺术字进行编辑，选中艺术字就可以像修改普通 Word 文档一样进行修改，并可以设置字体、字形、字号、字间距等。

（2）"文本"组

利用"文本"组可以设置艺术字的文本样式，包括：文本的方向、对齐方式和创建链接，如表 2-3 所示。

方法：选中要修改的艺术字，单击"绘图工具－格式"选项卡"文本"组中的相应命令按钮，即可以对艺术字进行相应的文本设置。

表 2-3 "文本"组中的命令按钮

按钮	功能
文字方向	编辑此艺术字的方向，包括：水平、垂直、将所有文字旋转 90°、将所有文字旋转 270° 和将中文字符旋转 270°
对齐文本	指定艺术字的对齐方式，包括：顶端对齐、中部对齐和底端对齐
创建链接	创建文本框的前向链接

（3）"艺术字样式"组

"艺术字样式"组主要用于改变艺术字文本的样式。

操作步骤如下：

①选中要更改样式的艺术字。

②单击"绘图工具－格式"选项卡，在"艺术字样式"组中单击 按钮，在弹出的样式下

拉列表中选择合适的样式选项，即可改变艺术字的文本样式，如图 2-74 所示。

图 2-74　更改艺术字文本样式效果示例

③单击 **A 文本填充** 按钮，在弹出的下拉列表中选择合适的颜色，可改变艺术字的文本颜色。

④单击 **文本轮廓** 按钮，在弹出的下拉列表中选择合适的颜色，可改变艺术字文本的轮廓颜色。

⑤单击 **A 文本效果** 按钮，弹出其下拉列表，可以选择各种艺术字的特殊效果，包括：阴影、映像、发光、棱台、三维旋转和转换。

（4）"形状样式"组

艺术字"形状样式"组主要用于改变艺术字背景的样式。

操作步骤如下：

①选中要更改样式的艺术字。

②单击"绘图工具－格式"选项卡，在"形状样式"组中单击 按钮，在弹出的样式下拉列表中选择合适的样式选项，即可改变艺术字的背景样式，如图 2-75 所示。

图 2-75　更改艺术字背景样式效果示例

③单击 **形状填充** 按钮，在弹出的下拉列表中选择合适的颜色，可改变艺术字背景的填充颜色。

④单击 **形状轮廓** 按钮，在弹出的下拉列表中选择合适的颜色，可改变艺术字的背景轮廓颜色。

⑤单击 **形状效果** 按钮，弹出其下拉列表，可以选择各种艺术字背景的特殊效果，包括：预设、阴影、映像、发光、柔化边缘、棱台和三维旋转。

2.4.2　插入和编辑图片

1．插入图片

如果用户希望在文档的页面上营造一种比较活泼的气氛，增强文档对读者的吸引力，可以在文档中插入一些图片。

在 Word 2010 中插入图片的常用方法有两种：一种是利用 Word 2010 提供的艺术图片，其包括剪贴画和一些常用的图片，用户在自己的文档中可以选用这些图片，将其插入到自己的文档中；另一种是将其他绘图软件（比如"画图"）绘制的图形文件插入到文档中。下面分别介绍这两种插入图片的方法。

（1）插入剪贴画

操作步骤如下：

①将光标定位到希望插入剪贴画的位置。

　　②单击"插入"选项卡，在"插图"组中单击"剪贴画"按钮，在 Word 窗口的右侧打开"剪贴画"窗格。

　　③在"搜索文字"文本框中输入剪贴画的相关主题或类别，在"结果类型"下拉列表中选择文件类型。

　　④单击"搜索"按钮，即可在"剪贴画"任务窗格中显示查找到的剪贴画，如图 2-76 所示。

　　⑤选择要使用的剪贴画，单击即可将其插入到文档中，如图 2-77 所示。

图 2-76　"剪贴画"窗格　　　　　　　　　　图 2-77　插入的剪贴画

　　（2）插入图片

　　操作步骤如下：

　　①将光标定位到希望插入图片的位置。

　　②单击"插入"选项卡，在"插图"组中单击"图片"按钮，弹出如图 2-78 所示的"插入图片"对话框。

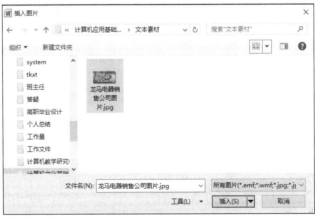

图 2-78　"插入图片"对话框

　　③在磁盘上找到需要插入的图片文件，最后单击"插入"按钮即可。

　　2．编辑图片

　　将图片插入到文档中之后，常常还要根据排版需要，对其大小、版式等进行调整，以使其能符合用户的实际需求。下面就以剪贴画为例介绍其编辑方法。

用户对图片进行编辑，常用的方法有：鼠标、"设置图片格式"对话框、快捷菜单、图片工具等。当用户选中需要编辑的图片时，会在 Word 2010 的功能区增加一个"图片工具－格式"选项卡，在该选项卡中含有很多编辑图片的工具按钮，如图 2-79 所示。

图 2-79　"图片工具－格式"选项卡

（1）调整图片的大小

在文档中插入图片时，由于页面大小的限制或其他原因，有时用户希望将图片缩小或者放大。利用 Word 2010 的图片缩放功能，可以非常方便地完成此工作。

操作步骤如下：

①先用鼠标单击图片，此时在图片的四周将会出现 8 个控制点，如图 2-80 所示。

图 2-80　图片控制点示例

②将鼠标指针放在图片左边或右边的中间控制点上，当鼠标指针变成 ⟷ 形状时，按住鼠标左键不放，左右移动鼠标就可以横向缩小或放大图片。

③将鼠标指针放在图片上边或下边的中间控制点上，当鼠标指针变成 ↕ 形状时，按住鼠标左键不放，上下移动鼠标就可以纵向缩小或放大图片。

④将鼠标指针放在图片 4 个角的控制点上，当鼠标指针变成 ↖ 或 ↗ 形状时，按住鼠标左键不放，向内或者向外移动鼠标就可以使图片按比例缩小或放大。

（2）移动图片位置

操作步骤如下：

①先用鼠标单击图片，此时在图片的四周将会出现 8 个控制点，如图 2-80 所示。

②将鼠标指针移至图片上，当鼠标指针变成 ✛ 形状时，按住鼠标左键不放，然后移动鼠标，即可移动该图片的位置。

3. 设置图片周围文字环绕方式

在 Word 2010 中，通过设置文字环绕方式，可以用多种方式处理文字在图片周围的显示，使文字与图片融为一体。

操作步骤如下：

（1）用鼠标单击需要设置文字环绕方式的图片。

（2）单击"图片工具－格式"选项卡，在"排列"组中单击"自动换行"按钮，弹出如图 2-81 所示的"文字环绕"下拉菜单。

（3）根据需要选择一种文字环绕方式即可，如图 2-82 所示。

图 2-81   "文字环绕"下拉菜单

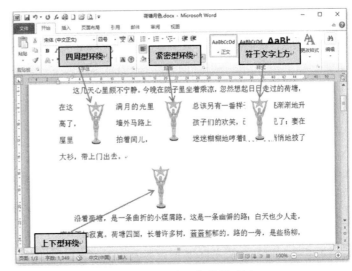

图 2-82   文字环绕效果示例

- 嵌入型（默认环绕方式）：Word 2010 将嵌入的图片当做文本中的一个普通字符来对待，图片将跟随文本的变动而变动。
- 四周型环绕：不管图片是否为矩形图片，文字以矩形方式环绕在图片四周。
- 紧密型环绕：文字紧密环绕在实际图片的边缘（按实际的环绕顶点环绕图片），而不是环绕在图片的边界。
- 衬于文字下方：图片在下、文字在上分为两层，文字将覆盖图片。
- 浮于文字上方：图片在上、文字在下分为两层，图片将覆盖文字。
- 上下型环绕：文字环绕在图片上方和下方。
- 穿越型环绕：文字可以穿越不规则图片的空白区域环绕图片。

2.4.3   页面背景

页面背景主要用于设置 Word 文档的页面颜色和水印。

1. 页面颜色

用户可根据需要将各种颜色作为页面颜色，并设置填充效果。

操作步骤如下：

（1）单击"页面布局"选项卡，在"页面背景"组中单击"页面颜色"按钮，在弹出的样式下拉列表中选择一种背景颜色即可。

（2）如果要选择一种特殊的填充效果作为背景，在"页面背景"组中单击"页面颜色"按钮，在弹出的样式下拉列表中选择"填充效果"，将会弹出如图 2-83 所示的"填充效果"对话框。

（3）在该对话框中可将渐变颜色、图案、图片、纯色、纹理或水印等作为背景，渐变颜色、图案、图片和纹理将以平铺方式或重复的方式填充页面。

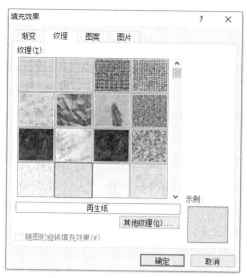

图 2-83 "填充效果"对话框

2. 水印

水印是显示在文本后面的文字或图片,以此可以增加趣味或标识文档的状态。

操作步骤如下:

(1)单击"页面布局"选项卡,在"页面背景"组中单击"水印"按钮,在弹出的样式下拉列表中选择一种水印效果即可。

(2)如果要自定义一种水印,在"页面背景"组中单击"水印"按钮,在弹出的样式下拉列表中选择"自定义水印",将会弹出如图 2-84 所示的"水印"对话框。

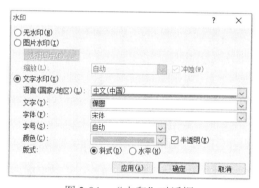

图 2-84 "水印"对话框

(3)在该对话框中可将图片、自定义文本作为水印。

(4)设置完成后,单击"确定"按钮即可。

【任务分析】

经过前面的知识准备,我们现在可以对"公司宣传海报"进行编辑排版。在本任务中,要完成如下工作:

(1)创建空白文档,并录入文本内容、移动文本。

(2)制作标题艺术字。

(3)页面背景颜色设置:黄色、填充效果(栎木)。

（4）正文排版设置：宋体、加粗、四号，首行缩进为"2字符"，行间距为"单倍"。

（5）插入图片和剪贴画，进行图文混排。

【任务实施】

1．创建文档

（1）新建一个空白文档。

（2）单击快速访问工具栏中的"保存"按钮，将会打开"另存为"对话框，再选择文档存盘路径，在"文件名"处输入文件名"公司宣传海报.docx"。

（3）单击"保存"按钮，即可保存文档。

2．利用艺术字制作海报标题

（1）在"插入"选项卡的"文本"组中单击"艺术字"按钮，在弹出的下拉列表中选择一种艺术字样式。

（2）在文档中会出现一个带有"请在此放置您的文字"字样的文本框，删除文本框中的内容，并输入公司名称"龙马电器销售公司"。

（3）选中艺术字文本，设置字体为"微软雅黑"，字号为"36磅"。

（4）单击"绘图工具－格式"选项卡，在"艺术字样式"组中单击 按钮，在弹出的样式下拉列表中选择合适的样式选项 A （渐变填充-紫色，强调文字颜色4，映像），即可改变艺术字的文本样式，如图2-85所示。

（5）单击 文本填充 按钮，在弹出的下拉列表中选择"红色"，单击 文本轮廓 按钮，在弹出的下拉列表中选择"黄色"，如图2-86所示。

图 2-85　艺术字样式效果 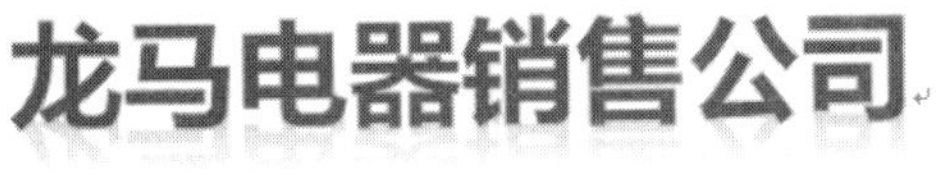　　　　　　　　图 2-86　艺术字样式效果

（5）单击 文本效果 按钮，弹出其下拉列表，可以选择"转换"，再选择"双波形1"，如图2-87所示。

（6）单击"绘图工具－格式"选项卡，在"形状样式"组中单击 按钮，在弹出的样式下拉列表中选择合适的样式选项（细微效果—紫色，强调文字颜色4），即可改变艺术字的背景样式，如图2-88所示。

图 2-87　"双波形1"效果 　　　　　　　　图 2-88　背景样式效果

（7）单击 形状填充 按钮，在弹出的下拉列表中选择"纹理"，再选择"白色大理石"，如图2-89所示。

（8）单击 形状轮廓 按钮，在弹出的下拉列表中选择"无轮廓"选项，单击 形状效果 按钮，在弹出的下拉列表中选择"棱台"，再选择"角度"，如图2-90所示。

图 2-89　"白色大理石"效果　　　　　　　　图 2-90　"角度"效果

（9）在"大小"组中设置高度为"2.67 厘米"，宽度为"11.51 厘米"。

3．设置页面背景颜色

（1）单击"页面布局"选项卡。

（2）在"页面背景"组中单击"页面颜色"按钮，在弹出的下拉列表中选择"黄色"。

（3）再次在"页面背景"组中单击"页面颜色"按钮，在弹出的下拉列表中选择"填充效果"选项，将会弹出如图 2-91 所示的"填充效果"对话框，选择"纹理"选项卡，在"纹理"列表中选择"栎木"。

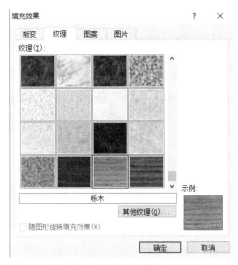

图 2-91　"填充效果"对话框

（4）最后单击"确定"按钮，即可设置页面背景。

4．录入文字

把图 2-69 所示的"海报内容"文本输入到文档中，每个自然段结束时按 Enter 键表示段落结束。

5．格式排版

用前面介绍的方法，对文本进行格式排版。

（1）选中正文文本。

（2）设置字体：宋体、加粗、四号。

（3）段落设置：首行缩进为"2 字符"，行间距为"单倍"。

（4）日期"2012 年 9 月 12 日"设置为"右对齐"。

6．插入图片

（1）将插入点移到文档的末尾。

（2）单击"插入"选项卡，在"插图"组中单击"图片"按钮，弹出"插入图片"对话框。

（3）在磁盘上找到需要插入的图片文件，最后单击"插入"按钮即可，如图 2-92 所示。

7. 插入剪贴画

（1）将光标定位到希望插入剪贴画的位置，在本例中将光标移到文本的最前面。

（2）单击"插入"选项卡，在"插图"组中单击"剪贴画"按钮，在 Word 窗口的右侧打开"剪贴画"窗格。

（3）在"搜索文字"文本框中输入"家电"，单击"搜索"按钮，即可在"剪贴画"任务窗格中显示查找到的剪贴画。

（4）选择要使用的剪贴画，单击即可将其插入到文档中，如图 2-93 所示。

图 2-92　插入图片效果

图 2-93　插入剪贴画效果

（5）单击"图片工具－格式"选项卡，在"排列"组中单击"位置"按钮，在弹出的下拉列表中选择"顶端居左，四周型文字环绕"选项。

（6）最后调整图片位置，如图 2-94 所示。

图 2-94　"公司宣传海报"效果

8. 保存文档

单击快速访问工具栏中的"保存"按钮即可。

【任务小结】

本任务主要介绍了：Word 2010 空白文档的创建和保存，文本的录入和修改，字体、字形、字号、段落的设置，制作艺术字、插入图片和剪贴画。

本任务中文档的编辑和排版的方法不唯一，读者可以用不同的方法进行练习。

任务 2.5   电子板报设计

【任务说明】

张老师的学生李华想把这段时间的学习内容做一份电子板报，其在张老师的指导下完成了如图 2-95 所示的电子板报。

图 2-95   电子板报

本次任务要求：录入文本，设置字体、段落格式，插入艺术字、SmartArt 图形、形状、文本框、公式等，并对图文进行混排。

【预备知识】

2.5.1　特殊格式设置

1. 首字下沉

为了强调段首或章节的开头，可以将第一个字母放大以引起注意，这种字符效果叫做首字下沉。

操作步骤如下：

（1）将光标放到文档段落中的任何一处（这个段落中必须含有文字）。

（2）在"插入"选项卡的"文本"组中单击"首字下沉"按钮，在弹出的下拉菜单中单击 ▣ 首字下沉选项(D)… 按钮，弹出如图 2-96 所示的"首字下沉"对话框。

（3）在"首字下沉"对话框中单击"下沉"或"悬挂"选项，用户可以在预览区看到这两种首字（字母）格式的区别。

（4）选择字体，首字的大小可以是段中正文字体大小的 1～10 倍，在"下沉行数"中确定一个数字后，单击"确定"按钮，就可以看到类似于图 2-97 所示的首字下沉效果了。

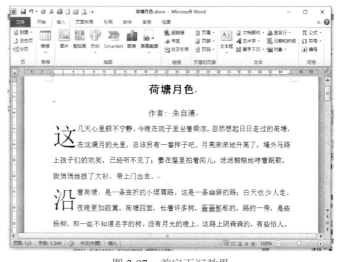

图 2-96　"首字下沉"对话框　　　　　　　图 2-97　首字下沉效果

（5）删除首字下沉时，只需单击图 2-96 中的"无"选项，再单击"确定"按钮，首字下沉格式就被删除了。

2. 分页

在编辑报刊等文档时，人们往往习惯于将整个页面分成几栏，编辑时逐栏编排文字，一栏排满后再排入下一栏，Word 2010 将这种排版方式称为分栏。

Word 2010 在默认设置下，编排任何文档都只有一个分栏。如果用户希望分成多栏，可以按下列步骤进行操作。

（1）选择需要分栏的文本范围。

（2）单击"页面布局"选项卡，在"页面设置"组中单击"分栏"按钮，在弹出的下拉菜单中单击 ▤ 更多分栏(C)… 按钮，弹出如图 2-98 所示的"分栏"对话框。

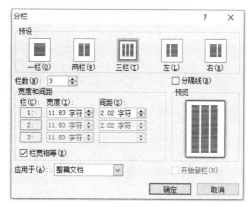

图 2-98　"分栏"对话框

（3）根据需要，在"分栏"对话框中进行下列设置。

①在"预设"栏中显示了 Word 2010 预设的几种分栏样式，用户可以在其中选择并单击一种样式。

②在"栏数"微调框中，确定分栏数。

③在"宽度和间距"栏中，对于某一栏，在"宽度"中调整该栏的宽度，再在"间距"微调框中调整本栏与下一栏之间的距离。对每一栏都进行上述设置。

④如果要使各栏的宽度都一样时，单击"栏宽相等"复选框，使之出现"√"。

⑤如果要在各栏之间添加分隔线时，单击"分隔线"复选框，使之出现"√"。

⑥在"应用于"下拉列表中确定本次分栏设置的有效范围。

（4）完成上述设置后，单击"确定"按钮即可，如图 2-99 所示。

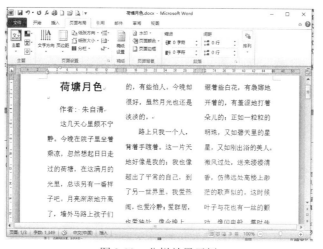

图 2-99　分栏效果示例

2.5.2　文本框及其用法

所谓文本框，实际上是一个可以随着其中内容的增多而膨胀的"容器"，在其中可以放置文字、表格、图片等需要的内容，放入文本框中的文档元素可以当做一个整体在文档中任意移动和定位。位于文本框外部的文本可以以各种方式环绕文本框，而文本框中的内容可以应用任意格式，不影响其外部的文档。

　　利用文本框，可以将某些文本段落或图片集中起来。例如，将图片以及对它所做的题注放在某个文本框之内，可以使它们始终在一起，不会由于 Word 2010 的自动分页而发生错位。

1. 插入文本框

操作步骤如下：

（1）将光标定位到需要插入文本框的位置。

（2）单击"插入"选项卡，在"文本"组中单击"文本框"按钮，弹出其下拉列表，如图 2-100 所示。

（3）在该列表中选择合适的选项，即可插入一个文本框，如图 2-101 所示。

图 2-100　　"文本框"下拉列表

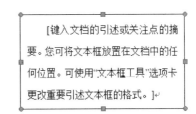

图 2-101　　插入的文本框效果示例

　　（4）在文本框中单击鼠标左键，就可以输入文本内容，包括输入文字，插入图片、形状等元素，编辑方法与 Word 2010 文档的编辑方法完全相同。

2. 编辑文本框

编辑文本框包括调整其大小及相对于段落的位置，设置文本框和周围文字的间距等。

（1）选择文本框

在移动或缩放文本框前都必须选择文本框。选择文本框的方法很简单，只需在"页面视图"下，把鼠标定位到文本框的任一边上，当鼠标指针变成 ✛ 形状时，单击鼠标左键即可。

（2）调整文本框的大小

要调整文本框的大小，其操作步骤如下。

①首先选择文本框，此时在文本框的四周将会出现 8 个控制点。

②将鼠标指针放在文本框的左边或右边的中间控制点上，当鼠标指针变成 ⟺ 形状时，按住鼠标左键不放，左右移动鼠标就可以横向缩小或放大文本框。

③将鼠标指针放在文本框的上边或下边的中间控制点上，当鼠标指针变成 ↕ 形状时，按住鼠标左键不放，上下移动鼠标就可以纵向缩小或放大文本框。

④将鼠标指针放在文本框的 4 个角的控制点上，当鼠标指针变成 ↖ 或 ↗ 形状时，按住鼠标左键不放，向内或者向外移动鼠标就可以使文本框按比例缩小或放大。

（3）移动文本框的位置

要移动文本框的位置，其操作步骤如下：

①首先选择文本框，此时在文本框的四周将会出现 8 个控制点。

②将鼠标指针移至文本框上，当鼠标指针变成 ✥ 形状时，按住鼠标左键不放，然后移动鼠标，即可移动该文本框的位置。

（4）为文本框设置边框和底纹

一个新文本框的默认设置是单线边框、无底纹。要改变文本框的边框和底纹，其操作方法与给段落文字添加边框和底纹的操作方法相同。

（5）使正文环绕文本框

该操作可以控制正文在文本框周围的分布形式，形成"文包图"的效果。其操作方法与设置图片文字环绕方式的操作方法相同。

（6）删除文本框

删除文本框的方法很简单，首先选中文本框，然后按 Delete 键即可。

2.5.3　插入和编辑形状

1. 插入形状

在 Word 2010 中除了可以插入图片和剪贴画外，还可以使用形状工具来绘制需要的图形。Word 2010 提供的形状工具包括线条、基本形状、箭头总汇、流程图、星与旗帜、标注等，如图 2-102 所示。

操作步骤如下：

（1）单击"插入"选项卡，在"插图"组中单击"形状"按钮，弹出如图 2-102 所示的"形状"下拉列表。

（2）在该下拉列表中选择所需插入的形状。

（3）在文档中单击鼠标并拖动，到达合适位置后释放鼠标左键，即可绘制出形状，如图 2-103 所示。

图 2-102　"形状"下拉列表

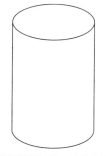

图 2-103　利用圆柱形工具绘制的图形效果

2．编辑形状

在文档中插入形状后，还可以对其样式、阴影效果、三维效果及大小进行调整，以使其符合用户需要。

对图片进行编辑，常用的方法有鼠标、"设置形状格式"对话框、快捷菜单、绘图工具等。其中，当用户选中需要编辑的图片时，会在 Word 2010 的功能区增加一个"绘图工具－格式"选项卡，在该选项卡中含有很多编辑图片的工具按钮，如图 2-104 所示。

图 2-104　"绘图工具－格式"选项卡

（1）添加文字

操作步骤如下：

①选中需要添加文字的形状。

②用鼠标右键单击需要添加文字的形状，在弹出的快捷菜单中选择"添加文字"命令，即可在形状上添加一个光标，用户可在该光标位置输入文本，效果如图 2-105 所示。

（2）形状样式

如果要改变形状样式，操作步骤如下：

①选中要改变样式的形状。

②单击"绘图工具－格式"选项卡，在"形状样式"组中单击 按钮，弹出其下拉列表，如图 2-106 所示。

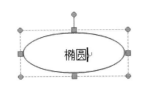

图 2-105　添加文字效果示例

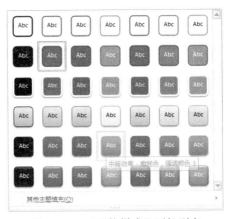

图 2-106　"形状样式"下拉列表

③在该下拉列表中选择合适的选项，即可将其应用到当前所选形状中，如图 2-107 所示。

④选中形状，在"绘图工具－格式"选项卡的"形状样式"组中单击 形状填充 按钮，在弹出的下拉列表中选择合适的颜色，即可改变形状的填充颜色。

⑤选中形状，在"绘图工具－格式"选项卡的"形状样式"组中单击 形状轮廓 按钮，在弹出的下拉列表中选择合适的颜色，即可改变形状的轮廓颜色。

⑥单击 形状效果 按钮，弹出其下拉列表，可以选择各种特殊效果，包括：预设、阴影、

映像、发光、柔化边缘、棱台和三维旋转。图 2-108 和图 2-109 所示分别为阴影效果示例和三维效果示例。

图 2-107　形状样式效果示例　　　图 2-108　阴影效果示例　　　图 2-109　三维效果示例

2.5.4　插入和编辑 SmartArt 图形

SmartArt 图形是 Word 2010 新增的一种图形格式,用户可以借助其创建具有设计师水准的图形。

1. 插入 SmartArt 图形

操作步骤如下:

(1)将光标定位在需要插入 SmartArt 图形的位置。

(2)单击"插入"选项卡,在"插图"组中单击 SmartArt 按钮,弹出如图 2-110 所示的"选择 SmartArt 图形"对话框。

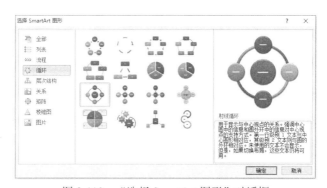

图 2-110　"选择 SmartArt 图形"对话框

(3)在对话框左侧选择 SmartArt 图形的类型,在中间的区域中选择子类型,在右侧显示 SmartArt 图形的预览效果。

(4)最后单击"确定"按钮即可,效果如图 2-111 所示。

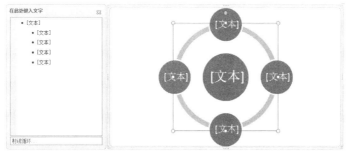

图 2-111　插入 SmartArt 图形效果示例

（5）如果需要输入文字，在"文本"字样处单击鼠标，即可输入文字。

2．编辑 SmartArt 图形

用户对 SmartArt 图形进行编辑时，有些方法跟 2.4.2 节介绍的图片编辑方法相同，在此只介绍与图片编辑方法不同的部分。其中，当用户选中需要编辑的 SmartArt 图形时，会在 Word 2010 的功能区增加"SmartArt 工具－设计"选项卡和"SmartArt 工具－格式"选项卡，在该选项卡中含有很多编辑 SmartArt 图形的工具按钮，如图 2-112 和图 2-113 所示。

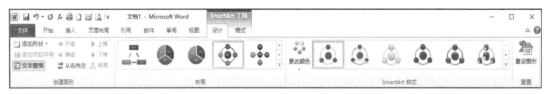

图 2-112　"设计"选项卡

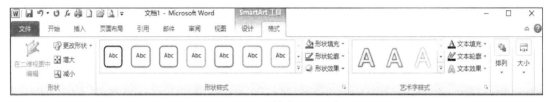

图 2-113　"格式"选项卡

（1）更改布局

如果要更改 SmartArt 图形的布局，可按照以下步骤操作。

①选中要更改布局的 SmartArt 图形。

②单击"SmartArt 工具－设计"选项卡，在"布局"组中单击 按钮，弹出其下拉列表，如图 2-114 所示。

③在该列表中选择合适的选项，即可改变 SmartArt 图形的布局，效果如图 2-115 所示。

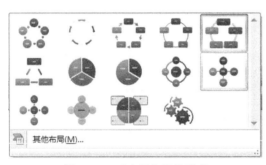

图 2-114　"布局"下拉列表

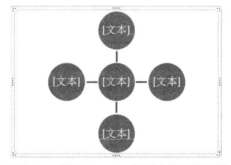

图 2-115　更改 SmartArt 图形布局效果示例

（2）更改样式

如果要更改 SmartArt 图形的样式，可按照以下步骤操作。

①选中要更改样式的 SmartArt 图形。

②单击"SmartArt 工具－设计"选项卡，在"SmartArt 样式"组中单击 按钮，弹出其下拉列表，如图 2-116 所示。

③在该列表中选择合适的选项，即可改变 SmartArt 图形的样式，效果如图 2-117 所示。

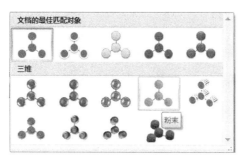

图 2-116　"SmartArt 样式"下拉列表

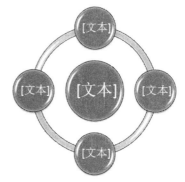

图 2-117　更改 SmartArt 图形样式效果示例

（3）更改颜色

如果要更改 SmartArt 图形的颜色，可按照以下步骤操作。

①选中要更改颜色的 SmartArt 图形。

②单击"SmartArt 工具－设计"选项卡，在"SmartArt 样式"组中单击"更改颜色"按钮，弹出其下拉列表，如图 2-118 所示。

③在该列表中选择合适的选项，即可改变 SmartArt 图形的颜色，效果如图 2-119 所示。

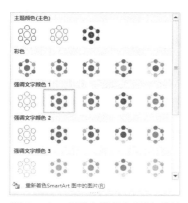

图 2-118　"更改颜色"下拉列表

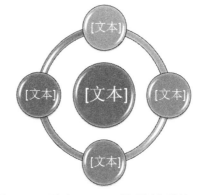

图 2-119　更改 SmartArt 图形颜色效果示例

2.5.5　数学公式输入方法

数学公式、数学表达式是许多数学和科学研究论文中几乎不可缺少的元素。在 Word 2010 以前的版本中，公式的编辑需要借助公式编辑器，如果用户没有安装公式编辑器，就不能输入公式。在 Word 2010 中，可以直接插入公式，并且公式的样式有多种选择。下面介绍在 Word 2010 中公式的编辑方法。

1. 插入预设公式

Word 2010 预设了很多数学中常用的公式，包括二次公式、二项式定理、傅里叶级数、勾股定理、和的展开式、三角恒等式、泰勒展开式、圆的面积等，使公式输入更加方便快捷。

操作步骤如下：

（1）将光标定位到需要插入公式的位置。

（2）单击"插入"选项卡，在"符号"组中单击"公式"按钮，弹出如图 2-120 所示的"常用公式"下拉列表，在该列表中可以看到一些公式：二次公式、二项式定理、傅里叶级数、勾股定理、和的展开式、三角恒等式、泰勒展开式、圆的面积等。

（3）如果用户找到了需要的公式，单击它就会将该公式插入文档中，如用户单击"二项式定理"，如图 2-121 所示。

图 2-120　"常用公式"下拉列表

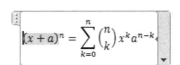

图 2-121　二项式定理效果示例

2. 插入新公式

操作步骤如下：

（1）将光标定位到需要插入公式的位置。

（2）单击"插入"选项卡，在"符号"组中单击"公式"按钮，弹出如图 2-120 所示的"常用公式"下拉列表。

（3）单击 **π 插入新公式(I)** 按钮，在文档中会插入一个空白的公式对象，如图 2-122 所示。

$$\text{在此处键入公式。}$$

图 2-122　"新公式"对象

（4）此时，在 Word 2010 的功能区增加了"公式工具－设计"选项卡，在该选项卡中含有很多输入公式的工具按钮，如图 2-123 所示。

（5）在"公式工具－设计"选项卡中给出了编辑数学公式的工具、结构以及所有数学特殊符号。在"符号"组中有很多数学的基本符号，选择一个插入即可。在"结构"组中，有分数、上下标、根式、积分、大型运算符、括号、函数、导数符号、极限和对数、运算符和矩阵多种运算方式。在其对应的下方都有一个小箭头，可以展开下拉列表，利用这些数学公式结构，可以在数学公式编辑框中制作出任意的数学公式。在制作数学公式时，首先要搞清楚公式的结构，然后选用相应的工具来制作。

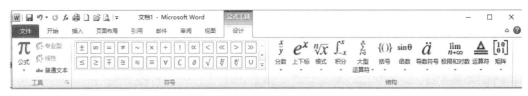

图 2-123　"公式工具－设计"选项卡

例如，在文档中插入公式：

$$p(x) = \frac{x^2 - 4x + y^4 - y^3}{\sqrt{\dfrac{6ab}{a^2 + b^2}}}$$

操作步骤如下：

①利用前面介绍的方法在文档中插入新公式，如图 2-124（a）所示。

②输入"p(x)="，如图 2-124（b）所示。

③由于"="右边公式的结构是分式，因此用鼠标单击"分数"按钮，在其下拉列表中单击 $\frac{\square}{\square}$，如图 2-124（c）所示。

④将光标定位到分子框，用鼠标单击"上下标"按钮，在其下拉列表中单击"x^2"，如图 2-124（d）所示。

⑤采用同样的方法输入分子中的其他各项，如图 2-124（e）所示。

⑥由于分母是根式，因此用鼠标单击"根式"按钮，在其下拉列表中单击 $\sqrt{\square}$，如图 2-124（f）所示。

⑦由于根号中又有分式，因此用鼠标单击"分数"按钮，在其下拉列表中单击 $\frac{\square}{\square}$，如图 2-124（g）所示。

⑧用前面的方法输入分子和分母后，就完成了该数学公式的制作，如图 2-124（h）所示。

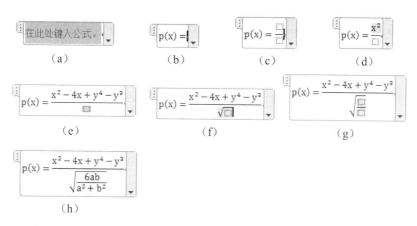

图 2-124　制作数学公式示例的步骤

【任务分析】

经过前面的知识准备，我们现在可以对"电子板报"进行编辑排版。在本任务中，要完成如下工作：

（1）创建空白文档，并录入文本内容。

（2）利用形状工具和艺术字制作标题。

（3）利用文本框设计漂亮的诗词框。

（4）利用"分栏"工具对诗词注解进行分栏排版。

（5）插入 SmartArt 图形，进行图文混排。

（6）插入傅里叶公式。

【任务实施】

1. 创建文档

（1）新建一个空白文档。

（2）单击快速访问工具栏中的"保存"按钮，将会打开"另存为"对话框，再选择文档存盘路径，在"文件名"处输入文件名"电子板报.docx"。

（3）单击"保存"按钮，即可保存文档。

2. 设计报头

（1）插入图形

①单击"插入"选项卡，在"插图"组中单击"形状"按钮，弹出"形状"下拉列表。

②在该下拉列表中选择"星与旗帜"中的"上凸弯带形"。

③在文档中单击鼠标并拖动，到达合适位置后释放鼠标左键，即可绘制出形状，连续做两个，如图 2-125 所示。

图 2-125　设计报头

（2）编辑图形

①选中要改变样式的形状"上凸弯带形"。

②单击"绘图工具－格式"选项卡，在"形状样式"组中单击 ⁌ 按钮，弹出其下拉列表。

③选择样式为"彩色轮廓—蓝色，强调颜色 1"，如图 2-126 所示。

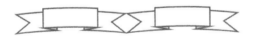

图 2-126　彩色轮廓—蓝色，强调颜色 1

④再单击"绘图工具－格式"选项卡，在"形状样式"组中单击 形状效果 按钮，弹出其下拉列表，选择"发光"，如图 2-127 所示。

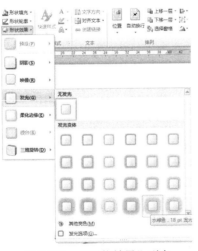

图 2-127　"形状效果"列表

⑤选择"发光"下拉列表中的"水绿色，18pt 发光，强调文字样色 5"，报头编辑效果如图 2-128 所示。

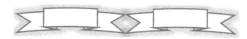

图 2-128 "水绿色，18pt 发光，强调文字样色 5"效果

（3）插入艺术字

①选中报头形状"上凸弯带形"。

②在"插入"选项卡的"文本"组中单击"艺术字"按钮，在弹出的下拉列表中选择一种艺术字样式——"填充-橙色，强调文字颜色 6，暖色粗糙棱台"。

③在文本区录入"学习"，字体设置为"华文行楷，50 磅"。用同样方法录入艺术字"园地"，效果如图 2-129 所示。

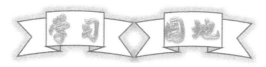

图 2-129 添加艺术字

（4）编辑艺术字

①分别选中 4 个艺术字。

②在"绘图工具－格式"选项卡的"排列"组单击"自动换行"，在弹出的下拉菜单中选择"浮于文字上方"。

③选中艺术字"学习"和"园地"。

④选择"绘图工具－格式"选项卡，在"形状样式"组中单击 形状效果 ▾ 按钮，在弹出的下拉列表中选择"阴影"。

⑤在"阴影"下拉列表中选择"向右偏移"。

（5）组合图形和艺术字

为了便于报头的整体移动，可以把图形和艺术字组合在一起。

①同时选中 2 个图形对象和 2 个艺术字对象。

②选择"绘图工具－格式"选项卡，单击"排列"组中"组合"按钮，在弹出的下拉列表中选择"组合"命令，即可把这 4 个对象组合为一个整体。

③选中这个组合图形，选择"绘图工具－格式"选项卡，单击"排列"组中的"自动换行"按钮，选择"四周型环绕"。

3．编辑诗词"观书有感"

（1）插入文本框

①将光标定位到需要插入文本框的位置（报头的下方）。

②单击"插入"选项卡，在"文本"组中单击"文本框"按钮，弹出其下拉列表，选择"绘制竖排文本框"。

③在报头下方，按住鼠标左键，拉出一个文本框，调整其位置和大小。

④在该文本框中录入《观书有感》诗词和诗词释义的内容。

⑤设置字体：标题设置为楷体、三号、加粗；作者设置为楷体、小三号、加粗；正文设

置为楷体、小三号、加粗、1.3 倍行距；“诗词释义”设置为楷体、小四号、加粗、1.3 倍行距；“诗词释义”内容设置为楷体、小四号、加粗、1.3 倍行距，首行缩进 2 字符。

（2）编辑文本框

①选中文本框。

②选择“绘图工具－格式”选项卡，单击“形状样式”组中的“形状轮廓”按钮，选择主题颜色为“蓝色强调文字颜色 1”，粗细为“1.5 磅”，线型为“划线-点”，单击“排列”组中的“自动换行”按钮，选择“四周型环绕”，如图 2-130 所示。

观书有感

朱熹

半亩方塘一鉴开，

天光云影共徘徊。

问渠哪得清如许，

为有源头活水来。

【诗词释义】

半亩大的方形池塘像一面镜子一样展现在眼前，天空的光彩和浮云的影子都在镜子中一起移动。要问为何那方塘的水会这样清澈呢？是因为有那永不枯竭的源头为它源源不断地输送活水啊。

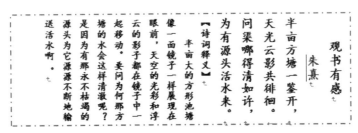

图 2-130　竖排文字的文本框

（3）编辑作者简介

①在文本框下方，录入《观书有感》的作者介绍和诗词评论，设置字体为楷体、小四，行距设置为 1.3 倍，首行缩进 2 字符。

②选中诗词评论部分，在功能区“页面布局”选项卡的“页面设置”组中，单击“分拦”按钮，选择“两栏”，如图 2-131 所示。

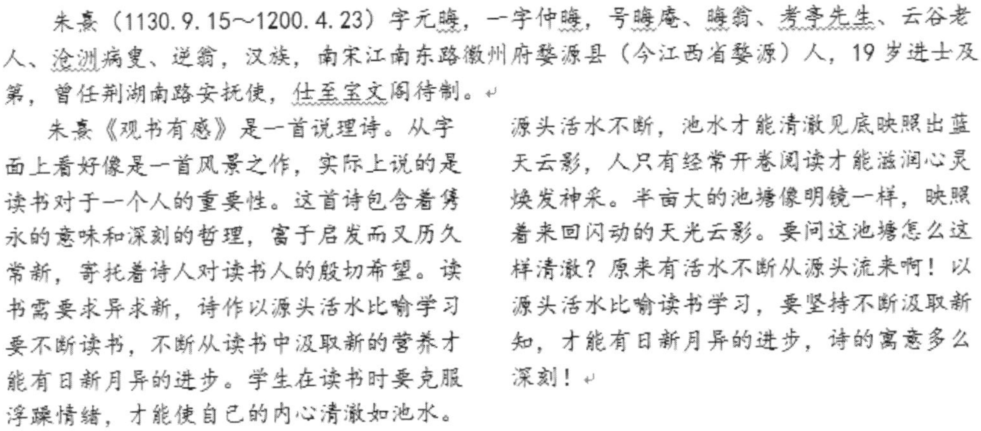

朱熹（1130.9.15～1200.4.23）字元晦，一字仲晦，号晦庵、晦翁、考亭先生、云谷老人、沧洲病叟、逆翁，汉族，南宋江南东路徽州府婺源县（今江西省婺源）人，19 岁进士及第，曾任荆湖南路安抚使，仕至宝文阁待制。

朱熹《观书有感》是一首说理诗。从字面上看好像是一首风景之作，实际上说的是读书对于一个人的重要性。这首诗包含着隽永的意味和深刻的哲理，富于启发而又历久常新，寄托着诗人对读书人的殷切希望。读书需要求异求新，诗作以源头活水比喻学习要不断读书，不断从读书中汲取新的营养才能有日新月异的进步。学生在读书时要克服浮躁情绪，才能使自己的内心清澈如池水。源头活水不断，池水才能清澈见底映照出蓝天云影，人只有经常开卷阅读才能滋润心灵焕发神采。半亩大的池塘像明镜一样，映照着来回闪动的天光云影。要问这池塘怎么这样清澈？原来有活水不断从源头流来啊！以源头活水比喻读书学习，要坚持不断汲取新知，才能有日新月异的进步，诗的寓意多么深刻！

图 2-131　作者介绍和诗词评论

4. 插入 SmartArt 图形

（1）插入 SmartArt 图形

①把插入点定位在诗词评论下方。

②单击“插入”选项卡，在“插图”组中单击 SmartArt 按钮，弹出“选择 SmartArt 图形”对话框。

③选择“流程”中的“基本 V 形流程”，如图 2-132 所示，单击“确定”按钮即可。

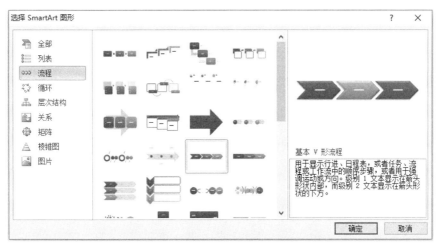

图 2-132 "选择 SmartArt 图形"对话框

（2）编辑 SmartArt 图形

①录入文字：将光标移入 SmartArt 图形文本框中输入如图 2-133 所示的文字。

科学家 —— 傅里叶

图 2-133 插入 SmartArt 图形

②选中 SmartArt 图形。

③选择"SmartArt 工具－格式"选项卡，单击"形状填充"按钮，在弹出的菜单中选择"渐变"→"深色变体"→"中心辐射"。

④单击"排列"组中的"自动换行"按钮，选择"四周型环绕"。

5．编辑"科学家介绍"部分

（1）录入"科学家——傅里叶"的生平介绍

录入"科学家——傅里叶"的生平介绍的文字部分，文字设置为宋体、小四。

（2）设置"首字下沉"

把插入点放在这一部分第一段中，在功能区的"插入"选项卡的"文本"组中，单击"首字下沉"，在弹出的对话框中选择"下沉""3 行"，如图 2-134 所示。

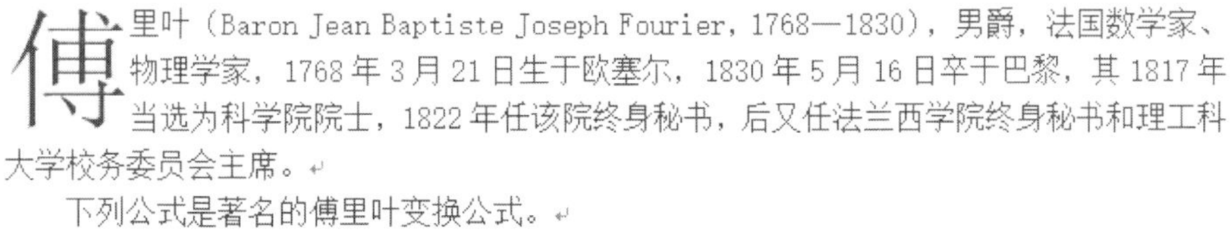

傅里叶（Baron Jean Baptiste Joseph Fourier, 1768—1830），男爵，法国数学家、物理学家，1768 年 3 月 21 日生于欧塞尔，1830 年 5 月 16 日卒于巴黎，其 1817 年当选为科学院院士，1822 年任该院终身秘书，后又任法兰西学院终身秘书和理工科大学校务委员会主席。

下列公式是著名的傅里叶变换公式。

图 2-134 傅里叶介绍

（3）插入公式

①将光标定位到需要插入公式的位置。

②单击"插入"选项卡，在"符号"组中单击"公式"按钮，弹出"常用公式"下拉列表。

③单击 π 插入新公式⑴ 按钮，在文档中会插入一个空白的公式对象。

④利用"公式工具－设计"选项卡输入如图 2-135 所示的傅里叶公式。

$$F(\omega) = F[f(t)] = \int_{-\infty}^{\infty} f(t)\, e^{-iwt} dt$$

图 2-135　傅里叶公式

6．保存文档

单击快速访问工具栏中的"保存"按钮即可。

【任务小结】

本任务主要介绍了：Word 2010 空白文档的创建和保存，文本的录入和修改，字体、字形、字号、段落的设置，制作艺术字，形状的插入，文本框的插入，首字下沉，SmartArt 图形的插入，插入和编辑数学公式。

本任务中文档的编辑和排版的方法不唯一，读者可以用不同的方法进行练习。

任务 2.6　制作期末成绩表

【任务说明】

李老师是红星中学高二 1 班的班主任，期末考试结束了，需要制作一张班级各科期末考试成绩表，如图 2-136 所示。

期末成绩表

学号	姓名	数学	语文	英语	物理	化学	总分	平均分
1303050	夏　静	99	98	96	89	95	477	95.4
1303047	王俊超	97	95	89	88	97	466	93.2
1303031	石小浩	96	95	88	98	87	464	92.8
1303034	李杨英	89	95	89	96	87	456	91.2
1303052	李梦元	90	91	93	88	78	440	88.0
1303032	袁文靖	86	97	95	78	79	435	87.0
1303046	张　力	98	89	88	78	78	431	86.2
1303058	张　勇	90	89	87	85	80	431	86.2
1303053	刘石磊	92	90	78	85	85	430	86.0
1303057	彭红晶	76	75	90	92	91	424	84.8
1303048	张占豪	87	86	95	78	77	423	84.6
1303049	陈小飞	56	87	88	95	94	420	84.0
1303055	戴　芯	86	89	83	80	82	420	84.0
1303035	徐静霞	68	87	88	96	79	418	83.6
1303056	陈　涛	76	78	73	86	88	401	80.2
1303051	苏明明	66	56	87	95	90	394	78.8
1303059	刘明涛	77	67	68	93	89	394	78.8
1303033	何金源	65	77	85	85	76	388	77.6
1303054	杨洪雨	67	76	65	78	84	370	74.0
1303060	黄　倩	55	67	65	75	80	342	68.4
班级平均分		80.8	84.2	84.5	86.9	84.8		

图 2-136　期末成绩表

本次任务要求：插入表格，调整表格行，列间距、合并单元格，设置外边框线，表格数据排序，表格数据计算。

【预备知识】

在日常的文档处理中，人们往往需要用到大量的表格，Word 2010 在这方面提供了强大的功能。使用 Word 2010 提供的表格功能，可以非常方便地制作出精美的表格。

2.6.1 创建表格

Word 2010 提供了两种创建空白表格的方式："插入表格"和"绘制表格"。其中，"插入表格"可以创建一个各行、各列完全一样的规则表格；"绘制表格"可以随心所欲地绘制不规则的、比较复杂的表格，各行、各列的宽度和高度可以不同，可以使表格中各列具有不同的行数，也可以使各行具有不同的列数。

1. 制作规则的表格

图 2-137 所示为一个规则表格示例。下面就以此表格为例介绍创建规则表格的方法。

学号	姓名	性别	数学	英语

图 2-137　规则表格示例

（1）使用"表格"按钮创建表格

①将光标定位在需要插入表格的位置。

②在"插入"选项卡的"表格"组中单击"表格"按钮，弹出如图 2-138 所示的下拉菜单。

③在该下拉菜单中拖曳鼠标选择表格的行数和列数，然后松开鼠标左键，系统就会在光标处插入表格，如图 2-139 所示。

图 2-138　"表格"下拉菜单

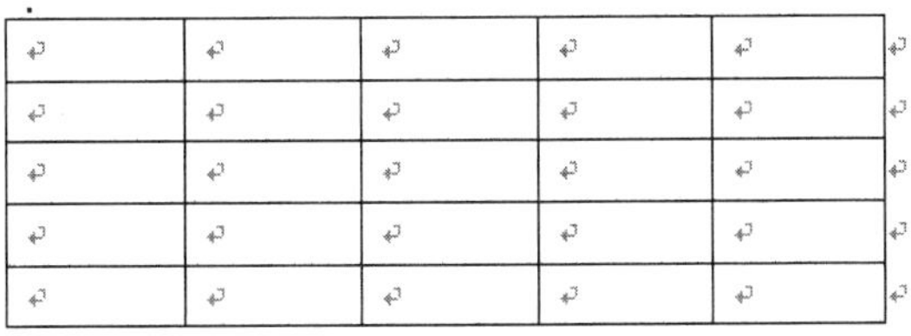

图 2-139　创建表格效果示例

④此时表格中并未输入文字，用户只需输入需要的文字。

（2）使用"插入表格"对话框创建表格

①将光标定位在需要插入表格的位置。

②在"插入"选项卡的"表格"组中单击"表格"按钮，弹出如图 2-138 所示的下拉菜单。

③单击  插入表格(I)... 按钮，弹出如图 2-140 所示的"插入表格"对话框。

④在该对话框中输入表格的行数、列数和列宽。

⑤设置完成后，单击"确定"按钮，即可生成用户需要的表格。

2. 制作不规则的表格

"绘制表格"功能一般可用来修补表格，以达到制作不规则表格的目的。图 2-141 所示为一个不规则表格示例。下面就以此表为例介绍不规则表格的制作方法。

图 2-140 "插入表格"对话框

学号	姓名	性别	数学		英语	
			正考	补考	正考	补考

图 2-141 不规则表格示例

操作步骤如下：

（1）用制作规则表格的方法插入一个 3 行 7 列的表格，如图 2-142 所示。

图 2-142 插入 3 行 7 列的表格

（2）在"插入"选项卡的"表格"组中单击"表格"按钮，弹出如图 2-138 所示的下拉菜单。

（3）单击 绘制表格(D) 按钮，此时鼠标指针变为铅笔形状。在图 2-142 所示的表格中第 1 行的第 4 列到第 7 列中间画一条直线，如图 2-143 所示。

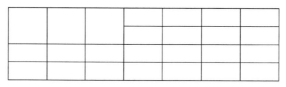

图 2-143 在表格中添加一条横线

（4）此时 Word 2010 将自动打开"表格工具－设计"选项卡，如图 2-144 所示。

图 2-144 "表格工具－设计"选项卡

（5）在"表格工具－设计"选项卡中有如下几个表格绘制工具。

- "底纹"按钮：单击"表格样式"组上的"底纹"按钮，可以用来设置表格底纹。
- "绘制表格"按钮：单击"绘图边框"组上的"绘制表格"按钮，此时鼠标指针变为铅笔形状，拖动鼠标可以在文档里画表格直线。
- "擦除"按钮：单击"绘图边框"组上的"擦除"按钮，此时鼠标指针变为橡皮擦形状，拖动鼠标可以在表格里擦除表格线。
- "边框和底纹"对话框：单击"绘图边框"组中的"对话框启动器"按钮，会弹出"边框和底纹"对话框，在该对话框中可以对表格中的表格线进行设置，包括表格线的粗细、样式、颜色等。

（6）在此，用鼠标单击"擦除"按钮，鼠标指针变为橡皮擦形状，此时可以用该"橡皮擦"擦除不需要的表格线，如擦除图 2-143 中第一行的第 5 条和第 7 条竖线，结果如图 2-145 所示。

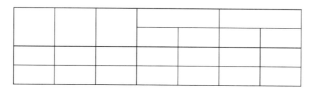

图 2-145　擦除表格中的两条竖线

3. 使用"快速表格"插入表格

Word 2010 有很多漂亮的表格模板，我们可以利用这些表格模板来快速创建表格。
操作步骤如下：

（1）将光标定位在需要插入表格的位置。

（2）在"插入"选项卡的"表格"组中单击"表格"按钮，弹出如图 2-138 所示的下拉菜单。

（3）选择"快速表格"，如图 2-146 所示，在弹出的下拉列表中选择一种需要的表格模板即可，图 2-147 所示为快速表格模板效果图。

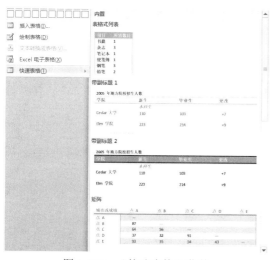

图 2-146　"快速表格"菜单　　　　　　图 2-147　快速表格模板效果图

（4）将该模板中的内容修改为自己需要的数据。

2.6.2 表格编辑

创建表格后该表格较规范，它们都有固定的行数和列数，这时可根据需要对表格进行编辑，如插入行或列、删除行或列、合并单元格等。

用户对表格进行编辑，常用的方法有鼠标、快捷键、"表格属性"对话框、快捷菜单和表格工具等。其中，当用户将光标插入到表格中时，会在 Word 2010 的功能区增加两个选项卡，即"表格工具－设计"选项卡和"表格工具－布局"选项卡，在这两个选项卡中含有很多编辑表格的工具按钮，图 2-144 所示为"表格工具－设计"选项卡，图 2-148 所示为"表格工具－布局"选项卡。

图 2-148　"表格工具－布局"选项卡

1. 选择表格

（1）选择整个表格

- 利用鼠标：将鼠标指针置于表格左上角，表格左上角出现一个移动控制点 ⊞，当鼠标指针指向该移动控制点时，鼠标指针变成 ✥ 形状。单击鼠标左键，即可选定整个表格。
- 利用"表格工具－布局"选项卡：将光标插入表格中，单击"表格工具－布局"选项卡，在"表"组中单击"选择"按钮，在弹出的下拉菜单中选择"选择表格"命令即可，如图 2-149 所示。

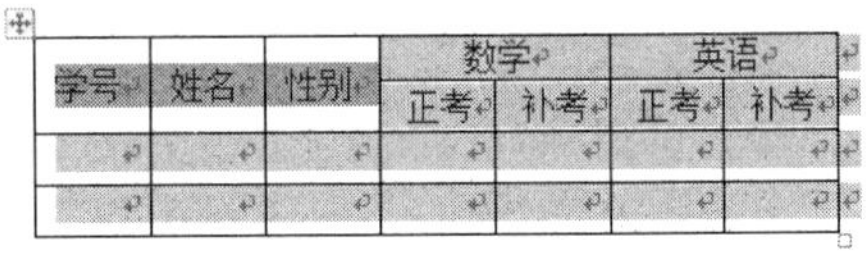

（2）选择单元格

图 2-149　选择整个表格效果图

- 利用鼠标：将鼠标指针定位到要选择的单元格中，当鼠标指针变成右斜箭头 ↗ 时，单击鼠标左键，即可选择该单元格。
- 选择多个相邻的单元格：将鼠标在表格中进行拖动或按 Shift+光标控制键，则可选择多个相邻的单元格。
- 利用"表格工具－布局"选项卡：将光标插入到需要选择的单元格中，单击"表格工具－布局"选项卡，在"表"组中单击"选择"按钮，在弹出的下拉菜单中选择"选择单元格"命令即可。

（3）选择表格行（整行）

- 单击鼠标：将鼠标指针定位到表格左边的行选取区内，当鼠标指针变成右斜空心箭头 ↗ 时，单击鼠标左键即可。
- 双击鼠标：将鼠标指针定位到要选择行的任意单元格中，当鼠标指针变成右斜箭头 ↗ 时，双击鼠标左键，即可选择该行。
- 选择多行：将鼠标在表格中上下拖动或按 Shift+光标控制键，则可选择多行。
- 利用"表格工具－布局"选项卡：将光标插入到需要选择的表格行中，单击"表格工具－布局"选项卡，在"表"组中单击"选择"按钮，在弹出的下拉菜单中选择"选择行"命令即可。

（4）选择表格列（整列）

- 利用鼠标+Shift 键：将鼠标指针定位到需选取的某列的任意单元格中，按下 Shift 键的同时，单击鼠标右键即可。
- 利用鼠标：将鼠标指针定位到表格顶部的列选取区内某列位置处，当鼠标指针变成向下的黑箭头↓时，单击鼠标左键即可。
- 选择多列：将鼠标在表格中左右拖动或按 Shift+光标控制键，则可选择多列。
- 利用"表格工具－布局"选项卡：将光标插入到需要选择的表格列中，单击"表格工具－布局"选项卡，在"表"组中单击"选择"按钮，在弹出的下拉菜单中选择"选择列"命令即可。

选择表格示例如图 2-150 所示。

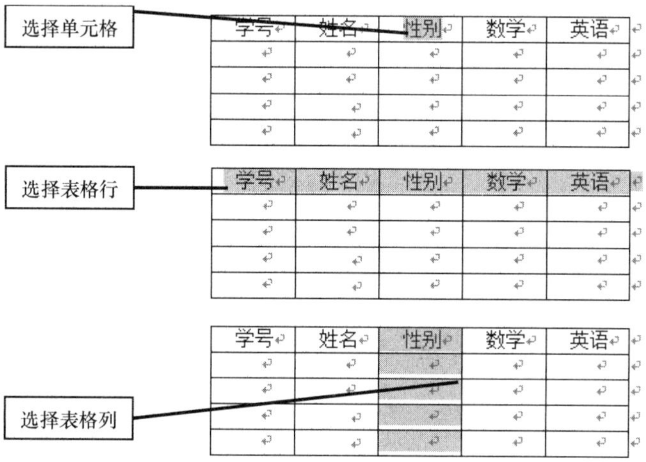

图 2-150　选择表格示例

2. 调整行高

对 Word 2010 文档而言，如果没有指定行高，则各行的行高将取决于该行中单元格的内容以及段落文本的前后间隔。调整行高常用的方法有如下四种。

（1）利用 Enter 键

将光标移到需要改变行高的单元格内，然后按 Enter 键即可增加一行文本的高度。

（2）利用鼠标拖动

把鼠标指针放在表格横线附近，当鼠标指针变成 ⬍ 形状时，按住鼠标左键向上或向下拖动，就可以改变行高。

（3）利用"标尺"

如果在页面视图下操作时，还可以用鼠标拖动垂直标尺上的行标志来改变行高。

（4）利用"表格工具－布局"选项卡

前面三种调整行高的方法都简单易用，但缺点是不能精确设置行高，如果用户希望精确设置行高，可以采用"表格工具－布局"选项卡。

操作步骤如下：

①选择需要调整行高的各行。

②单击"表格工具－布局"选项卡，在"单元格大小"组的"高度"微调框中输入行高即可。

3. 调整列宽

调整列宽的方法有以下三种。

（1）利用鼠标拖动

将鼠标指针放在表格竖线附近，当鼠标指针变成 ↔ 形状时，按住鼠标左键向左或向右拖动，就可以改变列宽。

（2）利用"标尺"

如果在页面视图下操作时，还可以用鼠标拖曳水平标尺上的列标志来改变列宽。

（3）利用"表格工具－布局"选项卡

前面两种调整列宽的方法都简单易用，但缺点是不能精确设置列宽，如果用户希望精确设置列宽，可以采用"表格工具－布局"选项卡。

操作步骤如下：

①选择需要调整列宽的各行。

②单击"表格工具－布局"选项卡，在"单元格大小"组的"宽度"微调框中输入列宽即可。

4. 插入表格行

操作步骤如下：

①将光标定位到需要插入行的位置。例如，要在第 2 行之前插入一行，则将光标移到第 2 行上。

②单击鼠标右键，在弹出的快捷菜单中选择"插入"命令，将弹出如图 2-151 所示的"插入"子菜单。

③在该子菜单中选择"在上方插入行"命令，即可在当前行之前插入一行。

图 2-151　"插入"子菜单

提示：如果将光标定位到表格某行最右边的竖线之后，按 Enter 键，则可以在当前行之后插入一行。

5. 删除表格行

要完全删除一行或多行，先选择所要删除的行，然后单击鼠标右键，在弹出的快捷菜单中选择"删除行"命令即可。

6. 插入表格列

操作步骤如下：

①将光标定位到需要插入列的位置。例如，要在第 3 列之前插入一列，则将光标移到第 3 列上。

②单击鼠标右键，在弹出的快捷菜单中选择"插入"命令，将弹出如图 2-151 所示的"插入"子菜单。

③在该子菜单中选择"在左侧插入列"命令，即可在当前列之前插入一列。

7. 删除表格列

要完全删除一列或多列，先选择需要删除的列，然后单击鼠标右键，在弹出的快捷菜单中选择"删除列"命令即可。

8. 插入单元格

操作步骤如下：

①先选择作为插入样板的一个或多个单元格。

②单击鼠标右键，在弹出的快捷菜单中选择"插入"命令，将弹出如图 2-151 所示的"插入"子菜单。

③在该子菜单中选择"插入单元格"命令，弹出如图 2-152 所示的"插入单元格"对话框。

④根据插入方式，选择对话框的选项。

- 活动单元格右移：在所选择的单元格左边插入新单元格。
- 活动单元格下移：在所选择的单元格之上插入新单元格。
- 整行插入：在含有选择的单元格的行之上插入一整行。
- 整列插入：在含有选择的单元格的列左边插入一整列。

⑤选择好插入方式后，单击"确定"按钮即可。

9. 删除单元格

操作步骤如下：

①将光标定位到需删除的单元格中，或者选择需要删除的单元格。

②单击鼠标右键，在弹出的快捷菜单中选择"删除单元格"命令，弹出如图 2-153 所示的"删除单元格"对话框。

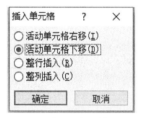 

图 2-152　"插入单元格"对话框　　　　图 2-153　"删除单元格"对话框

③根据删除方式，在对话框中确定选项。

- 右侧单元格左移：删除选择的单元格，将剩下的单元格向左移动，这样可能造成表格矩形的不完整。
- 下方单元格上移：删除选择的单元格，将剩下的单元格向上移动，但整个表格的框架并不变化，相当于删除表格行。
- 删除整行：删除所有包含选择单元格的行，并将剩下的行向上移动。
- 删除整列：删除所有包含选择单元格的列，并将剩下的列向左移动。

④选择好删除方式后，单击"确定"按钮即可。

10. 合并单元格

合并单元格就是将相邻的两个单元格或者多个单元格合并成一个单元格。图 2-154 所示为将表格第 2、3、4 行中第 2、3 两列的 6 个相邻单元格合并成一个单元格的效果。

学　号	姓　名	性　别	数　学	英　语

图 2-154　合并单元格效果图

操作方法如下：

- 利用快捷菜单：选择需要合并的单元格，然后单击鼠标右键，在弹出的快捷菜单中选择"合并单元格"命令。
- 利用"表格工具－布局"选项卡：选择需要合并的单元格，单击"表格工具－布局"选项卡，在"合并"组中单击"合并单元格"按钮。

11．拆分单元格

拆分单元格就是把一个单元格拆分成多个单元格，其操作步骤如下：

①选择需拆分的单元格。

②单击"表格工具－布局"选项卡，在"合并"组中单击"拆分单元格"按钮，弹出如图 2-155 所示的"拆分单元格"对话框。

③根据需要设置拆分后的列数和行数。例如，将表格中的一个单元格拆分成 3 行、4 列共 12 个单元格。

④单击"确定"按钮，效果如图 2-156 所示。

学　号	姓　名			性　别	数　学	英　语

图 2-155　"拆分单元格"对话框　　　　　图 2-156　拆分单元格效果图

12．水平拆分表格

水平拆分表格就是将一个表格水平拆分成上下两个表格，其操作步骤如下：

①将光标移到表格中需要拆分的行，如将光标放在表格第 3 行。

②单击"表格工具－布局"选项卡，在"合并"组中单击"拆分表格"按钮，效果如图 2-157 所示。

学　号	姓　名	性　别	数　学	英　语

图 2-157　拆分表格效果图

2.6.3　表格内容的计算

Word 2010 的表格具有很强的数值计算能力，通过构造公式和在表格中输入公式域，可以在表格中进行一些复杂的四则运算，同时，Word 2010 将公式作为域插入在表格中，这样，当表格中的数据内容发生变化时，Word 2010 会根据公式自动计算结果并进行更新。

下面就以图 2-158 所示的学生成绩登记表为例，介绍表格内容的计算方法。

学　号	姓　名	性　别	数　学	英　语
10001	王　刚	男	75	67
10002	王　芳	女	60	76
10003	李　新	男	88	54
10004	张　敏	男	78	90
10005	李自强	男	73	85
合　计				
平均值				

图 2-158　表格内容的计算示例

1. 表格排序

有时我们需要对表格中的数据进行排序（按从小到大或者从大到小），用 Word 2010 的排序功能可以很方便地完成。

表格排序的方法如下：

①选择表格中需要排序的行（如果没有选择，则默认对所有行进行排序）。

②单击"表格工具－布局"选项卡，在"数据"组中单击"排序"按钮，弹出如图 2-159 所示的"排序"对话框。

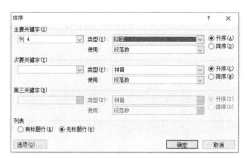

图 2-159　"排序"对话框

③在"主要关键字"下拉列表中选择需要排序的列。例如，要对图 2-158 所示的学生成绩登记表中第 4 列"数学"按从小到大的顺序进行排序，则在"主要关键字"下拉列表中选择"列 4"。在"类型"下拉列表中选择"数字"，并在"类型"右边的单选按钮中选择排序方式，如选择"升序"，表示按从小到大的顺序进行排序。

④最后单击"确定"按钮，效果如图 2-160 所示。

学　号	姓　名	性　别	数　学	英　语
10002	王　芳	女	60	76
10005	李自强	男	73	85
10001	王　刚	男	75	67
10004	张　敏	男	78	90
10003	李　新	男	88	54
合　计				
平均值				

图 2-160　将"数学"成绩按从小到大的顺序排序

2．求和

求和就是对表格中的列或者行求总和，其操作步骤如下：

①将光标移到需要存放和数的单元格。例如，要计算数学成绩的总和，则将光标移到"合计"行的第4列。

②单击"表格工具－布局"选项卡，在"数据"组中单击"公式"按钮，弹出如图2-161所示的"公式"对话框。

③在"公式"文本框中显示"=SUM(ABOVE)"，其中"SUM"表示求和。

括号中英文单词表示统计数据的范围，常用的选择有如下几个。

- ABOVE：表示对从光标位置向上的所有单元格中的数据（直到遇到非数字为止）进行求和。
- BELOW：表示对从光标位置向下的所有单元格中的数据（直到遇到非数字为止）进行求和。
- LEFT：表示对从光标位置向左的所有单元格中的数据（直到遇到非数字为止）进行求和。
- RIGHT：表示对从光标位置向右的所有单元格中的数据（直到遇到非数字为止）进行求和。

以上4个英文单词中，前面两个用于求列的和，后面两个用于求行的和。

④选择后，单击"确定"按钮，求和结果如图2-162所示。

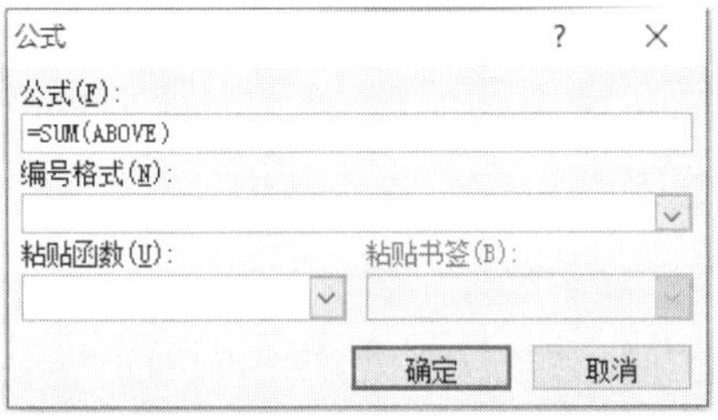

图2-161　"公式"对话框

学　号	姓　名	性　别	数　学	英　语
10001	王　刚	男	75	67
10002	王　芳	女	60	76
10003	李　新	男	88	54
10004	张　敏	男	78	90
10005	李自强	男	73	85
合　计				374
平均值				

图2-162　对列求和

3．求平均值

操作步骤如下：

①将光标移到需要存放平均值的单元格。例如，要计算数学成绩的平均值，则将光标移到"平均值"行的第4列。

②单击"表格工具－布局"选项卡，在"数据"组中单击"公式"按钮，弹出如图2-161所示的"公式"对话框。

③在"公式"文本框中显示"=SUM(ABOVE)"，其中"SUM"表示求和。现在需要求平均值，因此，必须修改公式。首先删除"公式"文本框中"SUM(ABOVE)"，然后单击图2-161中"粘贴函数"框右边的下箭头，将弹出一个下拉列表，在该下拉列表中有很多常用的公式，如"AVERAGE"表示求平均值，"MAX"表示求最大值，"MIN"表示求最小值，"COUNT"表示统计数据个数等。选择"AVERAGE"，并选择好统计数据范围，即"公式"框中应为"=AVERAGE(ABOVE)"。

④选择好公式后，单击"确定"按钮，效果如图 2-163 所示。

学　号	姓　名	性　别	数　学	英　语
10001	王　刚	男	75	67
10002	王　芳	女	60	76
10003	李　新	男	88	54
10004	张　敏	男	78	90
10005	李自强	男	73	85
合计			374	
平均值			62.33	

图 2-163　对列求平均值

【任务分析】

经过前面的知识准备，我们现在可以对"期末成绩表"进行编辑排版。在本任务中，要完成如下工作：

（1）创建空白文档，并进行页面设置。

（2）插入表格，并输入数据。

（3）表格样式设置：外边框为双线，内边框为单线，并设置表头底纹。

（4）进行求和及平均值的计算，并按总分由高到低排序。

【任务实施】

1. 创建文档

（1）新建一个空白文档。

（2）单击快速访问工具栏中的"保存"按钮，将会打开"另存为"对话框，再选择文档存盘路径，在"文件名"处输入文件名"期末成绩表.docx"。

（3）单击"保存"按钮，即可保存文档。

2. 页面设置

（1）在"页面布局"选项卡的"页面设置"组中单击"对话框启动器"按钮 ，弹出"页面设置"对话框。

（2）单击"页边距"标签，将上、下边距设置为 2 厘米，左、右边距设置为 1.5 厘米，纸张方向设置为"纵向"。

（3）单击"纸张"标签，在"纸张大小"栏设置为"A4"。

（4）最后，单击"确定"按钮即可。

3. 创建表格

（1）插入表格

①将光标定位在需要插入表格的位置。

②在"插入"选项卡的"表格"组中单击"表格"按钮，弹出"表格"下拉菜单。

③单击 插入表格⑴... 按钮，弹出"插入表格"对话框。

④在该对话框中输入表格的行数（22 行）、列数（9 列）。

⑤设置完成后，单击"确定"按钮，即可生成用户需要的表格。

（2）输入表格内容

在第一行的第一个单元格内输入标题内容"期末成绩表"，其他内容按照图 2-164 所示输入。

期末成绩表								
学号	姓名	数学	语文	英语	物理	化学	总分	平均分
1303031	石小洁	96	95	88	98	87		
1303032	袁文靖	86	97	95	78	79		
1303033	何金源	65	77	85	85	76		
1303034	李杨英	89	95	89	96	87		
1303035	徐静霞	68	87	88	96	79		
1303046	张 力	98	89	88	78	78		
1303047	王俊超	97	95	89	88	97		
1303048	张占豪	87	86	95	78	77		
1303049	陈小飞	56	87	88	95	94		
1303050	夏 静	99	98	96	89	95		
1303051	苏明明	66	56	87	95	90		
1303052	李梦元	90	91	93	88	78		
1303053	刘石磊	92	90	78	85	85		
1303054	杨洪雨	67	76	65	78	84		
1303055	戴 芯	86	89	83	80	82		
1303056	陈 涛	76	78	73	86	88		
1303057	彭红晶	76	75	90	92	91		
1303058	张 勇	90	89	87	85	80		
1303059	刘明涛	77	67	68	93	89		
1303060	黄 倩	55	67	65	75	80		

图 2-164　22 行、9 列表格

4. 表格样式设置

（1）将光标移到表格的任意位置。

（2）单击"表格工具－设计"选项卡，在"表格样式"组中单击"其他"按钮，弹出如图 2-165 所示的"表格样式"下拉列表。

（3）在"表格样式"下拉列表中选择"浅色网格-强调文字颜色 5"，即可快速设置表格样式。效果如图 2-166 所示。

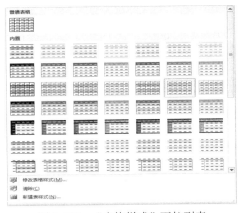

图 2-165　"表格样式"下拉列表

期末成绩表								
学号	姓名	数学	语文	英语	物理	化学	总分	平均分
1303031	石小洁	96	95	88	98	87		
1303032	袁文靖	86	97	95	78	79		
1303033	何金源	65	77	85	85	76		
1303034	李杨英	89	95	89	96	87		
1303035	徐静霞	68	87	88	96	79		
1303046	张 力	98	89	88	78	78		
1303047	王俊超	97	95	89	88	97		
1303048	张占豪	87	86	95	78	77		
1303049	陈小飞	56	87	88	95	94		
1303050	夏 静	99	98	96	89	95		
1303051	苏明明	66	56	87	95	90		
1303052	李梦元	90	91	93	88	78		
1303053	刘石磊	92	90	78	85	85		
1303054	杨洪雨	67	76	65	78	84		
1303055	戴 芯	86	89	83	80	82		
1303056	陈 涛	76	78	73	86	88		
1303057	彭红晶	76	75	90	92	91		
1303058	张 勇	90	89	87	85	80		
1303059	刘明涛	77	67	68	93	89		
1303060	黄 倩	55	67	65	75	80		

图 2-166　"表格样式"效果图

5. 标题排版

（1）选中第一行。

（2）单击"表格工具－布局"选项卡，在"合并"组中单击"合并单元格"按钮。

（3）设置标题：微软雅黑、小二号、加粗、蓝色、居中。

（4）设置标题边框：选中标题行，单击"绘图边框"组中的"对话框启动器"按钮，会弹出如图 2-167 所示的"边框和底纹"对话框，在该对话框的左边"边框"列表中选择"方框"，在右边的"预览"区域中用鼠标单击上、左、右边框，使之没有边框，效果如图 2-168 所示。

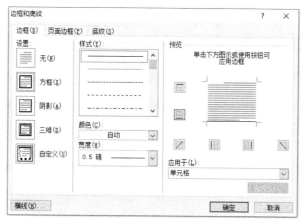

图 2-167　"边框和底纹"对话框

期末成绩表

学号	姓名	数学	语文	英语	物理	化学	总分	平均分
1303031	石小浩	96	95	88	98	87		
1303032	袁文清	86	97	95	78	79		
1303033	何金源	65	77	85	85	76		

图 2-168　标题排版效果图

6. 表头排版

（1）选中表头行。

（2）设置表头：楷体、四号、加粗、深蓝色、居中。

（3）设置表头底纹：在"表格工具－设计"选项卡的"表格样式"组中单击 底纹 按钮，在弹出的下拉列表中选择"紫色-强调文字颜色4，淡色60%"。

7. 表格正文排版

（1）选中表格正文所有行。

（2）设置字体：宋体、常规、小四号、居中。

（3）用鼠标右键单击表格，在弹出的快捷菜单中选择"表格属性"，弹出如图 2-169 所示的"表格属性"对话框。

图 2-169　"表格属性"对话框

（4）选择"表格"标签，在"对齐方式"栏选择"居中"，选择"行"标签，选中"指定高度"，并设置高度为"0.8厘米"，选择"单元格"标签，在"垂直对齐方式"栏选择"居中"，最后单击"确定"按钮即可。

8. 在表格的最后增加一行

（1）用鼠标右键单击表格的最后一行，在弹出的快捷菜单中选择"插入"命令，将弹出"插入"子菜单。在该子菜单中选择"在下方插入行"命令，即可在当前行之后插入一行。

（2）在"表格工具－设计"选项卡的"绘图边框"组中单击"擦除"按钮，此时光标会变成橡皮擦图标，用橡皮擦擦除最后一行中第1单元格到第2单元格之间竖线（也可以用"合并单元格"完成），并输入"班级平均分"，如图 2-170 所示。

1303058	张　勇	90	89	87	85	80		
1303059	刘明涛	77	67	68	93	89		
1303060	黄　倩	55	67	65	75	80		
班级平均分								

图 2-170　"班级平均分"效果图

（3）选中最后一行，设置字体：宋体、粗体、小四号、居中。

9. 设置表格外边框

（1）选中整个表格。

（2）单击"表格工具－设计"选项卡，在"表格样式"组中单击 底纹 按钮，弹出如图 2-167 所示的"边框和底纹"对话框。

（3）单击"边框"标签，在"设置"栏选择"全部"按钮，在"样式"栏选择"双线"，在"预览"栏将上、下、左、右边线设置为双线，中间的线设置为单线。

（4）最后单击"确定"按钮，如图 2-171 所示。

期末成绩表

学号	姓名	数学	语文	英语	物理	化学	总分	平均分
1303031	石小洁	96	95	88	98	87		
1303032	袁文靖	86	97	95	78	79		
1303033	何金源	65	77	85	85	76		
1303034	李杨英	89	95	89	96	87		
1303035	徐静霞	68	87	88	96	79		
1303046	张　力	98	89	88	78	78		
1303047	王俊超	97	95	89	88	97		
1303048	张占豪	87	86	95	78	77		
1303049	陈小飞	56	87	88	95	94		
1303050	夏　静	99	98	96	89	95		
1303051	苏明明	66	56	87	95	90		
1303052	李梦元	90	91	93	88	78		
1303053	刘石磊	92	90	78	85	85		
1303054	杨洪雨	67	76	65	78	84		
1303055	戴　芯	86	89	83	80	82		
1303056	陈　涛	76	78	73	86	88		
1303057	彭红晶	76	75	90	92	91		
1303058	张　勇	90	89	87	85	80		
1303059	刘明涛	77	67	68	93	89		
1303060	黄　倩	55	67	65	75	80		
班级平均分								

图 2-171　效果图

10．表格计算

（1）计算班级平均分

①将光标移到"数学"列的最后一个单元格。

②单击"表格工具—布局"选项卡，在"数据"组中单击"公式"按钮，弹出"公式"对话框。

③在"公式"文本框中输入"=AVERAGE(ABOVE)"，其中"AVERAGE"表示求平均值，在"编号格式"栏输入"0.0"，表示保留 1 位小数，如图 2-172 所示。

图 2-172　"公式"对话框

④最后单击"确定"按钮，即可计算数学平均分。

⑤用相同的方法分别计算：语文、英语、物理、化学等课程的平均分，效果如图 2-173 所示。

1303058	张　勇	90	89	87	85	80		
1303059	刘明涛	77	67	68	93	89		
1303060	黄　倩	55	67	65	75	80		
班级平均分		80.8	84.2	84.5	86.9	84.8		

图 2-173　"班级平均分"效果图

（2）计算每个学生的成绩平均分

①将光标移到第一个学生的"平均分"单元格内。

②单击"表格工具—布局"选项卡，在"数据"组中单击"公式"按钮，弹出"公式"对话框。

③在"公式"文本框中输入"=AVERAGE(LEFT)"，其中"AVERAGE"表示求平均值，在"编号格式"栏输入"0.0"，表示保留 1 位小数。

④最后单击"确定"按钮，即可计算第 1 个学生的成绩平均分。

⑤用相同的方法分别计算其他学生的成绩平均分，效果如图 2-174 所示。

（3）计算每个学生的成绩总分

①将光标移到第一个学生的"总分"单元格内。

②单击"表格工具—布局"选项卡，在"数据"组中单击"公式"按钮，弹出"公式"对话框。

③在"公式"文本框中输入"=SUM(LEFT)"，其中"SUM"表示求和。

④最后单击"确定"按钮，即可计算第 1 个学生的成绩总分。

⑤用相同的方法分别计算其他学生的成绩总分，效果如图 2-174 所示。

期末成绩表

学号	姓名	数学	语文	英语	物理	化学	总分	平均分
1303031	石小浩	96	95	88	98	87	464	92.8
1303032	袁文靖	86	97	95	78	79	435	87.0
1303033	何金源	65	77	85	85	76	388	77.6
1303034	李杨英	89	95	89	96	87	456	91.2
1303035	徐静霞	68	87	88	96	79	418	83.6
1303046	张　力	98	89	88	78	78	431	86.2
1303047	王俊超	97	95	89	88	97	466	93.2
1303048	张占豪	87	86	95	78	77	423	84.6
1303049	陈小飞	56	87	88	95	94	420	84.0
1303050	夏　静	99	98	96	89	95	477	95.4
1303051	苏明明	66	56	87	95	90	394	78.8
1303052	李梦元	90	91	93	88	78	440	88.0
1303053	刘石磊	92	90	78	85	85	430	86.0
1303054	杨洪雨	67	76	65	78	84	370	74.0
1303055	戴　芯	86	89	83	80	82	420	84.0
1303056	陈　涛	76	78	73	86	88	401	80.2
1303057	彭红晶	76	75	90	92	91	424	84.8
1303058	张　勇	90	89	87	85	80	431	86.2
1303059	刘明涛	77	67	68	93	89	394	78.8
1303060	黄　倩	55	67	65	75	80	342	68.4
班级平均分		80.8	84.2	84.5	86.9	84.8		

图 2-174　"总分"及"平均分"效果图

11. 表格排序

如果按照总分从高到低的顺序进行排序，操作步骤如下：

（1）选择所有学生的"总分"列。

（2）单击"表格工具－布局"选项卡，在"数据"组中单击"排序"按钮，弹出如图 2-175 所示的"排序"对话框。

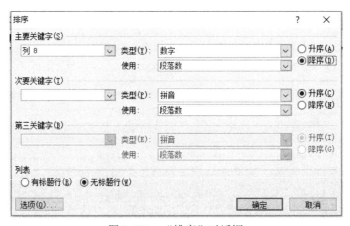

图 2-175　"排序"对话框

（3）在"主要关键字"下拉列表中选择"列 8"，在"类型"栏选择"数字"，在右侧选择"降序"。

（4）最后单击"确定"按钮即可完成排序。

12. 保存文档

单击快速访问工具栏中的"保存"按钮即可。

【任务小结】

本任务主要介绍了：Word 2010 空白文档的创建和保存，页面设置，创建和编辑表格，字体、字形、字号、表格边框和底纹的设置，表格数据的计算（求平均值和求和）、排序。

本任务中表格的编辑和排版的方法不唯一，读者可以用不同的方法进行练习。

【项目练习】

1. 在 Word 2010 中输入以下倡议书，并按要求进行设置。

要求：

（1）标题：二号、楷体、加粗、段前 1 行、段后 1 行、居中对齐。

（2）正文：小四、楷体、1.5 倍行间距。

（3）落款和时间：小四、楷体、1.5 倍行间距、右对齐。落款右缩进 1 个字符，时间右缩进 1.5 个字符。

（4）保存在指定文件夹中，文件名为"校园绿色环保倡议书.docx"。

校园绿色环保倡议书

亲爱的同学们：

你们是否发现自己的脚下已经不像刚开学那样干净呢？你们是否察觉天空不再蔚蓝，而出现许多飞舞的塑料袋呢？相信你们会看到，我们的校园环境已经不好了。

刚开学时，操场上没有一点纸屑，广场上一尘不染，草坪上花草都生机勃勃，整个校园洁净如新。

可是现在呢？美丽的校园没有了，操场上处处都是白色垃圾，天空中飞舞着纸屑，草坪上那些小草都被踩弯了腰，有的甚至被同学们踩出了一条"路"！

面对这些"成果"，同学们难道不觉得羞愧吗？

有人可能不以为然："这算什么？不保护环境对我们没有多大的影响嘛！"下面我就来举例说明破坏环境带来的恶果。

黄河是我们的母亲河，她曾经是那么美丽，她孕育了伟大的华夏文明，她无私奉献，滋润田地，使庄稼获得丰收。

可今天的黄河呢？由于人们不爱护环境，黄河污染越来越严重了。河水越来越脏，经常看到垃圾。黄土高原原本是森林茂密、草木繁盛的地方，也因为人们不爱护环境，随意砍伐树木，土壤变得疏松，草木变得越来越稀少，直到今日——被黄土覆盖。

黄河一向以"水患"著称，如今却频繁断流，昔日的天际之水变成了苍白的裸石和干涸的黄沙土，听不见那震天的涛声，看不到那一泻千里的浩瀚了。

听了上面的事，你们是否有所感触呢？我呼吁：从身边做起，保护环境，主动捡起每一张纸，不践踏草坪。相信在我们每一个人的努力下，校园环境会变干净，地球会更美好！

重庆工商职业学院

2015 年 12 月 10 日

2．正确录入以下文字，并按要求进行设置。

要求：

（1）设置标题为黑体、三号、蓝色、加粗、倾斜，设置正文为楷体，小四，黑色。

（2）设置标题为段前2行、段后1行，正文行间距为固定值20磅，设置正文首行缩进2个字符。

（3）给正文第一段文字设置字符底纹；正文第二段文字设置为用黄色突出显示。

（4）给标题添加拼音，要求：拼音添加在标题后。

（5）保存在指定文件夹中，文件名为"陆地和海洋.docx"。

班级：　　　　姓名：

陆地和海洋

地球上的陆地面积约1.49亿平方米，海洋面积约3.61亿平方米。

【陆地】地球表面未被海水淹没的部分。陆地的平均高度为875米。大体分为大陆、岛屿和半岛。大陆是面积广大的陆地，全球有六块大陆。大陆和它附近的岛屿总称为洲，全球有七大洲。岛屿是散布在海洋、河流或湖泊中的小块陆地。彼此相距较近的一群岛屿称群岛。

【海洋】地球上广阔连续的水域，包括洋、海和海峡。海洋平均深度为3795米。洋是海洋的主体部分，具有深渊而浩瀚的水域，有比较稳定的盐度（35‰左右），世界上有四大洋。海是海洋的边缘部分，面积较小，深度较浅，温度和盐度受大陆的影响较大，海又分边缘海、内海和陆间海三种。

3．正确录入以下文字，并按要求进行设置。

要求：

（1）正文设置为绿色、楷体、四号字，为正文添加拼音。

（2）注释部分设置为黑色、新宋体、五号字。

（3）"注释"两字转换成中文繁体。

（4）在文中适当地方插入脚注，内容和格式如下框中所示。

内容：范仲淹（989－1052年），字希文，谥文正，亦称范履霜，北宋著名政治家、文学家、军事家、教育家，祖籍那州（今陕西省彬县），后迁居苏州吴县（今江苏省吴县）。

字体格式：宋体、小五、黑色。

（5）保存在指定文件夹中，文件名为"宋词.docx"。

苏幕遮

范仲淹

碧云天，黄叶地，秋色连波，波上寒烟翠。

山映斜阳天接水，芳草无情，更在斜阳外。

黯乡魂，追旅思，夜夜除非，好梦留人睡。

明月楼高休独倚，酒入愁肠，化作相思泪。

注释：

（1）黯乡魂：黯，沮丧愁苦；黯乡魂指思乡之苦令人黯然销魂。黯乡魂，化用江淹《别赋》"黯然销魂者，唯别而已矣"。

（2）追旅思：追，追缠不休；旅思，羁旅的愁思。

（3）夜夜除非，即"除非夜夜"的倒装。按本文意应作"除非夜夜好梦留人睡"。这里是节拍上的停顿。

4．输入以下文字，并进行图文混排，使版面更美观，排版效果如下所示。

厉以宁教授讲故事

2003 年 8 月，厉以宁教授应邀到东北老工业基地做实地调研，在长春、抚顺、沈阳、阜新、锦州五市作了学术演讲。演讲时，他穿插通俗易懂的故事表达自己的经济学观点，受到广泛欢迎，掌声时起。本文选取其中几个，以飨读者。

龟兔赛跑的故事连幼儿园的小朋友都知道。兔子骄傲，半路上就睡着了，于是乌龟跑第一了。可是，龟兔赛跑不只赛一次啊。第一次乌龟赢了，兔子不服气，要求再赛第二次。

第二次赛跑兔子吸取了经验了，一口气跑到了终点，兔子赢了。 乌龟又不服气，对兔子说："咱们跑第三次吧，前两次都是按你指定的路线跑，第三次该按我指定的路线跑。"兔子想："反正我跑得比你快，你怎么指定我　都同意。"于是就按照乌龟指定的路线跑。又是兔子当先，快到终点时，一条河挡住路线，兔子过不去了。乌龟慢慢爬到河边，一游就游过去了，这次是乌龟得了第一。

当龟兔商量再赛一次的时候，突然改变了主意："何必这么竞争呢，咱们合作吧！"陆地上兔子驮着乌龟跑，很快跑到河边，到了河里，乌龟驮着兔子游，结果是双赢的结局。

这个故事说明什么呢？今天我们发展经济，搞企业，不一定什么事情都非要我吃掉你，你吃掉我。企业兼并、企业重组都是双赢。商场上，今天是你的竞争对手，说不定同时或者今后会是你的合作伙伴。商场上不一定要把问题搞得那么僵，各自后退一步，也许就海阔天空，跟战场一样，不战而胜为上。商场上不要什么弦都绷得太紧，人要留有余地，要站得高，看得远。在很多情况下，你说是"让利"，实际不是，而是共同取得更大的利益，是双赢。

5．制作完成如下表所示的课程表格，并按要求进行设置。

要求：

（1）完成表格制作，需要合并单元格、绘制斜线表头。

（2）标题文字设置为楷体、四号字、加粗。

（3）正文文字设置为宋体、五号字。

（4）保存在指定文件夹中，文件名为"课程表.docx"。

课程表

时间 / 星期		星期一		星期二		星期四		星期四		星期五	
		科目	教师	科目	教师	科目	教师	科目	教师	科目	教师
上午	第一节										
	第二节										
	第三节										
	第四节										
下午	第五节										
	第六节										
	第七节										
	第八节										

项目三　使用 Excel 2010 管理企业数据

【项目描述】

本项目将以一个企业日常的人事管理相关工作为依托，对 Excel 进行系统介绍，使学生通过完成 3 个任务的过程来学习和掌握 Excel 的基本概念、数据格式、录入、排版、公式和函数运算、图表显示等知识内容，通过这些具有代表性的任务，让学生能够进行代入感很强的学习并学以致用。

【学习目标】

1. 了解 Excel 2010 的基本功能；
2. 掌握 Excel 2010 工作簿和工作表的基本概念和基本操作；
3. 掌握 Excel 2010 设置数据格式的操作方法；
4. 掌握运用公式和函数进行数据计算的操作方法；
5. 掌握利用图表显示数据的方法；
6. 掌握对数据库进行排序、筛选、汇总统计等处理的操作方法。

【能力目标】

1. 能够使用 Excel 录入并管理数据；
2. 能够对 Excel 数据进行排版；
3. 能够运用公式和函数对 Excel 数据进行加工处理；
4. 能够根据 Excel 数据制作常用的图表；
5. 能够深加工 Excel 数据；
6. 掌握 Excel 表格打印技巧。

任务 3.1　使用 Excel 2010 记录单位员工基本信息

【任务说明】

公司交代任务给你，要求使用 Excel 保存员工基本信息，包括"员工资料表"和"员工联系表"，前者保存了所有员工基本信息（如图 3-1 所示），后者保存了所有员工的联系方式（姓名、员工编号、部门、电话和邮件），如何才能有效地用 Excel 记录这些信息呢？

合同号	姓名	部门	员工编号
7045	肖广连	技术部	0302234
7046	贾晓飞	技术部	0302430
7047	梁丽	技术部	0302435
7048	孟凡利	技术部	0302386
7049	薄其成	技术部	0302313
7050	卜庆州	技术部	0302314
7051	李彤	技术部	0302486
7052	刘瑞	技术部	0302383
7053	张瑞	技术部	0305252
7054	王东	技术部	0305284
7055	杨乐玲	技术部	0305313
7056	解珍品	技术部	0302014
7057	路瑞娟	技术部	0302551
7058	任雪霞	办公室	0302608
7059	张红敏	技术部	0302696
7060	孟光锋	技术部	0302603
7061	张晓华	市场部	0302636
7062	刘传元	市场部	0305015

图 3-1　员工基本信息

【预备知识】

3.1.1　认识 Excel 2010

Excel 是美国微软（Microsoft）公司开发的 Office 办公系列软件的重要组件之一，是目前应用最为广泛的功能强大的电子表格应用软件。用户使用它可方便地进行数据的输入、计算、分析、制表、统计，并能生成各种统计图表，目前 Excel 被广泛地应用在财务、银行、教育等诸多领域。

1982 年微软公司推出了它的第一款电子制表软件——Multiplan，并在 CP/M 系统上大获成功，但在 MS-DOS 系统上，Multiplan 败给了 Lotus 1-2-3（一款较早的电子表格软件），这个事件促使了 Excel 的诞生。1993 年 Excel 第一次被捆绑进 Microsoft Office 中，随后 Microsoft 公司又推出 Excel 97、Excel 2003、Excel 2007、Excel 2010 等版本，版本的升级带来的超强数据管理和分析能力使之成为所适用操作平台上的电子制表软件的霸主。

1. Excel 2010 的功能

Excel 2010 主要有以下功能。

（1）创建表格、统计计算

Excel 是一个典型的电子表格制作软件，它不仅可以制作各种规范简单的表格以及不规范的复杂表格，而且可以对表格数据进行计算和统计。

（2）创建多样化的统计图表

图表使数据更加直观，易于阅读，帮助用户分析和比较数据，Excel 能进行图表的建立、编辑、格式化等。

（3）数据管理和分析

Excel 提供了强大的数据管理功能，方便用户分析及处理复杂的数据，提高工作的效率，包括数据排序、分类筛选、分类汇总、数据透视表等。

（4）工作表的打印

Excel 为打印文档提供了灵活的方式，包括选定数据区域打印、单页打印、全部打印等。

2. Excel 2010 的工作窗口

启动 Excel 2010后，系统会自动创建一个新的工作簿并为文档命名为工作博 X.xlsx（其中 X 可以代表 1、2、3…），如图 3-2 所示。

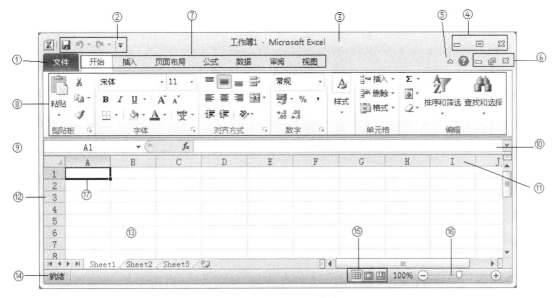

图 3-2　Excel 2010 工作窗口

（1）Excel 2010 的工作窗口组成

①"文件"菜单：单击该按钮，会弹出如图 3-3 所示的下拉菜单，用户可以对文档进行新建、保存、打印、发布、关闭等操作。

②快速访问工具栏：该工具栏集成了一些常用的按钮，默认状态下包括"保存""撤销""恢复"等按钮，用户单击按钮旁的下拉箭头，弹出相关的功能选项，如图 3-4 所示。快速访问工具栏可以放在"Office 按钮"的旁边，也可以放在功能区的下方显示。

图 3-3　功能菜单

图 3-4　快速访问工具栏

③标题栏：用于显示工作簿的标题和类型。对于新建的工作簿文件，系统将其默认为工作簿 X（X 代表 1、2、3…）。

④Excel 应用程序窗口最小化、最大化和关闭按钮。

⑤功能区展开和最小化按钮。单击它可以将功能区展开或隐藏。

⑥电子表格窗口的最小化、还原和关闭按钮。

⑦功能区选项卡：Excel 2010 将功能进行逻辑分类，分别放在相应的功能区中，共分 9 类，即开始、插入、页面布局、公式、数据、审阅、视图、开发工具和加载项。每个功能区中又分成几块小的区域，同时，一些命令按钮旁有下拉箭头，含有相关的功能选项。在区域的右下角，会有一个小图标即"对话框启动器"按钮，单击它可显示该区域功能的对话框或任务窗格并可进行更详细的设置。

⑧功能区："开始"选项卡中包括剪贴板、字体、对齐方式、数字、样式、单元格、编辑等选项组。

⑨名称框：显示当前 Excel 2010 工作表中活动单元格的坐标名称。

⑩编辑栏：普通文本信息通常在单元格中直接输入，当输入内容很多或者使用公式时通常使用编辑栏来进行输入，它具有更大展示区域，可以更完整地看到录入的信息（单元格受限于宽度）。

⑪列：每一列列标由 A、B、C…英文字母表示，超过 26 列时用 2～3 个字母 AA、AB…AZ、BA、BB…表示，直到最后显示 XFD。

⑫行：每一行用 1、2、3…数字来表示。

⑬工作表标签：工作表标签显示了当前工作簿中包含的工作表，初始为 Sheet1、Sheet2、Sheet3 三张，Sheet1、Sheet2、Sheet3 表示工作表的名称。Excel 2010 在工作表标签右侧，多了一个"插入工作表"标签，单击其可以插入工作表。当然，也可以像以前一样，在工作表标签上右击鼠标，从弹出的快捷菜单中选择"插入工作表"命令。与以前版本不同的是，新工作表将插入在最右侧，而不是最左侧。

⑭状态栏：状态栏位于屏幕的底部，用于显示各种状态信息。例如，状态栏经常显示信息"就绪"，它表明 Excel 已为新的操作准备就绪；当 Excel 正在执行某一操作，如保存工作簿，状态栏上就会有一个相应的状态指示器；有时状态栏还会显示下一步要做什么的说明。

⑮页面布局选项：可设置为"普通""页面布局"和"分页预览"视图，方便用户。

⑯页面显示比例滑块：可按住滑块左右移动来调整表格显示比例，方便用户观看。

⑰当前单元格：每个工作表中只有一个单元格为当前工作的单元格，其称为活动单元格。屏幕上带黑框的单元格就是活动单元格，此时可以在该单元格中输入和编辑数据。在活动单元格的右下角有一个小黑方块，称为填充柄，利用它可以填充某个单元格区域的内容。

（2）Excel 2010 中的工作簿、工作表和单元格

Excel 中每一个工作簿包含若干张工作表,用户在工作表中完成自己的各种表格数据处理,最后将工作簿以文件的形式保存或打印输出。

①工作簿

Excel 的工作簿是由一张或若干张表格组成的，每一张表格称为一个工作表。Excel 系统将每一个工作簿作为一个文件保存起来，在 Excel 2010 中其扩展名为.xlsx，但用户也可选择保存为原 Excel 97～Excel 2003 格式文件，其扩展名为.xls。

②工作表

工作表用于对数据进行组织和分析。Excel 工作表是由行和列组成的一张表格，在 Excel 2010 中最多可包含 1048576 行和 16384 列。其中行用数字来表示，列用英文字母表示，开始用一个字母 A、B、C…表示，超过 26 列时用 2~3 个字母 AA、AB…AZ、BA、BB…表示，直到最后一列表示为 XFD。

当打开某一工作簿时，它包含的所有工作表也同时被打开，工作表名均出现在 Excel 工作簿窗口下面的工作表标签栏里。

③单元格

行和列交叉的区域称为单元格。单元格的命名是由它所在的列标和行号组成的，如 C8 代表第 8 行第 C 列交叉处的单元格。

3．Excel 2010 的基本操作

（1）创建 Excel 工作簿

创建一个新的工作簿，常用的方法有以下几种。

- 利用"开始"菜单。单击任务栏中的"开始"按钮，在弹出的菜单中将鼠标指向"所有程序"命令，再在弹出的级联菜单中将鼠标指向"Microsoft Office"命令，再单击 Microsoft Excel 2010 命令，即可启动 Excel 2010，启动后自动创建并打开一个新的工作簿。
- 利用工作簿文件。通过"资源管理器"或"计算机"创建一个新的 Excel 2010 文档，双击该工作簿文件名，即可启动 Excel 2010 并进入该工作簿。
- 利用快捷方式。双击桌面上的 Excel 2010 快捷方式图标，即可启动 Excel 2010 并创建一个工作簿。

（2）保存 Excel 工作簿

创建好工作簿后，用户应及时将其保存，其操作步骤如下：

①单击快速访问工具栏上的"保存"按钮，或从"文件"菜单中单击"保存"命令。

②在"另存为"对话框的保存位置列表框中选择该工作簿的保存路径，在"文件名"文本框中输入工作簿的名称，在"保存类型"下拉列表中选择文件类型，Excel 2010 默认的扩展名为.xlsx，见图 3-5。

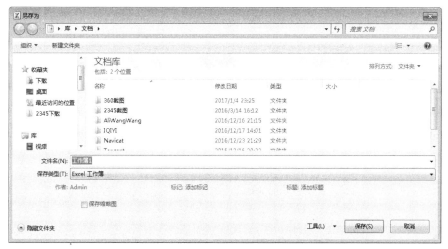

图 3-5　Excel"另存为"对话框

为了工作簿的数据安全，在 Excel 2010 中可以为工作簿设置打开权限密码和修改权限密码，在图 3-5 中单击"保存"按钮边的"工具"，选择"常规选项"，见图 3-6。

图 3-6　Excel 打开权限和修改权限设置

③单击"保存"按钮。

需要注意的是如果文档曾经保存过了，或者是从命名文档中打开的，则保存时不会有后续步骤，会自动保存到其对应的文件中。如果要更换该工作簿名称、保存位置或者保存类型，可以单击"文件"菜单，从弹出的菜单中选择"另存为"。

（3）打开 Excel 工作簿

打开一个已经存在的工作簿，常见的方法有以下两种。

①通过"打开"命令打开。单击"文件"菜单，从弹出的菜单中单击"打开"命令，选择需要打开的工作簿所在的路径以及文件名，单击"打开"按钮。

②在资源管理器中找到该文档，双击它，Excel 就会自动打开它。

（4）关闭与退出

关闭 Excel 工作簿的常用方法有以下三种。

①通过"关闭"命令关闭。单击"文件"菜单，从弹出的菜单中单击"退出"命令，既关闭了工作簿文件，也退出了 Excel 2010 应用程序。如果单击的是"文件"菜单的"关闭"命令，则只关闭工作簿文件，但不退出 Excel 2010 应用程序。

②通过"关闭"按钮关闭。单击应用程序窗口标题栏右侧的"关闭"按钮，即可关闭工作簿文件，同时也退出 Excel 2010 应用程序窗口。如果单击的是电子表格窗口的"关闭"按钮，则关闭工作簿文件，但是不退出 Excel 2010 应用程序。

③通过快捷键 Alt+F4，既关闭工作簿文件，也退出 Excel 2010 应用程序。而 Ctrl+W 组合键则只关闭工作簿文件，不退出 Excel 2010 应用程序。

3.1.2　工作表的基本操作

1. 选择工作表

选择工作表的方法如下：

（1）选择单张工作表：用鼠标单击工作簿底部的工作表标签，选中的工作表以高亮度显示，则该工作表就是当前工作表，见图 3-7。

（2）选择多张相邻的工作表：用鼠标单击第一张工作表，按住 Shift 键，再用鼠标单击最后一张工作表的标签。

（3）选择多张不相邻的工作表：用鼠标单击第一张工作表，按住 Ctrl 键，再用鼠标单击其他需要选取的工作表的标签。

（4）选择全部工作表：除可以使用 Ctrl 键依次选择工作表进行全部选中外，还可以使用鼠标右键单击任意工作表标签，在弹出的快捷菜单中选择"选定全部工作表"命令。

图 3-7　Excel 工作表标签

如果所要选择的工作表标签看不到，可单击标签栏左边的标签滚动按钮。这 4 个按钮的作用按自左至右次序为：移动到第一个、向前移一个、向后移一个、移动到最后一个。

2. 插入工作表

默认情况下，打开的 Excel 工作簿只有三个工作表显示，用户可根据实际需要插入一个或多个工作表。

（1）右侧插入一个工作表：单击工作表标签右边的"插入工作表"标签，则自动在当前工作表右侧插入一个名为"Sheet4"的工作表，其自动成为当前工作表。

（2）左侧插入一个工作表：在某工作表标签上单击鼠标右键，在弹出的快捷菜单上选择"插入"命令，此时在选定的工作表左侧就插入了一个名为"Sheet4"的工作表，其自动成为当前工作表（右键菜单插入效果等效于按下组合键 Shift+F11）。

（3）插入多个工作表：先用鼠标选定与待增加工作表相同数目的工作表，然后单击鼠标右键，在弹出的快捷菜单中选择"插入"命令，此时右侧位置上会出现新增加的几个工作表。

在工作簿中用户最多可以插入 255 个工作表。

3. 更名工作表

Excel 系统默认的工作表名称是 Sheet1、Sheet2、Sheet3，用户可以根据工作表中的内容修改工作表的名称，即重命名工作表，具体方法如下：

（1）用鼠标双击需要更名的工作表标签，输入新名称后按回车键即可。

（2）用鼠标右击需要更名的工作表标签，从弹出的快捷菜单中选择"重命名"命令，然后输入新名称即可。

4. 更改工作表标签的颜色

除了给工作表起一个有意义的名字外，还可以改变工作表标签的颜色，以使得工作表容易识别，提高工作的效率。

更改工作表标签颜色的方法是用鼠标右键单击某工作表标签，然后从弹出的快捷菜单中选择"工作表标签颜色"，此时从调色板中选择一种颜色即可。

5. 移动、复制和删除工作表

工作表可以在工作簿内或工作簿之间进行移动或复制。

（1）在同一个工作簿内移动或复制工作表

①鼠标拖曳法

移动：单击要移动的工作表标签，然后按住鼠标左键拖曳该工作表标签到新的位置后释放鼠标。

复制：单击要复制的工作表标签，按住 Ctrl 键，然后按住鼠标左键拖曳该工作表标签到新的位置后释放鼠标。

②菜单法

选定要移动或复制的工作表后，单击鼠标右键，在弹出的快捷菜单中选择"移动或复制工作表"命令，出现"移动或复制工作表"对话框，如图 3-8 所示。在对话框中"下列选定工作表之前"列表框中选择插入点，单击"确定"按钮即完成移动操作。在对话框中选中"建立副本"复选框，则可完成复制操作。

图 3-8　移动或复制工作表

（2）在不同的工作簿间移动或复制工作表

在不同的工作簿间移动或复制工作表，有以下两种方法。

①鼠标拖曳法

由于要在两个工作簿之间进行操作，因此应该把两个工作簿同时打开并使其出现在窗口上。选择功能区的"视图"选项卡，在"全部重排"中选择一种排列方式，已打开的多个工作簿就会同时出现。

在一个工作簿中用鼠标选定要移动或复制的工作表标签，直接拖曳其到目的工作簿的标签行中为移动工作表，而按住 Ctrl 键拖曳为复制工作表。

②菜单法

此处与在同一工作簿中的操作一样。不过这里还需要在"移动或复制工作表"对话框的"工作簿"框中选择目的工作簿，列表框中除了有已打开的工作簿名称之外，还有一个"新工作簿"供选择。如果要把所选工作表生成一个新的工作簿，则可选择"新工作簿"，然后单击"确定"按钮。

工作表的移动和复制，在实际应用中有很大的用途。例如，要把许多人采集的数据汇总到一个工作簿文件中，这时就可以依次打开相应的工作表并将其复制到汇总的工作簿文件中，方便进行数据处理。

（3）删除工作表

要删除一个工作表，先选中该表，单击鼠标右键，在弹出的快捷菜单中选择"删除"命令。

6．隐藏和显示工作表

在编辑完工作表后，对一些不常用的工作表或重要数据的工作表，可以根据需要进行显示或隐藏。

（1）隐藏工作表

具体操作方法如下：先选中需要隐藏的工作表，单击鼠标右键，在弹出的快捷菜单中选择"隐藏"命令，此时选中的工作表消失在工作簿中。

（2）显示工作表

具体操作方法如下：在工作簿中右击任意一个工作表标签，在弹出的快捷菜单中单击"取消隐藏"命令，在"取消隐藏工作表"列表框中单击被隐藏的工作表，最后单击"确定"按钮。此时可以看到被隐藏的工作表显示在工作簿中。

7．工作表窗口的拆分和冻结

（1）拆分工作表窗口

工作表建立好后，如果数据很多，一个文件窗口不能将工作表数据全部显示出来，可以通过滚动屏幕查看工作表的其余部分，这时工作表的行、列标题就可能滚动到窗口区域以外看不见了。在这种情形下，可以将工作表窗口拆分为几个窗口，每个窗口都显示同一张工作表，通过每个窗口的滚动条移动工作表，可使需要的部分分别出现在不同的窗口中，这样就便于查看表中的数据。

具体操作方法如下：

①单击要拆分窗口的位置，如单元格 F8。

②单击"视图"选项卡"窗口"组中的"拆分"按钮，如图 3-9 所示。

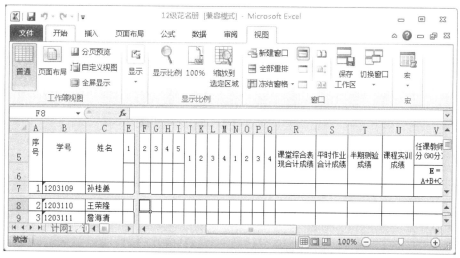

图 3-9　拆分工作表窗口

③此时可以看到在单元格 F8 上方出现了拆分条。用户可以拖动滚动条来浏览工作表中的数据。

④如果要取消拆分条，可再次单击"窗口"组中的"拆分"按钮来取消拆分。

（2）冻结工作表窗口

工作表的冻结是指将工作表窗口的上部或左部固定住，使其不随滚动条的滚动而移动。这方便对一些数据较长的工作表进行查看。

例如：教师工资明细表中的职工比较多时，可以将表头冻结（即表中的职工号、部门号、姓名等所在的第二行）。这样当上下移动垂直滚动条时，被冻结的表头不动，而表中职工名单随垂直滚动条上下移动。

具体操作方法如下：

①单击要冻结工作表窗口的位置，如单元格 A4。

②单击"视图"选项卡"窗口"组中"冻结窗格"下三角按钮，如图 3-10 所示。

③在弹出的列表中单击"冻结拆分窗格"选项，此时用户可以看到在单元格 A4 上方出现了冻结线条，用户可以拖动滚动条来浏览工作表中的数据。

④如果要取消冻结工作表窗口，可再次单击"窗口"组中的"冻结窗格"选项，在弹出的列表中选择"取消冻结窗格"选项即可。

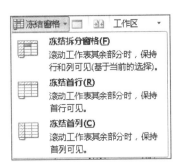

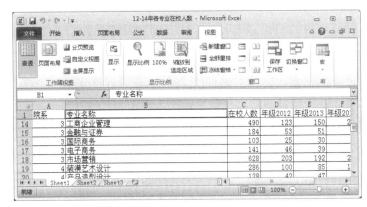

图 3-10　Excel "冻结窗格" 菜单和冻结效果

8. 工作表数据的保护

工作表数据的保护是指对工作表中一些重要的数据设置一定的权限来防止其他用户随意地修改。

具体操作步骤如下：

①在 "审阅" 选项卡中单击 "更改" 组的 "保护工作表" 按钮，如图 3-11 所示。

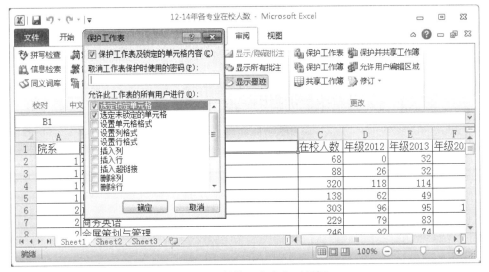

图 3-11　"保护工作表" 对话框

②在弹出的 "保护工作表" 对话框的 "取消工作表保护时使用的密码" 文本框中输入密码。
③单击 "确定" 按钮。

3.1.3　单元格的基本操作

1. 单元格和单元格区域

（1）单元格

单元格是工作表的最小单位，每一张工作表都是由许多单元格组成的。在单元格中可以包含文字、数字或公式。在工作表内每行、每列的交点就是一个单元格。

单元格在工作表中的位置用地址标识，即由它所在列的列名和所在行的行名组成该单元格的地址，其中列名在前，行名在后。例如，第 C 列和第 4 行交点的那个单元格的地址就是 C4。

单元格地址的表示有三种方法。

①相对地址：直接用列号和行号组成，如 A1、IV22 等。

②绝对地址：在列号和行号前都加上$符号，如$B$4、$F$8 等。

③混合地址：在列号或行号前加上$符号，如$B1、F$8 等。

这三种不同形式的地址在公式复制的时候，产生的结果可能是完全不同的。

一个完整的单元格地址除了列号、行号外，还要加上工作簿名和工作表名。其中工作簿名用方括号[ ]括起来，工作表名与列号、行号之间用"!"隔开。例如：

[教师工资表.xlsx] Sheet1!C3

它代表了教师工资表.xlsx 工作簿中 Sheet1 工作表的 C3 单元格。而 Sheet2!F8 则表示工作表 Sheet2 的单元格 F8。这种加上工作表名和工作簿名的单元格地址的表示方法，是为了用户在不同工作簿的多个工作表之间进行数据引用。

（2）单元格区域

单元格区域是指由工作表中一个或多个单元格组成的矩形区域。区域的地址由矩形对角的两个单元格的地址组成，中间用冒号（:）相连，如 B2:E8 表示从左上角是 B2 的单元格到右下角是 E8 单元格的一个连续区域。区域地址前同样也可以加上工作表名和工作簿名以进行多工作表之间的操作，如 Sheet5!A1:C8。

2. 单元格和单元格区域的选择

在 Excel 中，对某个单元格或某个单元格区域中的内容进行操作（如输入数据、设置格式、复制等）之前，首先就要选中被操作的单元格或单元格区域，被选中的单元格或单元格区域，称为当前单元格或当前区域。所以单元格和单元格区域的选取，是创建工作表的基础。

（1）单个单元格选择

在当前工作表中，始终有一个单元格被粗黑边框包围，该单元格即为被选中的单元格，当用户输入数据时，数据出现在该单元格中。若要在另一个单元格中输入数据，可用鼠标单击该单元格，粗黑边框包围该单元格，即该单元格被选中。被选中的单元格称为当前单元格或活动单元格。

（2）多个连续单元格（单元格区域）的选择

用鼠标指向选择区域左上角第一个单元格，按下鼠标左键拖曳到最后一个单元格，然后松开鼠标左键。或用鼠标单击选择区域左上角第一个单元格，按住 Shift 键，再用鼠标单击选择区域右下角最后一个单元格，选中的区域以浅蓝色显示。

（3）多个不连续单元格或单元格区域的选择

选择一个单元格或单元格区域，按下 Ctrl 键不放，用鼠标再选择其他单元格或单元格区域，最后松开 Ctrl 键。

（4）整行或整列单元格的选择

用鼠标单击工作表相应的行号或列标，即可选择一行或一列单元格。若此时用鼠标拖曳，可选择连续的多行或多列单元格。

（5）多个不连续行或列的选择

用鼠标单击工作表中相应的一个行号或列标，按下 Ctrl 键不放，再用鼠标单击其他的行号或列标，最后松开 Ctrl 键。

（6）全部单元格的选择

用鼠标单击"全部选择"按钮（工作表左上角行号与列标交叉处）。

3. 插入单元格

在工作表中输入数据后，可能会发现数据错位或遗漏，这时就需要在工作表中插入单元格、区域或行和列，以满足实际的要求。

（1）通过快捷菜单插入单元格

①用鼠标右击要插入单元格的位置，如 B3 单元格，在弹出的快捷菜单中单击"插入"命令，如图 3-12 所示。

图 3-12 "插入"对话框

②在弹出的"插入"对话框中有 4 个单选按钮，其意义如下：

- 活动单元格右移：表示把选中区域的数据右移。
- 活动单元格下移：表示把选中区域的数据下移。
- 整行：表示当前区域所在的行及其以下的行全部下移。
- 整列：表示当前区域所在的列及其以右的列全部右移。

在"插入"对话框中选定所需的"活动单元格右移"单选按钮，单击"确定"按钮，就完成了插入操作。

（2）通过插入选项插入单元格

①在"开始"选项卡中，单击"单元格"组中的"插入"下三角按钮，如图 3-13 所示。

图 3-13 "插入"下拉菜单

②在弹出的下拉菜单中单击"插入单元格"选项，在弹出的"插入"对话框中选择所需的选项，单击"确定"按钮，就完成了插入操作。

（3）通过剪切（或复制）插入单元格

Excel 可以将从别处剪切（或复制）的区域插入到当前工作表中。步骤是：选中要剪切或复制的区域，单击"剪切"或"复制"按钮，选定目标区域的左上角单元格，在"开始"选项卡中，单击"单元格"组中的"插入"下三角按钮，在弹出的下拉菜单中选择"插入剪切的单元格"即可完成操作。

行、列的插入方式和单元格的操作类似，此处不再赘述。

4. 移动单元格或区域

移动操作是将工作表中选定的单元格或区域中的数据移动到新的位置。移动是常用的操作，一般有两种方法来实现。

（1）用命令按钮进行移动

如果在不同的工作簿或不同的工作表之间移动数据，则用菜单或快捷工具更方便有效。操作步骤如下：

①选择要移动的区域。

②在"开始"选项卡中单击"剪切"按钮。

③切换到另一工作簿或工作表，选定目标区域的左上角单元格。

④在"开始"选项卡中单击"粘贴"按钮，区域中的数据就移到了新的位置。

（2）用鼠标拖曳的方法进行移动

操作步骤如下：

①选中要移动的区域。

②把鼠标指针指向选定区域的外边界，鼠标指针变为箭头形状。

③此时按住鼠标左键并拖曳至目标位置，松开鼠标左键就实现了移动操作。

5. 复制单元格或区域

复制操作是将工作表中选定的单元格或区域中的数据复制到新的位置，甚至复制到另一工作簿、另一工作表中，提高工作效率。复制是常用的操作，一般有两种方法来实现。

（1）用命令按钮进行复制

在不同的工作簿或不同的工作表之间复制数据，则用菜单或快捷工具更方便有效，操作步骤如下：

①选中要复制的区域。

②在"开始"选项卡中单击"复制"按钮。

③切换到另一工作簿或工作表，选定目标区域的左上角单元格。

④在"开始"选项卡中单击"粘贴"按钮，区域中的数据就复制到了新的位置。

（2）用鼠标拖曳的方法进行复制

操作步骤如下：

①选中要复制的区域。

②把鼠标指针指向选定区域的外边界，鼠标指针变为箭头形状。

③按住 Ctrl 键的同时，按住鼠标左键并拖曳至目标位置，释放鼠标左键就实现了复制操作。

6. 特殊的复制操作

除了复制整个区域外，也可以有选择地复制区域中的特定内容。例如，可以只复制公式的结果而不是公式本身，或者只复制格式，或者对复制单元的数值和要复制到的目标单元的数据进行某种指定的运算。操作步骤如下：

（1）选定需要复制的区域。

（2）单击"复制"按钮。

（3）选定粘贴区域的左上角单元格。

（4）在"开始"选项卡中单击"选择性粘贴"按钮（注意不是"粘贴"），出现"选择性粘贴"对话框，如图 3-14 所示。

（5）选定"粘贴"栏下的所需选项，各选项的功能如表 3-1 所示。有关对话框选项的帮助信息，单击问号按钮，再选定相应的选项即可获得。

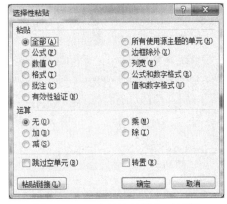

图 3-14　"选择性粘贴"对话框

表 3-1　"选择性粘贴"对话框中选项的功能

选项	功能
全部	粘贴单元格的所有内容和格式
公式	只粘贴编辑框中所输入的公式
数值	只粘贴单元格中显示的数值
格式	只粘贴单元格的格式
批注	只粘贴单元格中附加的批注
有效性验证	将复制区的有效数据规则粘贴到粘贴区中
边框除外	除了边框，粘贴单元格的所有内容和格式
运算	指定要应用到所复制数据中的运算符
转置	将复制区中的列变为行，或将行变为列

（6）最后单击"确定"按钮。

说明："公式""数值""格式""批注"等均为单选项，所以，一次只能粘贴一项。如果要想复制某个区域的"值"与"格式"，必须"选择性粘贴"两次，一次粘贴"值"，另一次粘贴"格式"。

3.1.4　输入和编辑数据

输入数据是创建工作表的最基本工作，即向工作表的单元格中输入文字、数字、日期与时间、公式等内容。输入数据的方法有四种：直接输入、快速输入、自动填充输入和外部导入。

输入时，首先要选择单元格，然后输入数据，输入的数据会出现在选择的单元格和编辑栏中。输入完成后，可按 Enter 键、Tab 键，或用鼠标单击编辑栏中出现的绿色"√"按钮确认输入。输入过程中发现错误，可用 Backspace 键删除。若要取消，可直接按 Esc 键或用鼠标单击编辑栏中出现的红色"×"按钮。

Excel 对输入的数据自动进行数据类型判断，并进行相应的处理。Excel 允许输入的数据类型分为文本型、数值型和日期时间型。

1．直接输入

（1）文本型

在 Excel 2010 中输入的文本可以是汉字、数字、英文字母、空格和其他各类字符等的组合。文本输入时自动左对齐。

①如果用户在单元格中输入的文本内容太多，可按 Alt+Enter 组合键强行换行。

②如果用户要输入由一串数字构成的字符，如学号、身份证号、电话号码、产品的代码等，为避免 Excel 2010 将它们认为是数值，输入时应在数字前加一个英文的单引号"'"。例如，要输入学号 001210，应输入'001210，此时 Excel 将把它看做字符数据并沿单元格左对齐。当输入的文本长度超过了单元格宽度时，如果右边相邻的单元格中没有内容，则超出的文本会延伸到右边单元格位置显示出来；如果右边相邻的单元格有内容，则超出的文本不显示出来，但实际内容依然存在。当单元格容纳不下一个格式化的数据时，就用若干个"#"号代替。

③任何输入，只要系统不认为它是数值（包括日期和时间）和逻辑值，它就是文本型数据。

（2）数值型

在 Excel 2010 中，数值只能由 0～9、+、−、（）、/、E、\$、%以及小数点和千分位符号等特殊字符组成。数值输入时自动右对齐。

①用户输入正数时，"+"可以不输入。

②用户输入负数时，可用"−"或"（）"。例如，输入−25，可直接输入−25，也可输入（25）。

③在输入分数（如 3/5）时，应先输入"0"和一个空格，然后再输入分数，否则 Excel 会把它处理为日期数据（如将 3/5 处理为 3 月 5 日）。

④ 当输入的数值整数部分长度较长时，Excel 用科学计数法表示（如 2.2222E+12），小数部分超过格式设置时，超过部分 Excel 自动四舍五入后显示。

值得注意的是，Excel 在计算时，用输入的数值参与计算，而不是显示的数值。例如，某个单元格数据格式设置为两位小数，此时输入数值 12.236，则单元格中显示数值为 12.24，但计算时仍用 12.236 参与运算。

（3）日期和时间

Excel 2010 将日期和时间视为数值处理。默认状态下，日期和时间在单元格中均右对齐。如果 Excel 2010 不能识别输入的日期或时间格式，输入的内容将被视为文本。

①输入的日期常采用的格式有：年-月-日或年/月/日（内置格式为"dd-mm-yy""yyyy/mm/dd""yy/mm/dd"）。

例如：输入"10/3/4"，则单元格中显示为"2010-3-4"；输入"3/4"，则单元格中显示为"3 月 4 日"；输入系统当前的日期，可按组合键 Ctrl+分号键。

②输入的时间常采用的格式有时：分:秒。若用 12 小时制表示时间，则在时间后再输入一个空格，后跟一个字母 a 或 p（a 或 p 分别表示上午或下午）。

例如：输入"15:25"，则单元格中显示为"15:25"；输入"11:30 a"，则单元格中显示为"11:30 AM"；输入"1:36:20"，则单元格中显示为"1:36:20"；输入"1:36:20 p"，则单元格中显示为"1:36:20 PM"。

③如果要在同一单元格中输入日期和时间，就要在它们之间用空格分离。

例如：输入 2010 年 9 月 1 日下午 2:30 分，可以输入"10/9/1␣14:30"。

④输入系统当前的时间，可按组合键 Ctrl+Shift+分号键。

（4）输入符号

在制作表格的过程中，用户可能需要插入一些不能直接用键盘输入的实用符号，此时就要使用 Excel 的插入符号功能。

具体操作方法：在"插入"选项卡中单击"文本"组中的"符号"按钮，如图 3-15 所示。在弹出的"符号"对话框中"符号"选项卡下，可根据需要选择合适的符号进行插入，如要插入"特殊字符"，可单击"特殊字符"标签，选择合适的字符（如商标符），单击"插入"按钮即可。

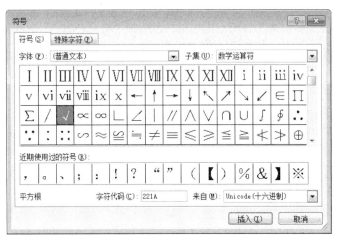

图 3-15　插入符号

（5）快速输入数据

当要在工作表的某一列输入一些相同的数据时，可以使用 Excel 提供的快速输入方法："记忆式输入"和"下拉列表选择输入"。

①记忆式输入。

当要输入的字与同一列中已输入的内容相同时，Excel 会自动填写其余的字符，如图 3-16 所示，在 A6 单元格输入"计"时，单元格内会自动出现"计算机应用"。

	A	B	C	D	E
1	书名	单价	册数	金额	备注
2	英汉词典	¥65.00	21	¥1,365.00	商务出版社
3	汉英词典		22	¥880.00	商务出版社
4	计算机应用	¥35.00	132	¥4,620.00	海天出版社
5	网络现用现查	¥54.00	225	¥12,150.00	航天出版社
6	计算机应用				

图 3-16　记忆式输入

②下拉列表选择输入。

如图 3-17 所示，在 E6 单元格输入出版社名称时，可以单击鼠标右键，在弹出的快捷菜单中选择"从下拉列表中选择"命令，该单元格会出现下拉列表，可进行选择输入或者按 Alt+↓ 组合键打开下拉列表，然后选择所需的输入项。

2. 自动填充输入

Excel 提供的自动填充功能，可以快速地录入一个数据序列，如日期、星期、序号等。利用这种功能可将一个选定的单元格，按列或行方向给相邻的单元格填充数据。

	A	B	C	D	E
1	书名	单价	册数	金额	备注
2	英汉词典	¥65.00	21	¥1,365.00	商务出版社
3	汉英词典		22	¥880.00	商务出版社
4	计算机应用	¥35.00	132	¥4,620.00	海天出版社
5	网络现用现查	¥54.00	225	¥12,150.00	航天出版社
6	计算机应用				
7					海天出版社
8					航天出版社 商务出版社

图 3-17 下拉列表选择输入

所谓填充柄是指位于当前单元格右下角的小黑方块。将鼠标指向填充柄时，鼠标的形状变为黑十字。通过拖曳填充柄，可以将选定单元格或区域中的内容按某种规律进行复制。利用"填充柄"的这种功能，可以进行自动填充的操作。自动填充示例如图 3-18 所示。

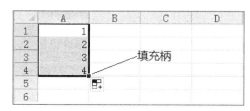

图 3-18 填充柄及其填充选项

自动填充分为以下三种情况。

（1）填充重复数据

若选中 B1 单元格，直接拖曳 B1 的填充柄沿水平方向右移，便会在 C1 和 D1 单元格中产生相同数据。

（2）填充序列数据

如果要在工作表某一个区域输入有规律的数据，可以使用 Excel 的数据自动填充功能。它是根据输入的初始数据，然后到 Excel 自动填充序列登记表中查询，如果有该序列，则按该序列填充后继项，如果没有该序列，则用初始数据填充后继项（即复制）。

具体操作方法如下：先输入初始数据，再将鼠标指向该单元格右下角的填充柄，此时鼠标指针变为实心十字形，按下鼠标左键向下或向右拖曳至填充的最后一个单元格，然后松开鼠标左键即可。

①如果是日期型序列，只需要输入一个初始值，然后直接拖曳填充柄即可。

②如果是数值型序列，则必须输入前两个单元格的数据，然后选定这两个单元格后拖曳填充柄，系统将根据默认的等差关系依次填充等差序列数据。

例如，在 B2 单元格中输入 1，在 C2 单元格中输入 3，用鼠标选定 B2 和 C2 两个单元格后，拖曳填充柄至 D2、E2，此时分别填入了 5 和 7 数据。

如果要在 B3:F3 单元格区域按等比序列填充，首先在 B3 和 C3 中分别输入 1 和 2，在"开始"选项卡中，单击"编辑"组中"填充"列表的"系列"选项，在弹出的"序列"对话框中，选择类型为"等比序列"，步长值为"2"，单击"确定"按钮，然后选中 B3:C3 单元格区域，拖曳填充柄至 F3，此时 B3:F3 单元格区域中依次填充等比序列数据。

（3）填充自定义序列数据

Excel 2010 提供的自动填充序列的内容，来自系统提供的数据。单击"文件"，在弹出的下拉菜单中单击"Excel 选项"，弹出"Excel 选项"对话框，选择"高级"，在"常规"区域中单击"编辑自定义列表"按钮，见图 3-19，在"自定义序列"列表框中查看已有的数据系列，如图 3-20 所示。

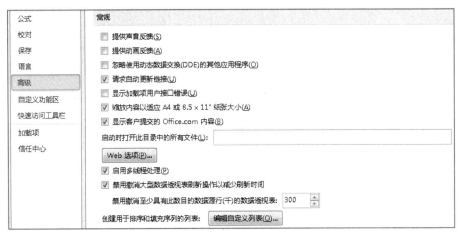

图 3-19　"高级"选项卡

图 3-20　自定义序列

除了可以使用 Excel 2010 已定义的序列外，用户还可以自己创建新序列，或修改或删除用户自定义的序列。

创建新序列的操作方法：单击"文件"菜单中的"Excel 选项"，在弹出的"Excel 选项"对话框中，选择"高级"，在"常规"区域中单击"编辑自定义列表"按钮，弹出如图 3-20 所示"自定义序列"对话框。要输入新的序列，先选择"自定义序列"列表框中的"新序列"选项，然后在"输入序列"文本框中输入自定义序列项，如"第一季度"。每输入一项，要按一次回车键作为分割。整个序列输入完毕后单击"添加"按钮。如果已经在工作表中输入了数据项，则只需在"从单元格中导入序列"文本框中选择工作表中输入的数据项，然后单击"导入"按钮即可。

3. 外部导入

在 Excel 2010 中，在"数据"选项卡中单击"获取外部数据"组的命令按钮，可以导入其他数据库（如 Access、网站、文本、其他来源等）产生的文件，如图 3-21 所示。

图 3-21 外部导入数据

3.1.5 清除和删除数据

"清除"是指删除所选单元格中的信息，包括内容、格式和批注，但并不删除选中的单元格。而删除单元格、行或列是将选中的单元格从工作表中移走，并自动调整周围的单元格来填补删除的空间，不但删去了数据，而且用其右边或下方的单元格把区域填充。

1. 清除操作

（1）清除内容

①选中要清除内容的单元格区域。

②在"开始"选项卡中单击"编辑"组的"清除"按钮，如图 3-22 所示。

图 3-22 "清除"列表

③在弹出的列表中单击"清除内容"选项完成操作。

（2）清除格式

①选中工作表带格式的单元格区域。

②在"开始"选项卡中单击"编辑"组的"清除"按钮。

③在弹出的列表中单击"清除格式"选项完成操作。

（3）全部清除

用上述同样的方法，在"清除"列表中单击"全部清除"选项，可将工作表中所选区域的所有数据（包括格式）一起清除。

单元格的信息包含"内容""格式"和"批注"三个部分，所以在清除时，要选择清除的是哪一部分信息。如果要把一个区域中的所有信息清除，就直接选择"全部清除"选项。如果只清除其中的部分信息，如"格式"，则选择"清除格式"选项，清除后该区域的"内容"和"批注"仍然存在。

选中区域后，直接按 Delete 键也可清除其中的内容。

2. 删除操作

（1）选中要删除的区域并用鼠标右键单击。

（2）在弹出的快捷菜单中选择"删除"命令，弹出"删除"对话框。对话框中的 4 个选项与"插入"对话框相似，只是移动方向正好相反。

（3）在"删除"对话框中选定所需的选项，单击"确定"按钮完成操作。

【任务分析】

根据任务说明可知，本任务是用 Excel 存储了两张表格，为了信息利于查询和管理，使用同一工作簿下的两个工作表进行分别存储，并且工作表应该按内容进行命名。

在数据录入时，应该注意员工编号是 0 开头的一串数字，在 Excel 中的数值型数据不能以 0 开头，所以这串数字应该是文本格式，我们在数字前加输入"'"让数字串变为字符格式。此外两张表之间有很多数据是相同的，所以在录入完一张表后，另一张的相关数据可以不用直接录入，而采用复制的方式录入。

整个任务中，我们暂不进行排版，只完成数据录入并保存的任务。

【任务实施】

（1）打开 Excel 2010，将默认创建的空白工作簿保存到计算机桌面，命名为"合同.xlsx"。

（2）用鼠标右键单击工作表名"Sheet1"，在弹出的快捷菜单中选择"重命名"，将其更名为"员工资料表"，如法炮制，将 Sheet2 重命名为"员工联系表"。

（3）单击工作表名"员工资料表"，单击 A1 单元格，输入"合同号"，如法炮制，在 B1:D1 中分别输入"姓名""部门"和"员工编号"。

（4）由于第一列合同编号，是一系列递增的数字，所以这里采用填充柄填充方式录入。先选中 A2 单元格，输入第一个合同编号"7045"，然后在活动单元格的填充柄上按住鼠标左键，拖动到 A19 再松开鼠标左键。这时所有合同编号都是"7045"，没有呈现递增。单击 A19 单元格右下角的"自动填充选项"，选择"填充序列"，递增效果出现。

（5）对照纸质表，录入姓名数据（由于员工姓名间没有内在联系，所以只能直接录入）。

（6）由于绝大多数员工部门都是技术部，所以可以先在 C2 单元格录入"技术部"，将填充柄拖到 C19 单元格，然后选中 C15 单元格并输入"办公室"，再选中 C18 和 C19 两个单元格，在编辑栏输入"市场部"，按下 Ctrl+Enter 组合键完成两个单元格的同时录入（连续或不连续选中的多个单元格都可以如此批量录入）。

（7）在录入员工编号时，每个编号前需要加上半角的单引号"'"，这样可将原本的数字转换为文本，才能保证数字以 0 开始（从 Excel 显示可以明显看出，半角单引号开始的数字串单元格中单引号并不显示，其只起转换类型的作用，同时单元格左上角有个绿色小三角形），见图 3-23。

（8）单击工作表名"员工联系表"，单击 A1 单元格，输入"姓名"，用同样方法把第一行的标题文本"员工编号""部门""电话"和"邮件"都录入。

（9）选择"员工资料表"工作表，选中 B2 到 B19 的全部单元格，单击"开始"选项卡里的"复制"按钮（"剪贴板"组里），再回到"员工联系表"，单击 A2 单元格，单击"开始"选项卡里的"粘贴"按钮，就把所有的员工姓名从"员工资料表"复制到了"员工联系表"。用同样方法把员工编号和部门都复制过来。注意：由于标题字段顺序不同，不能将三列同时复制过去。

图 3-23　员工资料表

（10）电话号码录入时也建议在号码前加半角单引号，避免 Excel 会将电话号码当数值看。

（11）完成所有数据录入后，单击快速访问工具栏的"保存"按钮，完成所有数据的存盘操作。

（12）单击 Excel 最右上角的"关闭"按钮，关闭 Excel（如果 Excel 工作簿没有保存，则这时会给出提醒），完成工作任务。

【任务小结】

通过本任务，我们主要学习了：

（1）Excel 的发展历程。

（2）Excel 工作簿、工作表和单元格的基本操作。

任务 3.2　使用 Excel 进行人事档案管理

【任务说明】

公司领导要求使用 Excel 对单位人事信息进行管理，改变以往的纸质管理模式，如图 3-24 所示。

图 3-24　单位人事信息数据表

要求：

（1）排版美观。

（2）能够正确录入，避免错误。

（3）能够根据已有数据进行统计分析。

（4）能够依托已有数据显示员工信息卡，如图 3-25 所示。

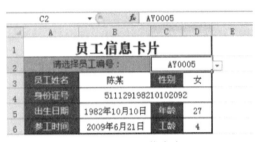

图 3-25　员工信息卡

【预备知识】

3.2.1　工作表的格式化

当工作表的数据建立好后，为了美化工作表，可以对工作表中的数据格式、字体、表格线、行高列宽、单元格样式和表格样式等进行设置。

1. 调整行高、列宽

在 Excel 的工作表中，已经预置了行高和列宽，如果认为其效果不合适，可以随时调整。例如，由于某一列列宽不够，数据没有完全显示出来，此时可调整列宽使数据显示出来。调整行高、列宽可使用鼠标拖曳法、快捷菜单法。

（1）鼠标拖曳法

将鼠标指针指向要调整行高或列宽的行号或列标分割线上，此时鼠标指针变为一个双向箭头形状，按下鼠标左键拖曳分割线至需要的行高或列宽即可。

如果想一次调整多行行高或多列列宽，则应先选定要调整的多行或多列，然后将鼠标指针指向任一选定行的行号下边界或任一选定列的列标右边界上，此时鼠标指针也变为一个双向箭头的形状，按下鼠标左键拖曳即可。

（2）快捷菜单法

选定要调整的行或列，如选中 1 行，单击鼠标右键，从弹出的快捷菜单中选择"行高"或"列宽"命令，如图 3-26 所示，弹出"行高"或"列宽"对话框，输入调整的行高或列宽值，然后单击"确定"按钮。

需要注意的是，Excel 行高所使用的单位为磅（1 磅=0.035cm），而列宽所使用的单位为标准字符的占用宽度。占用宽度值是一个和像素相关概念，这个值根据显示器分辨率的不同而不同，大约为 1/10 英寸（1in=2.54cm）。正因为宽度和高度单位不同，前者比后者大了近七倍，所以大家会发现输入相同的值后两者显示效果却相差巨大。

如果特定场合需要打印出精确的宽度值，可以通过设置 Excel 选项参数来完成。我们设置宽度值时可以使用常见的单位，比如毫米、厘米。具体步骤：进入"视图"选项卡，选择"页面布局"，然后选择对应列，在列标上右击，在弹出的菜单中选择"列宽"，就可以使用常见的宽度单位了，如 mm（毫米）、cm（厘米）等。在"页面布局"视图下，行高也可以同样使用我们熟悉的单位。

图 3-26　调整行高或列宽值

2. 设置单元格格式

设置单元格格式的方法：可以使用功能区中"单元格"组"格式"列表的"设置单元格格式"选项进行格式设置，也可以使用快捷菜单命令进行快速设置。不论用哪一种方法，在进行数据格式化时，都必须首先选定要格式化的单元格或单元格区域，然后才能使用格式化命令进行设置。

要对单元格或区域进行格式设置，应先选中需要格式化的单元格或区域，单击"开始"选项卡"单元格"组中的"格式"下三角按钮，在弹出的列表中单击"设置单元格格式"选项，或单击鼠标右键，在快捷菜单中选择"设置单元格格式"命令，弹出"设置单元格格式"对话框，如图 3-27 所示，然后在对话框中设置有关的信息。

图 3-27　"设置单元格格式"对话框

下面分别介绍"设置单元格格式"对话框中 6 个选项卡的设置。

（1）设置数字格式

Excel 提供了大量的数字格式，如可以将数字设置成带有货币的形式、百分比或科学记数法等形式。

设置方法为：在"设置单元格格式"对话框中先选择"数字"选项卡，然后在"分类"列表框中选择一种分类，如选择"数值"分类，此时，对话框的右边会出现进一步设置该分类格式的设置项，如设置"小数位数"等。设置后在"示例"框中显示数据的实际形式。若认为合适，单击对话框中的"确定"按钮即可。

对于每一种分类，Excel 在"设置单元格格式"对话框的下方都给出了说明，如果还想进一步地了解其含义，可使用对话框中的帮助按钮去查询。这里就不再详细介绍各分类的具体含义了。

（2）设置对齐格式

默认情况下，Excel 的单元格对齐格式设置为：文本靠左对齐，数字靠右对齐，逻辑值和错误值居中对齐等。为了产生更好的效果，可以使用"对齐"选项卡自己设置单元格对齐格式。

设置方法为：在"设置单元格格式"对话框中先选择"对齐"选项卡，然后在"对齐"选项卡的"文本对齐方式"栏中设置水平对齐方式和垂直对齐方式，如图 3-28 所示。

图 3-28　"对齐"选项卡

"水平对齐"下拉列表中包括靠左、居中、靠右、填充、两端对齐、分散对齐和跨列居中，"垂直对齐"下拉列表中包括靠上、居中、靠下、两端对齐和分散对齐。

在"方向"栏可以直观地设置文本按某一角度方向显示。

"文本控制"栏包括"自动换行""缩小字体填充"和"合并单元格"三个复选框。当输入的文本过长时，一般应设置为自动换行。一个区域中的单元格合并后，这个区域就成为了一个整体，并把左上角单元的地址作为合并后的单元格地址。

（3）设置字体格式

Excel 中的字体设置包括字体类型、字形、字号、颜色、下划线、特殊效果等内容，如图 3-29 所示。

【例 3.1】将学生成绩表（见图 3-30）中的标题字体设为"黑体"，字形设为加粗并倾斜、双下划线，字号为 20，在 A1:I1 单元格区域使标题水平垂直居中显示。

操作步骤：选中 A1:I1 单元格区域，然后在"设置单元格格式"对话框（见图 3-27）中打开"字体"选项卡（见图 3-29）。

在"字体"列表框中选择"黑体"，在"字形"列表框中选择"加粗 倾斜"，在"字号"列表框中选择"20"，然后单击"对齐"选项卡，在"水平对齐"和"垂直对齐"下拉列表中都选择"居中"选项，选中"合并单元格"复选框，最后单击"确定"按钮，设置结果如图 3-30 所示。

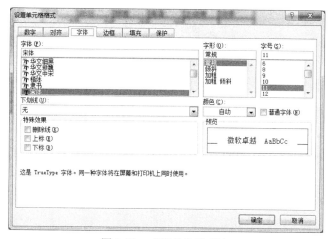

图 3-29　"字体"选项卡

	A	B	C	D	E	F	G	H	I
1					学生成绩表				
2									
3	学号	姓名	性别	数学	政治	物理	英语	总成绩	平均成绩
4	102	钱财德	男	57	54	53	53		
5	107	成果汝	男	86	79	93	80		
6	109	冯山谷	男	94	94	96	90		
7	111	王子天	男	74	77	77	84		
8	101	杨梆齐	女	80	73	87	69		
9	103	谭半圆	女	85	71	77	67		
10	106	周旋敏	女	91	68	82	76		
11	108	司马倩	女	93	73	88	78		
12	110	高雅政	女	55	59	76	98		
13	112	陈海红	女	88	74	78	77		

图 3-30　标题字体设置

（4）设置边框格式

为了使编制的表格美观，使数据易于理解，可以利用边框格式重新设置单元格、单元格区域（对于区域，则有外边框和内边框之分）及整个表格的线型、颜色等。

设置方法为：选择设置边框线的单元格或单元格区域（也可以是整个表格），打开"设置单元格格式"对话框，选择"边框"选项卡，如图 3-31 所示，在对话框中首先选择线型和颜色，然后单击预置选项、预览草图及边框按钮，即可设置边框样式，设置完成后单击"确定"按钮。

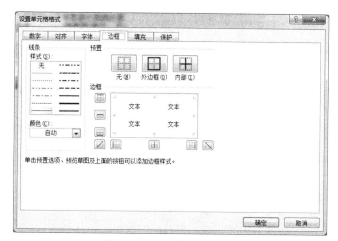

图 3-31　"边框"选项卡

（5）设置填充格式

利用填充格式，可为单元格或单元格区域设置颜色及底纹图案，使得表格中的数据更加突出、醒目。

设置方法为：选择要设置填充格式的单元格或单元格区域，打开"设置单元格格式"对话框，选择"填充"选项卡，见图 3-32 在对话框中选择颜色和图案，然后单击"确定"按钮。

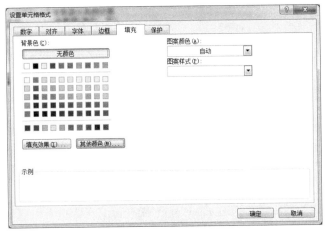

图 3-32 "填充"选项卡

【例 3.2】将"小华商场 1998 年销售额分类统计表"（见图 3-33）按下列要求进行设置。

	A	B	C	D	E	F
1	小华商场1998年销售额分类统计表					
2		销售额（单位：元）				
3	季度种类	副食品	日用品	电器	服装	合计
4	1季度	45637.0	56722.0	47534.0	34567.0	
5	2季度	23456.0	34235.0	45355.0	89657.0	
6	3季度	34561.0	34534.0	56456.0	55678.0	
7	4季度	11234.0	87566.0	78755.0	96546.0	
8	合计	114888.0	213057.0	228100.0	276448.0	
9	制表人：	韩佳	审核人：	王晓娅	日期：	1998/12/26

图 3-33 小华商场 1998 年销售额分类统计表

①表格标题为"华文行楷"、18 号字，在 A1:F1 单元格区域水平垂直居中显示。

②说明部分（包括销售额、季度种类、制表人、审核人、日期等）为"隶书"、16 号字、水平垂直居中对齐，并为 A3 单元格添加斜线。

③表头字段名部分（副食品、日用品、电器、服装、合计、1 季度、2 季度、3 季度、4 季度等）为"黑体"、16 号字、垂直居中，填充颜色为浅蓝色——RGB(120, 200, 255)。

④表格中其他数字为"宋体"、12 号字，垂直居中，保留两位小数，以千位号分隔，右对齐。

⑤整个表格外边框线为单双线，A8:F8 单元格区域的底线为粗线，其余内边框线为单实线。

操作步骤如下：

①选中 A1:F1 单元格区域，单击鼠标右键，在弹出的快捷菜单中选择"设置单元格格式"命令，打开"设置单元格格式"对话框，选择"字体"选项卡，设置字体为"华文行楷"、18 号字，单击"对齐"选项卡，设置水平和垂直居中对齐，并选中"合并单元格"复选框。

②分别选中"销售额""季度种类"单元格以及制表人、审核人、日期单元格，设置字体为"隶书"、16 号字，水平和垂直居中对齐。右击 A3 单元格，在弹出的快捷菜单中单击"设

置单元格格式"命令，单击"边框"选项卡，再单击如图 3-34 所示的边框样式按钮绘制斜线，单击"确定"按钮。

图 3-34 添加斜线

在绘制了斜线后，单元格中的内容未被斜线分开，要使单元格中的内容分别在斜线的上方和下方显示，还要进行上下标设置。选中 A3 单元格中的文字"季度"，在"开始"选项卡中，单击"单元格"组中的"格式"下三角按钮，再单击"设置单元格格式"选项，在"字体"选项卡中，勾选特殊效果选项中的"下标"复选框，然后单击"确定"按钮。同样方法，选中 A3 中的文字"种类"，将其设置为"上标"即可。

③选中"副食品""日用品""电器""服装""合计"单元格，单击"开始"选项卡中"字体"组的"字体"下三角按钮，设置字体为"黑体"、16 号字，单击"对齐方式"组中"垂直居中"，再打开"设置单元格格式"对话框，选择"填充"选项卡，单击"其他颜色"按钮，在"自定义"选项卡中设置 RGB 为(120,200,255)，最后单击"确定"按钮。用同样方法设置"1 季度""2 季度""3 季度""4 季度"单元格的格式，在此不再赘述。

④选中 B4:F8 单元格区域，单击"开始"选项卡中"字体"组的"字体"下三角按钮，设置字体为"宋体"，字号为 12 号，在"对齐方式"选项组中单击"垂直居中""右对齐"按钮，在"数字"选项组中单击 2 次"增加小数位数"按钮并单击"千位分隔样式"按钮。

⑤选中整个表格区域 A2:F9，单击鼠标右键，选择"设置单元格格式"命令，打开"设置单元格格式"对话框。选择"边框"选项卡，在"线条样式"列表框中选择单双线，单击"预置"栏中的"外边框"按钮。在线条样式列表框中选择单实线，然后单击"内部"按钮。最后选中 A8:F8 单元格区域，用同样方法设置区域的底线为粗线。

最后效果如图 3-35 所示。

小华商场1998年销售额分类统计表					
销售额（单位：元）					
种类 \ 季度	副食品	日用品	电器	服装	合计
1季度	45,637.00	56,722.00	47,534.00	34,567.00	
2季度	23,456.00	34,235.00	45,355.00	89,657.00	
3季度	34,561.00	34,534.00	56,456.00	55,678.00	
4季度	11,234.00	87,566.00	78,755.00	96,546.00	
合计	114,888.00	213,057.00	228,100.00	276,448.00	
制表人：	韩佳	审核人：	王晓娅	日期：	12/26/1998

图 3-35 单元格修饰后的统计表

（6）设置保护格式

当工作表设置完成后，可将表格中的数据保护起来，避免因误操作而修改或删除表中的数据，或不希望别人看到表中一些重要数据，此时可用 Excel 的"保护"选项卡进行设置，如图 3-36 所示。"保护"选项卡的作用是用于"锁定"或"隐藏"所选定的单元格或单元格区域中的公式。"锁定"是使用户只能浏览不能修改；"隐藏"是使用户不能看到内容。

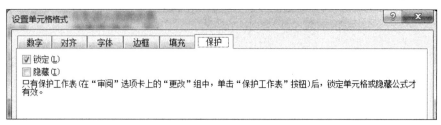

图 3-36　"保护"选项卡

此操作必须是在保护工作表（在"审阅"选项卡上的"更改"组中单击"保护工作表"按钮）后锁定单元格或隐藏公式才有效。

3. 设置条件格式

条件格式可以使工作表中不同的数据以不同的格式来显示，用户可以使用数据条、色阶、图标集以及突出颜色来显示适合条件的单元格，达到更快、更方便地获取重要信息的目的。例如，在学生成绩表中，运用条件格式将所有不及格的分数用红色、加粗来显示，所有 90 分以上的单元格用蓝色、加粗字体来显示等。

（1）设置数据条

①单击"开始"选项卡。

②选中要设置数据条的单元格区域。

③单击"样式"组中"条件格式"下三角按钮。

④在弹出的列表中选择"数据条"选项。

⑤在"数据条"子列表中选择"红色数据条"，效果如图 3-37 所示。

图 3-37　设置数据条

（2）设置色阶

①选中要设置色阶的单元格区域。

②单击"样式"组中"条件格式"下三角按钮。

③在弹出的列表中选择"色阶"选项。

④在"色阶"子列表中选择"绿-黄-红色阶"。

（3）设置图标集

①选中要设置图标集的单元格区域。

②单击"样式"组中"条件格式"下三角按钮。

③在弹出的列表中选择"图标集"选项。

④在"图标集"子列表中选择"四向箭头（彩色）"。

（4）突出显示单元格

①选中要设置突出显示的单元格区域。

②单击"样式"组中"条件格式"下三角按钮。

③在弹出的列表中选择"突出显示单元格规则"选项。

④在子列表中单击"小于"选项，在"为小于以下值的单元格设置格式"文本框中输入
"60"，如图 3-38 所示。

	A	B	C	D	E	F	G	H	I	J
2	单位：	电大								
3	职工号	部门号	姓名	基本工资	职务津贴	洗理费	工龄	书报费	学时	结构工资
4	012	jsjx	张伟	546.00	200	50.00	22	150	50	1687.5
5	039	zwx	许珊珊	546.00	0	50.00	17	50	65	1787.5
6	066	flx	刘东方	1,024.00	0	50.00	23	50	75	2531.25
7	106	jsjx	魏然	546.00	0	50.00	14	50	60	2025
8	112	flx	金欣	706.00	0	50.00	16	50	42	1155
9	165	zwx	刘力军	468.00	0	50.00	21	50	89	3003.75
10	180	jsjx	王子丹	706.00	0	50.00	17	50	48	1320
11	193	zwx	叶辉	1,024.00	100	50.00	22	100	75	1593.75
12	001	flx	黄静	750.00	0	50.00	14	50	60	1275
13	002	flx	张力	1,050.00	0	50.00	16	50	76	1615

图 3-38　突出显示值小于 60 的单元格的效果

4. 套用单元格样式

所谓样式是指可以定义并成组保存的格式设置集合，如字体大小、图案、对齐方式等。
样式可以简化工作表的格式设置和以后的修改工作，定义了一个样式后，可以把它应用到其他
单元格和区域，这些单元格和区域就具有相同的格式，如果样式改变，所有使用该样式的单元
格都自动跟着改变。

Excel 2010 提供了许多内置的单元格样式供用户选择使用，如用户对内置的单元格样式不
满意，还可以根据自己的需要自定义新的单元格样式。

（1）套用内置单元格样式

①选中要套用单元格样式的单元格。

②单击"开始"选项卡。

③在"样式"组中单击"套用单元格样式"的"其他"按钮。

④在展开的面板中选择"标题 1"样式。

（2）自定义单元格样式

①在"样式"组中单击"套用单元格样式"的"其他"按钮。

②在展开的面板中单击"新建单元格样式"选项，如图 3-39 所示。

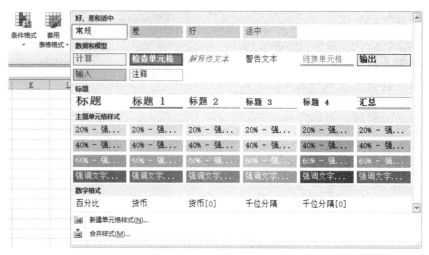

图 3-39　新建单元格样式

③在弹出的"样式"对话框中，单击"格式"按钮，如图 3-40 所示。

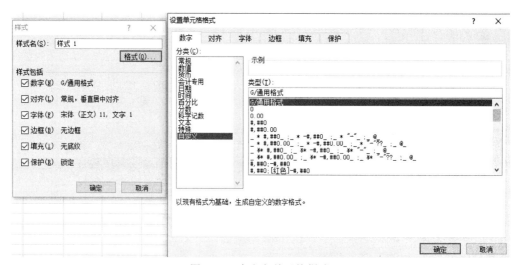

图 3-40　自定义单元格样式

④在弹出的"设置单元格格式"对话框中，单击"填充"选项卡。

⑤单击"填充效果"按钮，在弹出的"填充效果"对话框中设置"颜色 1"为"红色"，"颜色 2"为"黄色"。

⑥单击"确定"按钮。

⑦返回"设置单元格格式"对话框中，单击"确定"按钮，返回"样式"对话框，在"样式名"文本框中输入"新样式 1"。

⑧单击"确定"按钮。

⑨选中要应用新样式的单元格 A2，单击"样式"组中"套用单元格样式"的"其他"按钮，在展开的面板中单击"自定义"组中的"新样式 1"样式，此时选中的 A2 单元格就改变成新样式了。

（3）删除单元格样式

如果用户不满意自定义的单元格样式，可以将其删除。

操作步骤如下：

①单击“样式”组中“套用单元格样式”的“其他”按钮。

②在展开的面板中右击“自定义”组中的“新样式 1”样式。

③在弹出的快捷菜单中单击“删除”命令。

5. 套用工作表样式

Excel 2010 不仅提供许多内置的单元格样式供用户选择使用，还提供工作表样式供用户套用，其套用工作表样式的方法与套用单元格样式的方法大同小异。

操作步骤如下：

①选中要套用工作表样式的单元格区域。

②单击“开始”选项卡。

③单击“样式”组中“套用表格格式”按钮。

④在展开的面板中选择“表样式浅色 2”样式。

⑤弹出“套用表格格式”对话框，在“表数据的来源”文本框中输入单元格区域，如“=$A$3:$M$13”。

⑥勾选“表包含标题”复选框。

⑦单击“确定”按钮，效果如图 3-41 所示。

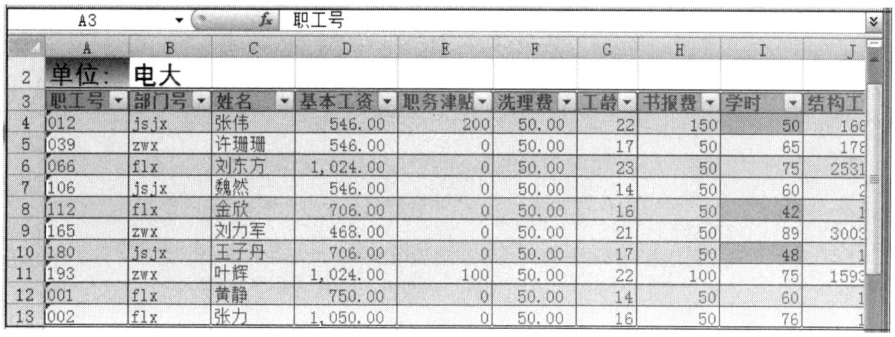

职工号	部门号	姓名	基本工资	职务津贴	洗理费	工龄	书报费	学时	结构工
012	jsjx	张伟	546.00	200	50.00	22	150	50	168
039	zwx	许珊珊	546.00	0	50.00	17	50	65	178
066	flx	刘东方	1,024.00	0	50.00	23	50	75	2531
106	jsjx	魏然	546.00	0	50.00	14	50	60	2
112	flx	金欣	706.00	0	50.00	16	50	42	1
165	zwx	刘力军	468.00	0	50.00	21	50	89	3003
180	jsjx	王子丹	706.00	0	50.00	17	50	48	1
193	zwx	叶辉	1,024.00	100	50.00	22	100	75	1593
001	flx	黄静	750.00	0	50.00	14	50	60	1
002	flx	张力	1,050.00	0	50.00	16	50	76	1

图 3-41 套用表格样式后的效果

6. 设置数据有效性

为防止输入一些错误的数据或进行错误的操作，可以通过设置数据有效性功能来提示用户注意正确的操作。

操作步骤如下：

①选中要设置数据有效性的单元格区域，单击“数据”选项卡。

②单击“数据工具”组中的“数据有效性”下三角按钮。

③在弹出的列表中单击“数据有效性”选项。

④在弹出的“数据有效性”对话框中，单击“设置”选项卡。

⑤在“允许”下拉列表中选择“整数”选项，数据选择“小于”，最大值选择“5 000”，如图 3-42 所示。

⑥单击“输入信息”选项卡，设置标题为“提示”，输入信息为“基本工资应小于 5 000 元”。

⑦单击“出错警告”选项卡，设置标题为“错误”，错误信息为“基本工资超出范围，请重新输入！”。

⑧单击“确定”按钮，效果如图 3-43 所示。

图 3-42　"数据有效性"对话框   图 3-43　数据有效性设置后的效果

7. 创建页眉和页脚

当工作表中的数据太多而超过一页甚至几十页时，为了更好地管理工作表中数据，通常用户会为工作表添加页眉和页脚，操作步骤如下：

①在"插入"选项卡中单击"文本"组的"页眉和页脚"按钮。

②在显示的"页眉和页脚工具"的"设计"选项卡中，可直接输入页眉中的文本，即"2010年7月职工工资表"，如图 3-44 所示。

图 3-44　页眉设置

③单击"页眉和页脚工具"的"设计"选项卡中"导航"组的"转至页脚"按钮，可进行页脚切换，此时单击"页脚"下拉列表中"第1页，共？页"选项。

④单击"确定"按钮。效果如图 3-45 所示。

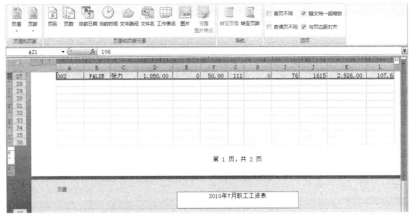

图 3-45　设置页眉页脚后的效果

3.2.2 Excel 公式

Excel 2010 除了能方便地编辑处理数据外，还提供了用于实现各种计算的公式与函数。掌握公式的编写，是完成数据计算的前提。用户可以根据公式编写的规则，编写出各种计算公式来完成复杂的数据计算工作。当工作表中的数据发生变化时，公式的计算结果也会自动更新。

1. 公式

在电子表格中，所谓公式就是以等号开头的一个运算表达式，它由运算对象和运算符按照一定的规则和需要连接而成。运算对象可以是常量、变量、函数以及单元格引用。运算符用于指定要对公式中的元素执行的计算类型，计算时有一个默认的次序，但可以使用括号"()"改变运算优先级。例如，"=B3+B4""=B6*5−B7""=SUM(C3:C8)"等。

（1）公式中的运算符及其优先级

Excel 的运算符分为四大类：算术运算符、文本运算符、比较运算符和引用运算符。其运算优先级从高到低依次为引用运算符、算术运算符、文本运算符、比较运算符。

①算术运算符

算术运算符主要用于对数值型数据进行加、减、乘、除等数学运算，Excel 提供的算术运算符如表 3-2 所示。

表 3-2　算术运算符

算术运算符	含义	举例
+	加法运算	=B1+B2
−	减法运算	=C2−8
*	乘法运算	=D3*D4
/	除法运算	=D1/10
%	百分号	=10%
^	乘方运算	=8^2

Excel 所支持的算术运算符的优先级从高到低依次为%（百分比）、^（乘幂）、*（乘）和/（除）、+（加）和−（减）。

例如：公式=C2+8

它的值是 C2 单元格的值与常量 8 之和。

②文本运算符

Excel 的文本运算符只有一个&，它把前后两个文本连接成一个文本。

例如：

公式="张燕"&"同学"　　　结果：张燕同学

若 A1 中的数值为 120，则

公式="My Salary is "& A1　　结果：My Salary is 120

注意：要在公式中直接输入文本，必须用双引号把输入的文本括起来。

③比较运算符

Excel 中使用的比较运算符有 6 个。比较运算符用于两个运算对象的比较，并产生逻辑值 TRUE（真）或 FALSE（假）。比较运算符如表 3-3 所示。

表 3-3　比较运算符

比较运算符	含义	举例说明	结果
=	等于	=C2=28（假设 C2 中的值是 20）	FALSE
<	小于	=C2<30	TRUE
>	大于	=B3>C2（假设 C2 中的值是 20，B3 的值是 10）	FALSE
<>	不等于	=C2<>B3	TRUE
<=	小于或等于	=C2<=B3	FALSE
>=	大于或等于	=C2>=B3	TRUE

比较运算符优先级从高到低依次为=（等于）、<（小于）>（大于）、<=（小于或等于）、>=（大于或等于）、<>（不等于）。

④引用运算符

引用运算符可以将单元格区域合并计算，引用运算符有冒号（:）、逗号（,）、空格（ ）和三维引用（!）。引用运算符如表 3-4 所示。

表 3-4　引用运算符

引用运算符	含义	举例说明	结果
冒号（:）区域运算符	生成对两个引用之间所有单元格的引用（包括这两个引用）	=SUM(B1:C2)	对 B1、B2、C1、C2 共 4 个单元格数据求和
逗号（,）联合运算符	将多个引用合并为一个引用	=SUM(A1:B2,A4:C5)	对 A1、A2、B1、B2、A4、A5、B4、B5、C4、C5 共 10 个单元格数据求和
空格交集运算符	生成对两个引用中共有的单元格的引用	=SUM(B1:C3 C2:D3)	对 B1:C2 和 C2:D3 的交集区域 C2、C3 两个单元格数据求和
三维引用（!）	在多个工作表上引用相同单元格或单元格的引用称为"三维引用"	=Sheet1!A1（在 Sheet3 表中的 A1 单元格输入以上公式）	表示将 Sheet1 中 A1 单元格的内容"李凤同学"放到 Sheet3 的 A1 单元格中，即 Sheet3 表中的 A1 单元格内容也为"李凤同学"

注意：若要引用另一工作簿的单元格或区域，只需在引用单元格或区域的地址前加上工作簿名称。

（2）公式的输入

在了解了运算符之后，理解公式的基本特性就非常容易了。Excel 中的公式有下列基本特性。

①全部公式以等号开始。

②输入公式后，其计算结果显示在单元格中。

③当选定了一个含有公式的单元格后，该单元格的公式就显示在编辑栏中。

公式的输入方法如下：

①选定要输入公式的单元格（用鼠标单击或双击该单元格）。

②在单元格中首先输入一个等号（=），然后输入编制好的公式内容（建议在编辑栏进行输入）。

③确认输入（可用鼠标单击编辑栏中的"√"按钮），计算结果自动填入该单元格。

例如，计算钱财德的平均成绩。其操作方法为：用鼠标单击 I3 单元格，输入"="号，再输入公式内容，如图 3-46 所示。

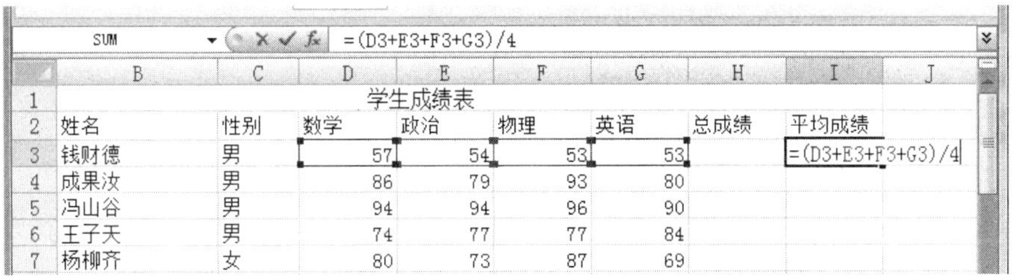

图 3-46　学生成绩表

用鼠标单击编辑栏上的"√"按钮，计算结果自动填入 I3 单元格中，此时公式仍然出现在编辑栏中，如图 3-47 所示。

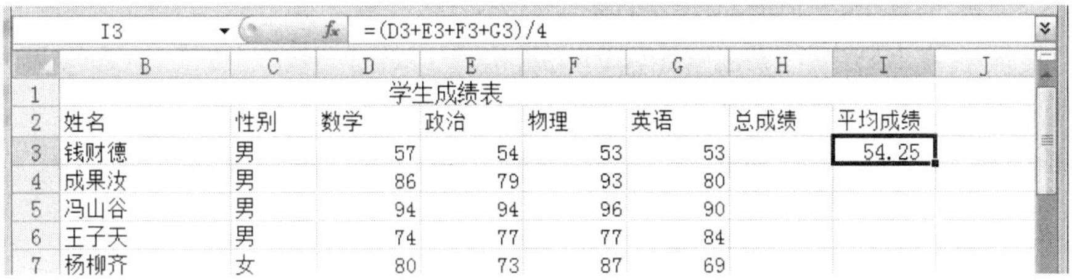

图 3-47　计算钱财德的平均成绩

编辑公式与编辑数据相同，可以在编辑栏中，也可以在单元格中。

注意：当编辑一个含有单元格引用（特别是区域引用）的公式时，在编辑没有完成之前就移动光标，可能会产生意想不到的错误结果。在使用公式时，字符必须用引号括起来，空格也是字符。另外，公式中运算符两边一般需相同的数据类型，虽然 Excel 也允许在某些场合对不同类型的数据进行运算。

（3）单元格引用

单元格的引用是告诉 Excel 计算公式如何从工作表中提取有关单元格数据的一种方法。公式通过单元格的引用，既可以取出当前工作表中单元格的数据，也可以取出其他工作表中单元格的数据。Excel 单元格引用分为相对引用、绝对引用和混合引用三种。

在不涉及公式复制或移动的情形下，任一种形式的地址的计算结果都是一样的。但如果公式进行复制或移动，不同形式的地址产生的结果可能就完全不同了。

①相对引用

相对引用是指用单元格名称引用单元格数据。例如，在计算钱财德的平均成绩公式中，要引用 D3、E3、F3 和 G3 四个单元格中的数据，则直接写这四个单元格的名称即可（=(D3+E3+F3+G3)/4）。

相对引用的好处是，当编制的公式被复制到其他单元格中时，Excel 能够根据移动的位置自动调节引用的单元格。例如，要计算学生成绩表中所有学生的平均分，只需给第一个学生平均成绩单元格中输入一个公式（方法同计算钱财德的平均成绩），然后用鼠标向下拖曳该单元格右下角的填充柄，拖曳到最后一个学生平均成绩单元格时松开鼠标左键，可以看到所有学生的平均成绩均被计算完成，如图 3-48 所示。

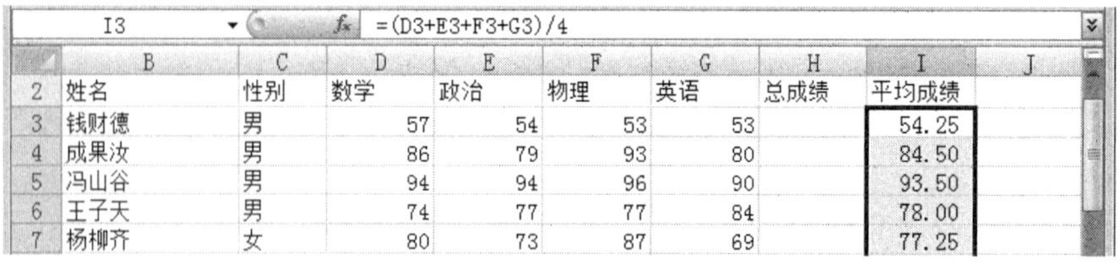

I3 =(D3+E3+F3+G3)/4

	B	C	D	E	F	G	H	I	J
2	姓名	性别	数学	政治	物理	英语	总成绩	平均成绩	
3	钱财德	男	57	54	53	53		54.25	
4	成果汝	男	86	79	93	80		84.50	
5	冯山谷	男	94	94	96	90		93.50	
6	王子天	男	74	77	77	84		78.00	
7	杨柳齐	女	80	73	87	69		77.25	

图 3-48　相对地址引用公式

此时可以发现，在公式的复制过程中，其公式中引用单元格的行号随向下移动的位置而自动改变。

同样，如果在行方向进行复制公式操作，则公式中引用单元格的列标也随移动的位置而自动改变。如果复制公式操作既有行方向的移动，又有列方向的移动，则公式中引用单元格的行号和列标都随移动的位置而自动改变。

②绝对引用

在行号和列标前面均加上“$”符号，则代表绝对引用。在复制公式时，绝对引用单元格将不随公式位置的移动而改变单元格的引用，即不论公式被复制到哪里，公式中引用的单元格不变。如将上例中的第一个平均成绩计算公式改为“=($D$3+$E$3+$F$3+$G$3)/4”，则复制完成后，其他平均成绩单元格中的公式都为“=($D$3+$E$3+$F$3+$G$3)/4”，因而所有学生的平均成绩单元格中填的都是第一个学生的平均分值 54.25，如图 3-49 所示。

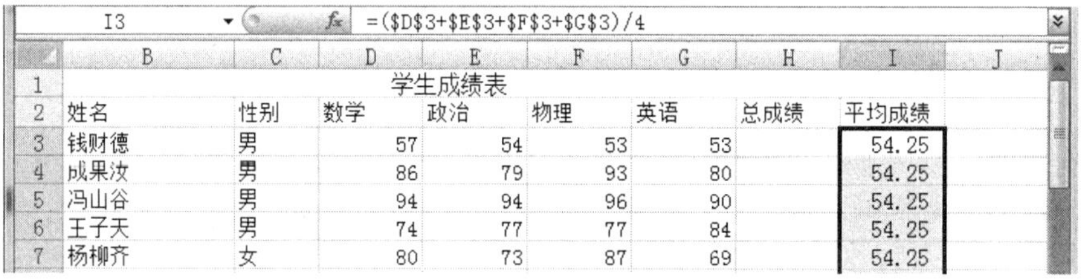

I3 =($D$3+$E$3+$F$3+$G$3)/4

	B	C	D	E	F	G	H	I	J
1				学生成绩表					
2	姓名	性别	数学	政治	物理	英语	总成绩	平均成绩	
3	钱财德	男	57	54	53	53		54.25	
4	成果汝	男	86	79	93	80		54.25	
5	冯山谷	男	94	94	96	90		54.25	
6	王子天	男	74	77	77	84		54.25	
7	杨柳齐	女	80	73	87	69		54.25	

图 3-49　绝对地址引用公式

③混合引用

混合引用是指引用单元格名称时，在行号前加“$”符号或在列标前加“$”符号的引用方法，即行用绝对引用，而列用相对引用，或行用相对引用，而列用绝对引用。其作用是不加“$”符号的单元格地址随公式的复制而改变，加了“$”符号的单元格地址不发生改变。

例如：E$2　　行号不变而列标随移动的列位置自动调整。

　　　$F2　　列标不变而行号随移动的行位置自动调整。

④非当前工作表中单元格的引用

如果要从 Excel 工作簿的其他工作表中（非当前工作表）引用单元格，其引用方法为“工作表标签!单元格引用”。例如，设当前工作表为 Sheet1，要引用 Sheet3 工作表中的 D3 单元格，其方法为 Sheet3!D3。

（4）复制公式

公式的复制与数据的复制操作方法相同，但当公式中含有单元格或区域引用时，根据单元格地址形式的不同，计算结果将有所不同。当一个公式从一个位置复制到另一个位置时，Excel 能对公式中的引用地址进行调整。

①公式中引用的单元格地址是相对地址

当公式中引用的单元格地址是相对地址时，公式按相对寻址进行调整。例如，A3 中的公式"=A1+A2"复制到 B3 中会自动调整为"=B1+B2"。

公式中的单元格地址是相对地址时，调整规则如下：

新行地址 = 原行地址 + 行地址偏移量

新列地址 = 原列地址 + 列地址偏移量

②公式中引用的单元格地址是绝对地址

不管把公式复制到哪里，引用地址都被锁定，这种地址称作绝对地址。例如，A3 中的公式"$A$1+$A$2"复制到 B3 中，仍然是"=$A$1+$A$2"。

公式中的单元格地址是绝对地址时进行绝对寻址。

③公式中的单元格地址是混合地址

在复制过程中，如果地址的一部分固定（行或列），其他部分（列或行）是变化的，则这种地址称为混合地址。例如，A3 中的公式"=$A1+$A2"复制到 B4 中，则变为"=$A2+$A3"，其中，列固定，行变化（变换规则和相对地址相同）。

（5）移动公式

当公式被移动时，引用地址还是原来的地址。例如，C1 中有公式"=A1+B1"，若把单元格 C1 中公式移动到 D8，则 D8 中的公式仍然是"=A1+B1"。

注意： 当公式中引用的单元格或区域被移动时，因原地址的数据已不复存在，不管公式中引用的是相对地址、绝对地址或混合地址，当被引用的单元格或区域移动后，公式的引用地址都将调整为移动后的地址，即使被移动到另外一个工作表中也不例外。例如，A1 中有公式"=$B6*C8"，把 B6 内容移动到 D8，把 C8 内容移动到 Sheet2 的 A7，则 A1 中的公式变为"=$D8*Sheet2!A7"。

（6）公式中的出错信息

当公式有错误时，系统会给出错误信息。表 3-5 所示为公式中常见的出错信息。

表 3-5　公式中常见的出错信息

出错信息	可能的原因
#DIV/0!	公式被零除
#N/A	没有可用的数值
#NAME?	Excel 不能识别公式中使用的名字
#NULL!	指定的两个区域不相交
#NUM!	数字有问题
#REF!	公式引用了无效的单元格
#VALUE!	参数或操作数的类型有错

公式出现错误，或者公式中的参数不太恰当（例如，公式=DAY("85-05-04")，使用两位数字表示年份），则在包含该问题公式的单元格的左上角就会出现一个绿色的小三角。选中包含该问题公式的单元格，则在该单元格的左边出现图标，单击该图标，就可获得有关该公式错误的详细信息以及改正的方法。

2. 输入数组

数组就是可以进行直接操作或者个别操作的一组记录。在 Excel 2010 中，数组是用大括号括起来的。数组分为一维数组和二维数组两种，下面介绍如何在单元格或单元格区域中输入数组。

（1）输入一维数字数组

一维数组是由逗号分隔的，如由 4 个元素组成的数组常量"12,56,48,30"，其输入方法如下：

①选中 A1:A4 连续单元格区域。

②在编辑栏处输入"={12,56,48,30}"。

③按 Ctrl+Shift+Enter 组合键。

此时会发现这个数组分别输入到 A1、A2、A3、A4 单元格中。

（2）输入一维文本数组

输入数组时，除了可以输入数字外，还可以输入文本数据，其输入方法如下：

①选中要输入的连续单元格区域 A2:G2。

②在编辑栏处输入"={"星期一","星期二","星期三","星期四","星期五","星期六","星期天"}"。

③按 Ctrl+Shift+Enter 组合键。

此时这个数组分别输入到连续的单元格区域 A2:G2 中。

如果选中连续的单元格区域 A5:C6，假设在编辑栏处输入"={"星期一","星期二","星期三";"星期四","星期五","星期六"}"，按 Ctrl+Shift+Enter 组合键就会出现如图 3-50 所示的效果。这是因为要换行显示数组，只需在数组的"星期三"后输入分号而不是逗号。

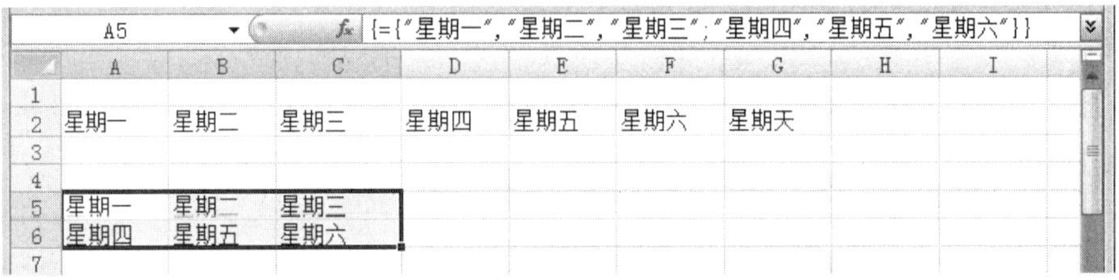

图 3-50　输入一维数组

（3）输入数组公式

Excel 2010 工作表中提供了数组公式的输入功能来提高计算的效率。例如，要计算如图 3-51 所示的购买图书金额，其输入方法如下：

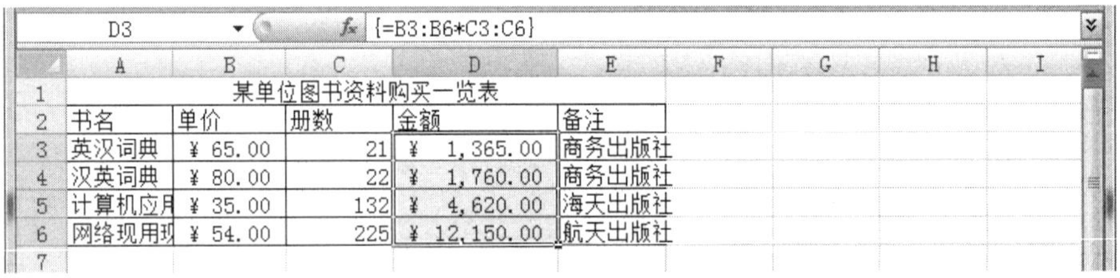

图 3-51　显示输入的数组公式

①选中要输入数组公式的单元格区域 D3:D6。

②在编辑栏处输入"=B3:B6*C3:C6"。

③按 Ctrl+Shift+Enter 组合键。

（4）修改数组公式

用户在单元格中输入数组公式后，如果发现输入的数组公式有错，可以通过如下方法对数组公式进行修改。

①选中输入数组公式的单元格区域 D3:D6。

②单击编辑栏，选中要修改的公式内容，如选中"*"直接输入"+"，此时单元格中的数组公式更改为"=B3:B6+C3:C6"。

③按 Ctrl+Shift+Enter 组合键，即在 D3:D6 单元格区域显示出修改公式后的计算结果。

3.2.3　Excel 函数

函数是 Excel 附带的预定义的公式。使用函数不仅能提高工作效率，而且可减少错误。Excel 共提供了 9 大类 300 多个函数，包括数学与三角函数、统计函数、数据库函数、逻辑函数等。

1. 函数的组成

函数由函数名和参数组成，格式如下：

函数名（参数 1，参数 2，…)

函数的参数可以是具体的数值、字符、逻辑值，也可以是表达式、单元格地址、区域、区域名字等。函数本身也可以作为参数。即使一个函数没有参数，也必须加上括号（必须是半角英文的括号）。

2. 函数的输入与编辑

Excel 2010 提供了多种输入函数的方法，在输入函数时，可以直接以公式的形式编辑输入，也可以使用"公式"选项卡或函数模板来输入函数。

（1）直接输入

选定要输入函数的单元格，输入"="和函数名及参数，按回车键即可。例如，要在 H1 单元格中计算区域 A1:G1 中所有单元格值的和，就可以选定单元格 H1 后，直接输入"=SUM(A1:G1)"，再按回车键。

（2）使用"公式"选项卡中"函数库"组来插入函数

①单击"公式"选项卡。

②在"函数库"组中单击"插入函数"按钮 f_x 或按 Shift+F3 组合键，此时会弹出一个"插入函数"对话框，如图 3-52 所示。

图 3-52　"插入函数"对话框

③"插入函数"对话框中提供了函数的搜索功能，并在"选择类别"下拉列表中列出了

不同类型的函数，"选择函数"列表框中则列出了被选中的函数类型所属的全部函数。选中某一函数后，单击"确定"按钮，会弹出"函数参数"对话框，如图 3-53 所示，其中显示了函数的名称、它的每个参数、函数功能和参数的描述、函数的当前结果和整个公式的结果。一般情况下，系统会给定默认的参数，如与题意相符，直接单击"确定"按钮；如果给出的参数与题意不符，可单击"折叠对话框"按钮，用鼠标重新选择参数后单击"打开对话框"按钮返回到"函数参数"对话框，再单击"确定"按钮。

图 3-53　"函数参数"对话框

（3）利用函数模板输入函数

①单击需要输入函数的单元格。

②从键盘上输入"="，编辑栏左边的名称框变成一个函数模板。

③单击函数模板的下拉箭头，出现下拉列表，可选择需要的函数。例如，选择"SUM"选项，在编辑栏中就出现函数"SUM"，同时出现"函数参数"对话框，可进行选择，如果需要的函数没有出现就单击"其他函数"选项，此时会弹出一个"插入函数"对话框，输入相应的参数，再单击"确定"按钮。

【例 3.3】假设要在 D3 单元格中计算区域 C3:C7 中所有单元格数值的平均值。

操作步骤如下：

①选定单元格 D3，单击"函数库"组左边的"插入函数"按钮，弹出"插入函数"对话框，如图 3-52 所示。

②在"选择类别"下拉列表中选择"常用函数"项，在"选择函数"列表框中选择"AVERAGE"，单击"确定"按钮，弹出"函数参数"对话框，如图 3-53 所示。

③在"函数参数"对话框的"Number1"框中输入 C3:C7，或者用鼠标在工作表选中该区域，再单击"确定"按钮。

操作完毕后，在 D3 单元格中将显示计算结果为 100。

3．常用函数格式及功能说明

Excel 2010 提供了能完成各种不同运算的函数，这些函数按其不同的功能可以分为常用函数、财务函数、数学与三角函数、统计函数等几大类，下面介绍几种最常用的函数格式及功能。如果在实际应用中需要了解其他函数及其详细使用方法，可以参阅 Excel 的"帮助"系统。

（1）数学函数

①取整函数 INT

格式：INT(number)。

功能：取数值 number 的整数部分。

例如，INT(123.45)的运算结果值为 123。

②四舍五入函数 ROUND

格式：ROUND(number, num_digits)。

功能：按指定的位数 num_digits，将数值 number 进行四舍五入。

例如，ROUND(536.8175,3)等于 536.818。

③求平方根函数 SQRT

格式：SQRT(number)。

功能：返回正值 number 的平方根。

例如，SQRT(9)等于 3。

（2）统计函数

①求和函数 SUM

格式：SUM(number1, number2,…)。

功能：返回参数单元格区域中所有数字的和。

例如，SUM(A1:A10)完成 A1 到 A10 共 10 个单元格值的求和，SUM(A1,B2,C3)完成 A1、B2 和 C3 三个单元格值的求和。

②SUMIF 函数

格式：SUMIF(range, criteria, sum_range)。

功能：对满足条件的若干单元格求和，如图 3-54 所示。其中，range 为用于条件判断的单元格区域；criteria 为求和的条件，其形式可以为数字、表达式或文本；sum_range 为需要求和的实际单元格。只有当 criteria 中的相应单元格满足条件时，才对 sum_range 中的单元格求和。如果省略 sum_range 参数，则直接对 range 中的单元格求和。

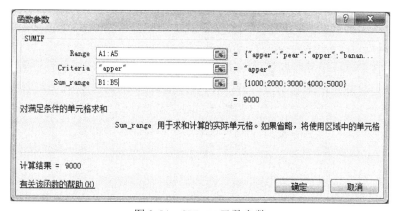

图 3-54 SUMIF 函数参数

③求平均值函数 AVERAGE

格式：AVERAGE(number1, number2,…)。

功能：返回参数单元格区域中所有数值的平均值。

例如，AVERAGE(A1:A5,C1:C5)返回从单元格 A1:A5 和 C1:C5 中的所有数值的平均值。

④COUNTIF 函数

格式：COUNTIF (range, criteria)。

功能：用于计算给定参数区域 range 中满足给定条件 criteria 的单元格的数目。条件 criteria 的形式可以为数字、表达式或文本，如 50、"50"、">50"、"student"等。

假设 A3:A6 中的内容分别为 "Monday" "Tuesday" "Wednesday" "Monday"，则 =COUNTIF(A3:A6,"Monday ")等于 2。

⑤求最大值函数 MAX

格式：MAX(number1, number2,…)。

功能：返回(number1, number2,…)中的最大数值。

例如，MAX(87,A8,B1:B5)，MAX(D1:D88)。

⑥求最小值函数 MIN

格式：MIN(number1, number2,…)。

功能：返回(number1, number2,…)中的最小数值。

例如，MIN(C2:C88)。

（3）日期和时间函数

①YEAR 函数

格式：YEAR(serial_number)。

功能：返回日期 serial_number 对应的年份值。返回值为 1900 到 9999 间的整数。

例如，YEAR("2010-7-5")返回 2010。

②MONTH 函数

格式：MONTH(serial_number)。

功能：返回日期 serial_number 对应的月份值。该返回值为介于 1 和 12 间的整数。

例如，MONTH("6-May") 等于 5，MONTH(366)等于 12。

③DAY 函数

格式：DAY(serial_number)。

功能：返回一个月间第几天的数值，用整数 1 到 31 表示。serial_number 不仅可以为数字，还可以为字符串（日期格式，一定要用引号引起来）。

例如，DAY("15-Apr-1993")等于 15；DAY("2010-7-5")等于 5，但是 DAY(2010-7-5)的结果并不等于 5，而是 20，因为在函数中，不加引号的 2010-7-5 不表示 2010 年 7 月 5 日。DAY(2010-7-5) 函数的计算过程如下：先计算 2010-7-5（数字相减，不当作日期），结果为 1998，而数字 1998 相当于日期的 1905 年 6 月 20 日，于是这个 DAY 函数的结果就是 20。

④TODAY 函数

格式：TODAY()。

功能：没有参数，返回日期格式的当前日期。

（4）条件函数 IF

格式：IF(x, n1, n2)。

功能：判断逻辑值 x，若 x 的值为 TRUE，则返回 n1，否则返回 n2。其中 n2 可以省略。条件函数是非常有用的函数，使用它可以做出很多精巧运算。

例如，假设课程考试平均成绩在 H2:H16 中，要在 J2:J16 中根据平均成绩自动给出其等级：大于或等于 85 为优，75 至 84 为良，60 至 74 为及格，60 以下为不及格，应用 IF 函数判断后，结果如图 3-55 所示。

J2 =IF(H2>=85,"优",IF(H2>=75,"良",IF(H2>=60,"及格",IF(H2<60,"不及格"))))

	A	B	C	D	E	F	G	H	I	J
1	姓名	学号	专业	数学	化学	英语	计算机	平均分	总分	等级评定
2	洪辉	065201	临床医学	100	93	91	95	94.75	379	优
3	曹艺晗	065202	遗传学	95	89	84	94	90.5	362	优
4	李雪琪	065203	临床医学	90	84	93	86	88.25	353	优
5	王凯	065204	医学影像学	95	100	93	82	92.5	370	优
6	黄明达	065205	临床医学	86	92	84	80	85.5	342	优
7	钟晓婷	065206	临床医学	92	94	79	88	88.25	353	优

图 3-55 IF 函数嵌套的应用

（5）查找函数

①水平查询函数 VLOOKUP

格式：VLOOKUP(查询对象,查找范围,被查询对象所在的列序,是否精确查询)

功能：从指定查找区域第一列（索引列）中检索指定的值，然后返回找到行所对应的指定列处的值。如果最后条件为“TRUE”，则必须在第一列中找到完全匹配的值才能有返回值；如果为“FALSE”则只要查询对象值被包含也成立，不一定要完全相同。比如查询对象“梁”，则“梁山”和它是匹配的。默认情况下 VLOOKUP 是向后查询的。VLOOKUP 函数应用见图 3-56。

C7 =VLOOKUP(B7,B2:D5,3,FALSE)

	A	B	C	D	E	F	G
1	合同号	姓名	部门	员工编号			
2	7045	肖广连	技术部	0302234			
3	7046	贾晓飞	技术部	0302430			
4	7047	梁丽	技术部	0302435			
5	7048	孟凡利	技术部	0302386			
6	案例：	姓名	员工编号				
7		梁丽	0302435				

图 3-56 VLOOKUP 函数应用

如果需要 VLOOKUP 向前查询，即要查询的值不在第一列的情况，则需要一些技巧，如图 3-57 所示。

D7 =VLOOKUP(C7,IF({1,0},D2:D5,C2:C5),2,TRUE)

	A	B	C	D	E	F	G	H
1	合同号	姓名	部门	员工编号				
2	7045	肖广连	技术部	0302234				
3	7046	贾晓飞	技术部	0302430				
4	7047	梁丽	技术部	0302435				
5	7048	孟凡利	技术部	0302386				
6	案例：	姓名	员工编号	部门				
7		梁丽	0302435	技术部				

图 3-57 VLOOKUP 向前查询

图 3-57 中使用 IF 函数将 C 列和 D 列顺序做了互换，使得 D 列成为第一列满足第一列是索引列的条件，第二列是返回值列。

②垂直查询函数 HLOOKUP

格式：HLOOKUP(查询对象,查找范围,被查询对象所在的列序,是否精确查询)

功能：从指定查询区域第一行（索引行）中检索指定的值，然后返回找到列所对应的指定行处的值。默认情况下 HLOOKUP 是向下查询的。HLOOKUP 函数应用见图 3-58。

Excel 函数还有很多，在特定工作场合可能会使用到很多没有介绍到的函数，可以借助 Excel 的“帮助”系统或者直接用搜索引擎检索其使用方法。

B5			f_x	=HLOOKUP(B4,B1:E2,2,TRUE)	
	A	B	C	D	E	F

	A	B	C	D	E	F
1	姓名	肖广连	贾晓飞	梁丽	孟凡利	
2	部门	技术部	技术部	技术部	技术部	
3	案例：					
4	姓名	梁丽				
5	部门	技术部				

图 3-58　HLOOKUP 查询应用

【任务分析】

根据任务说明，首先需要将过去纸质的人事信息录入到 Excel 文档中，要实现美观则需要认真排版，设置单元格的数据类型和对齐方式，以及边框格式等。为了避免录入的错误，除了小心仔细外，对于一些特定数据类型，我们可以通过设置数据有效性来完成，让对应的单元格只能输入特定的数据。另外可以使用条件格式对职工的合同到期情况进行提醒。

员工个人信息卡则是依托员工人事信息基础数据进行的提取，可使用函数来进行检索。

【任务实施】

（1）首先打开 Excel 2010，将空白工作簿保存到桌面，命名为"人事信息数据表.xlsx"。

（2）用鼠标右键单击 Sheet1 工作表名标签，选择快捷菜单的"重命名"，将工作表命名为"人事信息"。

（3）录入信息。

1）选中 A1 单元格，录入"人事信息数据表"。

2）选中 A2 单元格，录入"序号"，如法炮制，在第二行上将其他表头标题录入。

3）观查各列数据，发现序号、员工编号都是递增序列，可以使用填充柄填充录入。选中 A3 单元格，录入"'01"，选中 B3 单元格，录入"AY0001"，然后选中 A3 和 B3 两个单元格，拖动 B3 单元格右下角的填充柄到 B17 结束填充。

4）录入员工姓名。

5）对于"参工时间""出生日期"列，为了避免出错，选中需要输入日期的范围，对参工时间和出生日期设置一个时间范围，并在鼠标单击单元格时有提示，输入内容不正确也有提示，如图 3-59 所示。

图 3-59　日期数据有效性验证设置

6）对"身份证号"列也进行数据有效性验证设置，选中输入区域后设置允许"文本"且长度等于"18"，并设置相应的输入提示和出错警告，如图 3-60 所示。

7）对"性别"列也进行数据有效性验证设置，选中输入区域后设置验证条件为允许"序列"，来源处输入"男,女"，并设置相应的输入提示和出错警告，如图 3-61 所示。以后录入时就只能录入男或女了（可以直接输入，也可以通过下拉箭头选择）。

图 3-60　文本长度有效性验证　　　　　图 3-61　范围验证（下拉选项）

8）对于"职工"年龄和"工龄"两列，则选中输入区域，设置单元格格式为数值，没有小数位，如图 3-62 所示。再分别使用公式和函数进行计算求得第一个人的年龄和工龄。

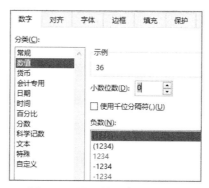

图 3-62　设置单元格数值显示

9）选中已经计算出的年龄和工龄，拖动填充柄到人事信息数据表最后行，完成整张表格的所有数据录入工作，见图 3-63。

图 3-63　填充柄处理年龄和工龄

（4）完成录入后，就开始进行排版工作。

1）将 A1:I1 全选中，单击"开始"选项卡下"对齐方式"组中的"合并后居中"按钮，将这些单元格合并，让标题居中对齐。设置第一行的高度为 40，设置字体为"华文宋体"、22 号，见图 3-64。

图 3-64　设置字体、字号

2）选中除标题外的所有区域（A2:I17），设置字体为"微软雅黑"、12 号，并且水平居中对齐。

3）选中第二行 A2:I2 区域，设置字体"加粗"，填充"紫色"，字体颜色为"白色"。

4）选中整个表格（A1:I17），在"开始"选项卡"字体"组中选择"所有框线（A）"，再次选择"粗匣框线（T）"，见图 3-65。

（5）为所有人事信息加了边框后，可以为表格数据加入生日提醒功能。即使用条件格式功能将本月内过生日的所有职工信息突出显示。

1）全选 A3:I17 员工人事信息区域，单击"开始"选项卡下"样式"组里的"条件格式"按钮，选择"新建规则"，见图 3-66。

图 3-65　设置表格边框　　　　　　　　图 3-66　条件格式—新建规则

2）在弹出的"新建格式规则"对话框中选择"使用公式确定要设置格式的单元格"，输入公式，并设置格式为填充"黄色"，见图 3-67。

图 3-67　使用公式定义条件格式

特别需要注意的是，公式里 F 列是"出生日期"列，我们需要给它加上列绝对坐标，但是起始行是 3，行可以变换以遍历整个区域，所以行不用绝对坐标，但是行号一定要和框选区域的起始行号一致。

3）单击"确定"完成条件格式设置，见图 3-68。

序号	员工编号	员工姓名	参工时间	身份证号	出生日期	性别	年龄	工龄
01	AY0001	胡某	2003年4月15日	510130198103157000	1981年4月15日	男	36	14
02	AY0002	陈某	2004年4月16日	510130198003157001	1982年10月10日	女	35	13
03	AY0003	闫某某	2005年4月20日	510130198203157002	1981年4月12日	男	36	12
04	AY0004	敖某某	2006年3月12日	510130198103157004	1981年11月5日	男	36	11
05	AY0005	陈某某	2004年5月18日	510130198103157005	1984年8月15日	男	33	13
06	AY0006	郑某某	2003年5月10日	510130198303157006	1981年3月27日	女	36	14
07	AY0007	满某	2005年4月21日	510130198103157007	1981年6月12日	女	36	12
08	AY0008	廖某	2004年7月19日	510130198403157008	1981年1月17日	男	36	13
09	AY0009	邓某	2006年10月8日	510130198103157009	1980年12月13日	男	37	11
10	AY0010	陈某	2005年3月26日	510130198203157010	1981年3月21日	男	36	12
11	AY0011	郑某某	2004年5月15日	510130198203157011	1982年11月15日	女	35	13
12	AY0012	廖某某	2003年4月16日	510130198403157012	1981年4月13日	男	36	14
13	AY0013	王某某	2006年2月17日	510130198103157013	1984年10月15日	女	33	11
14	AY0014	邓某	2005年6月27日	510130198103157014	1983年8月15日	男	34	12
15	AY0015	闫某	2003年4月19日	510130198303157015	1981年9月12日	女	36	14

图 3-68　条件格式效果

注意：条件格式可以反复叠加使用，一个表格可以有多个条件格式，当不需要时，可以先选中编辑区域再使用"条件格式"下拉菜单中"清除规则"全部清除，或者单击"管理规则"进行个别删除或者修改。

（6）完成人事信息数据表设计后，就可以接着设计员工信息卡了。

1）用鼠标右键单击 Sheet2 工作表名标签，选择快捷菜单的"重命名"菜单项，将工作表重命名为"员工信息卡"。

2）在"员工信息卡"工作表中，根据图 3-25 所示的员工信息卡样式，完成基本信息的录入，如图 3-69 所示。

	A	B	C	D
1	员工信息卡			
2	请选择员工编号：			
3	员工姓名		性别	
4	身份证号			
5	出生日期	·	年龄	
6	参工时间		工龄	

图 3-69　员工信息卡基本信息录入

3）调整各行高度，并选中 A1:D1 区域进行"合并后居中"，设置字体为"华文中宋"、18号、粗体。

4）选择 A2:B2，选择"合并后居中"，设置字体为"微软雅黑"，填充"绿色"，合并 C2:D2单元格。

5）选中 A3 单元格，再按下 Ctrl 键，选中 C3、A4、A5、C5、A6 和 C6 单元格，填充"紫色"，设置字体颜色为"白色"。

6）选中 B4:D4 单元格进行"合并后居中"，然后和"人事信息数据表"一样进行边框设置，见图 3-70。

7）单击 C2 单元格，单击"数据"选项卡中"数据工具"组里的"数据有效性"按钮。对于数据来源，直接单击最后的 按钮，单击"人事信息"工作表标签，然后直接单击 B3单元格后，拖动选中整列数据，见图 3-71 和图 3-72。

图 3-70 美化员工信息卡

设置　输入信息　出错警告　输入法模式

有效性条件

允许(A):

序列 ☑ 忽略空值(B)
☑ 提供下拉箭头(I)

数据(D):

介于

来源(S):

=人事信息!$B$3:$B$17

图 3-71 设置 C2 单元格数据来源

员工编号	员工姓名	参工时间	身份证号	出生日期
AY0001	胡某	2003年4月15日	510130198103157000	1981年4月15日
AY0002	陈某	2004年4月16日	510130198003157001	1982年10月10日
AY0003	闫某某	2005年4月20日	510130198203157002	1981年4月12日
AY0004	敖某某	2006年3月12日	510130198103157004	1981年11月5日
AY0005	陈某某	2004年5月18日	510130198103157005	1984年8月15日
AY0006	郑某某	2003年5月10日	510130198303157006	1981年3月27日
AY0007	满某	2005年4月21日	510130198103157007	1981年6月12日
AY0008	廖某	2004年7月19日	510130198403157008	1981年1月17日
AY0009	邓某	2006年10月8日	510130198003157009	1980年12月13日
AY0010	陈某	2005年3月26日	510130198203157010	1984年5月21日
AY0011	郑某某			8月15日
AY0012	廖某某	2003年4月16日	510130198403157012	1981年4月13日
AY0013	王某某	2006年2月17日	510130198403157013	1984年10月15日
AY0014	邓某	2005年6月27日	510130198103157014	1983年8月15日
AY0015	闫某	2003年4月19日	510130198303157015	1981年9月12日

数据有效性

人事信息!$B$3:$B$17

图 3-72 框选有效性验证的数据序列范围

松开左键返回"数据有效性"对话框，单击"确定"按钮完成有效性设置，并返回"员工信息卡"工作表。以后员工编号就可以不用输入，直接选择了。

8）单击 B3 单元格，输入查询函数"=VLOOKUP($C$2,人事信息!$B$3:$I$17,2,TRUE)"，并将公式复制粘贴到所有需要数据的单元格，根据各关键字出现的列位置，修改函数里的返回值列相对序号（注意：公式中的绝对坐标是防止复制公式时坐标发生改变），见图 3-73。

9）从图 3-73 中可以看到，两个时间显示不正确，主要原因是单元格格式不正确，选中 B5:B6 单元格，在右键菜单中选择"设置单元格格式"，选择中文日期格式，见图 3-74，则所有数据显示正常。

B3　　fx　=VLOOKUP($C$2,人事信息!$B$3:$I$17,2,TRUE)

A	B	C	D	E	F	G	H

员工信息卡

请选择员工编号： AY0001

员工姓名 胡某 性别 男

身份证号 510130198103157000

出生日期 29691 年龄 36

参工时间 37726 工龄 14

图 3-73 设计查询公式

图 3-74 设置单元格日期显示格式

（7）单击 Excel 快速访问工具栏"保存"按钮（或者按快捷键 Ctrl+S），将所有操作结果保存，完成任务。

【任务小结】

通过本任务练习，我们主要学习了：

（1）Excel 工作表的格式化。

（2）Excel 公式和函数的使用。

任务 3.3　使用 Excel 进行人员的招聘与录用

【任务说明】

公司即将进行人事招聘，领导安排你负责这项工作整个过程的宣传和招聘数据处理工作，要求：

（1）制作招聘费用预算表。

（2）制作招聘流程图。

（3）应聘人员登记表。

（4）制作面试人员名单表。

你希望用 Excel 2010 来实现，该怎么做呢？

【预备知识】

3.3.1　数据处理

ExceL 2010 具有强大的数据处理能力，数据处理就是利用已经建好的电子数据表格，根据用户需要进行数据查找、排序、筛选和分类汇总的过程。这里主要介绍数据的排序、筛选及分类汇总的方法。

1. 数据排序

排序是指根据某个列或某几个列的升序或降序重新排列数据记录的顺序，从而满足不同数据分析的要求。

排序又分为简单排序和高级排序两种。简单排序是指对表格中某一单列的数据以升序或降序方式排列数据。高级排序也称多条件排序，就是将多个条件同时设置出来，对工作表数据进行排序，一般指对 2 列或 3 列的数据进行复杂的排序。

在排序时所依据的列（字段）称为"关键字"，关键字根据起作用的先后顺序分为主关键字、次要关键字和第二次要关键字。排序过程中，只有当主要关键字相同时才考虑次要关键字，当次要关键字也相同时才考虑第二次要关键字。

排序的方式有升序（默认）和降序两种，升序即指由小到大的顺序，即为递增，降序则反之，即为递减。对于数值数据，排序依据是数值大小；字母以字典顺序为依据，默认大小写等同，可在"Excel 选项"对话框中设置区分大小写；汉字默认按拼音顺序，也可在"Excel 选项"对话框中设置按拼音或笔画顺序进行排序；空单元格始终排在最后。

（1）简单排序

将学生成绩表中的"数学"列按升序进行排序，具体步骤如下：

①选中排序字段“数学”列的任一单元格。

②单击“数据”选项卡，在“排序和筛选”组中单击“排序”按钮。

③弹出“排序”对话框，在“主要关键字”下拉列表框中单击“数学”选项，排序依据处选“数值”，次序处选“升序”，如图 3-75 所示。

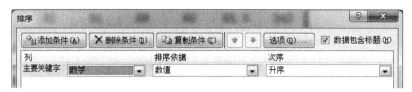

图 3-75　“排序”对话框

④单击“确定”按钮，此时所有学生的数学成绩就按照从小到大的方式进行了排序。

（2）高级排序

对学生成绩表以“总分”为主关键字进行“降序”排列，再以“计算机”成绩为次要关键字进行“升序”排序，具体操作步骤如下：

①用鼠标将表格全部选中。

②单击“数据”标签，在“排序和筛选”组中单击“排序”按钮。

③弹出“排序”对话框，在“主要关键字”下拉列表中单击“总分”选项，在“次序”下拉列表中单击“降序”。

④如果存在相同的总分，此时需要单击“添加条件”按钮，然后设置“次要关键字”为“计算机”，排序次序为“升序”。

⑤单击“确定”按钮，此时表格中的数据首先按照“总分”降序排列，对于总分相同的成绩，再按照“计算机”专业成绩“升序”排序，如图 3-76 所示。

A2　洪辉

	A	B	C	D	E	F	G	H	I
1	姓名	学号	专业	数学	化学	英语	计算机	平均分	总分
2	洪辉	065201	临床医学	100	93	91	95	94.75	379
3	王凯	065204	医学影像学	95	100	93	82	92.5	370
4	曹艺晗	065202	遗传学	95	89	84	94	90.5	362
5	李雪琪	065203	临床医学	90	84	93	86	88.25	353
6	钟晓婷	065206	临床医学	92	94	79	88	88.25	353
7	孙睿	065207	口腔学	80	85	90	93	87	348
8	马翔	065211	遗传学	76	85	94	90	86.25	345
9	郭晨	065209	遗传学	82	91	89	80	85.5	342
10	黄明达	065205	临床医学	86	92	84	80	85.5	342
11	张莹	065208	医学影像学	86	77	84	93	85	340
12	许迪	065213	口腔学	74	69	83	91	79.25	317
13	陈思	065212	口腔学	82	85	73	76	79	316
14	赵景阳	065210	口腔学	67	83	55	84	72.25	289
15	罗颖鑫	065214	遗传学	71	56	72	65	66	264
16	吴熙楠	065215	医学影像学	44	56	65	69	58.5	234

图 3-76　排序后效果

2. 数据筛选

数据筛选就是从数据表中筛选出复合一定条件的数据库记录，不满足条件的数据库记录则暂时隐藏起来。Excel 2010 的筛选功能包括自动筛选、自定义筛选和高级筛选。其中自动筛选比较简单，自定义筛选可设定多个条件，而高级筛选的功能强大，可以利用复杂的筛选条件进行筛选。

（1）自动筛选

自动筛选的操作步骤如下：

①选定工作表中的任意单元。

②在"数据"选项卡中单击"筛选"按钮。此时在各字段名的右下角出现一个下三角按钮，如图 3-77 所示。

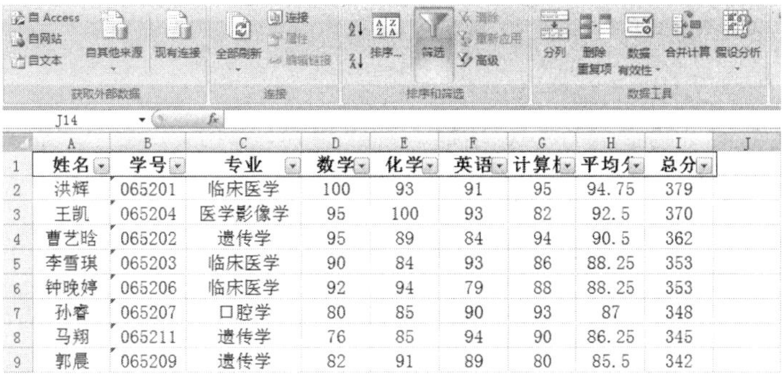

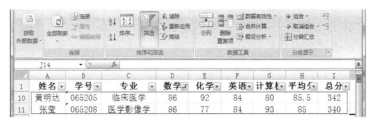

图 3-77 "自动筛选"窗口

③单击某字段名的下三角按钮，在弹出的下拉列表中，通常包括五个选项：升序、降序、按颜色排序、文本筛选或数字筛选。

④在下拉列表中单击某一个具体的值，这时符合筛选条件的记录被显示出来，不符合筛选条件的记录均隐藏起来。

恢复隐藏的记录有以下两种方法。

- 在"开始"选项卡的"编辑"组中，单击"排序和筛选"按钮，然后单击"清除"按钮则可恢复显示所有的记录，此时各字段名的"自动筛选"右下角下三角按钮仍存在，故仍可以进行筛选。

- 单击字段名的下三角按钮，然后在列表中单击"从××（字段名）中清除筛选"选项或从展开的列表中勾选"（全选）"复选框，即可将原来数据全部重新显示出来。

例如，请筛选出"数学"成绩为 86 分的学生记录。

操作步骤如下：

①选定工作表中的任意单元。

②在"数据"选项卡中单击"筛选"按钮。

③单击"数学"字段的下三角按钮，然后在列表中先取消勾选"（全选）"复选框，再勾选 86 分选项。

④单击"确定"按钮，则所有数学成绩是 86 分的学生记录都筛选出来了。筛选出的记录所在的列号变成了蓝色，如图 3-78 所示。

图 3-78 筛选结果

（2）自定义筛选

如果需要设定多个条件进行筛选，则要使用自定义筛选功能来完成更精确的数据筛选。

例如，请从工作表中筛选出姓"黄"或者姓"李"同学的记录。

自定义数据筛选的操作步骤如下：

①选定工作表中的任意单元。

②在"数据"选项卡中单击"筛选"按钮，然后单击"姓名"下三角按钮。

③从展开的下拉列表中将鼠标指针指向"文本筛选"选项，选择"自定义筛选"，如图 3-79 所示。

④弹出"自定义自动筛选方式"对话框，在"姓名"栏下拉列表中选择"开头是"选项，在右侧的下拉列表框中输入需要筛选的姓名"黄"，如图 3-80 所示。

图 3-79　自定义筛选项

图 3-80　自定义筛选条件

⑤单击"或"单选按钮，在下方的下拉列表中选择"开头是"选项，并在右侧下拉列表框中输入"李"，如图 3-80 所示。

⑥单击"确定"按钮。

对于文本数据列在自定义筛选项中可以选择关系操作符（等于、不等于、开头是、结尾是、包含、不包含等），对于数字数据列也可以选择关系操作符（等于、不等于、大于、大于或等于、小于、小于或等于、介于、10 个最大的值、高于平均值、低于平均值等），而且两个比较条件还能以"或"或"与"的关系组合起来形成复杂的条件。

通过对多个字段的依次自动筛选，可以进行复杂一些的筛选操作。例如要筛选出英语和数学成绩都在 85 分以上的学生的记录，可以先筛选出英语成绩在 85 分以上的学生记录，然后在已经筛选出的记录中继续筛选数学成绩在 85 分以上的记录。

注意：在设置自定义筛选时，还可以使用通配符来进行条件设置。"？"代表任意一个字符，"*"代表任意多个字符。

（3）高级筛选

对于复杂的筛选条件，可以使用"高级筛选"。使用"高级筛选"的关键是在工作表的任意位置先设置用户自定义的复杂组合条件，这些组合条件常常放在一个称为条件区域的单元格区域中。

1）筛选的条件区域

条件区域包括两个部分：标题行（也称字段名行或条件名行），一行或多行的条件。条件区域的创建步骤如下：

①在数据记录的下面准备好一个空白区域。

②在此空白区域的第一行输入字段名作为条件名行，最好是从字段名行复制过来，以避免输入时因大小写或有多余的空格而造成不一致。

③在字段名行的下一行开始输入条件。

2）筛选的条件

①简单比较条件。简单比较条件是指只用一个简单的比较运算（=、>、>=、<、<=、<>）表示的条件。在条件区域字段名正下方的单元格输入条件，如：

姓名	英语	数学
刘*	>80	>=85

当是等于（=）关系时，等号"="可以省略。当某个字段名下没有条件时，允许空白，但是不能加上空格，否则将得不到正确的筛选结果。

对于字符字段，其条件可以用通配符"*"及"?"。字符的大小比较按照字母顺序进行，对于汉字，则以汉语拼音为顺序，若字符串用于比较条件中，必须使用双引号""（除直接写的字符串）。

②组合条件。如果需要使用多重条件在数据库中选取记录，就必须把条件组合起来。其基本的形式有如下两种。

- 在同一行内的条件表示 AND（"与"）的关系。例如，要筛选出所有姓刘并且英语成绩高于 80 分的人，条件表示为

姓名	英语
刘*	>80

如果要建立一个条件为某字段的值的范围，必须在同一行的不同列中为每一个条件建立字段名。例如，要筛选出所有姓刘并且英语成绩在 70～79 分间的人，条件表示为

姓名	英语	英语
刘*	>=70	<80

- 在不同行内的条件表示 OR（"或"）的关系。例如，要筛选出姓刘并且英语分数大于或等于 80 分或者英语分数低于 60 分的人，这时组合条件在条件区域中表示为

姓名	英语
刘*	>=80
	<60

如果组合条件为姓刘或英语分数低于 60 分，在条件区域中则写成

姓名	英语
刘*	
	<60

由以上的例子可以总结出组合条件的表示规则：

规则 A：当使用数据库不同字段的多重条件时，必须在同一行的不同列中输入条件。

规则 B：当在一个数据库字段中使用多重条件时，必须在条件区域中重复使用同一字段名，这样可以在同一行的不同列中输入每一个条件。

规则 C：在一个条件区域中使用不同字段或同一字段的逻辑 OR 关系时，必须在不同行中输入条件。

③计算条件。前面介绍的筛选方法都是用数据库字段的值与条件区域中的条件作比较。实际上，如果用数据库的字段（一个或几个）根据条件计算出来的值进行比较，也可以筛选出所需的记录。

操作方法：在条件区域第一行中输入一个不同于数据库中任何字段名的条件名（空白也可以）。如果计算条件的条件名与某一字段名相同，Excel 将认为其是字段名。在条件名正下方的单元格中输入计算条件公式。在公式中通过引用字段的第一条记录的单元格地址（用相对地址）去引用数据库字段。公式计算后得到的结果必须是逻辑值 TRUE 或 FALSE。

3）高级筛选操作

高级筛选的操作步骤如下：

①按照前面所讲的方法建立条件区域。

②在数据库区域内选定任意一个单元格。

③在"数据"选项卡的"排序和筛选"组中单击"高级"按钮，弹出"高级筛选"对话框，如图 3-81 所示。如果系统默认的列表区域不正确，可单击"列表区域"文本框右侧的折叠按钮重新选择。

图 3-81　高级筛选

④在"高级筛选"对话框中选中"在原有区域显示筛选结果"单选按钮。

⑤输入"条件区域"，即单击"条件区域"文本框右侧的折叠按钮选择步骤①中建立的条件区域。

⑥单击"确定"按钮，则筛选出符合条件的记录。

如果想要把筛选出的结果复制到一个新的位置，则可以在"高级筛选"对话框中选定"将筛选结果复制到其他位置"单选按钮，并且还要在"复制到"文本框中输入要复制到的目的区域的首单元格地址。注意：以首单元格在左上角的区域必须有足够多的空位存放筛选结果，否则将覆盖该区域的原有数据。

有时要把筛选的结果复制到另外的工作表中，则必须首先激活目标工作表，然后再在"高级筛选"对话框中，输入"列表区域"和"条件区域"。输入时要注意加上工作表的名称，如列表区域为 Sheet1!A1:H16，条件区域为 Sheet1!A20:B22，而复制到的区域直接为 A1。这个A1 是当前的活动工作表（如 Sheet2）的 A1，而不是源数据区域所在的工作表 Sheet1 的 A1。

在"高级筛选"对话框中，选中"选择不重复的记录"复选框后再筛选，得到的结果中将剔除相同的记录（但必须同时选择"将筛选结果复制到其他位置"此操作才有效）。这个特性使得用户可以将两个相同结构的数据库合并起来，生成一个不含有重复记录的新数据库。此时筛选的条件为"无条件"，具体做法是：在条件区只写一个条件名，条件名下面不要写任何的条件，这就是所谓的无条件。

例如，在成绩统计工作表中，其数据区域为 A1:I16，要求：①试采用高级筛选的功能从中筛选出数学成绩大于或等于 90 分，或者英语成绩大于或等于 85 分的所有记录；②将筛选结果复制到其他位置；③清除源数据表中的所有信息，再把筛选结果移动到 A1 单元格为左上角的区域内。

具体操作步骤如下：

①先建立筛选条件区域 B18:C20，则 B18 和 C18 的内容分别为"数学"和"英语"，B19 和 C20 的内容分别为">=90"和">=85"。

②选择工作表中的任一单元格。

③在"数据"选项卡的"排序和筛选"组中单击"高级"按钮，弹出"高级筛选"对话框。

④在"高级筛选"对话框中，设置"列表区域""条件区域"和"复制到"三个文本框中的内容，如图 3-82 所示。

⑤单击"确定"按钮，在"复制到"区域内就得到了筛选结果，如图 3-83 所示。

图 3-82　"高级筛选"对话框

图 3-83　筛选结果

⑥选择原数据表的整个区域，单击"开始"选项卡中"编辑"组中"清除"下拉三角按钮，选择"全部清除"选项。

⑦最后把筛选结果移动到以 A1 单元格为左上角的区域内。

【例 3.4】筛选出数学和英语两门课分数之和大于 185 分的学生记录。

分析：解决本例可以用计算条件。假设数学、英语分别在 D、F 列，第 1 条记录在第 2 行，计算条件就是 D2+F2>185。在条件名行增加条件名"数英"，在其下输入计算条件。表示为：

数英
=D2+F2>185

最后的筛选结果如图 3-84 所示。

	B19			f_x	=D2+F2>185				
	A	B	C	D	E	F	G	H	I
1	姓名	学号	专业	数学	化学	英语	计算机	平均分	总分
2	洪峰	065201	临床医学	100	93	91	95	94.75	379
3	王凯	065204	医学影像学	95	100	93	82	92.5	370
4	曹艺哈	065202	遗传学	95	89	84	94	90.5	362
5	李雪琪	065203	临床医学	90	84	93	86	88.25	353
6	符晓玲	065206	临床医学	92	94	79	88	88.25	353
7	孙奉	065207	口腔学	80	85	90	93	87	348
8	马翔	065211	遗传学	76	85	94	90	86.25	345
9	黄明达	065205	临床医学	86	92	84	80	85.5	342
10	郭晨	065209	遗传学	82	91	89	80	85.5	342
11	张莹	065208	医学影像学	86	77	84	93	85	340
12	许迪	065213	口腔学	74	69	83	91	79.25	317
13	陈恩	065212	口腔学	82	85	73	76	79	316
14	赵景阳	065210	口腔学	67	83	55	84	72.25	289
15	罗颖蓉	065214	遗传学	71	56	72	65	66	264
16	吴燕琦	065215	医学影像学	44	56	65	69	58.5	234
17									
18		数英							
19		TRUE							
20									
21									
22	姓名	学号	专业	数学	化学	英语	计算机	平均分	总分
23	洪峰	065201	临床医学	100	93	91	95	94.75	379
24	王凯	065204	医学影像学	95	100	93	82	92.5	370

图 3-84　计算条件的筛选结果

3. 分类汇总

分类汇总是指将数据库中的记录先按某个字段进行排序分类，然后再对另一字段进行汇总统计。汇总的方式包括求和、求平均值、统计个数等。

【例 3.5】将学生成绩数据表按专业分类统计出各专业学生的英语平均成绩。操作步骤如下：

（1）全部选中工作表数据，在"数据"选项卡的"排序和筛选"组中单击"排序"按钮，主要关键字设为"专业"，次序为"升序"，将学生记录进行排序。

（2）在"数据"选项卡中单击"分类汇总"按钮，弹出"分类汇总"对话框，如图 3-85 所示。

（3）在"分类字段"下拉列表中选择"专业"字段。
注意：这里选择的字段就是在第（1）步排序时的主关键字。

图 3-85　"分类汇总"对话框

（4）在"汇总方式"下拉列表中选择"平均值"。

（5）在"选定汇总项"列表框中选定"英语"复选框。此处可根据要求选择多项。

（6）单击"确定"按钮即可。

分类汇总的结果如图 3-86 所示。

图 3-86 分类汇总结果

如果要撤销分类汇总，可以在"数据"选项卡的"分级显示"组中单击"分类汇总"按钮，进入"分类汇总"对话框后，单击"全部删除"按钮即可恢复原来的数据清单。

分类汇总还允许对多字段进行分类。例如，可以对学生成绩数据表的数据按专业和籍贯分类求出学生的英语平均成绩。操作方法如下：

（1）分类排序，将"专业"作为主要关键字，"籍贯"作为次要关键字。

（2）将"专业"作为分类字段进行汇总。

（3）将"籍贯"作为分类字段进行汇总，注意在"分类汇总"对话框（见图 3-85）中，不勾选"替换当前分类汇总"复选框，即可实现按两个字段进行分类汇总。

4. 数据透视表

数据透视表是一个功能强大的数据汇总工具，用来将数据库中相关的信息进行汇总，而数据透视图是数据透视表的图形表达形式。当需要用一种有意义的方式对成千上万行数据进行说明时，就需要用到数据透视图。

分类汇总虽然也可以对数据进行多字段的汇总分析，但它形成的表格是静态的、线性的，数据透视表则是一种动态的、二维的表格。在数据透视表中，建立了行列交叉列表，并可以通过行列转换以查看源数据的不同统计结果。

例如，以图 3-87 所示的数据为数据源，建立一个数据透视表，按学生的籍贯和专业分类统计出英语和数学的平均成绩。

图 3-87 学生成绩表

操作步骤如下：

（1）打开如图 3-87 所示的工作表，在"插入"选项卡中单击"表格"组中的"数据透视表"下三角按钮。

（2）从弹出的下拉列表中单击"数据透视表"选项，弹出"创建数据透视表"对话框（见图 3-88），单击"选择一个表或区域"单选按钮，选择 A1:J16 单元格区域，单击"新工作表"单选按钮，最后单击"确定"按钮，如图 3-88 所示。

（3）在新的工作表中会显示出"数据透视表字段列表"任务窗格，并且在"选择要添加到报表的字段"列表框中会显示出原始数据区域中的所有字段名，如图 3-89 所示。

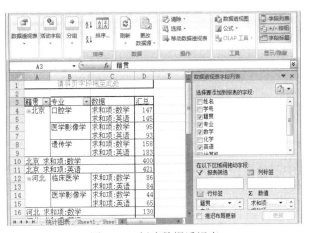

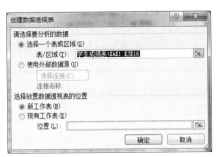

图 3-88　"创建数据透视表"对话框　　　　　图 3-89　创建数据透视表

（4）在"选择要添加到报表的字段"列表框中勾选"籍贯"和"专业"到"行标签"区或通过鼠标将"籍贯"拖到"行标签"区，将"专业"拖到"列标签"区，将"英语"和"数学"拖到"数值"区。这时，"数值"区中就有两个按钮"求和项：英语"和"求和项：数学"。

（5）分别双击"求和项:英语"和"求和项:数学"，在弹出的"值字段设置"对话框（见图 3-90）中，设置"汇总方式"为"平均值"，单击"确定"按钮返回，然后将"数据透视表字段列表"任务窗格关闭。经过以上设置即可在一个新的工作表中创建一个数据透视表，结果如图 3-91 所示。

图 3-90　修改汇总方式　　　　　　　图 3-91　一个生成的数据透视表

在该数据透视表中，可以任意地拖动交换行、列字段，"数值"区中的选项会自动随着变化。通过"选项"选项卡中"工具"组的"数据透视图"按钮，可在新的工作表中生成数据透视图。

数据透视表生成后，还可以方便地对它进行修改和调整。当然具体怎么调整就主要取决于用户对后期数据的需求了。

3.3.2 图表

1. 图表简介

在 Excel 中，不仅可以使用二维数据表的形式反映人们需要使用和处理的信息，而且也能够用图表来形象和直观地反映信息。在 Excel 2010 功能区中用户只需选择图表类型、图表布局和图表样式，便可在每次创建图表时即刻获得专业效果。

（1）图表的概念

图表是工作表数据的图形表示，用户可以很直观、容易地从中获取大量信息。Excel 有很强的内置图表功能，可以很方便地创建各种图表，并且图表可以以内嵌图表的形式嵌入数据所在的工作表，也可以嵌入在一个新工作表中。所有的图表都依赖于生成它的工作表数据，当数据发生改变时，图表也会随着做相应的改变。

图表是采用二维坐标系反映数据，通常用横坐标 x 轴表示可区分的所有对象，如学生成绩表中所有学生的编号或姓名，教师职称人数统计表中所有职称类别（教授、副教授、讲师、助教等），用纵坐标 y 轴表示对象所具有的某种或某些属性的数值大小，如学生成绩表中各课程的分数，教师职称人数统计表中每类职称人数的多少等。因此，常称 x 轴为分类（类别）轴，y 轴为数值轴。

在图表中，每个对象都对应 x 轴的一个刻度，它的属性值的大小都对应 y 轴上的一个高度值，因此，可用一个相应的图形（如矩形块、点、线等）形象地反映出数据关系，有利于对象之间属性值大小的直观性比较和分析。图表中除了包含每个对象所对应的图形外，还包含许多附加信息，如图表名称、x 轴名和 y 轴名、坐标系中的刻度线、对象的属性值标注等。

（2）图表的类型

Excel 提供的图表有柱形图、折线图、饼图、条形图、面积图、XY 散点图、股价图、曲面图、圆环图、气泡图和雷达图 11 种类型，而且每种图表还有若干子类型，如柱形图中就包含有 19 个子图表类型。不同图表类型适合于不同数据类型。当单击每个子图表类型时，会给出相应的名称说明，如柱形图的第 1 个子类型叫做簇状柱形图，用于比较相交于类别轴上的数值大小，第 2 个子图叫做堆积柱形图，用于比较相交于类别轴上的每个数值所占总数值的大小。

下面将重点介绍三种图表类型，即柱形图、折线图和饼图，有了这个基础就很容易使用其他图表类型。

①柱形图

柱形图用于反映数据表中每个对象同一属性的数值大小的直观比较，每个对象对应图表中一簇有颜色的矩形块，或上下颜色不同的矩形块，所有簇当中同一颜色的矩形块属于数据表中的同一属性，如各门课程分数属性等。

柱形图如图 3-92 所示，在柱形图的各子类型中，有二维平面图和三维立体图，用户可以根据需要和兴趣进行选择。

图 3-92　柱形图被选择时的"插入图表"对话框

②折线图

折线图通常用来反映数据随时间或类别而变化的趋势，如反映某个学校历年来考取高一级学校的总人数的发展趋势，反映一年 12 个月中的某种菜价变化的趋势或某个产品在某个地区的某段时间内的销售量变化趋势等。

折线图包含 7 个子类型，折线图中每个数据点或每截线段的高低就表示对应数值的大小，如图 3-93 所示。

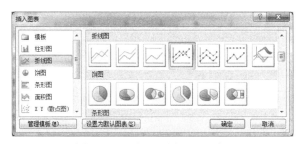

图 3-93　"插入图表"对话框

③饼图

饼图通常用来反映同一属性中的每个值占总值（所有值之和）的比例。饼图可用一个平面或立体的圆形饼状图表示，由若干个扇形块组成，扇形块之间用不同颜色区分，一种颜色的扇形块代表同一属性中的一个对应对象的值，其扇形块面积大小就反映出对应数值的大小和其在整个饼图中的比例。

饼图的子类型有 6 种，如图 3-93 所示。

2．创建图表

图表是在数据表的基础上使用的，当需要在一个数据表上创建图表时，首先要选择该数据表中的任一个数据区域（源数据区域），然后在"插入"选项卡的"图表"组中选择需要的图表类型，即可创建图表。

下面以学生成绩表为例，介绍创建图表的方法。

（1）选择创建图表的数据区域 A1:A16 及 D1:G16，在选定第 2 个区域时，因与第 1 个区域不连续而要按住 Ctrl 键，如图 3-94 所示（这里选择了"姓名""数学""化学""英语"和"计算机"列）。

（2）用鼠标在"插入"选项卡的"图表"组中单击需要的图表类型按钮，从下拉列表中选择一种子类型，如图 3-95 所示。

（3）单击"簇状柱形图"子类型后，系统会以默认的格式在工作表中创建图表，效果如图 3-96 所示。

姓名	学号	专业	数学	化学	英语	计算机	平均分	总分	等级评定
洪辉	065201	临床医学	100	93	91	95	94.75	379	优
曹艺晗	065202	遗传学	95	89	84	94	90.5	362	优
李雪琪	065203	临床医学	90	84	93	86	88.25	353	优
王凯	065204	医学影像学	95	100	93	82	92.5	370	优
黄明达	065205	临床医学	86	92	84	80	85.5	342	优
钟晓婧	065206	临床医学	92	94	79	88	88.25	353	优
孙睿	065207	口腔学	80	85	90	93	87	348	优
张莹	065208	医学影像学	86	77	84	93	85	340	优
郭辰	065209	遗传学	82	91	89	80	85.5	342	优
赵景阳	065210	口腔学	67	83	55	84	72.25	289	及格
马翔	065211	遗传学	76	85	94	90	86.25	345	优
陈思	065212	口腔学	82	85	73	76	79	316	良
许迪	065213	口腔学	74	69	83	91	79.25	317	良
罗颖鑫	065214	遗传学	71	56	72	65	66	264	及格
吴熙楠	065215	医学影像学	44	56	65	69	58.5	234	不及格

图 3-94 图表的数据区域

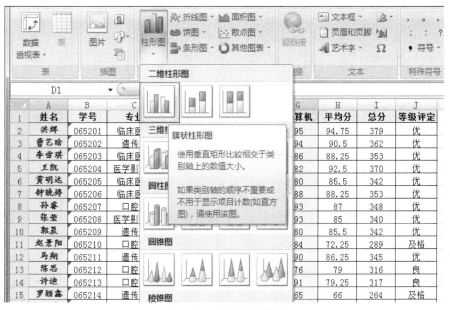

图 3-95 选择图表类型

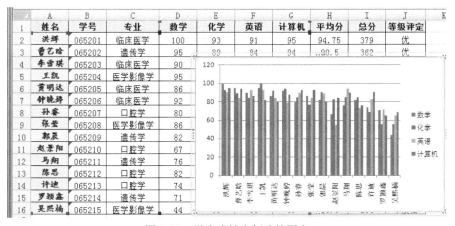

图 3-96 学生成绩表创建的图表

从以上操作步骤可以看到，实际上创建图表的过程非常简单。其中的关键是要理解每种图表的意义，选择每种图表所需的数据，了解哪些数据 Excel 可以自动获取，哪些数据需要用户给出。

3. 图表的基本操作

图表创建以后，可以对它进行格式化和编辑修改，这样可以突出某些数据，增强人们的印象。格式化和编辑修改图表元素的主要困难在于图表上的各种元素太多，而且每种元素都有自己的格式属性。各种图表元素标识如图 3-97 所示。当光标停留在某一图表元素上，就会有一个说明弹出。移动鼠标时，请注意分辨图表的三个大的部分：图表区域、绘图区和坐标轴（分类轴（x 轴）和数值轴（y 轴））。

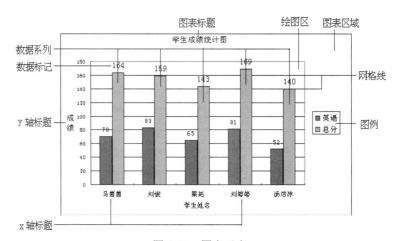

图 3-97　图表元素

（1）图表格式化

对各种图表元素可使用不同的格式、字体、图案和颜色。不管哪种图表元素，都必须按照以下步骤进行格式设置。

①单击鼠标左键以激活图表，这时图表的边框四周出现 8 个小黑方块。

②选择要格式化的图表元素。如果用鼠标很难准确地选中图表元素，可以通过"图表工具"的"格式"选项卡、"布局"选项卡、"设计"选项卡对选定图表对象进行格式化。

例如，单击欲格式化的图表元素"图例"，或者用鼠标指针指向该元素并单击鼠标右键，在弹出的快捷菜单中选择需要的格式化选项，如图 3-98 所示。设置完成后单击"确定"按钮。

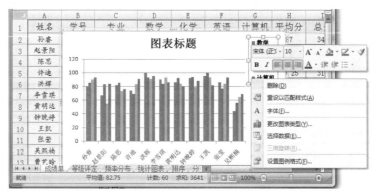

图 3-98　图例的格式化选项

每一种图表元素都有自己的格式化选项，例如：

- 图表区的格式化选项包括字体、选择数据、数据区域格式和移动图表等。
- 绘图区的格式化选项包括选择数据和更改图表类型等。
- 数据系列的格式化选项包括选择数据、添加数据标签、添加趋势线、数据系列格式等。
- 图例的格式化选项包括字体、格式和选择数据等。
- 坐标轴的格式化选项包括字体、选择数据、添加主要次要网格线、坐标轴格式等。

（2）修改图表

一旦创建了一个图表，在添加、删除和重组数据时，并不需要重建图表，只要进行一些适当的修改就可以了。

单击图表以激活它，也可在图表区域或绘图区单击鼠标右键，从弹出的快捷菜单中选择相应的命令（更改图表类型、选择数据、移动图表、设置图表区域格式等）。设置完毕后，图表就发生了改变。

① 更改图表类型

方法一：通过"插入"选项卡更改。在"插入"选项卡的"图表"组中单击需要的图表类型，如单击"饼图"按钮，从弹出的下拉列表中选择子图表，此时图表会自动发生改变。

方法二：在图表区单击鼠标右键，在弹出的快捷菜单中选择"更改图表类型"命令，在"更改图表类型"对话框中选择需要的图表类型及子类型，单击"确定"即可。

② 选择数据

可更改数据系列，包括增加或减少数据系列，增加或减少坐标轴标签和图例，或者把系列数据从"列"改成"行"，从"行"改成"列"。

在图表区域单击鼠标右键，在弹出的快捷菜单中选择"选择数据"命令，在弹出的"选择数据源"对话框中进行修改，如图 3-99 所示。修改的过程和建立新图表时基本是一样的，关键是要理解 Excel 是如何使用用户给出的数据来绘制图表的。

③ 移动图表

默认情况下，创建的图表是和源数据在同一个工作表中的，如果想将图表移动到其他工作表中，其操作步骤如下：

- 选中创建的图表。
- 单击"图表工具"的"设计"选项卡，在"位置"组中单击"移动图表"按钮。
- 弹出"移动图表"对话框，单击"新工作表"单选按钮，在右侧的文本框中输入新工作表的名称，如图 3-100 所示。

图 3-99　"选择数据源"对话框

图 3-100　选择放置图表的位置

- 单击"确定"按钮完成图表移动操作。

另外，在图表中添加和删除数据的方法如下：

- 在图表中添加数据。有多种方法可在已建好的图表中添加数据，最简单的方法是：先选定要往图表上添加的数据，选择"开始"选项卡中的"复制"选项，然后选定图表，再选择"开始"选项卡中的"粘贴"选项。如果原来的图表没有 x 轴的标记，用这种方法也可以把它加上去。

- 从图表上删除数据。可从图表上直接删除一组数据系列（包括 x 轴的标记）而不影响工作表数据。方法是：先选定图表，在图表中选定要删除的数据系列，按 Delete 键。

另外，对于图表的有些元素，如图表的标题和坐标轴的标题，可以在"布局"选项卡的"标签"组中单击"图表标题"或"坐标轴标题"来添加或直接进行编辑修改。

（3）快速设置图表布局和样式

在创建图表后，用户可以利用 Excel 2010 提供的多种实用的预定义布局和样式快速对图表进行美化，而无需手动更改图表元素或设置图表格式。

具体操作步骤如下：

①选中创建的图表。

②单击"图表工具"的"设计"选项卡，单击"图表布局"组中的"其他"按钮，从展开的面板中选择预定义布局，如单击"布局 5"选项，如图 3-101 所示。

图 3-101　选择预定义的图表布局

③选择预定义图表样式。选定图表后，单击"图表工具"的"设计"选项卡，单击"图表样式"组中的"其他"按钮，从展开的面板中选择预定义的图表样式，如单击"样式 44"选项，此时图表样式会发生相应改变。

掌握了设置预定义图表布局和样式的方法，在这个基础上对图表的背景、图表标签的布局和格式以及图表坐标轴和网格线的格式进行设置的操作方法大同小异。

4．图表的应用

前面学习了如何创建简单的柱形图表，如何设置修改图表格式等，为了掌握更多图表类型的基本操作，下面用实例讲解如何利用折线图来绘制趋势线以及如何制作饼图。

（1）绘制折线图

例如，请在华新中学 2001－2010 年毕业生情况表中，用折线图表示出历年毕业人数和升学人数的变化情况和发展趋势。

具体操作步骤如下：

①在工作表中选中 B2:C12 单元格区域。

②单击"插入"选项卡,在"图表"组中选择"折线图"列表中"带数据标记的折线图",如图 3-102 所示。

③用鼠标右键单击数据轴(1,2,…,10),在弹出的快捷菜单中选择"选择数据"命令。

④弹出"选择数据源"对话框,如图 3-103 所示。在"水平(分类)轴标签"栏单击"编辑"按钮,弹出"轴标签区域"对话框,选择 A2:A12 区域。

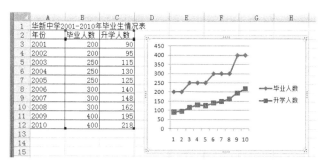

| 图 3-102 带数据标记的折线图 | 图 3-103 修改数据源的水平轴标签 |

⑤单击"确定"按钮,结果如图 3-104 所示。

⑥单击"图表工具"的"布局"选项卡,在"标签"组的选项中可对生成的折线图分别添加"图表标题""坐标轴标题""数据标签"等,在"坐标轴"组中可对生成的折线图增加"网格线"等,结果如图 3-105 所示。

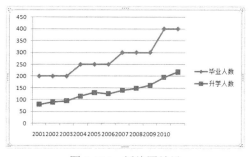

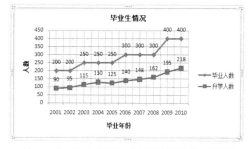

| 图 3-104 折线图效果 | 图 3-105 添加标题、数据标签等的折线图 |

（2）绘制饼图

例如,请在某单位学历结构情况工作表中,分析单位职工各种学历的人数所占总人数的比例。

具体操作步骤如下:

①在某单位学历结构情况工作表中选中 A2:C8 单元格区域。

②在"插入"选项卡的"图表"组中单击"饼图"下三角按钮,在展开的面板中单击"饼图"选项,此时系统将根据所选的原始数据自动创建出如图 3-106 所示的图表。

③假设要更改图表样式,可单击"图表工具"的"设计"选项卡,单击"图表样式"组中的"其他"按钮,选择"样式 26"选项,如图 3-107 所示。

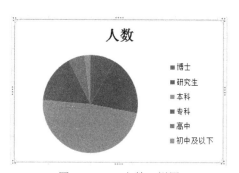

图 3-106 "人数"饼图

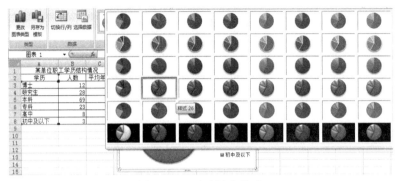

图 3-107　更改图表样式

④假设要添加饼图图表的标题和数据，可单击"图表工具"的"布局"选项卡，在"标签"组中单击"数据标签"下三角按钮，选择"数据标签外"选项，结果如图 3-108 所示，然后将插入点定位在图表标题文本框中，将标题更改为"职工学历结构图"，如图 3-109 所示。

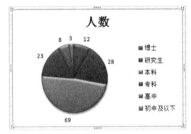

图 3-108　设置数据标签

图 3-109　更改图表标题

5. 图表模板

在 ExceL 2010 中，系统自带了一些丰富美观的图表类型，如果用户想要多次使用自己喜爱的图表类型，可以根据需要将该图表在图表模板文件夹下另存为图表模板，其扩展名为.crtx。这样以后就不需要再重新创建图表，直接应用图表模板即可。如果以后不需要某一特定的图表模板，也可以将其从图表模板文件夹中删除。下面介绍如何自定义图表模板。

具体操作步骤如下：

①选中图表，在"图表工具"的"设计"选项卡的"类型"组中单击"另存为模板"按钮，如图 3-110 所示。

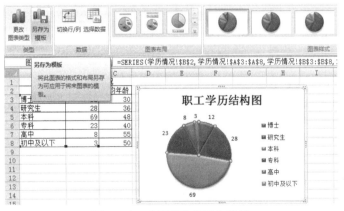

图 3-110　"另存为模板"按钮

②在弹出的"保存图表模板"对话框中，系统默认的保存位置为"..\Microsoft\Templates\Charts"文件夹，并自动选择了保存类型为"图表模板文件（.crtx）"，在"文件名"文本框中输入保存的文件名称。

③单击"保存"按钮。

3.3.3　Excel 2010 打印设置

Excel 表格的打印和 Word 文档的打印有很大不同，首先 Excel 工作表是一个整体，不同于 Word 每页内容是自然分开的。Word 中每个页面的高度宽度都很明确，Excel 中则不然，需要进行很多设置才能打印出较好的效果。

Excel 打印设置的两种方式：主要使用"页面布局"选项卡进行设置，或手动调节行列高度和宽度。

Excel 的"页面布局"选项卡包括"主题""页面设置""调整为合适大小""工作表选项"和"排列"五个选项组。其中和打印直接相关的是中间三项，而"主题"和"排列"选项组主要影响排版阶段，见图 3-111。

图 3-111　Excel 页面布局选项卡

1.　页面设置

（1）页边距

"页边距"列表主要是设置 Excel 页面的内容在纸张上的呈现位置，即内容和上下左右四方的距离及页眉页脚的高度，见图 3-112。

"页边距"列表中预设了三种方案：普通、宽和窄。三种方案符合大多数情况，需要时可以直接选择对应的方案应用生效。如果都不符合需要，可以单击"自定义边距（A）"进行手动设定，见图 3-113。

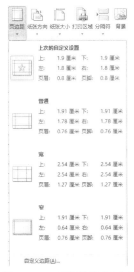

图 3-112　"页边距"列表

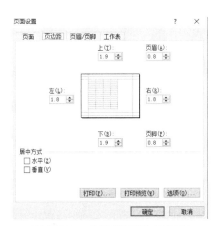

图 3-113　"页面设置"对话框

当打印页面没有占满打印区域时，还可以根据需要选择适合的居中方式让打印出的内容更好看。

（2）纸张方向

和 Word 打印类似，Excel 可以设置"纵向"或"横向"打印，前者是默认方式。每一种打印纸几乎都是长方形的，高度大于宽度。当打印内容较窄时，一般选择"纵向"打印。而当页面内容较宽，超过了纸张的宽度时，就应该选择"横向"打印，用更宽的幅面去打印内容，当然这种情况下，每页的高度就减少了。

（3）纸张大小

一般情况下办公室最常用 B5、A4、A3 纸张，不同的纸张意味着不同的高度和宽度，更换纸张后在相同页面设置情况下，打印区域各不相同，因此根据打印内容的不同我们可以根据需要选择对应的纸张。

需要注意的是,这里设置的纸张大小和打印机中放置的纸张太小是不同概念，这里设置的纸张大小影响的是排版的区域，我们可以将不同纸张大小的内容在同一台打印机上通过 A4 纸打印出来。当然只有当纸张设置和打印机里的纸张是同一种规格时，打印效果最佳。如果两种纸张不同，则打印时需要进行一些打印缩放的设置，后面再进行介绍。

当选好纸张后，可以通过"文件"菜单的"打印"菜单项进行打印预览，查看是否所有内容都在打印页面上显示了，如图 3-114 所示。

部门名称	专业名称	专业方向名称	授课年级	课程代码	课程名称	任课教师	是否合班授课
旅游与文化学院	文化市场经营与管理	文化市场经营与管理	二年级	051600	文化经营专题(1)	艾小元	否
旅游与文化学院	文化市场经营与管理	文化市场经营与管理	二年级	051601	文化经营专题(2)	艾小元	否
电子信息工程学院	应用电子技术	电子信息工程方向	三年级	221468	C语言程序设计	敖开云	否
传媒艺术学院	环境艺术设计	环境艺术设计	一年级	061136	二维设计基础	白瑞荣	否
电子信息工程学院	计算机应用技术	笔记本电脑产品开发与管	二年级	221531	数据库基础与应用	白小燕	否
电子信息工程学院	软件技术	软件技术	二年级	221439	数据库基础与应用	白小燕	否

图 3-114　打印预览

当进行了打印预览再返回编辑状态后，可以看到打印范围的虚线。比如图 3-115 中的两条虚线，前一条表示同一行内容在前一个打印页面的结束边界，后一条表示同一行内容在另一个打印页面的结束边界。即一行内容无法在一个页面上打印完整。

课程名称	任课教师	是否合班授课	是否平行班	授课任务
文化经营专题(1)	艾小元	否	否	主讲
文化经营专题(2)	艾小元	否	否	主讲
C语言程序设计	敖开云	否	否	主讲
二维设计基础	白瑞荣	否	否	主讲
数据库基础与应用	白小燕	否	是	主讲
数据库基础与应用	白小燕	否	是	主讲

图 3-115　打印范围右边界（虚线）

虚线外的列就是没有进入打印范围的列，这时要么调整列宽来处理，要么就要选择缩放打印了。

（4）打印区域

有的时候不是所有内容都需要打印，我们可能只打印一张庞大表格的一部分，这个时候有两种方法，一种是打印时在"打印预览"界面上选择"选定区域"打印，见图 3-116，另一种就是先框选要打印的区域，然后单击"打印区域"，选择"设置打印区域"。设置了对应区域后就能打印出该区域内的内容。当然通过图 3-116 中的"设置"选项我们也可以看到，打印时即便设置了打印区域，也可以勾选"忽略打印区域"来打印全体内容（再次单击取消）。

图 3-116　打印区域设置

（5）打印标题

默认情况下 Excel 多页打印时只在第一页显示标题，后面只有数据，这显然不利于打印后的内容阅读，我们应该给每页都打印上标题。

单击"页面设置"组中的"打印标题"按钮，在弹出的"页面设置"对话框的"工作表"选项卡中，单击"顶端标题行"文本框右侧的折叠按钮，在工作表中选择要设置为标题行的单元格区域，如第 2 行单元格，最后单击"确定"按钮即可生效，见图 3-117。

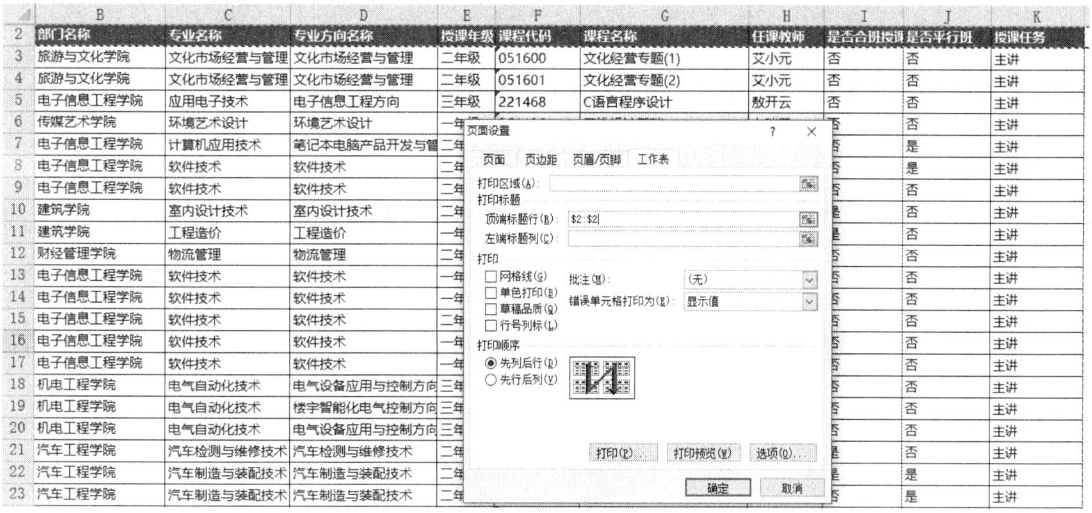

图 3-117　设置打印标题

打印预览时可以看到第二页中已经有了表头。

2．调整为合适大小

当工作表内容太多而无法通过调整列宽来将需要的列全部纳入打印范围时，就可以采用缩放的方式。比如教师授课情况表中有两列超过范围，这时就可以使用缩放来快速调整，当把缩放比例设置为 90% 时已经可以将内容全部显示在打印范围内了（表示打印范围的虚线已经在最右边了），见图 3-118。

部门名称	专业名称	专业方向名称	授课年级	课程代码	课程名称	任课教师	是否合班授课	是否平行班	授课任务
旅游与文化学院	文化市场经营与管理	文化市场经营与管理	二年级	051600	文化经营专题(1)	艾小元	否	否	主讲
旅游与文化学院	文化市场经营与管理	文化市场经营与管理	二年级	051601	文化经营专题(2)	艾小元	否	否	主讲
电子信息工程学院	应用电子技术	电子信息工程方向	三年级	221468	C语言程序设计	敖开云	否	否	主讲
传媒艺术学院	环境艺术设计	环境艺术设计	一年级	061136	二维设计基础	白瑞荣	否	否	主讲
电子信息工程学院	计算机应用技术	笔记本电脑产品开发与管理	二年级	221531	数据库基础与应用	白小燕	否	是	主讲
电子信息工程学院	软件技术	软件技术	二年级	221439	数据库基础与应用	白小燕	否	是	主讲
电子信息工程学院	软件技术	软件技术	二年级	221488	信息系统数据库设计实训	白小燕	否	否	主讲

图 3-118　缩放打印让全部列可以在一个页面打印

3．工作表选项

"工作表选项"组在绝大多数打印情况下都可以不用理会，因为我们默认就是让没有设置边框的地方没有边框，也不打印行列的序号标题。只有当有特殊需求且要打印某些内容时，才勾选对应的项目，见图 3-119。

网格线　标题
☑ 查看　☑ 查看
☐ 打印　☑ 打印

工作表选项

	B	C	D	E	F
2	部门名称	专业名称	专业方向名称	授课年级	课程代码
3	旅游与文化学院	文化市场经营与管理	文化市场经营与管理	二年级	051600
4	旅游与文化学院	文化市场经营与管理	文化市场经营与管理	二年级	051601
5	电子信息工程学院	应用电子技术	电子信息工程方向	三年级	221468
6	传媒艺术学院	环境艺术设计	环境艺术设计	一年级	061136
7	电子信息工程学院	计算机应用技术	笔记本电脑产品开发与管	二年级	221531
8	电子信息工程学院	软件技术	软件技术	二年级	221439
9	电子信息工程学院	软件技术	软件技术	二年级	221488
10	建筑学院	室内设计技术	室内设计技术	二年级	211521
11	建筑学院	工程造价	工程造价	一年级	051663

图 3-119　勾选打印标题后打印预览效果

【任务分析】

根据任务说明，我们需要完成四项子任务，

（1）招聘费用预算表没有特别的地方，需要注意的就是，预算金额通常采用货币格式显示单位，一般会计金融类表格是 Excel 最拿手的，所以可以考虑使用"套用表格格式"来进行美化。

（2）招聘流程图基本不涉及数据处理，使用艺术字和 SmartArt 图形即可完成，需要考虑的主要是如何美观大方。

（3）应聘人员登记表就内容来说没有特别的地方，但是因为是提供给公司外人员使用，最好带上公司 Logo，并且使用 Excel 保护功能锁定可编辑区域，不让用户调整其他区域，只能在规定范围内填写，便于后期自动化回收工具的使用。

（4）面试人员名单表是其中最重要的一张表格，不仅数据重要，还需要通过数据分析掌握一些统计信息，主要包括人员的性别结构、学历结构、通过率等，一方面可通过二维数据进行反映，另一方面可通过图表进行更生动的展示。

【任务实施】

（1）打开 Excel 2010，在桌面上创建"招聘费用预算表.xlsx"，并将"Sheet1"重命名为"招聘费用预算表"，删除另外两张工作表。

1）根据工作需要完善好基础数据，并使用填充功能完成序号填充，使用 SUM 求和函数完成金额合计，并选中所有金额数据，选择"开始"选项卡下"数字"组里的"会计数字格式"为"¥中文（中国）"，见图 3-120。

	A	B	C	D	E
1	招聘费用预算表				
2	招聘时间	2016/10/11			
3	招聘地点	重庆南坪会展中心			
4	负责部门	人力资源部			
5	具体负责人	邓某			
6	招聘费用预算				
7	序号	项目			预算金额
8	1	企业宣传海报及广告制作费			¥24,000.00
9	2	招聘场地租用费			¥1,200.00
10	3	会议室租用费			¥1,400.00
11	4	交通费			¥1,500.00
12	5	食宿费			¥1,200.00
13	6	招聘资料复印打印费			¥500.00
14	合计				¥29,800.00
15	预算审核人（签字）：			公司主管领导审批（签字）：	
16	制表人：			制表日期：	

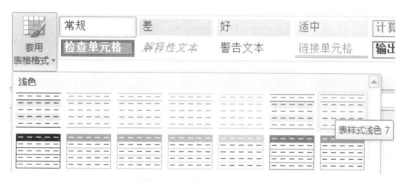

图 3-120　货币格式使用

2）选中 A1 单元格，单击“开始”选项卡“样式”组里的“套用表格格式”，选择“浅色样式 7”，见图 3-121。

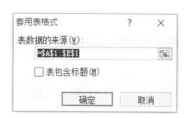

图 3-121　套用表格格式

3）弹出“套用表格式”对话框，设定表格的数据区域，见图 3-122。

图 3-122　套用表格格式范围

4）单击来源文本框后的折叠按钮，重新选择范围，选中 A2:E16，见图 3-123。

5）单击“确定”按钮并返回“套用表格式”对话框，单击“确定”按钮开始套用样式。

6）保持范围选中状态，单击“表格工具”的“设计”选项卡下“工具”组的“转换为区域”按钮，并在弹出对话框询问“是否将表转换为普通区域”时，单击“是”按钮。这时原来表格上的“列 1”…“列 5”行变成了普通行，右击左侧行编号，在弹出的快捷菜单中选择“删除”删掉这个多余的行，然后将原来需要合并的单元格重新合并一次，并调整签字行的高度（单元格内换行用 Alt+Enter 组合键），完成表格设计，见图 3-124。

图 3-123　框选套用格式范围

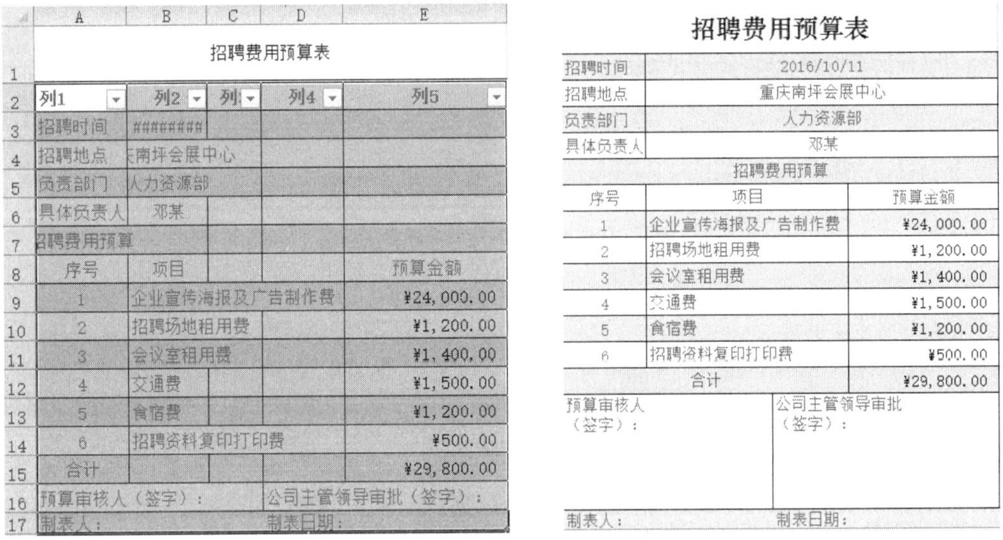

图 3-124　套用格式转换及最终效果

7）保存修改，完成"招聘费用预算表"。

（2）打开 Excel 2010，在桌面上创建"招聘流程图.xlsx"，并将"Sheet1"重命名为"招聘流程图"。

1）单击"插入"选项卡"文本"组的"艺术字"，选择"填充-橙色，强调文字颜色 2，粗柔选棱台"，输入"招聘流程图"，并在"开始"选项卡"字体"组里选择"华文行楷""44"磅，设置字体颜色为"紫色"，见图 3-125。

图 3-125　设计"招聘流程图"艺术字

2）完成标题艺术字设计后，再通过"插入"选项卡插入 SmartArt 图形，选择"图片"类型中的"升序图片重点流程"，见图 3-126。

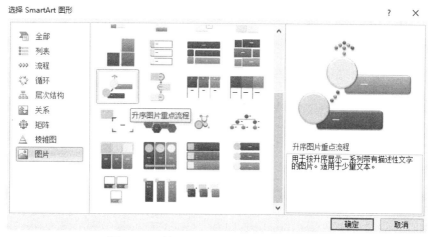

图 3-126 使用"升序图片重点流程"样式

3）需要注意："升序图片重点流程"只能显示 7 个图片对象，多余的将会被省略，所以流程应该优化，控制在 7 个对象以内，并准备相应的小图片，见图 3-127。

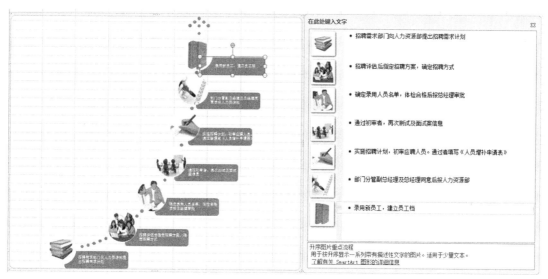

图 3-127 设置流程图的文字和图片

4）完成流程图基本设置后，进行美化。在"SmartArt 工具"的"设计"选项卡"SmartArt 样式"组中进行设置，见图 3-128。

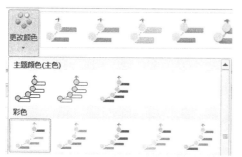

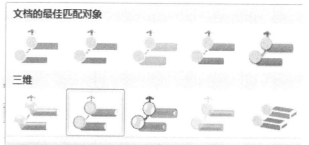

图 3-128 设置流程图颜色和立体效果

5）选中流程图中的每个文字块，设置文字格式为 8 号、粗体，并调整背景块的高度和宽度，让所有信息清晰显示出来，见图 3-129。

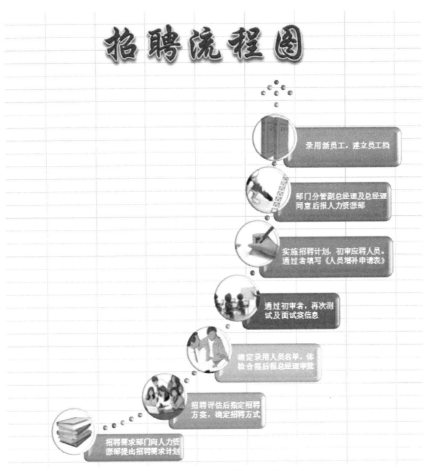

图 3-129   流程图最终效果

6）保存 Excel，完成招聘流程图制作任务。

（3）打开 Excel 2010，在桌面上创建"应聘人员登记表.xlsx"，并将"Sheet1"重命名为"应聘人员登记表"。

1）根据单位对应聘人员信息要求，设计出应聘人员登记表的基本内容并初步排版。设计中我们遇到的最多的操作可能就是单元格合并，如果多行都需要类似合并，最简单的方法就是合并第一行后，使用填充柄填充下面的行，则自动完成其他行的合并效果。此外最后两行需要设置单元格的垂直顶对齐，见图 3-130。

2）单击"插入"选项卡"文本"组的"页眉和页脚"，则会在表格首行前添加一个三列的页眉行。页眉放在最左边格子，则自动左对齐；放在中间格子则自动居中对齐；放在右边格子则自动右对齐。三个格子可以根据需要使用一个或多个。

3）这里将公司名称信息放在中间格子，在右边格子单击"设计"选项卡的"页眉和页脚元素"组的"图片"按钮插入公司 Logo 图片，见图 3-131，如果 Logo 图片较大，可以单击"设置图片格式"按钮调整图片的大小，见图 3-132，确定后单击 Excel 其他位置，即可看到页面添加效果。如果有需要调整的地方，直接单击页眉内容即可进入页眉编辑模式，继续调整即可。

应聘人员登记表

填表时间：

姓名		性别		出生年月		身高		
籍贯		政治面貌		婚否		视力		
家庭地址				现住址				相片
邮政编码		身份证号						
联系电话		手机		E-Mail				
毕业院校				主修专业				
毕业时间		学历		辅修专业				

教育背景（从高中开始填写）		
时间	就读学校	学历

工作经历或实践经验		
就职起始时间	就职单位与部门	主要从事工作

自我评价	
个人爱好	特长
自我评价	

家庭情况		
姓名	称谓	工作单位

获奖情况：

本公司哪些方面情况是你目前想了解的：

注：以上表格请认真填写，内容真实，不论录用与否，本公司将对你的个人资料予以保密。

图 3-130　应聘人员登记表基本效果图

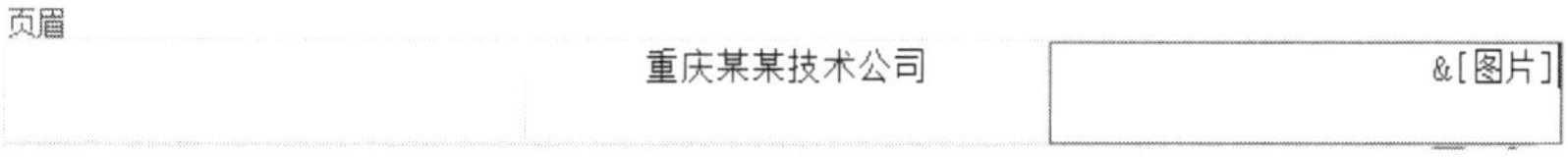

页眉　　　　　　　　　　　　　重庆某某技术公司　　　　　　　&[图片]

图 3-131　插入页眉文字及图片

图 3-132　设置页眉图片的大小

4）完成效果后，保存 Excel，完成应聘人员登记表制作任务。

（4）打开 Excel 2010，在桌面上创建"面试人员名单表.xlsx"，并将"Sheet1"重命名为"面试人员名单表"。

1）根据面试人员应聘结果填入所有数据，并进行排版，见图 3-133。

编号	面试者姓名	性别	年龄	毕业院校	学历	工作经验	应聘岗位	面试结果
面试人员名单								
001	张燕	女	25	四川大学	大专	3	行政助理	录取
002	李乔	女	26	西安大学	本科	4	行政助理	落选
003	王琴	女	28	西南交通大学	本科	6	程序员	落选
004	邓欣	女	30	西南交通大学	大专	8	技术主管	录取
005	章宁	男	26	四川大学	本科	4	程序员	录取
006	张容	女	28	四川大学	研究生	3	程序员	落选
007	郑燕	女	24	成都电子科大	本科	2	程序员	落选
008	刘娜	女	26	成都大学	本科	4	行政助理	录取
009	李维俊	男	30	四川大学	本科	8	销售经理	录取
010	陈心萍	女	31	西南交通大学	大专	9	技术主管	落选
011	王亚玲	女	28	成都电子科大	大专	4	行政助理	落选
012	李慷	男	29	武汉大学	本科	4	行政助理	落选
013	王可	男	30	武汉大学	本科	8	行政助理	录取
014	马蓉	女	32	四川大学	本科	8	行政助理	落选
015	杨兴武	男	26	武汉大学	研究生	2	销售经理	落选
016	郭春莲	女	26	成都电子科大	大专	4	销售员	落选
017	郑海英	女	27	成都大学	大专	5	程序员	落选
018	刘奇	男	25	西南交通大学	研究生	1	销售经理	落选
019	杨兴武	男	26	武汉大学	研究生	2	销售经理	落选
020	张强	男	32	西安大学	本科	8	销售员	录取

图 3-133　录入面试人员结果信息

左侧编号没有使用"'001"方式，而是先设置 A3 单元格为文本，然后输入 001，再填充到最后。也可以设置单元格格式为自定义"000"模式再输入 1，两者区别是前者内容确实是文本"001"，而后者内容其实是数值"1"（因为它会自动右对齐），只是显示为"001"。

2）使用"条件格式"预制的"重复"规则对"面试者姓名"列查重，见图 3-134。

015	杨兴武	男	26	武汉大学	研究生	2	销售经理	落选
016	郭春莲	女	26	成都电子科大	大专	4	销售员	落选
017	郑海英	女	27	成都大学	大专	5	程序员	落选
018	刘奇	男	25	西南交通大学	研究生	1	销售经理	落选
019	杨兴武	男	26	武汉大学	研究生	2	销售经理	落选
020	张强	男	32	西安大学	本科	8	销售员	录取

图 3-134　使用条件格式查重

尽管面试者重名是有可能的，但是 15 号和 19 号的各项都相同，确实是同一个人重复录入了。所以删除掉其中一条记录，然后重新填充编号（从删除行的前一行往下填充即可）。

3）可以使用"分类汇总"功能来查看录取情况。为了防止破坏数据，可以先复制工作表，然后在复制出的工作表中进行操作。

①因为"分类汇总"需要先排序后处理。先选择 A2:I22，即选中包括标题行在内的所有数据，单击"数据"选项卡"排序和筛选"组的"排序"按钮。在弹出的"排序"对话框中，设置"主要关键字"为"面试结果"，升序，再添加条件，设置"次要关键字"为"应聘岗位"，升序，见图 3-135 所示。

图 3-135　使用两个关键字排序

②单击排序对话框中"确定"按钮后，整个表格的数据就按既定条件完成了排序，见图3-136。

编号	面试者姓名	性别	年龄	毕业院校	学历	工作经验	应聘岗位	面试结果
				面试人员名单				
005	章宁	男	26	四川大学	本科	4	程序员	录取
012	李慷	男	29	武汉大学	本科	8	程序员	录取
001	张燕	女	25	四川大学	大专	3	行政助理	录取
008	刘娜	女	26	成都大学	本科	4	行政助理	录取
013	王可	女	30	武汉大学	本科	8	行政助理	录取
004	邓欣	女	30	西南交通大学	大专	8	技术主管	录取
009	李维俊	男	30	四川大学	本科	8	销售经理	录取
019	张强	男	32	西安大学	本科	8	销售员	录取
003	王琴	女	28	西南交通大学	本科	6	程序员	落选
006	张容	女	28	四川大学	研究生	3	程序员	落选
007	郑燕	女	24	成都电子科大	本科	2	程序员	落选
017	郑海英	女	27	成都大学	大专	5	程序员	落选
002	李乔	女	26	西安大学	本科	4	行政助理	落选
011	王亚玲	女	28	成都电子科大	大专	6	行政助理	落选
014	马蓉	女	32	四川大学	本科	8	行政助理	落选
010	陈心萍	女	31	西南交通大学	大专	9	技术主管	落选
015	杨兴武	男	26	武汉大学	研究生	2	销售经理	落选
018	刘奇	男	25	西南交通大学	研究生	1	销售经理	落选
016	郭春莲	女	26	成都电子科大	大专	4	销售员	落选

图 3-136 排序后效果

③单击"数据"选项卡"分级显示"组的"分类汇总"按钮，弹出"分类汇总"对话框，设置为按"面试结果"分类汇总，见图3-137。

图 3-137 基于面试结果进行分类汇总

④我们还可以对数据进行再次分类汇总，再全选数据区域，单击"分类汇总"按钮，设置为按"应聘岗位"分类汇总，但是对话框中不勾选"替换当前分类汇总"复选框，使得出现分类汇总的嵌套，见图3-138。

这样我们就可以得到详细的面试结果数据了。如果需要其他的分类汇总方式，可以对"面试人员名单表"工作表再创建副本进行其他的分类汇总操作，比如对性别、毕业学校或学历层次进行分类汇总统计。

4）但是当面试数据太多时看这样的分类汇总表很辛苦，我们需要将汇总数据整理出来，建立结果数据表，并进行图表显示。在分类汇总表下面设计表格，如图3-139所示。

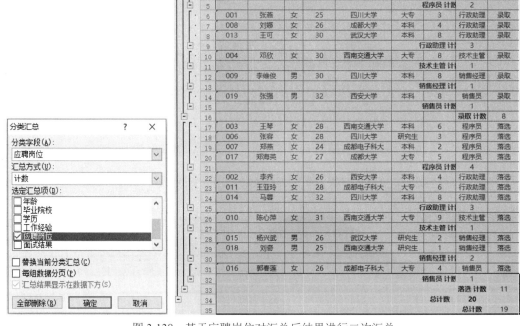

图 3-138 基于应聘岗位对汇总后结果进行二次汇总

面试结果汇总表

序号	应聘岗位	报名人数	录取人数	落选人数
001	程序员	6	2	4
002	行政助理	6	3	3
003	技术主管	2	1	1
004	销售经理	3	1	2
005	销售员	2	1	1
合计		19	8	11
比例			42.11%	57.89%

图 3-139 面试结果汇总表

5）根据面试结果汇总表建立饼图图表。

①单击"插入"选项卡"图表"组的"饼图"，选择"分离型三维饼图"，在 Excel 页面上出现的饼图显示框里右击选择快捷菜单中的"选择数据"，见图 3-140。

图 3-140 插入饼图

②在弹出的"选择数据源"对话框中框选如图 3-141 所示的数据区域，Excel 自动根据框选区域将文本型的"应聘岗位"列作为分类列，其他三个数据列作为图数据来源列。需要注意饼图只能显示一种数据来源，所以默认显示图例项里第一个来源列的数据，也就是"报名人数"列的数据，将来可以复制粘贴这个饼图，调整图例项的顺序即可显示其他两列的数据，如图 3-141 所示。

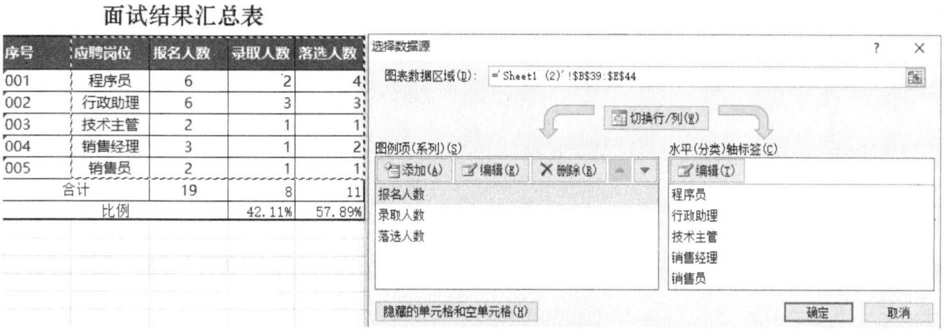

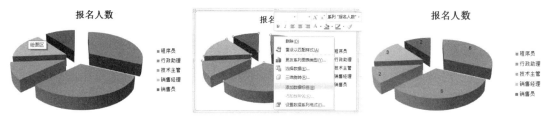

图 3-141　配置饼图数据来源

③单击"选择数据源"对话框的"确定"按钮后，生成饼图。我们可以右击饼图上的任意分块，选择"添加数据标签"，如图 3-142 所示。

图 3-142　饼图及显示标签的饼图

④复制图表对象，粘贴两次，分别右击饼图，选择快捷菜单上的"选择数据"，在弹出的对话框中修改图例项的第一数据源。重设数据源后，数据标签也需要重新设置才会显示。最终效果如图 3-143 所示。

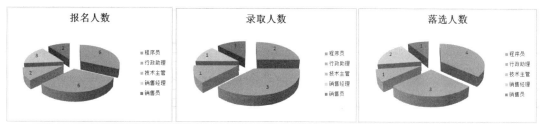

图 3-143　快速制作其他饼图

6）如果需要几种数据都同时显示出来，可以借助柱形图来显示。单击"插入"选项卡"图表"组的"柱形图"，选择"三维簇状柱形图"，在 Excel 页面上出现的饼图显示框里右击选择"选择数据"，重复与创建饼图相同的选择，单击"确定"后出现柱形图。默认的柱形图也不带数据标签，不同类别的数据柱需要单独设置数据标签，这里有三个数据源，所以要设置三次数据标签，如图 3-141 所示。

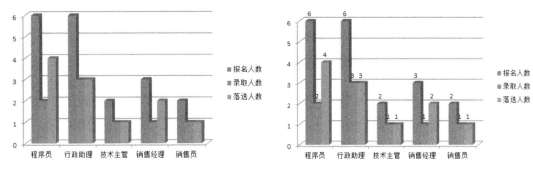

图 3-144　柱形图和带标签的柱形图

（5）将四张表格打印提交给办公室。

【任务小结】

本任务中我们主要学习了：
（1）数据处理。
（2）图表制作。
（3）打印设置。

【项目练习】

一、简答题

1. Excel 2007 中工作簿与工作表之间是什么关系？
2. 单元格的格式包括哪些内容？边框线和网格线有什么区别？
3. 函数 IF 参数如何设定？如何设置 IF 函数的嵌套？
4. 如何使用"选择性粘贴"？它与直接"粘贴"有何不同？
5. 相对地址、绝对地址和混合地址有什么不同？它们在公式复制、移动时变化规则是怎样的？
6. 如何对已绘制的图表增加或删除一个数据系列？如何修改柱形图表的背景？

二、操作题

1. 商场销售数据处理。
（1）在 Excel 的 Sheet1 工作表中输入以下表格，然后以该数据表为基础，完成相应操作。

		副食品	日用品	电器	服装	平均值
	1 季度	45 637.0	56 722.0	47 534.0	34 567.0	
	2 季度	23 456.0	34 235.0	45 355.0	89 657.0	
	3 季度	34 561.0	34 534.0	56 456.0	55 678.0	
	4 季度	11 234.0	87 566.0	78 755.0	96 546.0	
	合计					

（2）在 Sheet1 工作表标题行（字段名行）前增加一行，并在 A1 单元格中输入"新新商场 2010 年销售额分类统计表"，输入完毕后，设置 A1 单元格在表格中合并与居中，并把 A1 中的字体设置为华文行楷、18 磅、蓝色。

（3）在 A2、A3 单元格中分别输入"季度"和"种类"，设置合并单元格，并添加斜线分隔。

（4）在 B2 单元格中输入"销售额（单位：元）"，使其在 B2:F2 单元格区域中合并居中，字体设置为隶书、16 磅。

（5）在 A9:F9 单元格区域分别输入文字："制表人：李佳""审核人：王小丫""日期：2010 年 8 月 1 日"，将文字设置为黑体、12 磅，居中对齐。

（6）设置 A4:A8 单元格区域和 B3:F3 单元格区域的底纹颜色为 RGB(100,155,255)，并将整个表格添加内外框线，外框为橙色（淡色 6）单实线。

（7）用公式复制的方法计算每个种类四个季度销售合计以及平均值，表中 B4:E4 单元格区域数据水平、垂直居中对齐，并设置为"货币"型，保留 1 位小数。

（8）各列宽设置为"最适合的列宽"。

（9）复制该工作表到 Sheet2，并重命名为"销售统计表"。

（10）在"销售统计表"的"平均值"右侧插入一列，列标题为"服装销售提成额"，并按销售额超过 10 万元时提成 0.5 万元，在 5～10 万元以内提成 0.2 万元，5 万元以下只提成 0.1 万元，计算 1～4 季度销售提成额。

（11）在 Sheet3 中输入以下表格内容，用"分类汇总"的方法，分类计算出不同性别的职工的总平均奖金。

序号	姓名	性别	年龄	职称	基本工资	奖金
5501	刘晓华	女	48	总裁	4 500	2 650
5502	李婷	女	39	财务部会计	1 200	565
5503	王宇	男	52	高级工程师	3 500	1 450
5504	张曼	女	44	工程师	2 000	1 250
5505	王萍	女	23	助理工程师	900	560
5506	杨向中	男	45	事业部总经理	2 700	1 256
5507	钱学农	男	25	项目经理	3 000	1 450
5508	王爱华	女	35	财务总监	3 750	2 245
5509	李小辉	男	27	助理工程师	1 000	566
5510	厉强	男	36	财务部会计	2 200	620
5511	吴春华	男	33	助理工程师	1 000	566

（12）计算出基本工资小于或等于 1500 元、1501～2499 元、2500～2999 元、大于或等于 3000 元的职工人数。

（13）筛选出所有年龄在 45 岁及以上的人的记录，并将筛选结果复制到以 A20 开头的区域中。

（14）用高级筛选的方法筛选出所有奖金数高于 2000 元的女职工的记录，并将筛选结果的姓名、性别、职称、奖金 4 个字段的信息复制到以 A30 开头的区域中。

（15）根据第（12）步计算的结果，绘制一个饼图（生成一个新图表），表示出基本工资在各个区间内职工的分布情况，并要求在图中作出标记（人数及百分比）。

2．使用公式和函数制作九九乘法表。

1×1=1								
1×2=2	2×2=4							
1×3=3	2×3=6	3×3=9						
1×4=4	2×4=8	3×4=12	4×4=16					
1×5=5	2×5=10	3×5=15	4×5=20	5×5=25				
1×6=6	2×6=12	3×6=18	4×6=24	5×6=30	6×6=36			
1×7=7	2×7=14	3×7=21	4×7=28	5×7=35	6×7=42	7×7=49		
1×8=8	2×8=16	3×8=24	4×8=32	5×8=40	6×8=48	7×8=56	8×8=64	
1×9=9	2×9=18	3×9=27	4×9=36	5×9=45	6×9=54	7×9=63	8×9=72	9×9=81

3．公司领导要求你对单位的员工考勤与请假情况进行管理，要求每月初打印上个月的员工月考勤表、员工迟到早退记录表、员工出勤概率统计表在部门进行公示。

（1）员工月考勤表

员工月考勤表

单位：		3	月份考勤表																				
日期 姓名		01	02	03	04	05	08	09	10	11	12	15	16	17	18	19	22	23	24	25	26	29	30	31
刘风义	上班	√	√	迟到	√	√	√	√	√	√	√	√	√	√	√	√	√	√	√	√	√	√	√	√
	下班	√	√	早退	√	√	√	√	√	√	√	√	√	√	√	√	√	√	√	√	√	√	√	√
陈秋菊	上班	√	√	√	√	√	√	迟到	√	√	√	√	√	迟到	√	√	迟到	√	√	√	√	√	√	√
	下班	√	√	早退	√	√	√	√	早退	√	√	√	√	早退	√	√	早退	√	√	√	√	√	√	√
蒋玉珍	上班	√	√	√	√	√	√	√	√	√	√	√	√	√	√	√	√	√	√	√	√	√	√	√
	下班	√	√	√	√	√	√	√	√	√	√	√	√	√	√	√	√	√	√	√	√	√	√	√
黄茹玉	上班	√	√	√	√	迟到	√	√	√	√	√	√	√	√	√	√	√	迟到	√	√	√	√	√	√
	下班	√	√	√	√	√	√	√	早退	√	√	√	√	√	√	√	√	√	√	√	√	√	√	√
何哲宇	上班	√	√	√	√	√	√	√	√	√	√	√	√	√	√	√	√	√	√	√	√	√	√	√
	下班	√	√	√	√	早退	√	√	√	√	√	√	√	√	√	√	√	√	√	√	√	√	√	√
郝浩宇	上班	√	√	迟到	√	√	√	迟到	√	√	√	√	√	迟到	√	√	√	√	√	√	√	迟到		
	下班	√	√	√	√	早退	√	√	√	√	√	√	√	√	√	√	√	√	√	√	√	√	√	√
陈勇毅	上班	√	√	√	√	√	√	√	√	迟到	√	√	√	√	√	√	√	√	√	√	√	√	√	√
	下班	√	√	√	√	√	√	√	√	√	√	√	√	√	√	√	√	√	√	√	√	√	√	√

要求：

①日期只显示周末外工作日的时间。

②正常情况划钩，非正常情况下根据具体情况填"迟到""早退"和"病假"等。

③冻结表头，便于浏览。

④打印前用条件格式将迟到、早退和各种其他情况用不同的颜色突出显示出来（有几种情况就用几次条件格式）。

（2）员工迟到早退记录表

员工迟到早退记录

姓名	部门	应到次数	实到次数	早退次数	迟到次数	病假次数
刘凤义	销售部	40	32	2	6	0
陈秋菊	人事部	40	31	2	5	2
蒋玉珍	销售部	40	29	2	8	1
赵俏茹	销售部	40	24	6	10	0
黄茹玉	人事部	40	27	8	5	0
何哲宇	人事部	40	30	3	4	3
郝浩宇	研发部	40	28	5	7	0
陈勇毅	研发部	40	33	2	1	4

要求：

①除了"姓名"列外所有数据都来自其他表（使用公式和函数取得），"部门"列来自职工信息表（自行录入），考勤次数来自员工月考勤表。

②基于表格数据制作柱形图。

（3）员工出勤概率统计表

姓名	实到次数	早退次数	迟到次数	病假次数	出勤排名
刘凤义	80.00%	5.00%	15.00%	0.00%	2
陈秋菊	77.50%	5.00%	12.50%	5.00%	3
蒋玉珍	72.50%	5.00%	20.00%	2.50%	6
赵俏茹	60.00%	15.00%	25.00%	0.00%	9
黄茹玉	67.50%	20.00%	12.50%	0.00%	8
何哲宇	75.00%	7.50%	10.00%	7.50%	5
郝浩宇	70.00%	12.50%	17.50%	0.00%	7
陈勇毅	82.50%	5.00%	2.50%	10.00%	1

要求：

①基于员工迟到早退记录表进行设计，用公式计算出结果。

②设计员工出勤概率统计表的柱形图，只取"姓名"和"出勤排名"两列数据。

项目四　制作 PowerPoint 2010 演示文稿

【项目描述】

本项目将对 Microsoft Office 2010 中的演示文稿处理软件 PowerPoint 2010 的基本操作和使用技巧进行系统介绍，以三个典型的案例（制作公司宣传演示文稿、制作圣诞卡片演示文稿和制作销售业绩演示文稿）为基础，介绍 PowerPoint 2010 的基本概念和基本功能，包括 PowerPoint 2010 软件的启动和退出、演示文稿的创建、幻灯片的编辑和美化、幻灯片母版的制作和使用、演示文稿的放映、幻灯片发布和打包等内容。

【学习目标】

1. 掌握 PowerPoint 2010 的启动和退出；
2. 掌握演示文稿的创建、打开、保存和关闭方法；
3. 掌握添加、删除、复制、移动幻灯片的方法；
4. 掌握在幻灯片中插入和编辑文本、艺术字、图形、图片、SmartArt 图形和表格的方法；
5. 掌握幻灯片中插入按钮、超链接的方法；
6. 掌握幻灯片中插入声音、影片等多媒体对象的方法；
7. 掌握幻灯片母版的使用方法；
8. 掌握设置自定义动画、幻灯片切换的方法；
9. 掌握设置幻灯片的放映方法；
10. 掌握幻灯片发布和打包的方法。

【能力目标】

1. 能熟练完成 PowerPoint 演示文稿的创建、打开、保存和关闭方法；
2. 会添加、删除、复制、移动幻灯片的方法；
3. 在幻灯片中插入和编辑文本、艺术字、图形、图片、SmartArt 图形和表格的方法；
4. 会用幻灯片母版使演示文稿有统一的风格；
5. 会用 PowerPoint 的超链接功能实现幻灯片间的跳转及导航功能；
6. 会在幻灯片中插入声音、影片等多媒体对象；
7. 能通过设置自定义动画、幻灯片切换等使幻灯片生动活泼；
8. 会自定义幻灯片放映；
9. 会发布和打包幻灯片。

任务 4.1　制作公司宣传演示文稿

【任务说明】

小杨是龙马电器销售公司的一名销售经理，公司准备举行宣传活动，要制作公司宣传幻灯片。要求演示文稿具有多样化的幻灯片与色彩配置，有很强的感染力。

本次任务要求：设置主题及内容，插入剪贴画，创建并设置表格，插入并美化图片。

【预备知识】

4.1.1　PowerPoint 2010 启动与退出

1. 启动 PowerPoint 2010

启动 PowerPoint 2010 的方法有很多种，常用的有以下三种方法。

（1）使用"开始"菜单

① 单击桌面上的"开始"按钮，弹出"开始"菜单。

② 选择"所有程序"→Microsoft Office→Microsoft PowerPoint 2010，即可启动 PowerPoint 2010。

（2）利用桌面快捷方式

这是一种启动 PowerPoint 2010 最简单的方法，只要用鼠标双击桌面上创建的 Microsoft PowerPoint 2010 的快捷方式，即可启动 PowerPoint 2010。

（3）直接启动

在资源管理器中，找到要编辑的 PowerPoint 2010 演示文稿，直接双击此演示文稿即可启动 PowerPoint 2010。

2. 退出 PowerPoint 2010

退出 PowerPoint 2010 有以下三种方法。

（1）利用"文件"菜单

用鼠标单击 PowerPoint 2010 主窗口左上角的"文件"，在该菜单中单击"退出"命令。如果用户的演示文稿是新创建的，还未取文件名，则系统会弹出一个对话框要求用户输入该演示文稿的文件名，用户输入文件名后，单击"保存"按钮即可退出 PowerPoint 2010。

（2）利用"关闭"按钮

用鼠标单击 PowerPoint 2010 主窗口右上角的"关闭"按钮。

（3）利用快捷键

在 PowerPoint 2010 窗口中，按快捷键 Alt+F4 也可以退出 PowerPoint 2010。

4.1.2　PowerPoint 2010 的工作界面

启动 PowerPoint 2010 后，打开如图 4-1 所示的工作界面，PowerPoint 2010 的工作界面包括控制菜单图标、快速访问工具栏、标题栏、功能区、幻灯片编辑区、"幻灯片/大纲"窗格、"备注"窗格、状态栏、视图按钮和显示比例，下面分别进行介绍。

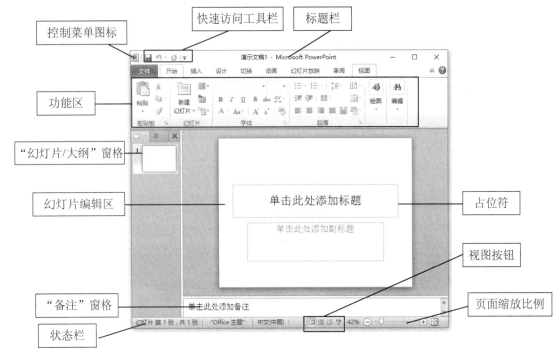

图 4-1 PowerPoint 2010 工作界面

（1）控制菜单图标：位于界面的左上角，单击该按钮可打开其下拉菜单，用户可以操作 PowerPoint 2010 窗口。

（2）快速访问工具栏：默认情况下，快速访问工具栏位于 PowerPoint 工作界面的顶部。它为用户提供了一些常用的按钮，如"保存""撤销""恢复"等按钮，用户单击按钮旁的下拉箭头，在弹出的菜单中可以将频繁使用的工具添加到快速访问工具栏中。

（3）标题栏：位于快速访问工具栏的右侧，用于显示正在操作的演示文稿的名称、程序的名称等信息。其右侧有三个窗口控制按钮："最小化"按钮、"最大化"按钮和"关闭"按钮。

（4）选项卡和功能区：这是 PowerPoint 2010 中比较有特色的界面组件，相当于之前版本的菜单与菜单栏。选择某个选项卡可打开对应的功能区，在功能区中有许多工具组，为用户提供常用的命令按钮或列表框。有的工具组右下角会有一个小图标，即"对话框启动器"按钮，单击"对话框启动器"按钮再打开相关的对话框或任务窗格并进行更详细的设置。

（5）幻灯片编辑区：这是整个工作界面最核心的部分，它用于显示和编辑幻灯片，不仅可以在其中输入文字内容，还可以插入图片、表格等各种对象，所有幻灯片都是通过它完成制作的。

（6）"幻灯片/大纲"窗格："幻灯片/大纲"窗格位于幻灯片编辑区的左侧，用于显示演示文稿的幻灯片内容、数量及位置，可以通过它可更加方便地掌握演示文稿的结构。它包括"幻灯片"和"大纲"两个选项卡，单击不同的选项卡可进行窗格间的切换。

（7）占位符：占位符是幻灯片编辑区中一种带有虚线或阴影线边沿的方框，绝大部分版式的幻灯片中均有占位符，占位符方框内可以输入标题、正文，或者插入图片、表格等其他对象。

（8）"备注"窗格：该窗格用于向幻灯片添加说明和注释，使演讲者在播放幻灯片时，能够通过它查看该幻灯片的相关信息。单击该窗格可以输入文本内容。

（9）状态栏：位于工作界面的最下方，用于显示当前演示文稿的基本信息，包括当前文本在演示文稿中的张数、总张数、语言状态等内容。

（10）视图按钮：视图按钮位于状态栏的右侧，主要用来切换视图模式，可方便用户查看演示文稿内容，其中包括普通视图、幻灯片浏览视图和阅读视图。

（11）显示比例：位于视图按钮的右侧，主要用来显示演示文稿比例，默认显示比例为 100%，用户可以通过移动控制杆滑块来改变页面显示比例。

4.1.3　创建和打开演示文稿

使用 PowerPoint 编辑演示文稿，用户首先要学会如何创建演示文稿，如何打开演示文稿，如何根据要求保存演示文稿，如何关闭演示文稿，这样才能有效地进行 PowerPoint 演示文稿的基本操作。

1. 创建空白演示文稿

空白演示文稿的随意性很大，能充分满足自己的需要，因此可以按照自己的思路，从一个空白文稿开始，建立新的演示文稿。

用户每次通过"开始"菜单或使用快捷方式打开 PowerPoint 时，程序就会自动创建一个空白演示文稿，直接在其中编辑内容即可。创建空白演示文稿主要有三种方法。

（1）单击"文件"→"新建"→"可用模板"，此时在工作区的右边区域会弹出"空白演示文稿"，单击"创建"按钮即可。

（2）单击快速访问工具栏中的"新建演示文稿"按钮，即可创建空白演示文稿。

（3）利用快捷键 Ctrl+N 即可创建空白演示文稿。

2. 打开演示文稿

在 PowerPoint 窗口中打开已有 PowerPoint 演示文稿的方法有四种。

（1）单击"文件"菜单，在弹出的菜单中选择"打开"命令，将会弹出如图 4-2 所示的"打开"对话框，在该对话框中选择需要打开的演示文稿，并单击"打开"按钮即可。

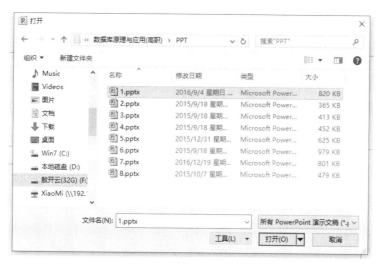

图 4-2　"打开"对话框

（2）单击快速访问工具栏中"打开"按钮。

（3）按快捷键 Ctrl+O。

（4）打开最近使用过的 PowerPoint 演示文稿。

PowerPoint 具有记忆功能，它可以记住最近打开过的演示文稿。单击"文件"菜单，在弹出的菜单中选择"最近所用文件"，弹出如图 4-3 所示的菜单，在菜单右边列出了最近使用过的文件，单击所需的文件名，便可快速打开相应的 PowerPoint 演示文稿。

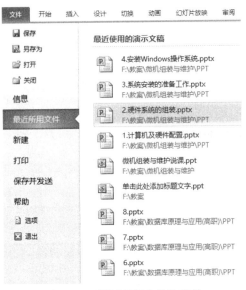

图 4-3　"最近所用文件"菜单

4.1.4　文档的保存

在 PowerPoint 2010 中将演示文稿调入进行编辑处理后，如果对演示文稿内容进行了修改，则应当将其保存起来，否则，演示文稿内最新编辑的内容在退出 PowerPoint 2010 后会丢失。

在编辑演示文稿的任何时候，都可以单击"保存"命令保存当前演示文稿或全部打开的演示文稿的内容，也可将演示文稿用另一个名字保存起来。

保存演示文稿的方法有以下四种。

（1）用键盘命令

按 Ctrl+S 组合键。这是最简单、最方便的保存方法。

（2）单击"保存"按钮

用鼠标单击快速访问工具栏上的"保存"按钮。

（3）利用"文件"菜单

单击"文件"菜单，在弹出的菜单中选择"保存"命令。如果当前正在编辑的演示文稿还未取文件名，则在首次存盘时，系统会弹出一个"另存为"对话框，如图 4-4 所示。在对话框的文件夹列表中选择需要存放当前演示文稿的文件夹，并在"文件名"文本框中输入当前演示文稿的文件名，然后单击"保存"按钮即可。

（4）将当前演示文稿另存为

如果要将当前正在编辑的演示文稿用另一个文件名保存起来，则可用鼠标单击"文件"菜单，在弹出的菜单中选择"另存为"命令后，将弹出一个"另存为"对话框，如图 4-4 所示。在对话框的文件夹列表中选择需要存放当前演示文稿的文件夹，并在"文件名"栏输入当前演示文稿需要另存的文件名，然后单击"保存"按钮。

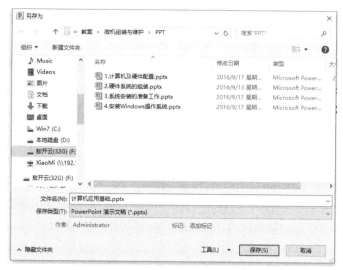

图 4-4 "另存为"对话框

4.1.5 在幻灯片中输入和编辑文本

在 PowerPoint 2010 中输入和编辑文本可以在普通视图的幻灯片中进行。

1. 输入文本

在 PowerPoint 2010 中输入文本有多种情况,一般采用在占位符和文本框中输入文本。

(1)在占位符中输入文本

用鼠标单击占位符,使插入点光标移入占位符中即可输入文本,输入完毕后,单击占位符框外的任一空白区域即可。

(2)在文本框中输入文本

用鼠标单击文本框,使插入点光标移入文本框中即可输入文本,输入完毕后,单击占位符框外的任一空白区域即可。

2. 设置文本格式

字体格式设置主要使用"开始"选项卡中的"字体"选项组,如图 4-5 所示。

图 4-5 "字体"选项组

(1)设置字体

操作步骤如下:

①首先选择欲设置字体的文本。

②在"开始"选项卡的"字体"组中单击 宋体 右侧的下箭头按钮,在弹出的"字体"下拉列表中选择一种字体,如"隶书",这样选中的文本就改变为"隶书"了。

(2)设置字形

PowerPoint 2010 共设置了常规、加粗、斜体、下划线和文字阴影 5 种字形,默认设置为常规字形。

操作步骤如下：

①选择要改变或设置字形的文本。

②在"开始"选项卡的"字体"组中单击字形按钮（**B** 表示加粗，*I* 表示斜体，**U** 表示下划线，**S** 表示文字阴影），该部分文本就变成了相应的字形。

③除单独设置上述 4 种字形外，用户还可以使用这 4 种字形的任意组合。

（3）设置字号大小

操作步骤如下：

①选择要设置字号大小的文本。

②在"开始"选项卡的"字体"组中单击 10 右侧的下箭头按钮，在弹出的"字号"下拉列表中选择一种字号。

（4）使用"字体"对话框设置字体、字形和字号

以上介绍的是利用"开始"选项卡中"字体"组的快捷按钮来设置文本的字体、字形和字号，用户也可以使用"字体"对话框来设置文本的字体、字形和字号。

操作步骤如下：

①选择要设置的文本。

②在"开始"选项卡的"字体"组中单击"对话框启动器"按钮，弹出如图 4-6 所示的"字体"对话框。

③在"字体"选项卡中选择中文字体和西文字体，在"字体样式"列表框中选择相应的字形，在"字号"列表框中选择需要的字号。

④设置完成后，单击"确定"按钮。

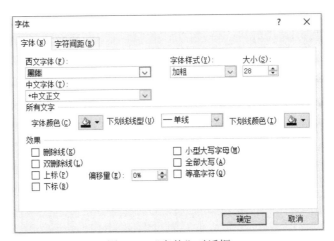

图 4-6　"字体"对话框

（5）设置文本颜色

为了突出显示某部分文本，或者为了美观，为文本设置颜色是常用操作。PowerPoint 2010 默认的文本颜色是白底黑字。用户可根据需要为文本设置合适的颜色。

操作步骤如下：

①选中需要设置字体颜色的文本。

②在"开始"选项卡的"字体"组中单击"字体颜色"按钮 **A** 右边的下箭头按钮，在弹出的"字体颜色"下拉列表中选择需要的颜色即可。

4.1.6 设置段落格式

1. 设置段落对齐方式

段落有五种对齐方式，即左对齐、居中、右对齐、两端对齐和分散对齐。对齐方式确定段落中选择的文字或其他内容相对于缩进结果的位置。

操作步骤如下：

（1）选择文字区域或将光标移到段落文字上。

（2）在"开始"选项卡的"段落"组中单击对齐方式按钮（左对齐 ≡、居中 ≡、右对齐 ≡、两端对齐 ≡、分散对齐 ≡）。

- 左对齐：段落文字从左向右排列对齐。
- 居中：段落文字放在每行的中间。
- 右对齐：段落文字从右向左排列对齐。
- 两端对齐：指一段文字（两个回车符之间）两边对齐，对微小间距自动调整，使右边对齐成一条直线。
- 分散对齐：增大行内间距，使文字恰好从左缩进排到右缩进。

2. 设置段落缩进

段落缩进是指文本与页边距之间保持的距离。段落缩进包括首行缩进、悬挂缩进、左缩进和右缩进四种缩进方式。设置段落缩进有多种方法，这里主要介绍两种。

（1）使用"开始"选项卡"段落"组中的工具按钮设置段落缩进

①将光标定位于将要设置段落缩进的段落的任意位置。

②单击"增加缩进量"按钮 ≡，即可将当前段落右移一个默认制表位的距离。相反，单击"减少缩进量"按钮 ≡，即可将当前段落左移一个默认制表位的距离。

③根据需要可以多次单击上述两个按钮来完成段落缩进。

（2）使用"段落"对话框设置段落缩进

①将光标定位于将要设置段落缩进的段落的任意位置。

②打开"开始"选项卡，在"段落"组中单击"对话框启动器"按钮 ⌐，弹出如图 4-7 所示的"段落"对话框。

图 4-7 "段落"对话框

③单击"缩进和间距"选项卡，在"缩进"区域中设置缩进量。

- 文本之前：输入或选择希望段落从左侧页边距缩进的距离。
- 特殊格式：选择希望每个选择段落的第一行具有的缩进类型。单击其右边的下箭头按钮，将弹出下拉列表，其选项的含义如下：

> ➤ 无：把每个段落的第一行与左侧页边距对齐。
> ➤ 首行缩进：把每个段落的第一行按在"度量值"微调框内指定的量缩进。
> ➤ 悬挂缩进：把每个段落中第一行以后的各行按在"度量值"微调框内指定的量右移。

● 度量值：在其微调框中输入或选择希望第一行或悬挂行缩进的量。

④设置完成后，单击"确定"按钮。

3. 设置行间距和段间距

行间距是指段落中行与行之间的距离，段间距是指段落与段落之间的距离。

（1）设置行间距

操作步骤如下：

①选择需要设置段落行间距的文字区域。

②打开"开始"选项卡，在"段落"组中单击"对话框启动器"按钮，弹出如图 4-7 所示的"段落"对话框。

③单击"缩进和间距"选项卡，在"行距"下拉列表中选择一种行间距。

● 单倍行距：把每行间距设置成能容纳行内最大字体的高度。

● 1.5 倍行距：把每行间距设置成单倍行距的 1.5 倍。

● 2 倍行距：把每行间距设置成单倍行距的 2 倍。

● 最小值：选中该选项后可以在"设置值"微调框中输入固定的行间距，当该行中的文字或图片超过该值时，PowerPoint 2010 自动扩展行间距。

● 固定值：选中该选项后可以在"设置值"微调框中输入固定的行间距，当该行中的文字或图片超过该值时，PowerPoint 2010 不会扩展行间距。

● 多倍行距：选中该选项后在"设置值"微调框中输入的值为行间距，此时的单位为行，而不是磅。允许行距以任何百分比增减。

④以上行间距设置完成后，单击"确定"按钮。

（2）设置段间距

段间距是指段落和段落之间的距离，在图 4-7 中，可在"缩进和间距"选项卡的"间距"栏内设置段落间的距离。其中，"段前"表示在每个选择段落的第一行之上留出一定的间距量，单位为行。"段后"表示在每个选择段落的最后一行之下留出一定的间距量，单位为行。

4.1.7　插入和编辑文本框

1. 插入文本框

当要在幻灯片上的空白处输入文本时，必须先在空白处添加文本框，然后才能在文本框中输入文本。

操作步骤如下：

（1）选择某张幻灯片。

（2）单击"插入"选项卡的"文本"组中"文本框"按钮。

（3）在弹出的下拉菜单中选择"横排文本框"或"垂直文本框"选项。

（4）此时鼠标指针将变为"†"形状，将其移动到幻灯片中需要输入文本的位置，按住鼠标左键不放，拖曳到合适大小时释放鼠标左键，即可插入一个文本框。

（5）在文本框插入点输入所需文本，输入完毕后，单击文本框外的任一空白区域即可。

2．编辑文本框

（1）调整文本框大小

操作步骤如下：

①先用鼠标单击文本框，此时在文本框的四周将会出现 8 个控制点。

②将鼠标指针放在文本框左边或右边的中间控制点上，当鼠标指针变成 ⟷ 形状时，按住鼠标左键不放，左右移动鼠标就可以横向缩小或放大文本框。

③将鼠标指针放在文本框上边或下边的中间控制点上，当鼠标指针变成 ↕ 形状时，按住鼠标左键不放，上下移动鼠标就可以纵向缩小或放大文本框。

④将鼠标指针放在文本框 4 个角的控制点上，当鼠标指针变成 ⬉ 或 ⬈ 形状时，按住鼠标左键不放，向内或者向外移动鼠标就可以使文本框按比例缩小或放大。

（2）移动文本框位置

操作步骤如下：

①先用鼠标单击文本框，此时在文本框的四周将会出现 8 个控制点。

②将鼠标指针移至文本框上，当鼠标指针变成 ✛ 形状时，按住鼠标左键不放，然后移动鼠标，即可移动该文本框的位置。

3．设置文本框形状格式

①选中文本框。

②打开"格式"选项卡，在"形状样式"组中单击"对话框启动器"按钮 ⌞⌟，弹出如图4-8 所示的"设置形状格式"对话框。

③在该对话框中可进行文本框边框、底纹、阴影、三维旋转等格式的设置。

图 4-8　"设置形状格式"对话框

4.1.8　插入图片

在 PowerPoint 2010 的幻灯片中可通过插入一些图形对象，如剪贴画、图片、艺术字、形状、SmartArt 图形等，让幻灯片更加丰富多彩，赏心悦目，提高演示效果。

1. 插入剪贴画

操作步骤如下：

（1）选择需要插入剪贴画的幻灯片。

（2）单击"插入"选项卡，在"图像"组中单击"剪贴画"按钮，在 PowerPoint 2010 窗口的右侧打开"剪贴画"窗格。

（3）在"搜索文字"文本框中输入剪贴画的相关主题或类别，在"结果类型"下拉列表中选择文件类型。

（4）单击"搜索"按钮，即可在"剪贴画"窗格中显示查找到的剪贴画。

（5）选择要使用的剪贴画，单击即可将其插入到演示文稿中。

2. 插入外部图片文件

操作步骤如下：

（1）选择需要插入图片的幻灯片。

（2）单击"插入"选项卡，在"图片"组中单击"图片"按钮，弹出如图 4-9 所示的"插入图片"对话框。

（3）在磁盘上找到需要插入的图片文件，最后单击"插入"按钮即可。

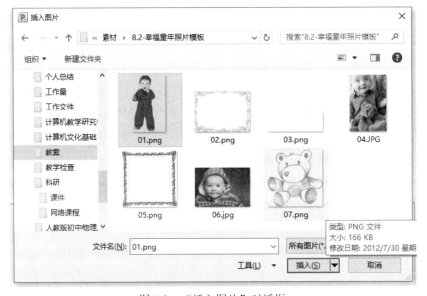

图 4-9　"插入图片"对话框

4.1.9　添加艺术字

PowerPoint 2010 还提供了一个艺术字处理程序，可以编辑各种艺术字效果。

1. 插入艺术字

操作步骤如下：

（1）选择需要插入艺术字的幻灯片。

（2）单击"插入"选项卡，在"文本"组中单击"艺术字"按钮，弹出其下拉列表。

（3）在该下拉列表中选择一种艺术字样式，弹出"请在此放置您的文字"文本框。

（4）在该文本框中输入需要插入的艺术字即可。

2. 编辑艺术字

如果艺术字的字体、字号等不符合要求，可通过选择"开始"选项卡，在"字体"组中进行编辑；如果艺术字的形状、样式和效果需要修改，可通过选择"格式"选项卡，在"艺术字样式"组进行修改。

说明：详细的编辑及设置方法与 Word 2010 中艺术字相同，在此不再赘述。

4.1.10　插入表格

1. 使用"表格"按钮创建表格

操作步骤如下：

（1）选择需要插入表格的幻灯片。

（2）在"插入"选项卡的"表格"组中单击"表格"按钮，弹出如图 4-10 所示的下拉菜单。

（3）在该下拉菜单中拖曳鼠标选择表格的行数和列数，然后松开鼠标左键，系统就会在光标处插入表格，如图 4-11 所示。

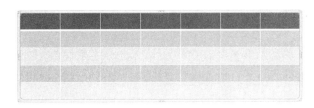

图 4-10　"插入表格"下拉菜单　　　　　图 4-11　创建表格效果示例

（4）此时表格中并未输入文字，用户只需输入需要的文字即可。

2. 使用"插入表格"对话框创建表格

（1）选择需要插入表格的幻灯片。

（2）在"插入"选项卡的"表格"组中单击"表格"按钮，弹出如图 4-10 所示的下拉菜单。

（3）单击 插入表格(I)... ，弹出如图 4-12 所示的"插入表格"对话框。

（4）在该对话框中输入表格的行数、列数。

（5）设置完成后，单击"确定"按钮，即可生成用户需要的表格。

图 4-12　"插入图片"对话框

4.1.11　编辑幻灯片

幻灯片的编辑操作主要有幻灯片的插入、选择、移动、复制、删除等，这些操作通常都是在幻灯片浏览视图下进行的，因此，在进行编辑操作前，应首先切换到幻灯片浏览视图。

1. 插入幻灯片

插入幻灯片的方法有以下几种。

方法1：在普通视图或幻灯片浏览视图中选择一张幻灯片，在"开始"选项卡的"幻灯片"组中单击"新建幻灯片"按钮或按 Ctrl+M 组合键，将在当前幻灯片的后面插入一张新幻灯片。

方法2：在普通视图的"幻灯片"窗格中按 Enter 键。

方法3：在普通视图的"幻灯片"窗格中，将鼠标定位在要插入幻灯片的位置（即两张幻灯片之间），在"开始"选项卡的"幻灯片"组中单击"新建幻灯片"按钮或按 Enter 键，将在当前幻灯片的后面插入一张新幻灯片。

2. 选择幻灯片

（1）选择单张幻灯片

在"幻灯片"窗格中单击"幻灯片"缩略图即可选择该张幻灯片。

（2）选择多张连续的幻灯片

在"幻灯片"窗格中，单击要连续选择的第1张幻灯片，按住 Shift 键不放，再单击连续选择的最后一张幻灯片，两张幻灯片之间的所有幻灯片均被选中。

（3）选择多张不连续的幻灯片

在"幻灯片"窗格中，单击要连续选择的第1张幻灯片缩略图，按住 Ctrl 键不放，依次单击要选择的其他幻灯片缩略图，被单击的所有幻灯片均被选中。

（4）选择全部幻灯片

在"幻灯片"窗格或幻灯片浏览视图中，按 Ctrl+A 组合键可将所有的幻灯片全部选中。

3. 移动与复制幻灯片

（1）移动与复制幻灯片的区别

移动幻灯片是在组织演示文稿时用来调整幻灯片位置。复制幻灯片则可快速制作相似或相同的幻灯片。两者操作过程类似但效果却大不同。通常情况下，采用"鼠标拖曳法"和"快捷菜单法"来完成幻灯片的移动和复制操作。

（2）移动幻灯片

打开演示文稿，切换到幻灯片浏览视图方式。单击选中要移动的幻灯片，用鼠标拖曳幻灯片到需要的位置释放鼠标左键即可。

（3）复制幻灯片

选择需要复制的幻灯片，再分别选择快捷菜单中"复制"和"粘贴"命令，将所选幻灯片复制到演示文稿的其他位置或其他演示文稿中（只有在幻灯片浏览视图或普通视图下才能使用复制与粘贴的方法）。

在演示文稿的排版过程中，可以通过移动或复制幻灯片，来重新调整幻灯片的排列次序，也可以将一些已设计好版式的幻灯片复制到其他演示文稿中。

4. 删除幻灯片

删除不需要的幻灯片，只要选中要删除的幻灯片，选择快捷菜单中"删除幻灯片"命令或按 Delete 键即可。如果误删了某张幻灯片，可单击快速访问工具栏的"撤销"按钮。

4.1.12 添加动画效果

动画效果是指幻灯片放映时出现的一系列的动作特技。具有动画效果的幻灯片可以有效地增强演示文稿对听众的吸引力，产生更好地感染效果。

在演示文稿的放映过程中，可以为幻灯片中的标题、副标题、文本、图片等对象设置动画效果，从而使得幻灯片的放映生动活泼。幻灯片中的动画效果有两类：幻灯片间切换动画和幻灯片中对象的动画。

PowerPoint 2010 为幻灯片提供了多种预设的动画方案，包括"进入""强调""退出""动画路径"等类型，每种类型下又包括了更丰富的具体方案。

1. 为幻灯片内对象添加的动画

用户可以对幻灯片上的文本、图形、声音、图像、图表等对象设置动画效果，这样可以突出重点，控制信息的流程，并提高演示文稿的趣味性。

（1）快速设置对象动画

操作步骤如下：

①选中幻灯片中要设置动画效果的对象（可同时选中多个对象）。

②在"动画"选项卡的"动画"组中单击"其他"按钮 ，弹出如图 4-13 所示的下拉列表。

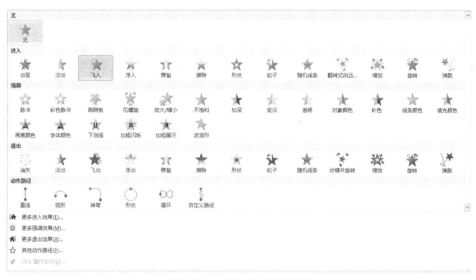

图 4-13 "动画"下拉列表

③在弹出的下拉列表中选择需要的动画选项，例如在"进入"组中选择"飞入"。

④单击"预览"组中的"预览"按钮，可以看到所选对象从幻灯片底部快速飞入。

（2）自定义动画

"动画"下拉列表中提供的动画效果非常有限，如果不能满足用户要求，可以通过 PowerPoint 2010 提供的自定义动画功能，灵活地进行更多设置，包括为幻灯片中对象添加动画效果，设置每个对象的播放时间、播放顺序、图表效果等。

设置自定义动画的方法如下：

①在普通视图中，选中要自定义动画的幻灯片，并选中要设置动画的对象。

②单击"动画"选项卡"高级动画"组中的"添加动画"按钮，将会弹出其下拉列表。

③在该下拉列表的后面有 4 个选项：更多进入效果、更多强调效果、更多退出效果和其他动作路径。

④选择其中一个选项将会进入相应的动画效果设置界面，如选择"更多进入效果"，将会弹出如图 4-14 所示的"添加进入效果"对话框。

图 4-14　"添加进入效果"对话框

⑤在该对话框中选择一种动画效果即可。

2.　动画效果的计时

多种计时有助于确保动画播放平顺自然。用户可以设置动画开始时间、延迟、速度、持续时间、循环（重复）和自动快退等。

（1）设置动画开始时间

①选中需要设置动画开始时间的文本或其他对象。

②单击"动画"选项卡，在"计时"组中"开始"右边的组合框中单击 [单击时 ▾]，在弹出的下拉菜单中选择一项即可。

- 单击时：表示单击幻灯片时开始动画效果。
- 与上一动画同时：表示与上一个动画效果同时开始该动画效果（即一次单击执行两个动画效果）。
- 上一动画之后：表示上一个动画效果完成播放之后直接开始该动画效果（即无需再次单击鼠标即可开始下一个动画效果）。

（2）设置延迟

若要在一个动画效果结束和新动画效果开始之间创建延迟，在"延迟"组合框 [延迟: 00.00 ⌄] 中输入要延迟的秒数即可。

（3）设置动画效果的播放速度

若要设置新动画效果的播放速度，在"持续时间"组合框 [持续时间: 00.50 ⌄] 中输入动画持续的时间即可。

（4）"计时"选项卡

①选择"动画"选项卡，在"高级动画"组中单击"动画窗格"按钮，弹出如图 4-15 所示的动画窗格。在此窗格中会显示当前幻灯片中所有动画效果项目。

②用鼠标右键单击需设置计时的动画效果项目，在弹出的快速菜单中单击"计时"命令，弹出如图 4-16 所示的对话框。

图 4-15　动画窗格

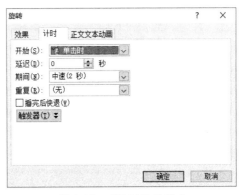

图 4-16　"计时"选项卡

③在"计时"选项卡中可以设置动画开始时间、延迟、速度、循环（重复）和自动快退等。

● 设置是否重复播放动画效果

若要重复播放某个动画效果，可在"重复"下拉菜单中选择相应的选项。

● 设置是否恢复对象的最初效果

若要使某个对象在播完动画效果后自动返回其最初的外观和位置，可选中"播完后快退"复选框。例如，在播完飞旋退出效果后，该对象将重新显示在它在幻灯片上的最初位置处。

● 设置动画效果启动的触发器

若要使某个对象在某一个动作之后开始播放它的动画效果，单击"触发器"按钮，可对动画效果的触发进行设置。

3. 为动画添加声音

为了使演示文稿播放时更加活泼、生动，用户还可以在幻灯片中插入声音。在为某个对象的动画效果添加声音之前，必须已经向该对象添加了动画效果。

（1）在动画窗格中用鼠标右键单击需添加声音的动画效果项目，在弹出的快速菜单中单击"效果选项"命令，弹出如图 4-17 所示的对话框。

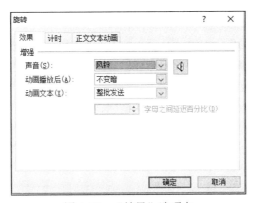

图 4-17　"效果"选项卡

（2）在"效果"选项卡中，在"声音"下拉列表中选择一种声音即可，单击右方的"喇叭"按钮可以试听该声音效果。

4. 删除动画效果

（1）选择需要删除动画效果的对象。

（2）在"动画"选项卡的"动画"组中单击"其他"按钮 ▼ ，在弹出的下拉列表选择"无"。

5．幻灯片间切换动画

幻灯片间切换动画是指演示文稿播放过程中幻灯片进入和离开屏幕时产生的视觉效果。在演示文稿制作过程中，可为指定的一张幻灯片设计切换效果，也可为一组幻灯片设计相同的切换效果。

单击"切换"选项卡，如图 4-18 所示，在该选项卡中可以设置幻灯片的各种切换效果。

图 4-18　"切换"选项卡

（1）为幻灯片添加切换动画

①在幻灯片编辑区左边的"幻灯片"窗格中选中需要设置切换动画的幻灯片缩略图。

②在"切换"选项卡的"切换到此幻灯片"组中单击"其他"按钮 ▼ ，弹出如图 4-19 所示的下拉列表。

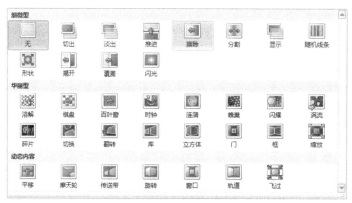

图 4-19　切换动画列表

③ 在该下拉列表中选择一种切换动画效果即可。

④若要把这种切换动画效果应用到所有幻灯片，单击"计时"组中的"全部应用"按钮即可。

（2）向幻灯片切换效果添加声音

①在幻灯片编辑区左边的"幻灯片"窗格中选中需要设置切换动画声音的幻灯片缩略图。

②在"计时"组的"声音"下拉菜单中选择一种声音即可。

（3）幻灯片换片方式

幻灯片的换片方式主要有两种：单击鼠标时和自动换片。

①在幻灯片编辑区左边的"幻灯片"窗格中选中需要设置切换方式的幻灯片缩略图。

②在"计时"组的"换片方式"下选择一种方式即可。如果选择 ☑ 设置自动换片时间，则必须在后面的组合框中输入自动换片时间。

（4）设置幻灯片切换速度

若要设置幻灯片切换速度，在"持续时间"组合框中输入持续时间即可。

4.1.13　设置放映方式

PowerPoint 2010 提供了三种在计算机中播放演示文稿的方式：演讲者放映、观众自行浏览和在展台浏览。用户可以根据需要设置演示文稿放映的方式。

单击"幻灯片放映"选项卡，在"设置"组中单击"设置幻灯片放映"按钮，弹出如图 4-20 所示的"设置放映方式"对话框，在该对话框中可以设置放映类型、幻灯片范围、换片方式等。

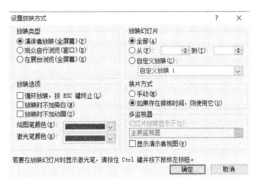

图 4-20　"设置放映方式"对话框

1. 放映类型

（1）演讲者放映（全屏幕）：这是常规的全屏幻灯片放映方式，可以通过人工控制放映幻灯片和动画。用户可通过"幻灯片放映"选项卡"设置"组中的"排练计时"按钮来设置时间。

（2）观众自行浏览（窗口）：在标准窗口中观看放映，包含自定义菜单和命令，便于观众自行浏览演示文稿。

（3）在展台浏览（全屏幕）：自动全屏放映，若 5 分钟没有用户指令，则重新开始。观众可以更换幻灯片，也可以单击超链接和动作按钮，但不能更换演示文稿。若用户选择此选项，PowerPoint 2010 将自动选择"循环放映，按 ESC 键终止"命令。

2. 放映选项

（1）循环放映，按 ESC 键终止：循环放映幻灯片，按下 ESC 键可终止幻灯片放映。如果选择"在展台浏览（全屏幕）"，则只能放映当前幻灯片。

（2）放映时不加旁白：观看放映时，不播放任何声音旁白。

（3）放映时不加动画：显示幻灯片时不带动画。如飞入的对象直接出现在最后的位置。

3. 放映幻灯片

（1）全部：播放所有幻灯片。选定此单选按钮，演示文稿从当前幻灯片开始放映。

（2）从……到……：用户在"从"和"到"数值框中录入数值范围，在幻灯片放映时，只播放该顺序号范围内的幻灯片。

（3）自定义放映：运行在下拉列表框中选定的自定义放映。

4. 换片方式

（1）手动：放映幻灯片的切换条件是单击鼠标，或每隔数秒自动播放，或单击鼠标右键，选择快捷菜单中的"前一张""下一张"或"定位至幻灯片"命令。在此方式下，PowerPoint 2010 会忽略默认的排练时间，但不会删除。

（2）如果存在排练时间，则使用它：该方式是使用预设的排练时间自动放映，若演示文稿没有预设的排练时间，则仍需人工手动切换幻灯片。

5．绘图笔颜色

用户为放映时添加的标注选择颜色。在放映时，用户可以右击鼠标选择"指针选项"命令，可选择绘图笔的笔形及颜色，在幻灯片放映过程中添加注释。注释完毕后，可按 Esc 键退出注释操作，鼠标指针恢复到正常的形状。若要删除注释，可在快捷菜单中选择"指针选项"中的"橡皮擦"命令或"擦除幻灯片上的所有墨迹"命令。

【任务分析】

经过前面的知识准备，我们现在可以对"公司宣传演示文稿"进行制作。在本任务中，要制作 4 张幻灯片。

（1）第 1 张幻灯片为封面，标题为"龙马工作室产品宣传"，文字采用艺术字形式插入，副标题采用文本框形式插入，主题采用"龙腾四海"。

（2）第 2 张幻灯片为"公司概况"，主要介绍公司的大概情况，标题和内容都用占位符来输入文本，并插入一张书的图片。

（3）第 3 张幻灯片为"最新公司简介"，在幻灯片中插入表格，并对表格进行美化。

（4）第 4 张幻灯片为封底，显示"完　谢谢观看"，用图片作背景，并对背景图片进行美化。

（5）为了增强演示文稿对听众的吸引力，产生更好的感染效果，对每张幻灯片设置切换动画，对幻灯片的文本、图形和图表设置动画和声音效果。

【任务实施】

1．创建演示文稿

（1）新建一个空白演示文稿。

（2）单击快速访问工具栏中的"保存"按钮，将会打开"另存为"对话框，再选择演示文稿存盘路径，在"文件名"处输入文件名"公司宣传演示文稿.pptx"。

（3）单击"保存"按钮，即可保存演示文稿。

2．设置主题

（1）删除当前幻灯片中所有占位符。

（2）在"设计"选项卡的"主题"组中单击"其他"按钮，弹出如图 4-21 所示的下拉列表。

（3）在该下拉列表中选择"龙腾四海"主题，即可在当前幻灯片中设置主题。

3．第 1 张幻灯片（封面）的制作

（1）插入艺术字

①单击"插入"选项卡，在"文本"组中单击"艺术字"按钮，弹出其下拉列表。

②在弹出的"艺术字"下拉列表中选择"渐变填充-灰色，轮廓-灰色"选项。

③PowerPoint 已经为选择的艺术字设置了预览文字，单击该文本占位符，输入标题"龙马工作室产品宣传"。

④用鼠标选中该艺术字占位符，按住鼠标左键不放，拖动鼠标到适当位置，松开鼠标即可，如图 4-22 所示。

图 4-21 "主题"下拉列表

图 4-22 艺术字效果图

（2）制作副标题

①单击"插入"选项卡，在"文本"组中单击"文本框"按钮，弹出其下拉菜单。

②选择"横排文本框"命令。

③用鼠标在适当位置拖拽画出一个文本框，并在该文本框中输入"主讲人：赵经理"，回车后在第二行输入"2013.08.15"。

④在"开始"选项卡中设置字体：宋体、24号、1.5倍行距。

⑤适当调整艺术字和副标题的位置即可，如图 4-23 所示。

图 4-23 标题幻灯片效果图

（3）设置动画效果

①选中"龙马工作室产品宣传"标题。

②在"动画"选项卡的"动画"组中选择"浮入"。

③在"计时"组中设置：开始于"上一动画之后"，持续时间为"01.00"秒，延迟"00.00"秒。

④在动画窗格中右击动画效果项目，在快捷菜单中选择"效果选项"，在弹出的对话框的"效果"选项卡中设置"声音"为"风铃"。

⑤设置副标题：动画为"擦除"，开始于"上一动画之后"，持续时间为"01.00"秒，延迟"00.00"秒，"声音"为"风声"，方向为"自右侧"。

4. 第 2 张幻灯片的制作

（1）新建幻灯片

①在"开始"选项卡的"幻灯片"组中单击"新建幻灯片"按钮。

②在弹出的下拉菜单中选择"标题和内容"选项，即可插入一张新的幻灯片。

③将插入点移入到标题框中，输入标题"公司概况"。

④单击"段落"组中的"文本左对齐"按钮。

⑤将插入点移入下面的占位符中，输入：龙马图书工作室是一家与中国水利水电出版社合作，致力于计算机类图书的策划、编著、包装盒监制等，曾编著上百种（套）书籍，创立了"完全自学手册""从新手到高手""24 小时玩转"系列品牌。效果如图 4-24 所示。

（2）插入剪贴画

①单击"插入"选项卡，在"图像"组中单击"剪贴画"按钮，在 PowerPoint 2010 窗口的右侧打开"剪贴画"窗格。

②在"搜索文字"文本框中输入"图书"，在"结果类型"下拉列表中选择"所有媒体文件类型"。

③单击"搜索"按钮，即可在"剪贴画"窗格中显示查找到的剪贴画，如图 4-25 所示。

图 4-24　"公司概况"幻灯片效果图　　　　　图 4-25　"剪贴画"窗格

④选择要使用的剪贴画，单击即可将其插入到演示文稿中，如图 4-26 所示。

图 4-26　插入剪贴画效果图

（3）设置动画效果

①选中"公司概况"标题。

②设置标题：动画为"飞入"，开始于"上一动画之后"，持续时间为"01.00"秒，延迟

"00.00"秒，"声音"为"风声"，方向为"自左侧"。

③选中公司概况介绍的文本，设置：动画为"缩放"，开始于"单击时"，持续时间为"00.50"秒，延迟"00.00"秒，"声音"为"电压"。

④选中剪贴画，设置：动画为"霹雳"，开始于"单击时"，持续时间为"00.50"秒，延迟"00.00"秒，"声音"为"掌声"，方向为"左右向中央收缩"。

5. 第 3 张幻灯片的制作

（1）创建并美化表格

①在"开始"选项卡的"幻灯片"组中单击"新建幻灯片"按钮，创建"标题和内容"幻灯片，单击"单击此处添加标题"，输入文本"最新公司简介"，单击"段落"组中的"文本左对齐"按钮。

②删除"单击此处添加文本"占位符。

③在"插入"选项卡的"表格"组中单击"表格"按钮，在下拉菜单中单击 插入表格(I)... ，弹出"插入表格"对话框。在该对话框中输入表格的行数（7）、列数（2）。设置完成后，单击"确定"按钮，即可插入表格。

④拖动鼠标左键，选中第 1 列中的第 2 个和第 3 个单元格，在"布局"选项卡的"合并"组中单击"合并单元格"按钮，即可合并第 1 列中的第 2 个和第 3 个单元格。

⑤通过同样的方法分别合并第 1 列中的第 4 个和第 5 个、第 6 个和第 7 个单元格。

⑥用鼠标调整列宽，拖动鼠标选中第 2 列所有单元格，设置所选列的高度为"11.2 厘米"，并按回车键。

⑦在表格中输入如图 4-27 所示的内容。

⑧选中表格第 1 行，设置标题行字体：华文宋体、32 号、居中。

⑨选中表格正文部分，设置为华文楷体、28 号，在"布局"选项卡的"对齐方式"组中单击"垂直居中"按钮。用鼠标调整表格列宽，直到适应文字为止。

⑩在"设计"选项卡的"表格样式"组中单击"其他"按钮 ，在弹出的"表格样式"列表中选择"中度样式 2-强调 2"样式，完成表格样式的设置，如图 4-28 所示。

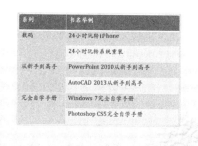

图 4-27　"最新公司简介"幻灯片效果图

图 4-28　"最新公司简介"幻灯片设置完成图

（2）设置动画效果

①选中"最新公司简介"标题。

②设置标题：动画为"飞入"，开始于"上一动画之后"，持续时间为"01.00"秒，延迟"00.00"秒，"声音"为"风声"，方向为"自左侧"。

③选中表格，设置：动画为"缩放"，开始于"单击时"，持续时间为"00.50"秒，延迟"00.00"秒，"声音"为"风声"。

6. 第4张幻灯片（封底）的制作

（1）插入并美化图片

①在"开始"选项卡的"幻灯片"组中单击"新建幻灯片"按钮，在弹出的下拉列表中选择"空白"选项，创建一张新的空白幻灯片。

②单击"插入"选项卡，在"图片"组中单击"图片"按钮，弹出"插入图片"对话框。

③在磁盘上找到需要插入的图片文件，最后单击"插入"按钮，即可将图片插入到空白幻灯片中，如图4-29所示。

④利用鼠标在图片控制点上拖动，改变图片大小，使图片铺满整个幻灯片。

⑤设置图片样式：在"格式"选项卡的"图片样式"组中单击"其他"按钮，在弹出的"图片样式"列表中选择"矩形投影"样式。

⑥设置图片效果：在"格式"选项卡的"图片样式"组中单击"图片效果"按钮，在弹出的下拉列表中选择"棱台"，再选择"角度"。

⑦设置图片颜色：在"格式"选项卡的"调整"组中单击"颜色"按钮，在弹出的下拉列表中选择"颜色饱和度"栏的"饱和度：0%"选项。

⑧设置图片艺术效果：在"格式"选项卡的"调整"组中单击"艺术效果"按钮，在弹出的下拉列表中选择"十字图案蚀刻"，如图4-30所示。

图4-29　插入图片效果图

图4-30　图片美化效果图

（2）插入并美化文本框

①单击"插入"选项卡"文本"组中的"文本框"。

②在弹出的下拉菜单中选择"横排文本框"选项。

③此时鼠标指针将变为†形状，将其移动到幻灯片中需要输入文本的位置，按住鼠标左键不放，拖曳到合适大小时释放鼠标左键，即可插入一个文本框。

④在文本框插入点输入"完"，按回车键后，再输入"谢谢观看"。

⑤选中文本框中的文本，设置：华文楷体、66号、加粗、文字阴影、居中。

⑥用鼠标拖动文本框，移动其位置到合适位置，如图4-31所示。

（3）设置动画效果

①选中文本框。

②设置文本框：动画为"形状"，开始于"上一动画之后"，持续时间为"02.00"秒，延迟"00.00"秒，"声音"为"风铃"，方向为"放大"。

图 4-31 "幻灯片制作"效果图

7. 为幻灯片添加切换效果

（1）选中第 1 张幻灯片。

（2）单击"切换"选项卡，在"切换到此幻灯片"组中单击"其他"按钮，在弹出的下拉列表中选择"碎石"效果。

（3）在"计时"组中设置：声音为"无声音"，持续时间为"02:00"秒，选中"单击鼠标时"。

（4）设置完成后，单击"计时"组中的"全部应用"按钮，即可把第 1 张幻灯片的切换动画效果应用到所有幻灯片。

8. 幻灯片放映

选中第 1 张幻灯片，单击视图按钮中的"幻灯片放映"按钮，即可从头到尾进行放映。

9. 保存演示文稿

单击快速访问工具栏中的"保存"按钮即可。

【任务小结】

本任务主要介绍了：PowerPoint 2010 演示文稿的创建和保存、主题的设置、艺术字的插入、幻灯片的插入、占位符的使用、剪贴画的插入、表格的创建及美化、图片的插入与美化、动画的设置方法。

本任务中幻灯片的制作、排版、设置方法不唯一，读者可以用不同的方法进行练习。

任务 4.2　制作圣诞卡片演示文稿

【任务说明】

在圣诞节来临之际，某公司的职员小张设计了一个以新年为主题的幻灯片，传达祝福之意，并将它作为圣诞贺信送给他的好友和客户。

本次任务要求：设置幻灯片的外观，添加音频和视频，应用超链接，应用动作按钮，添加动画效果。

【预备知识】

4.2.1　幻灯片的外观设置

一个完整专业的演示文稿，有很多地方需要进行统一设置，如幻灯片中的内容、背景、配色和文字格式等，应统一对演示文稿的主题、模板或母版进行设置。

1．幻灯片的主题设计

在 PowerPoint 2010 中，主题是一组格式选项，它包含一组主题颜色、一组主题字体（包括标题和正文文本字体）和一组主题效果（包括线条和填充效果）。

（1）将内置主题应用于幻灯片

PowerPoint 2010 内置了很多非常漂亮的主题供大家选择使用，通过应用内置主题，我们可以快速轻松地设置整个演示文稿的格式以使其具有一个专业且现代的外观。

操作步骤如下：

①打开演示文稿，例如"产品销售推广方案.ppt"。

②选择"设计"选项卡，单击"主题"组中列表框的"其他"按钮 ，弹出"主题"下拉列表。

③在弹出的下拉列表中选择一种主题样式，如选择"视点"主题，则会将该主题应用于所有幻灯片，如图 4-32 所示。

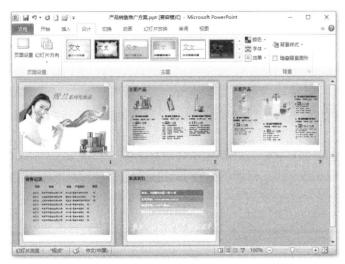

图 4-32　幻灯片主题应用效果图

（2）自定义主题

幻灯片的主题对标题文本和线条、背景、阴影、填充、强调、超链接等的颜色、字体、效果等都进行了优化设置，如果用户不满意可以自定义主题。

● 主题颜色

主题颜色包含四种文本和背景颜色、六种强调文字颜色，以及两种超链接颜色。

操作步骤如下：

①在演示文稿中选择"设计"选项卡，单击"主题"组中的"颜色"按钮，弹出如图 4-33 所示的"主题颜色"下拉列表。

②选择一种颜色选项，如选择"跋涉"，即可将这种颜色配置应用于幻灯片。

③如果希望自己配色，选择"新建主题颜色"选项，弹出如图 4-34 所示"新建主题颜色"对话框。

④在该对话框中，可以设置自己需要的主题颜色，并在"名称"栏输入新建的主题颜色的名称。

⑤最后单击"保存"按钮，这种新建的主题颜色就会加入到如图 4-33 所示"主题颜色"下拉列表中。

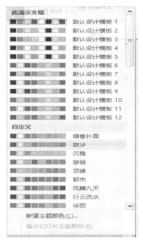

图 4-33　"主题颜色"下拉列表　　　　图 4-34　"新建主题颜色"对话框

- 主题字体

主题字体包括标题字体和正文文本字体。

操作步骤如下：

①在演示文稿中选择"设计"选项卡，单击"主题"组中的"字体"按钮，弹出如图 4-35 所示的"主题字体"下拉列表。

②选择一种字体选项，如选择"跋涉"，即可将这种字体配置应用于幻灯片。

③如果希望自建主题字体，选择"新建主题字体"选项，弹出如图 4-36 所示的"新建主题字体"对话框。

图 4-35　"主题字体"下拉列表　　　　图 4-36　"新建主题字体"对话框

④在该对话框中，可以设计自己需要的主题字体配置，并在"名称"栏输入新建的主题字体的名称。

⑤最后单击"保存"按钮，这种新建的主题字体就会加入到如图 4-35 所示"主题字体"下拉列表中。

● 主题效果

主题效果是一组线条和一组填充效果。单击"效果"按钮，会在下拉列表中看到 Office 系统默认的主题效果使用的线条和填充效果。用户可以更改主题效果，但不能创建自定义的主题效果。

● 保存主题

用户可将对主题颜色、主题字体、主题效果所做的更改保存为可应用于其他文档或演示文稿的自定义主题。

操作步骤如下：

①在演示文稿中选择"设计"选项卡，单击"主题"组中的"其他"按钮。

②在弹出的下拉列表中"保存当前主题"选项，弹出"保存当前主题"对话框。

③在该对话框的"文件名"框中输入该主题的名称，最后单击"保存"即可。该自定义主题会以".thmx"的文件格式保存在"文档主题"文件夹中，并自动添加到自定义主题列表中。

2. 幻灯片背景设置

幻灯片的背景设置应与演示文稿的题材、内容相匹配，用来确定整个演示文稿的主要基调。PowerPoint 2010 可以通过设计模板为所有的幻灯片设置统一的背景，也可以每一张幻灯片设置背景颜色，可以采用一种或多种颜色，也可以采用纹理或图案甚至计算机中的任意图片文件来做背景等。

（1）添加背景颜色

操作步骤如下：

①新建一张空白幻灯片。

②选择"设计"选项卡，在"背景"组中单击"背景样式"按钮，弹出如图 4-37 所示的"背景样式"下拉列表。

③在弹出的下拉列表中选择一种背景样式，如选择"样式 7"选项，就会将该背景样式应用于所有幻灯片。

图 4-37　"背景样式"下拉列表

④如果希望应用于所选幻灯片，用鼠标右键单击选择的背景样式，在弹出的下拉菜单中选择"应用于所选幻灯片"即可。

（2）设置填充、纹理效果

操作步骤如下：

①新建一张空白幻灯片。

②选择"设计"选项卡，在"背景"组中单击"背景样式"按钮，弹出如图 4-37 所示的"背景样式"下拉列表。

③在弹出的下拉列表中选择"设置背景格式"选项，打开"设置背景格式"对话框，如图 4-38 所示，选择"填充"选项卡，选中"渐变填充"单选按钮。

④单击下方的"预设颜色"下拉按钮，在弹出的"预设颜色"列表中选择一种渐变颜色，如"心如止水"。

⑤在"类型"下拉列表中选择"路径"选项。

⑥设置完成后，单击"关闭"按钮，完成渐变色的设置。

图 4-38　"设置背景格式"对话框

⑦如果要设置图片或纹理填充，在"设置背景格式"对话框选择"填充"选项卡，选中"图片或纹理填充"按钮。

⑧单击"纹理"下拉按钮，在弹出的"纹理"列表中选择一种选项，如"鱼类化石"，如图 4-39 所示。

⑨返回"设置背景格式"对话框，单击"关闭"按钮，该幻灯片的背景自动应用为"鱼类化石"纹理。

（3）设置背景图片

操作步骤如下：

①新建一张空白幻灯片。

②在如图 4-38 所示的"设置背景格式"对话框中选择"填充"选项卡，选中"图片或纹理填充"按钮。

③在下方的"插入自"栏中单击"文件"按钮，弹出如图 4-40 所示的"插入图片"对话框，在该对话框中找到需要的图片。

④选择需要插入的图片，单击"插入"按钮。

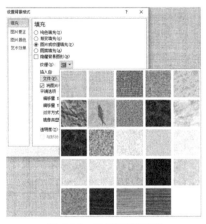

图 4-39　设置纹理背景

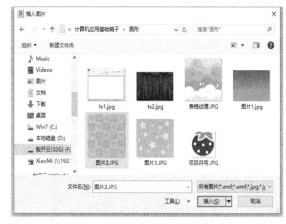

图 4-40　设置图片背景

3．版式设计

在 PowerPoint 2010 中，"版式"和"版面"是同一概念，它指的是各种对象在幻灯片上的布局格式。PowerPoint 2010 提供了 11 种精心设计的幻灯片预设版式，如"标题和内容""两栏内容""比较"等。每当创建一张新幻灯片时，默认使用的是"标题和内容"版式。如果要修改版式，可先选择幻灯片，再选择"开始"选项卡，在"幻灯片"组中单击"版式"按钮，在弹出的列表中选择一种样式即可，如图 4-41 所示。

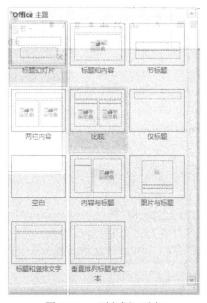

图 4-41　"版式"列表

4．母版设计

演示文稿中的各个页面经常会有重复的内容，使用母版可以统一控制整个演示文稿的文字格式、图形外观、风格等，快速生成相同样式的幻灯片，从而极大地提高工作效率。

母版是演示文稿中所有幻灯片或页面格式的底版，包含所有幻灯片的公共属性和局部信息。当对母版前景颜色和背景颜色、图形格式、文本格式等属性进行重新设置时，会影响到相应视图中的每一张幻灯片、备注页或讲义部分。

（1）母版类型

PowerPoint 2010 提供了三种母版：幻灯片母版、讲义母版和备注母版。对应于幻灯片母版的类型，有三种视图，即幻灯片母版视图、讲义母版视图和备注母版视图。

①幻灯片母版

幻灯片母版控制的是包含标题幻灯片在内的所有幻灯片格式。标题及文本的版面配置区中包含了标题、文本对象、日期、页脚和数字五种占位符，可通过设置幻灯片母版中占位符的字符格式和段落格式来设置应用此母版的幻灯片对应区域的格式。如果删除了幻灯片母版上的占位符，幻灯片上的相应区域就会失去格式控制。

要使每张幻灯片都出现相同元素，如公司徽标、图形，可在母版中插入这些元素。同样也可以为母版设置背景、页眉页脚、时间和日期及幻灯片编号。

进入幻灯片母版视图的方法：选择"视图"选项卡，在"母版视图"组中单击"幻灯片母版"按钮，即可进入幻灯片母版视图。

②讲义母版

讲义母版只显示幻灯片而不包括相应的备注。在讲义母版中有四个占位符和六个代表小幻灯片的虚线框，在其中可以查看一页纸张里显示的多张幻灯片，也可设置页眉和页脚内容并调整其位置。如需将幻灯片作为讲义稿打印装订成册，就可使用讲义母版形式将其打印出来。

进入讲义母版视图的方法：选择"视图"选项卡，在"母版视图"组中单击"讲义母版"按钮，即可进入讲义母版视图。

③备注母版

备注母版可将幻灯片和备注显示在同一页面中。备注母版上有六个占位符，其中可以设置备注幻灯片的格式，即备注页方向、幻灯片方向等。为幻灯片添加备注文本，更利于观众深入理解该幻灯片的意思。

进入备注母版视图的方法：选择"视图"选项卡，在"母版视图"组中单击"备注母版"按钮，即可进入备注母版视图。

（2）幻灯片母版设计

幻灯片母版通常用来制作具有统一标志和背景的内容，可设置占位符、各级标题文本及项目符号的格式等。在三个母版中，最常用的是幻灯片母版，掌握了它的设置方法后讲义母版和备注母版的制作就变得简单了。下面举例讲解制作幻灯片母版的方法。

【例 4.1】新建一个名为"师德师风演讲.pptx"的演示文稿，在标题母版下方绘制一个绿色矩形，并设置标题母版的标题样式为"隶书"、44 号字，如图 4-42 所示。在幻灯片母版的上方绘制一个红色的矩形条并插入一张"地图"图片。在顶端标题处添加一个横排文本框，其文字为"演讲比赛"，并设置字体为"华文彩云"，字号为 40，颜色为黄色，居中，效果如图 4-43 所示。返回普通视图，在第一张幻灯片中输入标题文字"师德师风"，添加副标题"演讲者：谷风"，接着插入"标题和内容"版式的幻灯片，并在文本区添加图片"教师.jpg"。

操作步骤如下：

①新建一个空白演示文稿。

②选择"视图"选项卡，在"幻灯片母版"组中单击"幻灯片母版"按钮，进入幻灯片母版视图。

③当前幻灯片默认为标题母版幻灯片（即编辑区左侧的第二张）。用鼠标选中"单击此处编辑母版样式"占位符，设置为隶书、44 号字。用鼠标单击"插入"选项卡，选择"插图"

组中的"形状"下拉按钮，单击矩形，拖动鼠标绘制一个矩形至幻灯片底部处。选中该矩形，单击鼠标右键，选择"设置形状格式"，单击"颜色"按钮，选择"绿色"，最后单击"关闭"按钮，如图 4-42 所示。

④单击编辑区左侧的第一张幻灯片，用鼠标单击"插入"选项卡，再单击"插图"组中的"形状"按钮，单击"矩形"，拖曳鼠标绘制一个矩形至幻灯片顶部处。选中该矩形，单击鼠标右键，选择"设置形状格式"，单击"颜色"按钮，选择"红色"，最后单击"关闭"按钮。在"插图"组中单击"剪贴画"按钮，在弹出的"剪贴画"窗格中搜索"地图"图片并将其插入到红色矩形条左端。用类似方法可以插入一个横排文本框，输入文字为"演讲比赛"，选中该文字，设置字体为"华文彩云"，字号为 40，颜色为黄色，居中，如图 4-43 所示。

图 4-42　标题母版效果

图 4-43　幻灯片母版效果

⑤单击"幻灯片母版"选项卡中"关闭"组的"关闭母版视图"按钮，返回到普通视图。在"单击此处添加标题"处输入标题文字"师德师风"，添加副标题"演讲者：谷风"。

⑥单击"新建幻灯片"列表中的"标题和内容"版式，插入第二张幻灯片。在文本编辑区中单击"剪贴画"图标，在弹出的"剪贴画"窗格的"搜索文字"框中输入关键字"教师"，单击"搜索"按钮，选中该图片插入。

⑦最后单击"保存"按钮并为演示文稿取名为"师德师风演讲.pptx"。最终效果如图 4-44 所示。

图 4-44　最终效果图

4.2.2　添加音频和视频

幻灯片中除了包含文本和图形、和谐的配色、富有创意的设计外，还可以添加音频和视频内容。使用这些多媒体元素，可以使幻灯片的表现力更丰富。

1．添加音频

在制作幻灯片时，可以插入剪辑声音、CD 乐曲，以及为幻灯片录制配音等，使幻灯片声情并茂。

（1）插入剪贴画音频

操作步骤如下：

①单击"插入"选项卡，在"媒体"组中单击"音频"按钮。

②在弹出的下拉列表中选择"剪贴画音频"选项。

③打开"剪贴画"窗格，在其下方的声音文件列表框中单击需要插入的声音选项。

④此时幻灯片上将显示一个声音图标，同时打开提示播放的对话框，选择幻灯片播放声音方式，然后拖动声音图标到幻灯片的角落处，按 F5 键放映幻灯片，即可听到插入的声音。

（2）添加外部音频文件

在幻灯片中可添加外部声音文件，即保存在计算机硬盘中的声音文件，如 MP3 音频、旁白声音等。

操作步骤如下：

①单击"插入"选项卡，在"媒体"组中单击"音频"按钮。

②在弹出的下拉列表中选择"文件中的音频"选项。

③打开"插入声音"对话框，在其中找到需要插入的音频的路径和文件名，单击"插入"按钮。

④此时幻灯片上将显示一个声音图标，同时打开提示播放的对话框，选择幻灯片播放声音方式，然后拖动声音图标到幻灯片的角落处，按 F5 键放映幻灯片，即可听到插入的声音。

2．添加视频

在幻灯片中主要可以使用两种影片，一种是 PowerPoint 剪辑管理器中自带的影片，另一种是文件中的影片，其添加方法与声音相似。

（1）插入剪贴画视频

操作步骤如下：

①单击"插入"选项卡，在"媒体"组中单击"视频"按钮。

②在弹出的下拉列表中选择"剪贴画视频"选项。

③打开"剪贴画"窗格，在其下方的影片文件列表框中单击需要插入的影片选项。

④按 F5 键放映幻灯片，即可看到插入的影片。

（2）插入文件中的视频

操作步骤如下：

①单击"插入"选项卡，在"媒体"组中单击"视频"按钮。

②在弹出的下拉列表中选择"文件中的视频"选项。

③打开"插入影片"对话框，在找到需要插入的视频的路径和文件名，单击"插入"按钮。

④此时幻灯片上将显示一个视频图标。

⑤按 F5 键放映幻灯片，即可看到插入的影片。

4.2.3 创建超链接

在 PowerPoint 2010 中，可以通过超链接命令和动作按钮来创建超链接。超链接可以快速链接到自己的系统、网络以及 Web 上的其他演示文稿、对象、文档、页。对象链接后，只有更改源文件时，数据才会被更新。链接的数据存放在源文件中，目标文件中只存放源文件的位置，并显示一个链接数据的标记。如果不希望文件过大，可以使用链接对象。

1. 超链接的创建

操作步骤如下：

（1）在幻灯片上选中要链接的文本或对象。

（2）选择"插入"选项卡的"链接"组，单击"超链接"按钮，弹出如图 4-45 所示的"插入超链接"对话框。

（3）在"链接到"列表中选择要插入的超链接类型。若是链接到已有的文件或网页上，则单击"现有文件或网页"；若要链接到当前演示文稿的某个幻灯片，则单击"本文档中的位置"；若要链接一个新演示文稿，则单击"新建文档"；若要链接到电子邮件，可单击"电子邮件地址"。

（4）在"要显示的文字"文本框中显示的是所选中的用于显示链接的文字，也可以更改。

（5）在"地址"框中显示的是所链接文档的路径和文件名，在其下拉列表中，还可以选择要链接的网页地址。

（6）单击"屏幕提示"按钮，弹出如图 4-46 所示的提示框，可以输入相应的提示信息，在放映幻灯片时，当鼠标指向该超链接时会出现提示信息。

图 4-45　"插入超链接"对话框

图 4-46　"设置超链接屏幕提示"对话框

（7）完成各种设置后，单击"确定"按钮。

一个超链接创建完成后，有时需要改变超链接的目标位置或删除原有的超链接等，可用鼠标右键单击需要编辑超链接的对象，在打开的快捷菜单中选择"编辑超链接"，在弹出的"编辑超链接"对话框中可重新选择要链接到的位置或单击"删除链接"按钮将其删除。

2. 使用动作按钮建立超链接

在 PowerPoint 2010 中还有一种重要的链接对象——动作按钮。它是"形状"列表中一个现成的按钮，可以在"插入"选项卡的"插图"组中单击"形状"按钮，找到需要的动作按钮并将其插入到演示文稿中来自动定义超链接，如图 4-47 所示。

图 4-47　动作按钮

使用动作按钮创建超链接的操作步骤如下：

（1）在幻灯片中选定要建立超链接的文本。

（2）选择"插入"选项卡，在"插图"组中单击"形状"按钮，弹出其下拉列表。

（3）在下拉列表的"动作按钮"组中选择一种动作按钮，然后在幻灯片的适当位置拖动鼠标，画出一个按钮，弹出如图 4-48 所示的"动作设置"对话框。

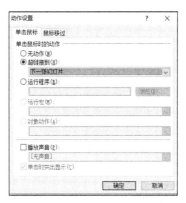

图 4-48　"动作设置"对话框

（4）选择"单击鼠标"选项卡，并在其中选择相应选项。

● 　无动作：可以取消超链接。

● 　超链接到：可以单击"超链接到"下拉列表并在其中选择一个超链接的目标位置。

● 　运行程序：可单击"浏览"按钮找到运行程序存放的位置，使动作按钮链接到指定的程序。

● 　播放声音：选择要播放的声音，可以为动作设置音效。

（5）设置完成后，单击"确定"按钮即可。

【任务分析】

经过前面的知识准备，我们现在可以对"圣诞卡片演示文稿"进行制作。在本任务中，要制作 3 张幻灯片。

（1）准备素材：图片 3 张、音频文件 1 个、视频文件 1 个。

（2）首先对新建的空白演示文稿进行版式设计和母版设计，并应用到所有幻灯片中。

（3）第 1 张幻灯片为封面，把圣诞节主题图片插入幻灯片，制作艺术字"圣诞节快乐"，插入背景音频，制作两个超链接"圣诞树"和"圣诞音频"。

（4）第 2 张幻灯片标题为"圣诞树"，用占位符来输入文本，并插入一张圣诞树的图片。

（5）第 3 张幻灯片为圣诞视频幻灯片，在其中插入视频，并对其进行设置。

（6）为了增强演示文稿对观众的吸引力，产生更好的感染效果，对幻灯片的文本、图片设置动画和声音效果。

【任务实施】

1. 创建演示文稿

（1）新建一个空白演示文稿。

（2）单击快速访问工具栏中的"保存"按钮，将会打开"另存为"对话框，再选择演示文稿存盘路径，在"文件名"处输入文件名"圣诞卡片演示文稿.pptx"。

（3）单击"保存"按钮，即可保存演示文稿。

2. 版式设计

（1）单击"开始"选项卡，在"幻灯片"组中单击"版式"按钮，弹出"版式"列表。

（2）在"版式"列表中选择"标题和内容"选项，即可完成版式设计。

3．母版设计

（1）单击"视图"选项卡，在"幻灯片母版"组中单击"幻灯片母版"按钮，进入幻灯片母版视图，如图4-49所示。

（2）当前幻灯片默认为编辑区左侧的第三张幻灯片。把工作区中最后一行的三个不需要的占位符删除。

（3）单击"插入"选项卡，在"图像"组中单击"图片"按钮，弹出如图4-50所示的"插入图片"对话框，在该对话框中选择一张作为幻灯片母版背景的图片，在此选择"PPT母版背景.jpg"。

图4-49　幻灯片母版视图　　　　　　　图4-50　"插入图片"对话框

（4）最后单击"插入"按钮即可，这样母版背景设置完成。

（5）单击"幻灯片母版"选项卡，在"关闭"组中单击"关闭母版视图"按钮。

（6）新建2张空白幻灯片（共3张幻灯片）。

4．第1张幻灯片（封面）的制作

（1）插入封面图片

①选中第1张幻灯片。

②单击"插入"选项卡，在"图像"组中单击"图片"按钮，在弹出的"插入图片"对话框中选择"圣诞节主题卡片.jpg"。

③用鼠标调整图片的位置和大小，使图片充满整个背景。

（2）插入背景音频

①选中第1张幻灯片。

②单击"插入"选项卡，在"媒体"组中单击"音频"按钮。

③在弹出的下拉列表中选择"文件中的音频"选项，弹出如图4-51所示的"插入音频"对话框，在该对话框中选择背景音频，在此选择"圣诞节背景轻音乐.jpg"。

④单击"插入"按钮，此时幻灯片上将显示一个声音图标，拖动声音图标到幻灯片的左上角处。

⑤选中声音图标，单击"播放"选项卡，在"图像"组中设置"淡入"和"淡出"都为"00.50"，在"音频选项"组中设置"音量"为"中"，"开始"为"自动"，勾选"放映时隐藏""循环播放，直到停止""播完返回开头"复选框。

（3）插入艺术字

①单击"插入"选项卡，在"文本"组中单击"艺术字"按钮，弹出其下拉列表。

②在弹出的"艺术字"下拉列表中选择"填充-白色-投影"选项。

③PowerPoint 已经为选择的艺术字设置了预览文字，单击该文本占位符，输入"圣诞节快乐"。

④选中艺术字"圣诞节快乐"，设置字体为隶书、80 号。

⑤单击"格式"选项卡，在"艺术字样式"组中单击"文本效果"按钮，在弹出的下拉列表中选择"转换"，在弹出的下一级菜单中选择"跟随路径"下的"上弯弧"选项。

⑥用鼠标选中该艺术字占位符，按住鼠标左键不放，拖动鼠标到适当位置，松开鼠标即可，如图 4-52 所示。

图 4-51 "插入音频"对话框

图 4-52 艺术字效果图

（4）创建超链接

①单击"插入"选项卡，在"文本"组中单击"文本框"按钮，在弹出的下拉菜单中选择"横排文本框"命令。

②用鼠标在适当位置拖拽画出一个文本框，并在该文本框中输入"圣诞树"，并在"开始"选项卡中设置字体：华文彩云、36 号、加粗，添加文字阴影，颜色为浅黄。

③单击"格式"选项卡，在"艺术字样式"组中单击"文本效果"按钮，在弹出的下拉列表中选择"三维旋转"，在弹出的下一级菜单中选择"透视"下的"适度宽松透视"选项。

④用同样的方法插入另一个文本框"圣诞视频"，效果如图 4-53 所示。

图 4-53 "圣诞树"和"圣诞视频"超链接效果图

⑤选中"圣诞树"文本框，单击"插入"选项卡，在"链接"组中单击"超链接"按钮，弹出"插入超链接"对话框。

⑥在该对话框的"链接到："区域中选择"本文档中的位置"，在"请选择文档中的位置"列表框中选择"2．幻灯片 2"，最后单击"确定"按钮，即可创建超链接。

⑦用同样的方法对"圣诞视频"创建超链接，链接到"3．幻灯片 3"，效果如图 4-53 所示。

5．第 2 张幻灯片的制作

（1）设置标题

①选中第 2 张幻灯片。

②在"单击此处添加标题"占位符内输入"圣诞树"。

③设置字体：宋体、48 号、加粗，颜色为蓝色。

④删除其他所有占位符。

⑤为标题添加动画：动画为"飞入"，开始于"上一动画之后"，持续时间为"0.50"秒，延迟"00.00"秒，声音为"风铃"，方向为"自左侧"。

（2）插入圣诞树图片

①单击"插入"选项卡，在"图像"组中单击"图片"按钮，在弹出的"插入图片"对话框中选择"圣诞树.jpg"。

②用鼠标调整图片的位置和大小。

③单击"格式"选项卡，在"图片样式"组中单击"其他"按钮，在弹出的下拉列表中选择"简单框架，白色"。

④在"图片样式"组中单击"图片效果"按钮，在弹出的下拉菜单中选择"棱台"选项，在其下一级菜单中选择"斜面"效果。

⑤为图片添加动画：动画为"轮子"，开始于"上一动画之后"，持续时间为"02.00"秒，延迟"00.00"秒，声音为"风铃"，辐射状为"1．轮辐图案"。

（3）添加动作按钮"返回首页"

①单击"插入"选项卡，在"插图"组单击"形状"按钮，弹出其下拉列表。

②在下拉列表的"动作按钮"组中选择动作按钮"$\boxed{\triangle}$"，然后在幻灯片的适当位置拖拉鼠标，画出一个按钮，弹出"动作设置"对话框。

③选择"单击鼠标"选项卡，并选择"超链接到"单选按钮，在"超链接到"下拉列表选择"第一张幻灯片"。

④最后单击"确定"按钮，效果如图 4-54 所示。

图 4-54　第 2 张幻灯片效果图

6．第 3 张幻灯片的制作

（1）设置标题

①选中第 3 张幻灯片。

②在"单击此处添加标题"占位符内输入"圣诞视频"。

③其他设置与第 2 张幻灯片标题设置一样，在此不再赘述。

（2）插入圣诞视频

①单击"插入"选项卡，在"媒体"组中单击"视频"按钮。

②在弹出的菜单中选择"文件中的视频"选项。

③弹出"插入视频文件"对话框，找到需要插入的视频"圣诞树晚会.mp4"，单击"插入"按钮。

④此时幻灯片上将显示一个视频图标。

⑤调整视频大小和位置。

⑥单击"格式"选项卡，在"视频样式"组中单击"视频效果"按钮，在弹出的下拉列表中选择"三维旋转"菜单，在其下一级菜单中选择"左透视"效果。

（3）添加动作按钮"返回首页"

操作方法与第 2 张幻灯片的"返回首页"按钮相同，在此不再赘述，效果如图 4-55 所示。

图 4-55　第 3 张幻灯片效果图

7. 幻灯片放映

选中第 1 张幻灯片，单击视图按钮中的"幻灯片放映"按钮，即可从头到尾进行放映。

8. 保存演示文稿

单击快速访问工具栏中的"保存"按钮即可。

【任务小结】

本任务主要介绍了：PowerPoint 2010 演示文稿的创建和保存、版式的设计、母版的设计、艺术字的插入、幻灯片的插入、占位符的使用、图片的插入、音视频的插入和设置、超链接和动作按钮的使用、动画的设置方法。

本任务中幻灯片的制作、排版、设置方法不唯一，读者可以用不同的方法进行练习。

任务 4.3　制作销售业绩演示文稿

【任务说明】

小李是 QN 公司个人计算机业务部的经理，马上到年终了，他要制作汇报今年销售业绩的幻灯片，要求图文并茂，插入柱形图和饼图，对数据进行分析处理，具有很强说服力。

本次任务要求：设置幻灯片的外观，插入形状，创建 Smart Art 图形，插入柱形图及饼图，并设置样式及数据。

【预备知识】

4.3.1 插入和编辑 SmartArt 图形

SmartArt 图形是 PowerPoint 2010 的一种图形格式，用户可以借助于这种图形创建具有设计师水准的幻灯片。

1. 插入 SmartArt 图形

操作步骤如下：

（1）选中需要插入 SmartArt 图形的幻灯片。

（2）单击"插入"选项卡，在"插图"组中单击 SmartArt 按钮，弹出如图 4-56 所示的"选择 SmartArt 图形"对话框。

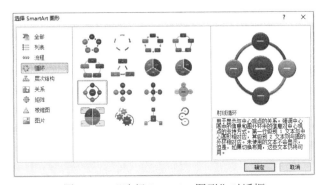

图 4-56 "选择 SmartArt 图形"对话框

（3）在该对话框左侧的列表中选择 SmartArt 图形的类型，在中间的列表中选择子类型，在右侧显示 SmartArt 图形的预览效果。

（4）设置完成后，单击"确定"按钮即可，效果如图 4-57 所示。

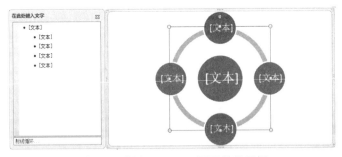

图 4-57 插入 SmartArt 图形效果示例

（5）如果需要输入文字，在"文本"字样处单击鼠标，即可输入文字。

2. 编辑 SmartArt 图形

PowerPoint 2010 中 SmartArt 图形的编辑方法与 Excel 2010 中介绍的 SmartArt 图形的编辑方法是一样的，在此不再赘述。

4.3.2　插入图表

图表是 PowerPoint 2010 中非常重要的一个功能，它是数据的图形表示，用户可以很直观、容易地从中获取大量信息。PowerPoint 2010 有很强的内置图表功能，可以很方便地创建各种图表。所有的图表都依赖于生成它的数据，当数据发生改变时，图表也会随着做相应的改变。

1. 插入图表

（1）选中需要插入图表的幻灯片。

（2）单击"插入"选项卡，在"插图"选项组单击"图表"按钮，弹出如图 4-58 所示的"插入图表"对话框。

（3）在该对话框的左侧列表中有柱形图、折线图、饼图、条形图、面积图、XY（散点图）、股价图、曲面图、圆环图、气泡图、雷达图等 11 种类型。选择一种需要的图表，如选择"柱形图"，在右侧的列表中会列出各种柱形图。

（4）选择完成后，单击"确定"按钮，就会将图表插入到当前幻灯片中，如图 4-59 所示。

图 4-58　"插入图表"对话框

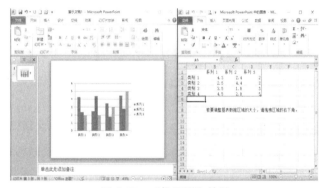

图 4-59　"柱形图"效果

（5）在图 4-59 的右边 Excel 表格中输入相应的数据，关闭 Excel，图表就自动创建了。

2. 编辑图表

幻灯片中插入图表后会在工具栏上生成三个选项卡："设计"选项卡、"布局"选项卡和"格式"选项卡。通过这三个选项卡可以对图表数据、布局和格式进行编辑修改。

4.3.3　幻灯片的打包和发布

1. 打包幻灯片

为了演示方便，在没有安装 PowerPoint 2010 的计算机上也能播放演示文稿，可以将 PowerPoint 2010 演示文稿发布到 CD、网络或者计算机的本地磁盘上。

（1）打包成 CD

操作步骤如下：

①打开需要打包的演示文稿。

②单击"文件"菜单，选择"保存并发送"，再选择"将演示文稿打包成 CD"命令，单击"打包成 CD"按钮，弹出如图 4-60 所示的"打包成 CD"对话框。

③系统默认是对当前演示文稿进行打包，可以通过单击"添加"按钮找到其他文件。

④单击"复制到 CD"按钮，此时弹出提示，要求插入空白 CD，确定后即可完成打包操作。

（2）打包复制到文件夹

操作步骤如下：

①单击"文件"菜单，选择"保存并发送"，再选择"将演示文稿打包成 CD"命令，单击"打包成 CD"按钮，弹出如图 4-60 所示的"打包成 CD"对话框。

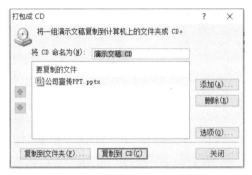

图 4-60　"打包成 CD"对话框

②系统默认是对当前演示文稿进行打包，可以通过单击"添加"按钮找到其他文件。

③单击"复制到文件夹"按钮，在弹出的对话框中单击"浏览"按钮并修改位置，单击"确定"按钮开始复制。复制完成后该文件夹中保存相应的文件，可使用 play.bat 启动演示文稿的放映。

2. 发布幻灯片

发布幻灯片是指将幻灯片保存到幻灯片库或其他位置，以备将来重复使用。

操作步骤如下：

①打开需要发布的演示文稿。

②单击"文件"菜单，选择"保存并发送"，再选择"发布幻灯片"命令，单击"发布幻灯片"按钮，弹出如图 4-61 所示的"发布幻灯片"对话框。

③选中全部或部分幻灯片前面的复选框，选中"只显示选定的幻灯片"复选框，单击"浏览"按钮，弹出如图 4-62 所示的"选择幻灯片库"对话框。

图 4-61　"发布幻灯片"对话框

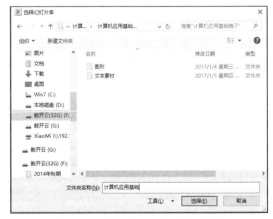

图 4-62　"选择幻灯片库"对话框

④在"选择幻灯片库"对话框中，单击"新建文件夹"按钮并输入该文件夹名称，单击"确定"按钮。

⑤单击"选择"按钮，返回"发布幻灯片"对话框中，单击"发布"按钮将选择的幻灯片发布到幻灯片库中。

【任务分析】

经过前面的知识准备，我们现在可以对"销售业绩演示文稿"进行制作。在本任务中，要制作 5 张幻灯片。

（1）准备素材：图片 2 张。

（2）首先对新建的空白演示文稿进行版式设计和母版设计，并应用到所有幻灯片。

（3）第 1 张幻灯片为封面，利用"形状"工具中的矩形框来制作标题，利用直线工具和文本框来制作副标题。

（4）第 2 张幻灯片的标题为"报告概要"，利用"形状"工具中的圆形工具和直线工具、文本框来设计目录。

（5）第 3 张幻灯片的标题为"业绩综述"，利用"插入"选项卡中"图表"按钮来插入柱形图，以客观反映销售情况。

（6）第 4 张幻灯片的标题为"业务分类"，利用"插入"选项卡中 SmartArt 按钮来插入 SmartArt 图形，以客观反映业务分类。

（7）第 5 张幻灯片的标题为"地区销售"，利用"插入"选项卡中"图表"按钮来插入饼图，以客观反映地区销售情况。

【任务实施】

1. 创建演示文稿

（1）新建一个空白演示文稿。

（2）单击快速访问工具栏中的"保存"按钮，将会打开"另存为"对话框，再选择演示文稿存盘路径，在"文件名"处输入文件名"销售业绩演示文稿.pptx"。

（3）单击"保存"按钮，即可保存演示文稿。

2. 版式设计

（1）单击"开始"选项卡，在"幻灯片"组中单击"版式"按钮，弹出"版式"列表。

（2）在该列表中选择"标题和内容"选项，即可完成版式设计。

3. 母版设计

（1）单击"视图"选项卡，在"幻灯片母版"组中单击"幻灯片母版"按钮，进入幻灯片母版视图。

（2）当前幻灯片默认为编辑区左侧的第三张幻灯片。把工作区中后面的四个占位符删除，只保留标题占位符。

（3）单击"插入"选项卡，在"图像"组中单击"图片"按钮，弹出"插入图片"对话框，在该对话框中选择一张作为幻灯片母版背景的图片，在此选择"蓝色背景图片.jpg"。

（4）最后单击"插入"按钮。

（5）用鼠标调整图片的位置和大小，使图片充满整个幻灯片。

（6）用鼠标右键单击图片，在弹出的快捷菜单中选择"置于底层"菜单项，在下一级菜单中选择"置于底层"命令。

（7）选中"单击此处编辑母版标题样式"占位符，在"开始"选项卡中设置为：宋体、

36 号、加粗、黑色。

（8）单击"插入"选项卡，在"插图"组中单击"形状"按钮，在弹出的下拉列表中单击"矩形"工具，用鼠标在幻灯片上画出一个矩形框。用鼠标右键单击该矩形框，在弹出的快捷菜单中选择"设置形状格式"命令，弹出如图 4-63 所示的"设置形状格式"对话框。在对话框中对矩形框进行设置，在左侧列表中选择需要设置的项目，在右侧进行设置，设置完成后单击"关闭"按钮。

- 填充：渐变填充、渐变光圈（停止点 1 设为"位置：0%。颜色：白色，背景 1"，停止点 2 设为"位置：96%。颜色：浅蓝，强调文字颜色 1"，停止点 3 设为"位置：100%，颜色：浅蓝，强调文字颜色 1"）。
- 线条颜色：实线、颜色（蓝色，强调文字颜色 1）。
- 线型：宽度（0.75 磅）。
- 三维旋转：前透视。
- 大小：高度（2.4 厘米）、宽度（22 厘米）。
- 位置：水平（1.7 厘米）、垂直（0.86 厘米）。
- 其他选项默认。

（9）用鼠标右键单击"单击此处编辑母版标题样式"占位符，在弹出的快捷菜单中选择"设置形状格式"命令，弹出如图 4-63 所示的"设置形状格式"对话框。在对话框中对占位符进行设置，在左侧列表中选择需要设置的项目，在右侧进行设置，设置完成后单击"关闭"按钮。

图 4-63 "设置形状格式"对话框

- 填充：无。
- 线条颜色：渐变线（停止点 1 设为"位置：0%。颜色：浅蓝，强调文字颜色 1"，停止点 2 设为"位置：50%。颜色：浅蓝，强调文字颜色 1"，停止点 3 设为"位置：100%。颜色：浅蓝，强调文字颜色 1"）。
- 线型：宽度（1.5 磅）。
- 三维旋转：前透视。
- 大小：高度（2 厘米）、宽度（21.2 厘米）。
- 位置：水平（2.12 厘米）、垂直（1.08 厘米）。
- 其他选项默认。

（10）用鼠标右键单击"单击此处编辑母版标题样式"占位符，在弹出的快捷菜单中选择"置于顶层"菜单项，在下一级菜单中选择"置于顶层"命令。

（11）单击"幻灯片母版"选项卡，在"关闭"组中单击"关闭母版视图"按钮，如图 4-64 所示。

4. 第 1 张幻灯片（封面）的制作

（1）制作标题。

①删除幻灯片上的所有占位符。

②单击"插入"选项卡，在"插图"组中单击"形状"按钮，在弹出的下拉列表中单击"矩形"工具，用鼠标在幻灯片顶部画出一个矩形框。用鼠标右键单击该矩形框，在弹出的快捷菜单中选择"设置形状格式"命令，弹出如图 4-63 所示的"设置形状格式"对话框。在对话框中对矩形框进行设置，在左侧列表中选择需要设置的项目，在右侧进行设置，设置完成后单击"关闭"按钮。

● 填充：纯色填充、颜色（白色，背景1）。
● 线条颜色：无线条。
● 大小：高度（6.53 厘米）、宽度（25.4 厘米）。
● 位置：水平（0 厘米）、垂直（0 厘米）。
● 其他选项默认。

③用上述的方法，再制作一个矩形框，设置如下：

● 填充：无填充。
● 线条颜色：实线、颜色（深蓝，文字2,淡色80%）。
● 大小：高度（5 厘米）、宽度（22.6 厘米）。
● 位置：水平（1.3 厘米）、垂直（0.72 厘米）。
● 其他选项默认。

④两个矩形框制作完成后，效果如图 4-65 所示。用鼠标右键单击第二个矩形框，在弹出的快捷菜单中选择"编辑文字"命令，并输入"QN 公司个人计算机业务"，设置文本：隶书、48 号、加粗、居中。

图 4-64　母版效果图

图 4-65　标题矩形框效果图

（2）制作副标题

①单击"插入"选项卡，在"插图"组中单击"形状"按钮，在弹出的下拉列表中单击"直线"，用鼠标在窗口中画出一条直线。并设置：

● 线条颜色：实线、颜色（白色，背景1）。
● 线型：宽度（5 磅）。

②单击"插入"选项卡，在"文本"组中单击"文本框"按钮，在弹出的下拉列表中单击"横排文本框"命令，用鼠标在窗口中画出一个文本框，输入"销售业绩报告"，并设置文本：宋体、32 号、加粗、白色。

③适当调整位置，幻灯片封面制作完成，如图 4-66 所示。

图 4-66　幻灯片封面效果图

5. 第 2 张幻灯片的制作

第 2 张幻灯片是"报告概要"幻灯片，主要用"形状"工具来制作幻灯片的目录。

（1）新建一张空白幻灯片。

（2）在"单击此处添加标题"占位符中输入标题"报告概要"。

（3）用"插入"选项卡中的"形状"工具画出一个圆和一条直线，设置如下：

- 圆形：选中圆形，单击"格式"选项卡，在"形状样式"组中选择"其他"按钮，在弹出的列表中选择"浅色 1 轮廓，彩色填充-橄榄色，强调颜色 3"样式。
- 直线：选中直线，单击"格式"选项卡，在"形状样式"组中单击"形状轮廓"按钮，在"虚线"菜单中选择"短划线"，在"粗细"菜单中选择"2.25 磅"，在"主题颜色"中选择"橄榄色"。
- 组合圆形和虚线：同时选中圆形和虚线两个图形，然后在所选图形上单击鼠标右键，在弹出的快捷菜单中选择"组合"子菜单中的"组合"命令。

（4）选中圆形和虚线的组合图形，在按住 Ctrl 键的同时按住鼠标左键拖动鼠标，连续复制 3 组。

（5）选中第 2~4 组图形，单击鼠标右键，在弹出的快捷菜单中选择"组合"菜单下的"取消组合"命令，即可取消图形的组合。

（6）第 2 组图形设置。

- 圆形：在"形状样式"列表中选择"浅色 1 轮廓，彩色填充-红色，强调颜色 2"样式。
- 虚线：单击"形状轮廓"按钮，在弹出的菜单中选择主题颜色，我们选择与圆形协调的颜色，例如"橙色，强调文字 6，深色 25%"。

（7）第 3 组图形设置。

- 圆形：在"形状样式"列表中选择"浅色 1 轮廓，彩色填充-橙色，强调颜色 6"样式。
- 虚线：单击"形状轮廓"按钮，在弹出的菜单中选择主题颜色，我们选择与圆形协调的颜色，例如"橙色，强调文字 6，淡色 40%"。

（8）第 4 组图形设置。

- 圆形：在"形状样式"列表中选择"浅色 1 轮廓，彩色填充-蓝色，强调颜色 1"样式。
- 虚线：单击"形状轮廓"按钮，在弹出的菜单中选择主题颜色，我们选择与圆形协调的颜色，例如"深蓝，文字 2，淡色 40%"。

（9）在圆形中输入数字。方法是单击鼠标右键，在弹出的快捷菜单中选择"编辑文字"，即可输入数字 1、2、3、4。

（10）绘制文本框。

①单击"插入"选项卡，在"文本"组中单击"文本框"按钮，在弹出的下拉列表中单击"横排文本框"命令，用鼠标在第 1 组虚线的上面画出一个文本框，输入"业绩综述"，并

设置文本：宋体、28 号、加粗、白色。

②用样的方法制作第 2～4 组的文本框，分别输入"业务分类""地区销售""展望未来"，如图 4-67 所示。

6. 第 3 张幻灯片的制作

第 3 张幻灯片是"业绩综述"幻灯片，主要用到柱形图的插入方法。

（1）新建一张空白幻灯片。

（2）在"单击此处添加标题"占位符中输入标题"业绩综述"。

（3）插入柱形图。

①单击"插入"选项卡，在"插图"组中单击"图表"按钮，弹出如图 4-68 所示的"插入图表"对话框。

图 4-67　"报告概要"效果图

图 4-68　"插入图表"对话框

②在左侧选择"柱形图"，在右侧选择"簇状柱形图"。

③单击"确定"按钮，即可把"簇状柱形图"插入到当前幻灯片中，如图 4-69 所示。

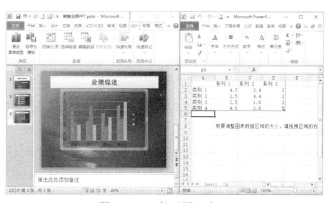

图 4-69　"柱形图"窗口

④在图 4-69 右侧的 Excel 中，输入相应数据，并删除不需要的列，数据如图 4-70 所示。

⑤数据输入完成后，关闭 Excel，此时柱形图已插入幻灯片中。

（4）柱形图样式设置：单击"图表样式"选项组中的"其他"按钮，在弹出的列表中选择"样式 29"。

（5）图表数据的修改：单击"图表工具－设计"选项卡中的"编辑数据"按钮，就会弹出 Excel 窗口，此时就可以修改数据了。

（6）利用"图表工具"的"设计"选项卡、"布局"选项卡、"格式"选项卡还可以对图表进行相应的设置，最终柱形图效果如图 4-71 所示。

图 4-70　"柱形图数据"窗口

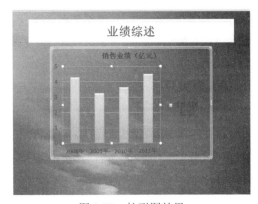

图 4-71　柱形图效果

7. 第 4 张幻灯片的制作

第 4 张幻灯片是"业务分类"幻灯片，主要用到 SmartArt 图形的插入方法。

（1）新建一张空白幻灯片。

（2）在"单击此处添加标题"占位符中输入标题"业务分类"。

（3）插入 SmartArt 图形。

①单击"插入"选项卡，在"插图"组中单击 SmartArt 按钮，弹出如图 4-72 所示的"选择 SmartArt 图形"对话框。

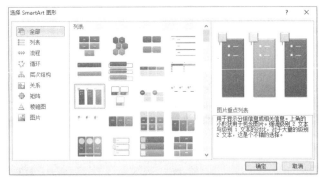

图 4-72　"选择 SmartArt 图形"对话框

②在左侧选择"全部"，在右侧选择"图片重点列表"。

③最后单击"确定"按钮，即可插入所选图形。

（4）输入 SmartArt 图形中的文本：将光标移入左边窗格中文本占位符处即可输入文本，按如图 4-73 所示输入相应的文本，如果某一栏文本行不够，可以按回车键增加行。

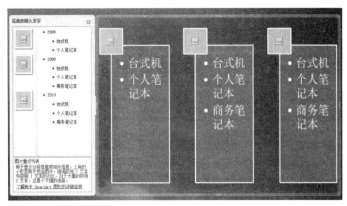

图 4-73 文本输入

（5）设置 SmartArt 图形的样式。

①选中 SmartArt 图形。

②单击 "SmartArt 工具－设计" 选项卡中 "SmartArt 样式" 的 "其他" 按钮，弹出样式列表。

③在列表中选择 SmartArt 图形的外观样式，这里我们选择 "优雅" 样式，然后单击 "更改颜色" 按钮，在弹出的列表中选择 "彩色-强调文字颜色" 选项。

④为各图形添加图片，单击第一组图形左上角的 "图片" 按钮，弹出如图 4-74 所示的 "插入图片" 对话框，在该对话框中选择需要插入的图片，此处插入 "计算机图标"。

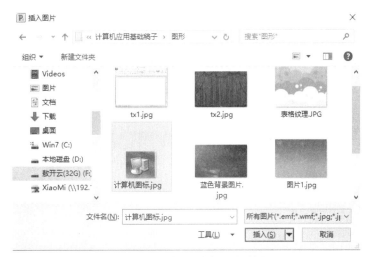

图 4-74 "插入图片" 对话框

⑤依次插入其他图片，第 4 张幻灯片制作完成，效果如图 4-75 所示。

8. 第 5 张幻灯片的制作

第 5 张幻灯片是 "地区销售" 幻灯片，主要用到饼图的插入方法。

（1）新建一张空白幻灯片。

（2）在 "单击此处添加标题" 占位符中输入标题 "地区销售"。

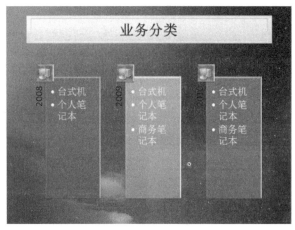

图 4-75　第 4 张幻灯片效果图

（3）插入饼图图形。

①单击"插入"选项卡，在"插图"组中单击"图表"按钮，弹出"插入图表"对话框。

②在左侧选择"饼图"，在右侧选择"分离型三维饼图"。

③单击"确定"按钮，即可把"分离型三维饼图"插入到当前幻灯片中，如图 4-76 所示。

图 4-76　"饼图"窗口

④在图 4-76 右侧的 Excel 中，输入相应数据，并删除不需要的列，数据如图 4-77 所示。

图 4-77　"饼图数据"窗口

⑤数据输入完成后，关闭 Excel，此时饼图已插入幻灯片中。

⑥利用"图表工具"的"设计"选项卡、"布局"选项卡、"格式"选项卡还可以对图表进行相应的设置，最终饼图效果如图 4-78 所示。

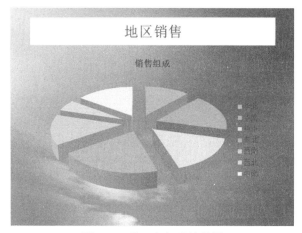

图 4-78　第 5 幻灯片效果图

9. 幻灯片放映

选中第 1 张幻灯片，单击视图按钮中的"幻灯片放映"按钮 ，即可从头到尾进行放映。

10. 保存演示文稿

单击快速访问工具栏中的"保存"按钮即可。

【任务小结】

本任务主要介绍了：PowerPoint 2010 演示文稿的创建和保存、版式的设计、母版的设计、形状的插入、幻灯片的插入、占位符的使用、图片的插入、SmartArt 图形及图表的插入和编辑设置。

本任务中幻灯片的制作、排版、设置方法不唯一，读者可以用不同的方法进行练习。

【项目练习】

1. 以默认演示文稿模式创建演示文稿，以自己的姓名为文件名将演示文稿保存在指定文件夹中。要求如下：

（1）以"牡丹"为主题，制作 3 张以上的幻灯片。

（2）为所有幻灯片应用"华丽"主题。

（3）每张幻灯片均要求插入剪贴画或图片，且与主题吻合。

（4）图文并茂，将所有幻灯片的切换效果设计为"推进"。

2. 以默认演示文稿模式创建"我的校园"为主题的演示文稿。以校园名称作为文件名将演示文稿保存在指定文件夹中。要求如下：

（1）围绕主题制作 3 张以上的幻灯片。

（2）使用模板创建该演示文稿。

（3）每张幻灯片均要求插入剪贴画或图片，且与主题吻合。

（4）图文并茂，不能只用文字或只用图片。

3．制作一个以圣诞节为主题的贺卡。

要求：

（1）以圣诞老人为贺卡背景。

（2）添加雪花飘动的动画效果。

（3）添加背景音乐。

（4）压缩幻灯片。

（5）将幻灯片打包。

4．重阳节是我国的传统节日，请用 PowerPoint 为你的长辈（如爷爷奶奶等）制作一张问候的贺卡。将制作完成的演示文稿以"重阳节贺卡.pptx"为文件名保存。

要求：

（1）标题及正文的文字内容自定，标题文字格式要求醒目。

（2）图片内容：能反映重阳节和祝福内容。

（3）添加超链接，幻灯片可以反方向播放。

（4）为所有幻灯片插入编号和页脚，页脚内容为"重阳节"。

（5）各对象的动画效果自定，播放时延时 1 秒自动出现动画。

（6）将所有幻灯片的切换效果设计为"推进"。

项目五　使用 Access 2010 管理学生选课数据

【项目描述】

本项目将介绍 Microsoft Office 2010 办公软件中一个功能非常强大的数据库管理软件 Access 的基本操作与应用，Access 是基于 Windows 平台的关系型数据库管理系统，它可以存储和检索信息，高效地完成各种类型中小型数据库的管理工作。本项目主要内容包括数据库、数据库系统、关系型数据库的相关知识介绍，数据库和数据表的创建以及数据查询。

【学习目标】

1．了解 Access 2010 操作界面、数据库及数据表和 6 个操作对象的基本概念；
2．掌握 Access 2010 数据库的建立和使用方法；
3．掌握表对象的创建方法和有关操作；
4．掌握查询对象的创建方法和有关操作。

【能力目标】

1．会使用 Access 软件创建空白数据库并新建数据表；
2．能够进行简单的查询。

任务 5.1　创建学生信息管理数据库

【任务说明】

学校根据事业发展的需要，为方便各部门快速查询教师和学生的情况，考虑建立一个包含教师和学生信息的选课管理数据库（选课管理.ACCDB），数据库中分别建立教师基本信息表、学生基本信息表、课程信息表以及学生选课表。

现在你接受了这项任务，你应该怎么来完成呢？

【预备知识】

5.1.1　Access 2010 启动与退出

1．启动

单击"开始"→"所有程序"→Microsoft Office→Microsoft Access 2010，启动后进入如图 5-1 所示的启动界面。随后可以在窗口中选择已有的数据库文件并打开它，也可选择系统已有的模板来启动 Access，打开相应类型的数据库。

图 5-1　Access 启动界面

2. 退出

在启动界面中选择"文件"→"退出"命令。

5.1.2　Access 2010 的工作界面

Access 2010 的工作界面如图 5-2 所示，由标题栏、快速访问工具栏、选项卡、功能区、导航窗格、对象编辑窗口、状态栏等几部分组成，下面分别进行介绍。

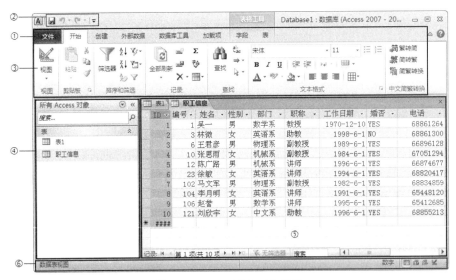

图 5-2　Access 用户工作界面

①"文件"菜单：用户可以选择相关命令对文档进行新建、打开、保存并发布、打印、关闭等操作。

②快速访问工具栏：默认情况下，快速访问工具栏位于 Access 工作界面的顶部。它为用户提供了一些常用的按钮，如"保存""撤销""恢复"等按钮，用户单击按钮旁的下拉箭头，在弹出的菜单中可以将频繁使用的工具添加到快速访问工具栏中。

③选项卡和功能区：它是一个带状区域，在功能区中有许多选项组，为用户提供常用的命令按钮或列表框。有的选项组右下角会有一个小图标，即"对话框启动器"按钮，单击"对话框启动器"按钮可打开相关的对话框或任务窗格并进行更详细的设置。

④导航窗格：导航窗格位于 Access 2010 主窗口的左侧，可显示 Access 所有对象，用户使用它可以选择或切换数据库对象。导航窗格有两种状态：展开和折叠，可根据需要展开或折叠它。

⑤对象编辑窗口：对象编辑窗口位于软件主窗口中央，该工作区是数据库操作窗口，是用来打开和编辑数据库文件的区域。如在数据表中输入数据，在窗体设计视图中设计窗体，在报表设计视图中设计报表等。

⑥状态栏：状态栏位于工作界面的最下方，用于显示与数据库操作相关的状态信息，以及调整数据库对象的视图方式。

5.1.3 基本概念

1. 数据库系统

数据库系统是指一个具体的数据库管理系统软件和用它建立起来的数据库。数据库系统是软件研究领域的一个重要分支，它使得计算机应用从以科学计算为主转向以数据处理为主，从而使计算机得以在各行各业乃至家庭中普遍使用。

2. 数据模型

数据模型是用来抽象地表示和处理现实世界中数据和信息的工具。在采用数据库进行数据管理之前，普遍使用文件来进行数据管理，相应的程序中既有数据的处理过程又有数据的结构描述，使程序过于依赖数据，一旦数据发生变化，相关程序不得不修改。数据库的出现改变了这一状况。在数据库系统中，数据的结构描述从程序中分离出来，形成了数据模式，程序与数据有了较高的独立性，可以更好地共享数据，这适应了大规模数据处理的要求。

传统的数据模式一般包括数据的概念模式、用户模式和存储模式。其中概念模式描述数据的全局逻辑结构，包括记录内部结构、记录间的联系、数据完整性约束等；用户模式针对用户需求描述了数据的局部逻辑结构；存储模式描述了数据的物理存储细节，包括设备信息、数据组织方式和索引等。

3. 数据库管理系统

数据库管理系统（Database Management System，DBMS）是一种操纵和管理数据库的大型软件，用于建立、使用和维护数据库，对数据库进行统一的管理和控制，以保证其安全性和完整性。用户通过 DBMS 访问其数据，数据库管理员也通过 DBMS 进行维护工作。它提供多种功能，可使多个应用程序和用户用不同的方法在任意时刻去建立、修改和询问数据库。目前常用的数据库管理系统软件有很多，如 Oracle Database、Sybase、DB2、SQL Server、Access、Visual FoxPro 等，这些数据库管理系统软件虽然功能差异大、操作方向不同，但它们都属于关系型数据库管理系统软件。

4. 数据库

数据库（Database，DB）是长期存储在计算机内有结构的、大量可共享的数据集合。与其他数据库管理系统相比，Access 是一个小型数据库管理系统，采用一体化的文件保存形式，一个数据库只生成一个扩展名为".accdb"的磁盘文件，但其内部由 6 种数据库对象组成，分别是表、查询、窗体、报表、宏和模块。

5. 数据表

一个数据表由表结构和记录两部分构成，创建表时要设计表结构和输入记录。图5-3是一个已建立的学生信息表，该表有学号、姓名、性别、出生日期、系名、专业字段，这些字段的名称、数据类型、长度等信息是用户在新建表时指定的，称为表的结构。

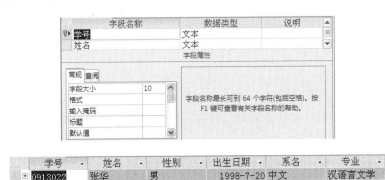

图5-3　表的结构和记录

表中字段名行下面的每一行是一个记录，一个学生的信息用一条记录表示。

（1）字段名称

字段是表的基本存储单元，是同类型数据的标识符，为字段命名可以方便地使用和识别字段。

（2）字段的数据类型

Access 2010提供了12种数据类型供用户使用，可在下拉列表中选择，也可直接输入。它决定可以存储哪种类型的数据。通常"文本"类型用来存储文本或数字字符组成的数据，"数字"类型只能存储数值型数据。下面详细介绍Access表中字段的数据类型和它们的作用。

①文本。文本类型是Access中最常用的数据类型，也是Access的默认数据类型，一个文本字段的最大长度是255个字符。通常文本类型的作用是存储一些字符串信息，它可以存储数字，如电话号码、邮政编码、区号等，但这些数字是以字符串的形式存储的，不具有计算能力，而具有字符串的性质。

②备注。这种类型用来保存长度较长的文本及数字，它允许字段能够存储长达64000个字符的内容。通常情况下，这种字段是用来提供描述性的注释，不具有排序和索引的属性，更不能作为表的主键存在。

③数字形。这种字段类型主要是为了进行数学计算，由于取值范围不同，又可分为字节、整型、长整型、单精度型、双精度型、同步复制ID、小数等类型。

④自动编号。这种类型较为特殊，以长整型的形式存储。当向表格添加新记录时，Access会自动插入唯一顺序或者随机编号，即在自动编号字段中指定某一数值。自动编号一旦被指定，就会永久地与记录连接。如果删除了表格中含有自动编号字段的一个记录后，Access并不会为表格自动编号字段重新编号。

⑤是/否（Yes/No）。这是针对于某一字段中只包含两个不同的可选值而设立的字段，主要用来存储那些只有两种可能的数据，如性别、婚姻状况等。

⑥货币。这种类型是数字类型的特殊类型，等价于具有双精度属性的数字字段类型。用户不需要输入货币的符号和千位分隔符，Access会根据用户输入的数字自动地添加货币符号和分隔符，并添加两位小数到货币字段。当小数部分多于两位时，Access会对数据进行四舍五入。

⑦日期/时间。这种类型是用来存储日期、时间，每个日期/时间字段需要 8 个字节来存储空间。

⑧ OLE 对象。这个字段是允许单独地"链接"或"嵌入"OLE 对象，主要用来存储大对象，包括 Word 文档、Excel 电子表格、图像、声音或其他二进制数据，最大容量可达 1GB（受可用磁盘空间限制）。

⑨超链接。这个字段用来存储超链接，包含作为超链接地址的文本或以文本形式存储的字符与数字的组合。单击"超链接"字段，将导致 Access 启动 Web 浏览器并且显示所指向的 Web 页面。可以通过"插入"菜单中的"超链接"命令向表中加入一个超链接的地址。

⑩附件。这是可允许向 Access 数据库附加外部文件的特殊字段。"附件"字段和"OLE 对象"字段相比，有着更大的灵活性，而且可以更高效地使用存储空间。

⑪计算。"计算"字段本质来说不算一个全新类型，Access 中也不存储该字段的值。"计算"字段本质是存储本表中的多个字段按一定的公式进行计算的表达式，当打开表后，Access 自动按计算表达式计算出对应的值。

⑫查阅向导。这个字段类型为用户提供了一个建立字段内容的列表，可以在列表中选择所列内容作为添入字段的内容。

（3）字段的属性

要为表设置字段属性，可以在打开数据表后，选择"表格工具－字段"选项卡中的"视图"组，单击"视图"下拉按钮，选择"设计视图"，弹出该表的"字段属性"窗口，如图 5-4 所示。

图 5-4　字段属性

字段的属性包括字段大小、格式、输入掩码、标题、默认值、有效性规则、有效性文本、索引等。Access 2010 中字段的属性很多，在此只简单介绍其中常用的几个属性。

①字段大小：指定字段的长度，限定文本字段的字符数及数字字段的数据类型。对文本型数据，大小范围为 0～255，长度默认为 50。日期/时间、货币、备注、是否、超链接等类型不需要指定该值。

②格式：用来决定数据的打印方式和屏幕上的显示方式。

③输入掩码：与格式类似，用来指定在数据输入和编辑时如何显示数据。对于文本、货币、数字、日期/时间等数据类型，Access 会启动输入掩码向导，为用户提供一个标准的掩码。

④标题：确定在数据表视图中该字段名标题标签上显示的名字，如果不输入任何文字，默认情况下，将字段名作为该字段的标题。

⑤默认值：为该字段指定一个默认值，当用户加入新的记录时，Access 会自动为该字段

赋予这个默认值。

⑥有效性规则：用来限定字段取值范围的表达式，用于测试在字段中输入的值是否满足用户在 Access "表达式生成器" 对话框中输入的条件，如果满足才能输入。

⑦有效性文本：当用户输入的数据不满足有效性规则时，系统将显示该信息作为错误提示。

⑧必需：如果选择 "是"，则对于每一个记录，用户必须在该字段中输入一个值。

⑨允许空字符串：如果用户设为 "是"，并且必需字段也设为 "是"，则该字段必须包含至少一个字符，空格和不填（NULL）是不同的。"允许空字符串" 只适用于文本、备注和超链接类型。

（4）字段说明

它是字段的简要说明内容。如果输入了字段说明内容，则在数据表视图中选中该字段，状态栏就会出现相应的说明内容，它主要是便于以后的数据库系统维护。

【任务分析】

数据库管理中，多个信息表之间可以通过一些关键字进行联系，以实现组合查询。本任务中的教师基本信息表、学生基本信息和课程信息表都是存储的自己独立的信息，彼此之间都没有联系，它们最后都通过学生选课表联系起来。

通过对学生信息数据库进行分析，得出如下思路：

（1）先创建学生选课管理数据库。

（2）再创建教师基本信息表、学生基本信息表、课程信息表和学生选课表。

（3）依次为四张数据表输入原始数据。

（4）保存数据后退出 Access 2010。

【任务实施】

1. 启动 Microsoft Access 2010

单击 "开始" → "所有程序" →Microsoft Office→Microsoft Access 2010，启动后进入如图 5-5 所示的启动界面。

图 5-5　启动界面

2．创建数据库

启动 Access 2010 后在界面上选择"空数据库"，在右下角输入新数据库的名称，如"学生选课管理.accdb"，单击"文件名"框旁边的文件夹图标，选择数据库保存的路径，如默认的"我的文档"文件夹，单击"创建"按钮即可。数据库创建成功后，将出现如图 5-6 所示的界面。

图 5-6　工作界面

3．创建学生基本信息表

（1）新建"学生基本信息表"

单击"文件"→"保存"按钮，弹出"另存为"对话框，将其 1 命名为"学生基本信息表"，如图 5-7 所示，单击"确定"按钮即可。

图 5-7　创建学生基本信息表

选中"学生基本信息表"，单击鼠标右键，在弹出的快捷菜单中选择"设计视图"，如图 5-8 所示，打开如图 5-9 所示的表设计界面。

图 5-8　使用设计视图查看表结构

图 5-9　表设计界面

（2）设计"学生基本信息表"字段及类型

要创建数据表，首先必须设计好表的结构，即根据数据的真实含义及计算要求，严格定义好每一项数据（即字段）的名称、类型、大小、小数位数及主键等相关信息。

根据学生选课管理数据库所应实现的具体管理功能，学生基本信息表结构如表 5-1 所示。

表 5-1　学生基本信息表

字段名	数据类型	字段大小	小数位数	是否主键
学号	文本	10		是
姓名	文本	4		
性别	文本	1		
出生日期	日期/时间			
学院	文本	20		
家庭地址	文本	50		
专业	文本	20		
团员否	是/否			
入学成绩	数字	单精度	1	
电话号码	文本	20		

按照表 5-1 所示的数据表信息，进行"学生基本信息表"的创建，如图 5-10 所示。

图 5-10　学生基本信息表结构

（3）修改"学生基本信息表"

①在表结构中插入字段。

选中"学院"行，单击鼠标右键，在弹出的快捷菜单中选择"插入行"，如图 5-11 所示。

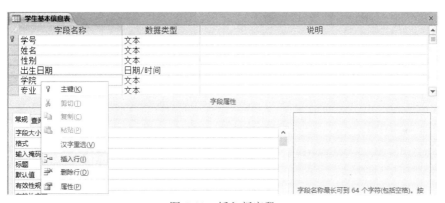

图 5-11　插入新字段

此时在"学院"一行的上面出现了一个空白行，我们可以在这里为数据表添加字段"家庭地址"，如图 5-12 所示。

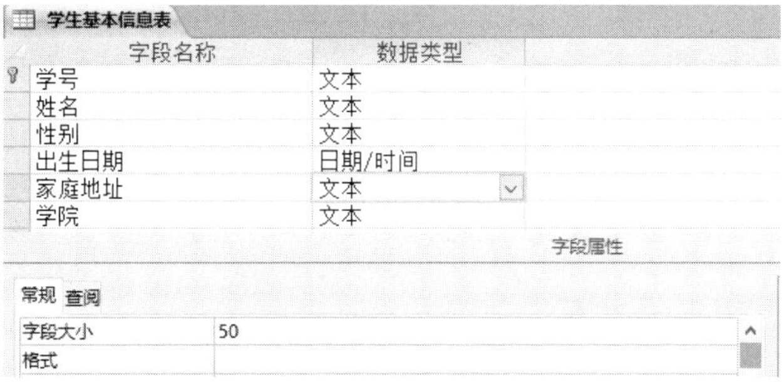

图 5-12　添加字段

②删除表结构中的字段。

如果有不需要的字段，则先单击该字段，单击鼠标右键，在弹出的快捷菜单中选择"删除行"，即可将该字段删除掉。

③设置主键。

选中"学号"行，单击鼠标右键，在弹出的快捷菜单中选择"主键"，如图 5-13 所示，将学号设为表的主键，设置为主键的字段名称前面有一个钥匙标识。

图 5-13　设置主键

（4）录入表信息

双击左侧列表中的"学生基本信息表"，或者选中"学生基本信息表"，单击鼠标右键，在弹出的快捷菜单中选择"打开"，即可在光标处进行各行表信息的输入，如图 5-14 所示。

学号	姓名	性别	出生日期	家庭地址	学院	专业	团员否	入学成绩	电话号码
2014010034	李亮	男	1996/2/10	重庆涪陵	财经	金融	☐	380	13923456789
2014010045	王丽	女	1997/8/14	四川成都市	财经	会计	☑	401	13623456789
2014010056	张山	男	1995/10/1	重庆渝北	旅游文	酒店管	☐	400	13323456789
2014010067	陈好	女	1994/9/8	重庆巫山	旅游文	汉语言	☐	388	13523456789
*							☐		

图 5-14　学生基本信息表数据

4.　创建"教师基本信息表"

（1）教师基本信息表的数据结构（见表 5-2）

表 5-2　教师基本信息表

字段名称	数据类型	字段大小	约束控制	索引否
教师编号	文本	6	主键	有（无重复）
姓名	文本	10	Not null	有（有重复）
性别	文本	2	"男"或"女"	无
出生年月	日期/时间	-		无
职称	文本	10		无
电话	文本	30		无
所在院系	文本	20	Not null	

（2）创建教师基本信息表结构

单击 Access 2010 的"创建"选项卡，在"表格"组里单击"表设计"，如图 5-15 所示，就会自动创建一张新表，并处于表的设计视图下。

图 5-15　创建新表

利用与创建学生基本信息表相同的方法创建教师基本信息表，并设置教师编号为主键，见图 5-16。

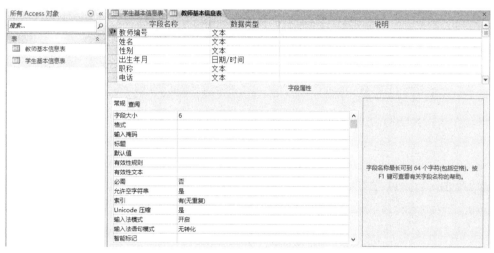

图 5-16　教师基本信息表

（3）录入教师基本信息（见图 5-17）

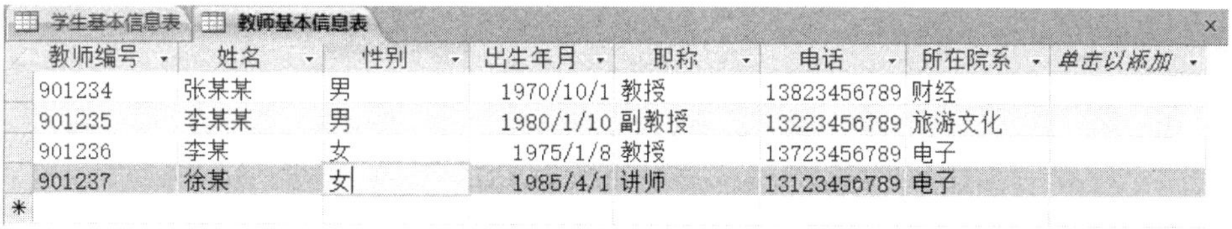

教师编号	姓名	性别	出生年月	职称	电话	所在院系	单击以添加
901234	张某某	男	1970/10/1	教授	13823456789	财经	
901235	李某某	男	1980/1/10	副教授	13223456789	旅游文化	
901236	李某	女	1975/1/8	教授	13723456789	电子	
901237	徐某	女	1985/4/1	讲师	13123456789	电子	

图 5-17　教师基本信息表数据

5.　创建课程信息表

（1）课程信息表数据结构（见表 5-3）

表 5-3　课程信息表

字段名称	数据类型	字段大小	格式	索引否
课程编号	文本	5	主键	有（无重复）
课程名称	文本	20	Not null	无
学分	数字	小数	常规数字	无

（2）创建课程信息表结构

创建课程信息表结构，如图 5-18 所示，其中课程编号为主键。

图 5-18　课程信息表结构

（3）录入课程信息（见图 5-19）

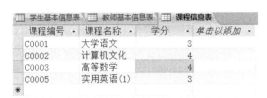

图 5-19　课程信息表数据

6．创建学生选课表

（1）学生选课表数据结构（见表 5-4）

表 5-4　学生选课表

字段名称	数据类型	字段大小	格式	索引否
学号	文本	10	主键	有（无重复）
课程编号	文本	5	主键	有（无重复）
教师编号	文本	6	Not null	有（有重复）
成绩	数字	小数	默认	无

（2）创建学生选课表结构

利用与前面相同的方式创建学生选课表，设置学号和课程编号为共同主键（同时选中两列后，通过右键菜单设置），见图 5-20。

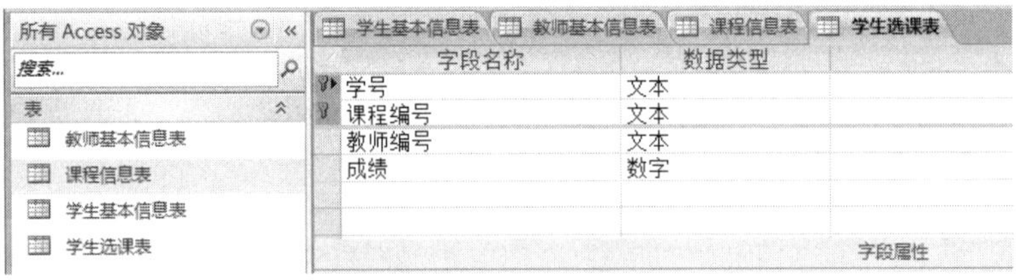

图 5-20　学生选课表结构

（3）录入学生选课信息（见图 5-21）

图 5-21　学生选课表数据

7. 保存与备份数据库

（1）数据库保存

单击"文件"菜单，选择"保存"命令将所有操作结果保存，完成数据库设计。如果我们需要的是其他版本的 Access 数据库，可以单击"文件"菜单选择"保存并发布"命令，在"数据另存为"区域的选项中选择需要的格式，比如"Access 2002-2003 数据库"格式，见图5-22。

图 5-22　"保存并发布"界面

单击"另存为"按钮后，就会弹出"另存为"对话框提醒设置名称和保存位置，然后单击"保存"按钮即可完成高版本向低版本的转换，见图 5-23。

图 5-23　"保存与发布"的"另存为"对话框

（2）数据库备份

为防止数据库因发生意外而遭到破坏或出现数据丢失，常常需要备份数据库。先打开需要备份的数据库，单击"文件"菜单，选择"保存并发布"命令，在中部的"文件类型"处选择"数据库另存为"，此时在右侧可单击"备份数据库"命令，依次在"另存为"对话框中设置备份数据库名称及保存位置，最后单击"保存"按钮。

【任务小结】

本节主要讲解了如何启动 Access 2010 软件，如何使用该软件进行数据库的创建、数据表的创建、数据表的修改，以及如何对表进行数据信息的添加等常规操作。

任务 5.2　创建 Access 数据库查询

【任务说明】

小张所在学院的领导给他布置了一个任务，让他利用学校已经创建好的"学生选课管理"Access 数据库统计该学院的所有教职员工、学生以及学生选课等相关信息。他该怎么操作呢？

【预备知识】

5.2.1　基本概念

1. 数据库中的对象

Access 数据库内部由 6 种数据库对象组成，分别是表、查询、窗体、报表、宏和模块，如图 5-24 所示。

图 5-24　对象创建

其中最重要的是以下四个对象：

（1）表：表是构成数据库的基本对象，它保存着数据库的基本信息，即组织和存储数据，并为其他对象提供数据，实现用户的需要。图 5-25 所示为教师基本信息表。表由若干条记录组成，每条记录用于存储相关实体的一个特定实例（例如指定教师）的一组数据。记录又由字段组成，每个字段用于存储相关实体的某个特征属性的数据。

教师编号	姓名	性别	出生年月	职称	电话	所在院系	单击以添加
901234	张某某	男	1970/10/1	教授	13823456789	财经	
901235	李某某	男	1980/1/10	副教授	13223456789	旅游文化	
901236	李某	女	1975/1/8	教授	13723456789	电子	
901237	徐某	女	1985/4/1	讲师	13123456789	电子	

图 5-25　教师基本信息表

（2）查询：查询是通过设置某些条件，从表中获取满足客户要求的数据。查询可以从一个表或多个表，以及其他查询中抽取全部或部分数据，并将其集合起来，供用户查看和使用。图 5-26 所示为在教师基本信息表中只查询"性别"字段的记录结果。查询的结果是以二维表的形式显示的，但它与基本表有本质的区别，在数据库中只记录了查询的方式，每执行一次查询操作时，都是以基本表中现有的数据进行的。查询所得到的表还可以作为窗体、报表的数据源，可以组合不同表中的数据，更新数据和针对数据进行计算。

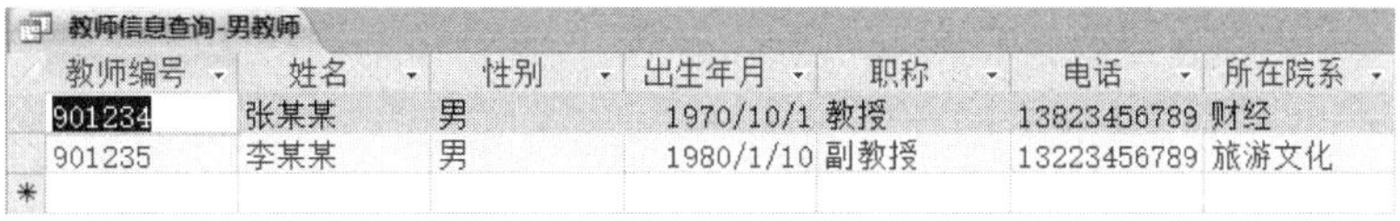

图 5-26 查询男性教师

（3）窗体：窗体又称为表单，它用来向用户提供一个交互的图形界面，方便用户进行浏览、输入、输出及数据更新。窗体提供使数据便于处理的视觉提示，窗体所显示的内容可以来自一个或多个数据表，也可以来自查询结果，图 5-27 所示为学生基本信息表的数据浏览窗体。通常在表中直接输入或修改数据不直观，而且容易出现错误，为此我们可以专门设计一个窗体，用于输入数据。

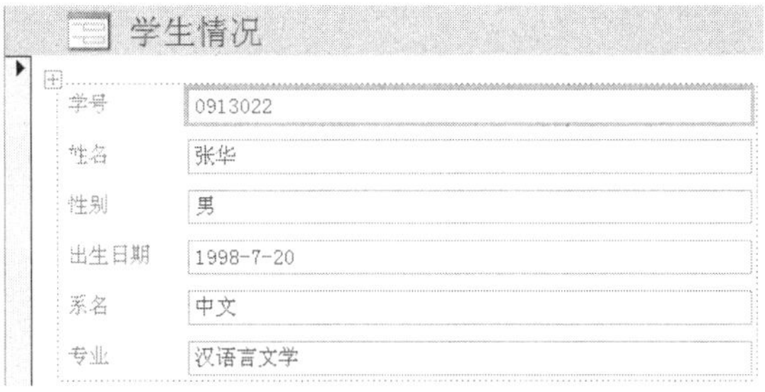

图 5-27 窗体示例

（4）报表：报表用来将选定的数据信息进行格式化显示和打印。报表可以基于某一表，也可以基于某一查询结果。图 5-28 所示为学生基本信息报表。另外，报表也可以进行计算，如求和、求平均值等。报表是一种十分有用的工具，利用报表设计器可以设计出各种精美的报表。制作成的报表更适于打印，以形成书面材料。

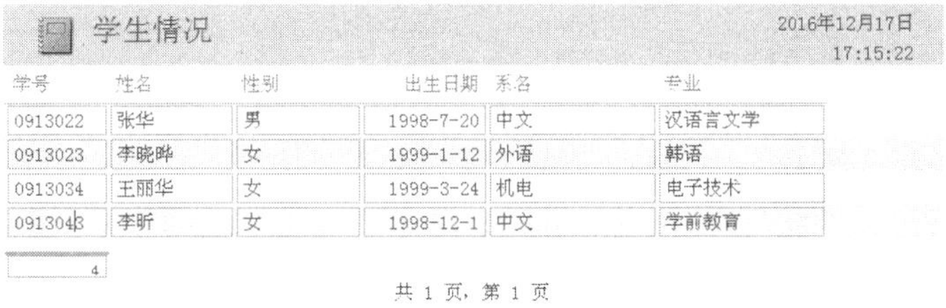

图 5-28 报表示例

综上所述，Access 中各对象之间存在着内在的联系。其中，"表"用来保存原始数据，"查询"用来查询数据，"窗体"和"报表"用不同的方式获取数据，而"宏"和"模块"则用来实现数据的自动操作。这些对象在 Access 中相互配合而构成了完整的数据库。

2. 关系

在 Access 中，一种关系就是一个表对象。Access 数据库中表示的数据按照不同的主题或任务存储在各个独立的表中，但数据可按照用户指定的方式进行关联和组合，使得不同表中的数据之间都存在一种关系，这种关系把不同的表联系起来，通过这种关系可以同时获得不同表中的信息。

如图 5-29 所示的两张表中，通过学号给这两张表建立关系后，通过"学生基本信息表"就可以看到学生的课程及成绩情况。需要特别注意的是，用于在两个表之间设置关系的字段，其字段名称可以不同，但字段类型、字段的值必须相同。

图 5-29　关系示例

3. 键

（1）主键

在数据库中常常有多个表，这些表之间不是相互独立的，不同的表之间需要建立一种关系，才能将它们的数据相互沟通。而在沟通的过程中，就需要表中有一个字段作为联系的"桥梁"，该字段称为主键（又称主码）。每个表至少要有一个主键，主键是能使表中记录唯一的字段，它的作用是用于与其他表取得关联，是数据检索与排序的依据，具有唯一性。因此，应根据数据库设计知识选择一个能够唯一标识记录（即无重复值）的字段作为主键。通常用"钥匙"图标表示主键。

（2）外键

外键用于与另一张表的关联，是能确定另一张表记录的字段，用于保持数据的一致性。比如，A 表中的一个字段，是 B 表的主键，那它就可以是 A 表的外键。

（3）主键、外键和索引的区别（如表 5-5 所示）。

表 5-5　主键、外键和索引的区别

	主键	外键	索引
定义	唯一标识一条记录，不能有重复的，不允许为空	表的外键是另一表的主键，外键可以有重复的，可以是空值	该字段没有重复值，但可以有一个空值
作用	用来保证数据完整性	用来和其他表建立联系	提高查询排序的速度
个数	主键只能有一个	一个表可以有多个外键	一个表可以有多个索引

4. 表与表之间关系

表间关系有三种，如表 5-6 所示。

表 5-6　表间关系

类型	描述
一对一	主表的每个记录只与辅表中的一个记录匹配
一对多	主表中的每个记录与辅表中的一个或多个记录匹配，但辅表中的每个记录只与主表中的一个记录匹配
多对多	主表中的每个记录与辅表中的多个记录匹配，反之相同

为了让系统的各个数据表中相同的字段匹配起来，下面将利用系统的所有数据表创建表间关系。其中在"学生基本信息表"与"学生选课表"之间建立一对多的关系（学号是"学生基本信息表"表的主键、"学生选课表"的外键，这两个表之间可以建立一对多的关系）；在"课程信息表"与"学生选课表"之间建立一对多的关系（课程编号是"课程信息表"的主键，"学生选课表"的外键，这两个表之间可以建立一对多的关系）；在"教师基本信息表"和"学生选课表"之间建立一对多的关系（教师编号在"教师基本信息表"中是主键，而在"学生选课表"中是外键），如图 5-30 所示。

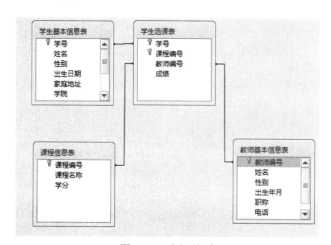

图 5-30　表间关系

5.2.2　表与表之间关系的创建

在"教师基本信息表"和"课程信息表""学生基本信息表""学生选课表"之间建立关系，操作步骤如下：

（1）在数据库窗口中，单击"数据库工具"选项卡"关系"组中的"关系"按钮，如果数据库中还没有定义任何关系，Access 2010"关系"窗口中空白，单击"显示表"按钮，用户可以从中选择需要创建关系的"教师基本信息表""学生基本信息表""课程信息表"和"学生选课表"，如图 5-31 所示，然后单击"添加"按钮，把要建立关系的表添加到"关系"窗口中。

图 5-31　"显示表"对话框

（2）在"关系"窗口中，创建"学生基本信息表"和"学生选课表"之间的关系。在学生基本信息表中单击字段"学号"，然后把它拖曳到学生选课表的"学号"字段上，弹出"编辑关系"对话框，如图 5-32 所示。单击"联接类型"按钮课查看联接类型，如图 5-33 所示。

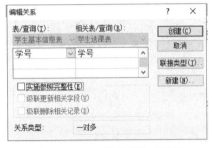

图 5-32 "编辑关系"对话框

图 5-33 联接类型

（3）在"编辑关系"对话框中，勾选"实施参照完整性"复选框，单击"创建"按钮，在两个表间就建立了一种关系，两表中的关联字段间就有了一条连线，如图 5-34 所示。

图 5-34 表间关系图

（4）如法炮制完成所有表间关系设置，最后关闭"关系"窗口，结束操作。

5.2.3　表数据的查询

查询是从一个或几个表中搜索用户需要字段的一种工具，如果说表是数据库中存储数据的基础，查询才是真正让这些数据活起来，能够为用户所使用的工具。利用它可以获得指定条件下的数据动态集合。Access 中的查询对象通常分为五大类：选择查询、交叉表查询、参数查询、操作查询和 SQL 查询。

一般可先利用查询向导建立查询，再利用设计器修改查询。使用简单查询向导创建"学生选课情况查询"的步骤如下：

（1）在"数据库：学生信息管理"窗口中，选择"创建"选项卡"查询"组中的"查询向导"按钮，出现如图 5-35 的"新建查询"对话框，选中"简单查询向导"项，再单击"确定"按钮。

（2）在"简单查询向导"对话框的"表/查询"下拉列表中首先选择"学生基本信息表"，依次将"可用字段"框中"学号""姓名""性别""专业"等字段添加到"选定字段"框中，在"表/查询"下拉列表中再依次选择"课程信息表"，再添加"选定字段"框中的字段，见图5-36。

（3）按照"简单查询向导"对话框中的指示一步步进行操作。在"请为查询指定标题"的文本框中输入"学生选课情况查询"作为查询名称，然后选择"打开查询查看信息"，结果如图 5-37 所示。

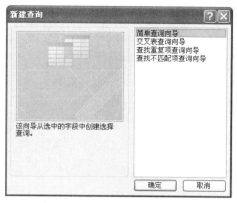

图 5-35　"新建查询"对话框

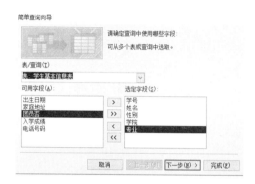 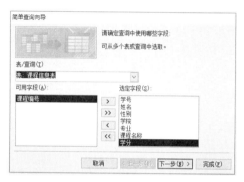

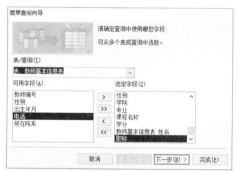 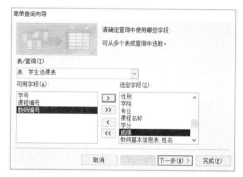

图 5-36　"简单查询向导"对话框

学号	学生基本信息表_姓名	性别	学院	专业	课程名称	学分	成绩	教师基本信息表_姓名	职称
2014010034	李亮	男	财经	金融	大学语文	3	90	张某某	教授
2014010034	李亮	男	财经	金融	高等数学	4	80	李某某	副教授
2014010045	王丽	女	财经	会计	大学语文	3	80	张某某	教授
2014010045	王丽	女	财经	会计	高等数学	4	70	李某某	副教授
2014010056	张山	男	旅游文	酒店管	计算机文化	4	88	李某	教授
2014010067	陈好	女	旅游文	汉语言	计算机文化	4	100	徐某	讲师

图 5-37　查询结果

【任务分析】

根据前面所学知识我们可以用简单查询来解决学校领导提出的要求。当然多表查询需要我们提前为表间建立关系。

（1）对于教师的查询，主要可以做以下两个方面：

①教师授课信息查询，主要检索教师和所授课程关系。这基于教师基本信息表、学生选课表、课程信息表三张表。

②教师教授学生查询，主要检索教师为哪些学生进行了课程教学。这需要教师基本信息表、学生选课表、学生基本信息表一起参与检索。

（2）对于学生的查询，只检索一样，即学生课程学习情况。这需要学生基本信息表、学生选课表和课程信息表参与检索。

【任务实施】

1. 建立表间关系

利用数据库工具建立三张信息表和学生选课表的关系，见图5-38。

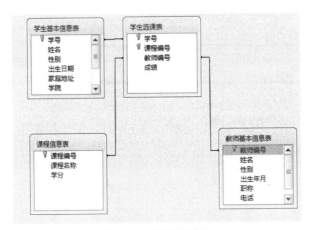

图 5-38　表间关系图

2. 创建教师的查询

（1）教师授课信息查询

①新建简单查询，选择教师基本信息表，添加教师编号、姓名、性别、职称字段。

②选择学生选课表，添加课程编号等字段，见图5-39。

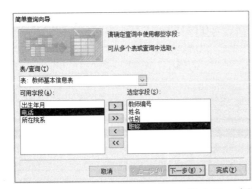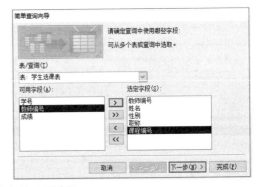

图 5-39　查询向导配置过程

③选择课程信息表，添加课程名称和学分等字段，见图5-40。

④给查询起一个名称，见图5-40。

图 5-40 查询向导配置过程

⑤单击"完成"按钮保存查询，并打开查询结果，见图 5-41。

教师编号	姓名	性别	职称	课程编号	课程名称	学分
901234	张某某	男	教授	C0001	大学语文	3
901235	李某某	男	副教授	C0003	高等数学	4
901234	张某某	男	教授	C0001	大学语文	3
901235	李某某	男	副教授	C0003	高等数学	4
901236	李某	女	教授	C0002	计算机文化	4
901237	徐某	女	讲师	C0002	计算机文化	4

图 5-41 教师授课信息查询

（2）教师教授学生查询

①新建简单查询，选择教师基本信息表，添加全部字段。

②选择学生选课表，添加学号等字段，见图 5-42。

图 5-42 查询向导配置过程

③选择学生基本信息表，添加姓名、学院、专业等字段，见图 5-43。

④给查询起一个名称，见图 5-43。

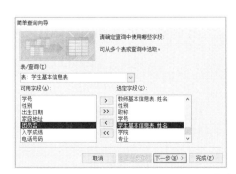

图 5-43 查询向导配置过程

⑤单击"完成"按钮保存查询，并打开查询结果，见图5-44。

教师编号	教师基本信	性别	职称	学号	学生基	学院	专业
901234	张某某	男	教授	2014010034	李亮	财经	金融
901235	李某某	男	副教授	2014010034	李亮	财经	金融
901234	张某某	男	教授	2014010045	王丽	财经	会计
901235	李某某	男	副教授	2014010045	王丽	财经	会计
901236	李某	女	教授	2014010056	张山	旅游文	酒店管理
901237	徐某	女	讲师	2014010067	陈好	旅游文	汉语言

图5-44　教师教授学生查询

3. 创建学生课程成绩查询

（1）新建简单查询，选择学生基本信息表，添加学号、姓名、学院、专业字段，见图5-45。

（2）选择学生选课表，添加课程编号、成绩等字段，见图5-45。

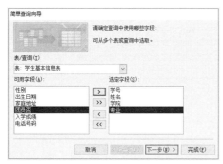

图5-45　查询向导配置过程

（3）选择课程信息表，添加课程名称和学分等字段，见图5-46。

（4）给查询起一个名称，见图5-46。

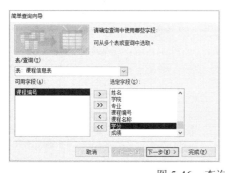

图5-46　查询向导配置过程

（5）单击"完成"按钮保存查询，并打开查询结果，见图5-47。

学号	姓名	学院	专业	课程编号	课程名称	学分	成绩
2014010034	李亮	财经	金融	C0001	大学语文	3	90
2014010034	李亮	财经	金融	C0003	高等数学	4	80
2014010045	王丽	财经	会计	C0001	大学语文	3	80
2014010045	王丽	财经	会计	C0003	高等数学	4	70
2014010056	张山	旅游文	酒店管	C0002	计算机文化	4	88
2014010067	陈好	旅游文	汉语言	C0002	计算机文化	4	100

图5-47　学生课程成绩查询

【任务小结】

本章主要讲解了如何使用已有的数据表，根据用户需求对表中数据进行简单查询操作，然而这种简单查询不一定能满足实际工作需要，在很多情况下要求灵活地输入查询条件来实现复杂的查询，由于篇幅所限，学生有了以上基础后可以继续深入进行后续知识的学习。本节需要注意以下几点：

①Access 中查询的实现可以通过两种方式：在数据库中利用向导设计视图建立查询对象；在 VBA 程序代码模块中使用结构化查询语言 SQL。后者比前者在查询上更加灵活高效。

②查询中的数据源是可以进行添加和删除的。

③利用查询可以实现多种功能：选择字段，选择记录，编辑记录，建立新表，为窗体、报表提供数据。

【项目练习】

一、单选题

1. 数据库系统的核心是（   ）。
    A．数据库   B．数据库管理系统
    C．模拟模型   D．软件工程

2. 从本质上说，Access 是（   ）。
    A．分布式数据库系统   B．面向对象的数据库系统
    C．关系型数据库系统   D．文件系统

3. 用 Access 2010 创建的数据库文件，其扩展名是（   ）。
    A．.adp   B．.dbf
    C．.frm   D．.accdb

4. Access 中表和数据库的关系是（   ）。
    A．一个数据库可以包含多个表   B．一个表只能包含两个数据库
    C．一个表可以包含多个数据库   D．一个数据库只能包含一个表

5. Access 2010 中，在数据表中删除一条记录，被删除的记录（   ）。
    A．可以恢复
    B．能恢复，但将被恢复为最后一条记录
    C．能恢复，但将被恢复为第一条记录
    D．不能恢复

6. 二维表由行和列组成，每一行表示关系的一个（   ）。
    A．属性   B．字段
    C．集合   D．记录

7. 二维表由行和列组成，每一列都有一个属性名被称为（   ）。
    A．属性   B．字段
    C．集合   D．记录

8. 下列（   ）不是表中的字段类型。
    A．文本   B．日期

    C. 备注　　　　　　　　　　　　D. 索引

9. 当文本型字段取值超过 255 个字符时，应改用（　　）数据类型。

    A. 文本　　　　　　　　　　　　B. 备注

    C. OLE 对象　　　　　　　　　　D. 超链接

10. 如果要在数据表的某个字段中存放图像数据，则该字段应设为（　　）数据类型。

    A. 文本型　　　　　　　　　　　B. 数字形

    C. OLE 对象　　　　　　　　　　D. 二进制型

11. 关系型数据库中，唯一标识一条记录的一个或多个字段称为（　　）。

    A. 宏　　　　　　　　　　　　　B. 主键

    C. 外键　　　　　　　　　　　　D. 记录

12. 下列字段的数据类型中，不能作为主键的数据类型是（　　）。

    A. 文本　　　　　　　　　　　　B. 货币

    C. 日期/时间　　　　　　　　　　D. OLE 对象

13. 下列字段的数据类型中，不能作为主键的数据类型是（　　）。

    A. 文本　　　　　　　　　　　　B. 自动编号

    C. 数字　　　　　　　　　　　　D. 是/否

14. 身份证号码字段最好采用（　　）数据类型。

    A. 文本　　　　　　　　　　　　B. 长整型

    C. 备注　　　　　　　　　　　　D. 自动编号

15. 表是数据库的核心与基础，它存放着数据库的（　　）。

    A. 部分数据　　　　　　　　　　B. 全部数据

    C. 全部对象　　　　　　　　　　D. 全部数据结构

16. 在表设计器中定义字段的操作包括（　　）。

    A. 确定字段的名称、数据类型、字段大小以及显示的格式

    B. 确定字段的名称、数据类型、字段宽度以及小数点的位数

    C. 确定字段的名称、数据类型、字段属性

    D. 确定字段的名称、数据类型、字段属性，编制相关的说明以及设定关键字

17. Access 查询有很多种，其中最常用的查询是（　　）。

    A. 选择查询　　　　　　　　　　B. 交叉表查询

    C. 参数查询　　　　　　　　　　D. SQL 查询

18. 以下描述错误的是（　　）。

    A. SQL 是数据库系统中应用广泛的程序设计语言

    B. SQL 是数据库系统中应用广泛的数据库查询语言

    C. SQL 是 Structured Query Language 的缩写

    D. SQL 的主要功能是同各类数据库建立联系，进行沟通

19. 以下叙述中，（　　）是错误的。

    A. 查询是从数据库的表中筛选出符合条件的记录，构成一个新的数据集合

    B. 查询的种类有选择查询、参数查询、交叉查询、操作查询和 SQL 查询

    C. 创建复杂的查询不能使用查询向导

20. "查询"设计视图分为上下两部分，下部分为（　　）。

A．设计网格
B．查询记录
C．属性窗口
D．字段列表

二、填空题

1．在对表进行操作时是把_____与表的内容分开进行操作的。

2．修改表结构只能在_____视图中完成。

3．如果某一字段没有设置显示标题，则系统将_____设置为字段的显示标题。

4．字段的有效性规则是在给字段输入数据时所设置的_____。

5．修改字段包括重新设置字段的名称、_____、说明等。

6．一般情况下，一个表可以建立_____主键。

7．Access 中 5 种查询分别是_____、_____、_____、_____、_____。

8．选择查询的最终结果是创建一个新的_____，而这一结果又可作为其他数据库对象的_____。

9．在"查询"设计视图中，可以添加_____，也可以添加_____。

10．在 Access 中，建立查询的操作实质是_____。

项目六　安全使用 Internet

【项目描述】

本项目以网络安全和 Internet 应用为背景,通过 4 个任务来分别让学习者学习并掌握 Internet 基础、浏览万维网和收发电子邮件、计算机安全等多个方面的基础知识与技能,能以任务为线索将离散的网络基础知识点串起来,使得这些知识与技能更具有代入感,让学习者能够更直观、更清晰地理解与掌握。

【学习目标】

1. 了解计算机网络的基本概念;
2. 了解因特网的基础知识;
3. 掌握电子邮件的工作原理;
3. 掌握计算机病毒的概念、特征、分类与防治;
4. 熟悉计算机与网络信息安全的概念和防控。

【能力目标】

1. 能够熟练配置计算机网络地址;
2. 能够熟练使用浏览器进行网站浏览和资源获取;
3. 能够熟练收发电子邮件;
4. 能够使用网络安全工具进行一定程度的计算机安全防范。

任务 6.1　认识计算机网络

【任务说明】

小明刚买了一台新电脑,安装好了 Windows 7 系统和 Office 2010 办公软件,又安装了一条电信 100Mbps 宽带,但是他从未接触过网络,不知道怎么配置计算机上网。

【预备知识】

6.1.1　认识计算机网络

自从 1946 年第一台计算机出现以来,到今天,计算机无论在功能还是在应用等方面的发展都是非常惊人的。现在,计算机的应用非常普遍,已经深入到人们日常生活中的各个方面,特别是由于计算机网络的发展,整个世界已经被大大地改变了。现在,人们已经非常习惯于通过网络进行联系,通过网络发布消息,通过网络了解世界,在世界范围内对同一个问题进行讨论，发表自己的观点。

那么，什么是"计算机网络"呢？简单地说，计算机网络是现代计算机技术和通信技术密切结合的产物，计算机网络就是将分散的计算机，通过通信线路有机地结合在一起，达到相互通信、软硬件资源共享的综合系统。

计算机网络是计算机的一个群体，是由多台计算机组成的，这些计算机是通过一定的通信介质互连在一起的，计算机之间的互连是指它们彼此之间能够交换信息。互连通常有两种方式：一是有线方式，计算机间通过双绞线、同轴电缆、光纤等有形通信介质连接；二是无线方式，通过激光、微波、地球卫星通信信道等无形通信介质互连。

1. 计算机网络的发展

计算机网络诞生于 20 世纪 50 年代中期，60 年代是广域网从无到有并迅速发展的年代，80 年代局域网取得了长足的进步，已日趋成熟，90 年代一方面广域网和局域网的紧密结合使得企业网络迅速发展，另一方面形成了覆盖全球的信息网络——Internet，为 21 世纪信息社会奠定了基础。

计算机网络的发展经历了一个从简单到复杂的过程，从为解决远程计算信息的收集和处理问题而形成的联机系统开始，发展到以资源共享为目的而互连起来的计算机群。计算机网络的发展又促进了计算机技术和通信技术的发展，使之渗透到社会生活的各个领域。到目前为止，计算机网络大体上可分为以下四代。

（1）第一代：以单机为中心的远程终端联机系统

这种联机系统是计算机网络的雏形阶段，该阶段主要存在于 20 世纪 50 年代到 60 年代中期。在这样的系统中，除了一台中心计算机外，其余的终端都不具备自主处理的功能，在系统中主要存在的是终端和中心计算机之间的通信，其构成面向终端的计算机通信网，如图 6-1 所示。在这个时代计算机价格昂贵，而通信线路和通信设备的价格相对便宜。

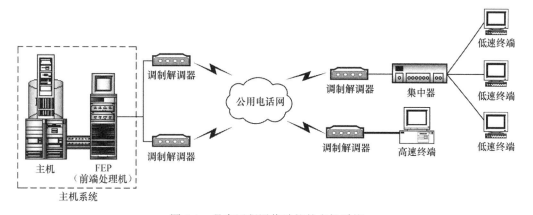

图 6-1　具有远程通信功能的多机系统

（2）第二代：多个计算机互连的通信系统

这个阶段是计算机网络的形成阶段，该阶段主要存在于 20 世纪 60 年代后期至 70 年代后期。随着计算机性能的提高和价格的下降，许多机构已经有能力配置独立的计算机。为了实现计算机间的信息交换和资源共享，这些机构将不同地理位置的计算机互连起来，由此发展到了计算机与计算机之间直接通信的阶段。多个自主功能的主机通过通信线路互连，形成资源共享的计算机网络。

第二代计算机网络的典型代表是 20 世纪 60 年代美国国防部高级研究计划局的网络 ARPANET（Advanced Research Project Agency Network），音译为"阿帕网"。以单机为中心的通信系统的特点是网络上的用户只能共享一台主机中的软硬件资源，而多个计算机互连的计算机网络上的用户可以共享整个资源子网上所有的软硬件资源，如图 6-2 所示。

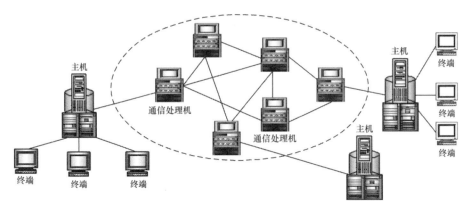

图 6-2　多个自主功能的主机通过通信线路互连

（3）第三代：国际标准化的计算机网络

这个阶段是计算机网络结构体系标准化阶段，该阶段主要存在于 20 世纪 80 年代至 90 年代初期。20 世纪 70 年代末，国际标准化组织（ISO）与原全国计算机信息处理标准化技术委员会成立了一个专门机构，研究和制订网络通信标准，以实现网络体系结构的国际标准化。1984 年，ISO 正式颁布了一个称为《信息处理系统　开放系统互连　基本参考模型》的国际标准 ISO 7498。OSIRM 及标准协议的制定和完善大大加速了计算机网络的发展。很多大的计算机厂商相继宣布支持 OSI 标准，并积极研究和开发符合 OSI 标准的产品。

（4）第四代：互联网络与高速网络

这个阶段是网络逐步从高端军事、科研、商业应用逐步向平民化普及发展的阶段，该阶段从 20 世纪 90 年代初期发展至今。这一阶段计算机网络发展的特点是：互联、高速、智能与更为广泛的应用。

计算机网络的发展主要表现在以下三个方面。

①发展了以 Internet 为代表的互联网。

②发展高速网络。1993 年，美国政府公布了"国家信息基础设施"行动计划（National Information Infrastructure，NII），即"信息高速公路计划"。这里的"信息高速公路"是指数字化大容量光纤通信网络。这种网络可以把政府机构、企业、大学、科研机构和家庭的计算机连为一体。美国政府又分别于 1996 年和 1997 年开始研究更加快速可靠的互联网 2（Internet 2）和下一代互联网（Next Generation Internet）。可以说，网络互连和高速计算机网络正成为最新一代计算机网络的发展方向。

③研究智能网络。随着网络规模的增大与网络服务功能的增多，各国正在开展智能网络（Intelligent Network，IN）的研究，以便更加合理地进行各种网络业务的管理，真正以分布和开放的形式向用户提供服务。

2.　计算机网络的功能

计算机网络不仅使计算机的作用范围超越了地理位置的限制，而且也增大了计算机本身的威力，这是因为计算机网络具有以下功能和作用。

（1）数据通信

计算机网络中的计算机之间或计算机与终端之间，可以快速可靠地相互传递数据、程序或文件，如文字信件、新闻消息、咨询信息、图片资料等。数据通信功能是计算机网络最基本的功能。利用这一功能，可以将分散在各个地区的单位或部门用计算机网络联系起来，进行统一调配、控制和管理。

（2）资源共享

资源共享是计算机网络最重要的功能。"资源"是指网络中所有的软硬件和数据资料。"共享"是指网络中的用户都能够部分或全部地使用这些资源。例如，某些地区或部门的数据库（如飞机票、饭店客房等）可供全网使用，某些部门设计的软件可供需要的地方有偿或无偿调用。

（3）实现分布式处理和负载平衡

分布式处理系统是将不同地点的，或具有不同功能的，或拥有不同数据的多台计算机通过通信网络连接起来，在控制系统的统一管理控制下，协调地完成大规模信息处理任务的计算机系统。分布式处理系统包含硬件系统、控制系统、接口系统、数据、应用程序和人等六个要素。而控制系统中包含了分布式操作系统、分布式数据库以及通信协议等。

负载平衡是指工作被均匀地分配给网络上的各台计算机。当某台计算机负担过重或该计算机正在处理某项工作时，网络可将新任务转交给空闲的计算机来完成，这种处理方式能均衡各计算机的负载，提高信息处理的实时性。

3. 计算机网络的类型

计算机网络按照不同的分类标准，可以划分为不同的类型。常见分类标准有：按网络的地理跨度分类、按网络的拓扑结构分类、按传输介质分类、按网络使用的目的分类、按服务方式分类等。其中，前三类分类方法是被广泛接受的计算机网络分类方法。

（1）按网络的地理跨度分类

按这种标准可以把各种网络类型划分为局域网、城域网、广域网三种。局域网一般来说只能是一个较小区域内的网络，比如一所学校的网络；城域网是不同地区的网络互连，比如一个城市的网络；广域网则范围更广，比如一个国家的网络。不过在此要说明的一点就是这里的网络划分并没有严格意义上地理范围的区分，只能是一个定性的概念。下面简要介绍这几种计算机网络。

①局域网

局域网（Local Area Network，LAN）是最常见、应用最广的一种网络，常用于连接公司办公室和一个单位内部的计算机，以便实现资源共享和交换信息。现在，局域网随着整个计算机网络技术的发展和提高得到了充分的应用和普及，几乎每个单位都有自己的局域网，甚至有的家庭中都有自己的小型局域网。很明显，所谓局域网，就是在局部地区范围内的网络，它所覆盖的地区范围较小。局域网在计算机数量配置上没有太多的限制，少的可以只有两台，多的可达几万台。一般来说，在企业局域网中，工作站的数量在几十至几千台左右。在网络所涉及的地理距离上一般来说可以是几米至几千米以内。局域网一般位于一个建筑物或一个单位内，不存在寻径问题，不包括网络层的应用。

这种网络的特点是，连接范围窄、用户数少、配置容易、连接速率高。目前，速率最快的局域网要算万兆（10Gbit/s）以太网了。IEEE 的 802 标准委员会定义了多种主要的局域网：以太网（Ethernet）、令牌环网（Token Ring）、光纤分布式数据接口网络（FDDI）、异步传输模式网（ATM）以及最新的无线局域网（WLAN）。

对于局域网来说，无论是什么结构，有一点很重要，就是都采用广播式传播消息的技术。即使在任意时刻网络上都只有一台机器，也可以发送信息。如果有两台机器要发送信息，就需要一定的机制来解决这个问题，所采用的技术叫做信道共享技术。常用的技术有令牌环和载波监听/冲突检测技术。

②城域网

城域网（Metropolitan Area Network，MAN）基本上是一种大型的局域网，因为它使用的是与局域网类似的技术。城域网有自己单独的标准——分布式队列双总线（DQDB），所有的计算机都连接在两条单向的总线上。城域网的拓扑结构如图 6-3 所示。目的计算机在发送者的右方则使用上面的总线，反之，则使用下方的总线。

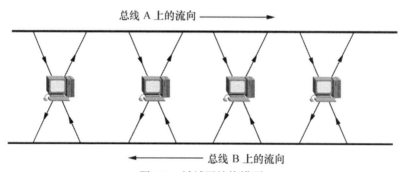

图 6-3　城域网结构模型

这种网络一般来说是将在一个城市，但不在同一地理小区范围内的计算机互连。这种网络的连接距离可以在 10～100km 间，它采用的是 IEEE 802.6 标准。MAN 比 LAN 扩展的距离更长，连接的计算机数量更多，在地理范围上可以说是 LAN 的延伸。在一个大型城市或都市地区，一个 MAN 通常连接着多个 LAN，如连接政府机构的 LAN、医院的 LAN、电信的 LAN、公司企业的 LAN 等。由于光纤连接的引入，MAN 中高速的 LAN 互连成为可能。

城域网多采用 ATM（Asynchronous Transfer Mode，异步传输模式）技术做骨干网。ATM 是一种用于数据、语音、视频以及多媒体应用程序的高速网络传输方法。ATM 提供一个可伸缩的主干基础设施，以便能够适应不同规模、速度以及寻址技术的网络。ATM 的最大缺点就是成本太高，所以一般在政府城域网中应用，如邮政、银行、医院等。

③广域网

广域网（Wide Area Network，WAN）是一种在很大地理范围内应用的网络，通常在一个国家里建立。在这个网络上的计算机被称作主机（Host），所有的主机通过通信子网连接。

通信子网的功能就是将消息从一台主机传送到另一台主机。在大多数的广域网中，通信子网由两个不同的部分组成：一部分是结点交换机，它最通用的名称是路由器，是一种特殊的计算机，可以连接多条线路，它的作用是为各个分组寻找到达目的机的路由；另一部分是传输线路，它在机器中传送信息。路由器和传输线路就组成了通信子网。所有的路由器都是利用存储转发的方式发送 IP 分组的，图 6-4 所示为广域网的结构模型。

在图 6-4 中，大的圆圈区域内是通信子网部分，其中的小圆圈代表路由器。每个局域网都连接到一个路由器上。对于广域网来说，路由器的拓扑位置是一个重要的问题，可以是星型、环型、网状和树型拓扑。

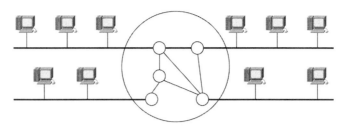

图 6-4 广域网结构模型

（2）按拓扑结构分类

计算机网络的拓扑结构主要有以下四种。

①总线型网络

用一条称为总线的主电缆将所有计算机连接起来的布局方式，称为总线型网络，如图 6-5 所示。所有网上计算机都通过相应的硬件接口直接连在总线上，任何一个结点的信息都可以沿着总线向两个方向传输扩散，并且能被总线中任何一个结点所接收。

由于信息向四周传播，类似于广播电台，故总线网络也被称为广播式网络。总线上的信息通常多以基带形式串行传递，每个结点上的网络接口板硬件均具有收、发功能，接收器负责接收总线上的串行信息将其转换成并行信息送到微机工作站，发送器是将并行信息转换成串行信息广播发送到总线上。当总线上发送信息的目的地址与某结点的接口地址相符合时，该结点的接收器便接收信息。总线只有一定的负载能力，因此总线长度有一定限制，一条总线也只能连接一定数量的结点。

总线型网络具有的特点为：结构简单，可扩充性好，当需要增加结点时，只需要在总线上增加一个分支接口便可与分支结点相连，当总线负载不允许时还可以扩充总线；使用的电缆少，且安装容易；使用的设备相对简单，可靠性高；维护难，分支结点故障查找难。

在总线两端连接的器件称为端结器（或终端匹配器），主要与总线进行阻抗匹配，最大限度吸收传送端部的能量，避免信号反射回总线产生不必要的干扰。

总线型网络结构是使用广泛的结构，也是最传统的一种主流网络结构，适合于信息管理系统、办公自动化系统领域的应用。

②环型网络

环型网络中各结点通过环路接口连在一条首尾相连的闭合环形通信线路中，环路上任何结点均可以请求发送信息。请求一旦被批准，便可以向环路发送信息。环形网中的数据按照设计主要是单向，同时也可是双向传输。由于环线公用，一个结点发出的信息必须穿越环中所有的环路接口，信息流中目的地址与环上某结点地址相符时，信息被该结点的环路接口所接收，而后信息继续流向下一环路接口，一直流回到发送该信息的环路接口结点为止，如图 6-6 所示。

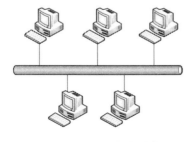

图 6-5 总线型拓扑结构

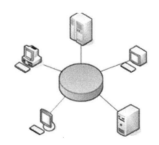

图 6-6 环型拓扑结构

环型网络具有的特点为：信息流在网中是沿着固定方向流动的，两个结点仅有一条道路，故简化了路径选择的控制；环路上各结点都是自举控制，故控制软件简单；由于信息源在环路中是串行地穿过各个结点，当环中结点过多时，势必影响信息传输速率，使网络的响应时间延长；环路是封闭的，不便于扩充；可靠性低，一个结点故障，将会造成全网瘫痪；维护难，对分支结点故障定位较难。

环型网络也是微机局域网常用的拓扑结构之一，适合信息处理系统和工厂自动化系统。1985 年 IBM 公司推出的令牌环形网（IBM Token Ring）是其典范。在 FDDI 得以应用推广后，这种结构会进一步得到采用。

③星型网络

星型拓扑是由中央结点与各结点连接组成的，各结点与中央结点通过点到点的方式连接。中央结点（又称中心转接站）执行集中式通信控制策略，因此中央结点相当复杂，负担比各站点重得多，如图 6-7 所示。

④网状网络

在网状网络中结点之间的连接是任意的，每个结点都有多条线路与其他结点相连，这样使得结点之间存在多条路径可选，在传输数据时可以灵活地选用空闲路径或者避开故障线路。可见网状拓扑可以充分、合理地使用网络资源，并且具有可靠性高的优点。实际应用中，广域网覆盖面积大，传输距离长，网络的故障会给大量的用户带来严重的危害，因此在广域网中，为了提高网络的可靠性通常采用网状拓扑结构，如图 6-8 所示。但是我们也应该看到，这个优点是以高投资和高复杂的管理为代价的。

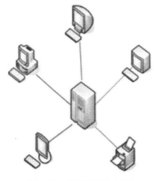 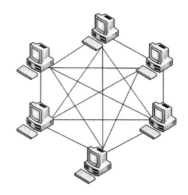

图 6-7　星型拓扑结构　　　　　图 6-8　网状拓扑结构

四种拓扑结构中，前三种都是局域网常见的拓扑结构，其中星型拓扑结构可以扩展为树型拓扑结构，即多层的星型拓扑结构，多数单位采用这种拓扑结构管理局域网，而网状拓扑结构则主要应用在大型网络中，比如广域网、因特网。网状拓扑结构中各点实际上已经不是普通计算机，而是一个子网。

4. 常见传输介质

（1）有线传输介质

有线传输介质利用金属、玻璃纤维以及塑料等导体传输信号，一般金属导体被用来传输电信号，通常由铜线制成，双绞线和大多数同轴电缆就是如此。有时也使用铝，最常见的应用是有线电视网络覆以铜线的铝质干线电缆。玻璃纤维通常用于传输光信号的光纤网络。塑料光纤用于速率低、距离短的场合。

①双绞线

双绞线是局域网应用最广泛的传输介质，由具有绝缘保护层的 4 对 8 线芯组成，每两条按一定规则缠绕在一起，称为一个线对，见图 6-9。两根绝缘的铜导线按一定密度互相绞在一起，可降低信号干扰的程度，每一根导线在传输中辐射的电波会被另一根线上发出的电波抵消。不同线对具有不同的扭绞长度，从而能够更好地降低信号的辐射干扰。

图 6-9　双绞线

双绞线一般用于星型拓扑网络的布线连接，两端安装有 RJ45 头（俗称水晶头），用于连接网卡与交换机，最大网线长度为 100m，见图 6-10。如果要加大网络的范围，在两段双绞线之间可安装中继器，最多可安装 4 个中继器，连接 5 个网段，最大传输范围可达 500m。

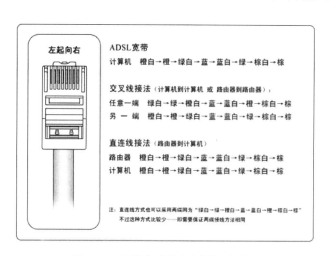

图 6-10　水晶头及其各应用场合线序

双绞线根据其是否做了电磁屏蔽处理，分为非屏蔽双绞线（UTP）和屏蔽双绞线（TP）。后者具有更高的传输质量与效率，见图 6-11。

图 6-11　屏蔽双绞线

目前最快的超 5 类双绞线传输速率可以达到 1000Mbps。

②同轴电缆

同轴电缆是局域网中较早使用的传输介质，主要用于总线型拓扑结构的布线，它以单根铜导线为内芯（内导体），外面包裹一层绝缘材料（绝缘层），外覆密集网状导体（外屏蔽层），最外面是一层保护性塑料（外保护层），见图 6-12。

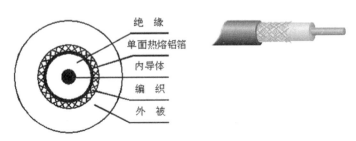

图 6-12　同轴电缆

同轴电缆有两种：一种为 75Ω同轴电缆；另一种为 50Ω同轴电缆。75Ω同轴电缆：常用于 CATV（有线电视）网，故称为 CATV 电缆，传输带宽可达 1Gbit/s，目前常用的 CATV 电缆传输带宽为 750Mbit/s。50Ω同轴电缆：常用于基带信号传输，传输带宽为 1～20Mbit/s。早期总线型以太网就使用 50Ω同轴电缆，传输距离在 200 米以内，而采用 75Ω同轴电缆可以达到 500 米。

③光纤

光纤（光导纤维）的结构一般是双层或多层的同心圆柱体，由透明材料做成的纤芯和在它周围采用比纤芯的折射率稍低的材料做成的包层组成，见图 6-13。

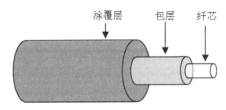

图 6-13　光纤组成图

根据光纤传输模数的不同，光纤主要分为两种类型，即单模光纤和多模光纤。

因为光纤本身比较脆弱，所以在实际应用中都是将光纤制成不同结构形式的光缆。光缆是以一根或多根光纤或光纤束制成的，符合光学机械和环境特性的结构。

光纤是目前单线传输速率最高、传输距离最远的有线传输介质。其有效传输效率和距离正在不断刷新。

（2）无线传输介质

无线传输介质不利用导体，信号完全通过空间从发射器发射到接收器。只要发射器和接收器之间有空气，就会导致信号减弱及失真。

①微波

微波通信是在对流层视线距离范围内利用无线电波进行传输的一种通信方式，频率范围为 2～40GHz。微波通信与通常的无线电波不一样，其是沿直线传播的，由于地球表面是曲面，微波在地面的传播距离与天线的高度有关，天线越高距离越远，但超过一定距离后就要用中继站来接力，见图 6-14。两微波站的通信距离一般为 30～50km，长途通信时必须建立多个中继站。中继站的功能是变频和放大，进行功率补偿，逐站将信息传送下去。

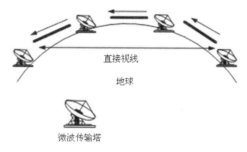

图 6-14　微波通信

微波通信网络传输速率受基站影响较大，一般可以达到 144Mbps 以上。普通无线路由器的微波速率也在 1000Mbps 以内。

微波通信覆盖较广，大到卫星通信、小到蓝牙通信都属于它的范畴。

②红外线

红外系统采用光发射二极管（LED）或激光二极管（ILD）来进行站与站之间的数据交换。红外设备发出的红外光信号（即常说的红外线）非常纯净，一般只包含电磁波或小范围电磁频谱中的光子。传输信号可以直接或经过墙面、天花板反射后，被接收装置收到。

红外线没有能力穿透墙壁和其他一些固体，而且每一次反射后信号都要衰减一半左右，同时红外线也容易被强光源给盖住。

红外线传输速率通常较低，即便高速红外线传输也在 10Mbps 以内。常见的红外传输设备有鼠标、遥控器。

5．家用网络连接设备

（1）网卡

计算机与外界局域网的连接是通过在主机箱内插入一块网络接口板（或者是在笔记本电脑中插入一块 PCMCIA 卡）来实现计算机和网络电缆之间的物理连接，为计算机之间相互通信提供一条物理通道，并通过这条通道进行高速数据传输。这个接口设备通常称为网卡，或者网络适配器。

目前绝大多数网卡都被集成在了主板上，通常不需要我们单独安装。

（2）集线器

集线器（Hub）属于纯硬件网络底层设备（OSI 模型的第一层），不具有"记忆"和"学习"的能力，见图 6-15。它发送数据时没有针对性，采用广播方式发送。也就是说当它要向某端口发送数据时，不是直接把数据发送到目的端口，而是把数据包发送到集线器所有端口，直接导致其有效传输效率较低。

图 6-15　集线器

集线器具有信号放大功能，但是由于其不具备智能性，传输介质中的有效信号和噪声都会同时被放大，因此集线器不能无限拓展网络。

（3）交换机

交换机（Switch）是集线器的升级换代产品，从外观上看与集线器相似。但是交换工作在数据链路层（OSI 模型的第二层），当不同的源端口向不同的目标端口发送信息时，交换机就可以同时互不影响地传送这些信息包，并防止传输碰撞，隔离冲突域，有效地抑制广播风暴，提高网络的实际吞吐量。

因为交换机工作层次高，每个端口都可以单独工作，因此其传输效率高并且能极大范围拓展网络覆盖。通常星型网络的中间点就是交换机。

（4）路由器

路由器是网络中进行网间互连的关键设备，工作在 OSI 模型的第三层（网络层），主要作用是寻找 Internet 之间的最佳路径。家庭用户在接入 Internet 时必须有路由设备，目前绝大多数家庭采用无线路由器来连接和扩展网络，见图 6-16。无线路由器既能提供用户无线接入（WiFi），也能提供有线接入，对于绝大多数家庭来说，拥有了无线路由器就不再需要交换机或集线器。

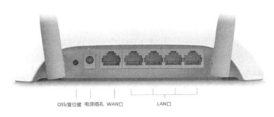

图 6-16　家用无线路由器

（5）调制解调器

调制解调器是调制器（Modulator）与解调器（Demodulator）的简称，中文称为调制解调器（港台称之为数据机），根据 Modem 的谐音，亲昵地称之为"猫"，见图 6-17。它是在发送端通过调制将数字信号转换为模拟信号，而在接收端通过解调再将模拟信号转换为数字信号的一种装置。绝大多数情况下普通用户接入 Internet 都需要使用调制解调器，目前主流 Modem 是光纤 Modem，并且越来越多的 Modem 整合了无线路由器的功能（其简称为"无线路由猫"）。

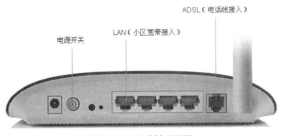

图 6-17　调制解调器

6.1.2　认识 Internet

Internet 中文正式译名为因特网，又叫做国际互联网。它是由那些使用 TCP/IP 互相通信的计算机网络相互连接而成的全球网络。它是一个信息资源和资源共享的集合，计算机网络只是 Internet 传播信息的载体。

一旦用户连接到 Internet 的任何一个子网络上，就意味着其计算机已经连入 Internet 网上了。Internet 目前的用户已经遍及全球，有超过十亿人正在使用 Internet，并且它的用户数还在快速上升中。

1. Internet 前身

Internet 前身是美国国防部高级研究计划局（ARPA）主持研制的 ARPANET。

1957 年 10 月 5 日，苏联发射的第一颗人造地球卫星引起了冷战时期美国对于国家安全问题的恐慌。两个月后，时任美国总统德怀特·戴维·艾森豪威尔向国会提出，建立"国防高级研究计划局"的计划，这个计划简称"阿帕"。此次计划的筹备金共有 520 万美元，总预算为 2 亿美元。"阿帕"以提升国防实力为目标，获得了强大的资金支撑。其中，彻底改变人们生活方式的互联网技术也是在该计划的支持下诞生的。

当时美国军方为了自己的指挥系统在受到袭击时，即使部分系统被摧毁，其余部分仍能保持通信联系，便由美国国防部的高级研究计划局（ARPA）建设了一个军用网，叫做"阿帕网"（ARPANET），见图 6-18。阿帕网于 1969 年正式启用，当时仅连接了 4 台计算机，供科学家们进行计算机联网实验用。

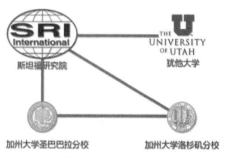

图 6-18　ARPANET

到 20 世纪 70 年代，ARPANET 已经有了好几十个计算机网络，但是每个网络只能在网络内部的计算机之间互联通信，不同计算机网络之间仍然不能互通。为此，ARPA 又设立了新的研究项目，支持学术界和工业界进行有关的研究。研究的主要内容就是想用一种新的方法将不同的计算机局域网互联，形成"互联网"，研究人员称之为 internetwork，简称 Internet。这个名词就一直沿用到现在。

2. Internet 关键协议

ARPANET 在研究实现互联的过程中，计算机软件起了主要的作用。1974 年，出现了连接分组网络的协议，其中就包括了 TCP/IP——著名的网际互联协议 IP 和传输控制协议 TCP。这两个协议相互配合，其中，IP 是基本的通信协议，TCP 是帮助 IP 实现可靠传输的协议。OSI 模型与 TCP/IP 模型的关系如图 6-19 所示。

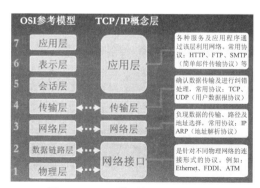

图 6-19　OSI 模型与 TCP/IP 模型

TCP/IP 有一个非常重要的特点，就是开放性，即 TCP/IP 的规范和 Internet 的技术都是公开的。目的就是使任何厂家生产的计算机都能相互通信，使 Internet 成为一个开放的系统。这正是后来 Internet 得到飞速发展的重要原因。

3. Internet 诞生

ARPA 在 1982 年接受了 TCP/IP，选定 Internet 为主要的计算机通信系统，并把其他的军用计算机网络协议都转换到 TCP/IP。1983 年，ARPANET 分成两部分：一部分军用，称为 MILNET；另一部分仍称 ARPANET，供民用。

得益于 TCP/IP 协议的优异性能和 ARPANET 的影响力，大量的网络纷纷采用 TCP/IP，并加入到 ARPANET 中来。因为 TCP/IP 使用的重要历史意义，人们普遍认为 Internet 在 1983 年 1 月 1 日正式诞生。

1986 年，美国国家科学基金会（NSF）将分布在美国各地的 5 个为科研教育服务的超级计算机中心互联，并支持地区网络，形成 NSFNET。1988 年，NSFNet 替代 ARPANET 成为 Internet 的主干网。NSFNET 主干网利用了在 ARPANET 中已证明是非常成功的 TCP/IP 技术，准许各大学、政府或私人科研机构的网络加入。由于 NSFNET 的巨大推动，这一时期 Internet 得到了飞速发展，常被称为 Internet 第一次飞跃。

1989 年，ARPANET 解散，Internet 从军用转向民用。

4. Internet 的商业化

Internet 的发展引起了商家的极大兴趣。1992 年，美国 IBM、MCI、Merit 三家公司联合组建了一个高级网络服务公司（ANS），建立了一个新的网络，叫做 ANSNET，成为 Internet 的另一个主干网。它与 NSFNET 不同，NSFNET 是由国家出资建立的，而 ANSNET 则是 ANS 公司所有，从而使 Internet 开始走向商业化。

Internet 的第二次飞跃归功于 Internet 的商业化。商业机构一踏入 Internet 这一陌生世界，很快发现了它在通信、资料检索、客户服务等无数方面的巨大潜力。于是世界各地的无数企业纷纷涌入 Internet，无数的财力物力涌入带来了 Internet 发展史上的一个新的飞跃。

5. Internet 常用术语

Internet 是全球最大的计算机网络，它是当今信息社会的一个巨大的信息资源宝藏。作为未来全球信息高速公路的基础，Internet 已成为各国通往世界的一个信息桥梁。在使用 Internet 中我们会接触大量术语，这里对一些相对重要且常用的术语做下介绍。

（1）网络协议

网络协议是网络上所有设备（网络服务器、计算机及交换机、路由器、防火墙等）之间通信规则的集合，它规定了通信时信息必须采用的格式和这些格式的意义。

网络协议由三个要素组成：

①语义。语义可解释控制信息每个部分的意义。它规定了需要发出何种控制信息，以及完成的动作与做出什么样的响应。

②语法。语法是用户数据与控制信息的结构与格式，以及数据出现的顺序。

③时序。时序是对事件发生顺序的详细说明（也可称为"同步"）。

人们形象地把这三个要素描述为：语义表示要做什么，语法表示要怎么做，时序表示做的顺序。

（2）WWW

WWW 是环球信息网的缩写，亦作 Web、WWW、W3，英文全称为 World Wide Web，中文名字为"万维网""环球网"等，常简称为 Web，分为 Web 客户端和 Web 服务器程序。WWW可以让 Web 客户端（常用浏览器）访问浏览 Web 服务器上的页面。Web 是一个由许多互相链接的超文本组成的系统，通过互联网访问。在这个系统中，每个有用的事物称为一样"资源"，并且由一个全局"统一资源标识符"（URI）标识，这些资源通过超文本传输协议（HyperText Transfer Protocol）传送给用户，而后者通过单击链接来获得资源。

Web 并不等同 Internet，Web 只是 Internet 所能提供的服务之一，是靠着 Internet 运行的一项服务。尽管如此，Web 却是 Internet 上最热门、最受欢迎的服务。Internet 能快速发展很大程度上取决于 Web 的发展。

（3）HTTP

HTTP（HyperText Transport Protocol）又称为超文本传输协议。它是 Internet 上进行信息传输时使用最为广泛的一种通信协议，所有的 WWW 程序都必须遵循这个协议标准。它的主要作用就是对某个资源服务器的文件进行访问，包括对该服务器上指定文件的浏览、下载、运行等，也就是说通过 HTTP 可以访问 Internet 上的 WWW 资源。例如，http://www.cqdd.cq.cn/jxc2/zyweb/ssyj/B051B11.htm 表示用户想访问一个文件名叫 B051B11.htm 的网页，该网页存放在 http://www.cqdd.cq.cn 这样一个资源服务器上。

HTTP 协议会话过程包括 4 个步骤。

①建立连接：客户端的浏览器向服务端发出建立连接的请求，服务端给出响应就可以建立连接了。

②发送请求：客户端按照协议的要求通过连接向服务端发送自己的请求。

③给出应答：服务端按照客户端的要求给出应答，把结果（HTML 文件）返回给客户端。

④关闭连接：客户端接到应答后关闭连接。

（4）网页、网页文件和网站

网页是网站的基本信息单位，是 WWW 的基本文档。它由文字、图片、动画、声音等多种媒体信息以及超链接组成，是用 HTML 编写的，通过超链接实现与其他网页或网站的关联和跳转。

尽管网页能呈现出丰富多彩的多媒体效果，但网页文件是用 HTML 编写的，可在 WWW上传输，能被浏览器识别显示的文本文件。其常见扩展名是.htm 和.html。

网站由众多不同内容的网页构成，网页的内容可体现网站的全部功能。通常把进入网站首先看到的网页称为首页或主页（Homepage），例如，腾讯、新浪、网易、搜狐就是国内比较知名的大型门户网站。

（5）HTML、超文本和超链接

HTML（HyperText Mark-up Language）即超文本标记语言，是 WWW 的描述语言，由蒂姆·伯纳斯·李（Tim Berners-Lee）提出。设计 HTML 语言的目的是为了能把存放在一台服务器各处的文本或图形等各种资源方便地联系在一起，形成有机的整体，人们不用考虑具体信息是在当前计算机上还是在网络的其他计算机上。这样，用户只要使用鼠标在某一文档中单击一个图标，Internet 就会马上转到与此图标相关的内容上，而这些信息可能存放在网络的另一台计算机中。

超文本是用超链接的方法，将各种不同空间的文字信息组织在一起的网状文本。超文本更是一种用户界面范式，用以显示文本及与文本之间相关的内容。现时超文本普遍以电子文档方式存在，其中的文字包含可以链接到其他位置或者文档的链接，允许从当前阅读位置直接切换到超文本链接所指向的位置。超文本的格式有很多，目前最常使用的是超文本标记语言（HTML）及富文本格式（RTF）。

超链接是 WWW 上的一种链接技巧，它是内嵌在文本或图像中的。通过已定义好的关键字和图形，只要单击某段文字或某个图标，就可以自动连上相对应的其他文件。文本超链接在浏览器中通常带下划线，而图像超链接是看不到的，但如果用户的鼠标碰到超链接，鼠标的指针通常会变成手指状。

（6）FTP

FTP（File Transfer Protocol）又称为文件传输协议。该协议是从 Internet 上获取文件的方法之一，它是用来让用户与文件服务器之间进行相互传输文件的，通过该协议用户可以很方便地连接到远程服务器上，查看远程服务器上的文件内容，同时还可以把所需要的内容复制到用户所使用的计算机上，另一方面，如果文件服务器授权允许用户可以对该服务器上的文件进行管理，用户就可以把本地的计算机上的内容上传到文件服务器上，让其他用户进行共享，而且还能自由地对上面的文件进行编辑操作，如对文件进行删除、移动、复制、更名等。

举例说明：ftp://ftp.chinayancheng.net/pub/test.exe。该例子表示用户想要下载的文件存放在名为"ftp.chinayancheng.net"这个计算机上，而且该文件存放在该服务器下的 pub 子目录中，具体要下载的内容是 test.exe 这个程序。

（7）Telnet 协议

Telnet 协议又称为远程登录协议。该协议允许用户把自己的计算机当作远程主机上的一个终端，通过该协议用户可以登录到远程服务器上，使用基于文本界面的命令连接并控制远程计算机，而无需 WWW 中图形界面的功能。用户一旦用 Telnet 与远程服务器建立联系，该用户的计算机就享受远程计算机本地终端同样的权利，可以与本地终端同样使用服务器的 CPU、硬盘及其他系统资源。

除了远程登录计算机外，Telnet 还常用于登录 BBS 和进行远程分布式协作运算等方面。

（8）News 协议

News（News Group）协议又称为网络新闻组协议。该协议通过 Internet 可以访问成千上万个新闻组，用户可以读到这些新闻组中的内容，也可以写信给这些新闻组，各种信息都存储在新闻服务器的计算机中。

网络新闻组讨论的话题包罗万象，如政治、经济、科技、人文、社会等各方面的信息，用户可以很方便地找到一个与自己兴趣、爱好相符合的新闻组，并在其上表达自己的观点。用户可以通过诸如 Outlook Express 之类的专用客户端软件访问服务器的新闻组，订阅自己喜好的栏目新闻。

（9）WAIS

WAIS 全称为 Wide Area Information System，即广域信息查询系统。WAIS 是一个 Internet 应用系统，在这个系统中，需要在多个服务器上创建专用主题数据库，该系统可以通过服务器目录对各个服务器进行跟踪，并且允许用户通过 WAIS 客户端程序对信息进行查找。WAIS 用户可以获得一系列的分布式数据库，当用户输入一个对某个数据库进行查询的信息时，客户端就会访问所有与该数据库相关的服务器。访问的结果提供给用户的是满足要求的所有文本的描述，此时用户就可以根据这些信息得到整个文本文件了。

（10）Gopher

Gopher 是 Internet 上一个非常有名的信息查找系统，它将 Internet 上的文件组织成某种索引，很方便地将用户从 Internet 的一处带到另一处。在 WWW 出现之前，Gopher 是 Internet 上最主要的信息检索工具，Gopher 站点也是最主要的站点。但在 WWW 出现后，Gopher 失去了昔日的辉煌。现在它基本过时，人们很少再使用它。

6.1.3　Internet 地址

Internet 是一个庞大的网络，在这样大的网络上进行信息交换的基本要求是计算机、路由器等都要有一个唯一可标识的地址，就像日常生活中朋友间通信必须有地址一样，所以，连接到 Internet 上的每一台计算机都有自己的地址。地址的表示方式有两种：一种是 IP 地址，一种是域名。

1. IPv4 地址

在 Internet 上为每台计算机指定的地址称为 IP 地址。在 TCP/IP 中规定 Internet 网中每个结点都要有一个统一格式的地址，这个地址就称为符合 IP 的地址，IP 地址是唯一的，就好像是人们的身份证号码，必须具有唯一性。因此，Internet 上每台计算机都有唯一的 IP 地址。

IP 地址具有固定、规范的格式。目前广泛采用的是 IPv4 版本 IP 地址，它由 32 位二进制数组成，分成 4 段，其中每 8 位构成一段，这样每段所能表示十进制数的范围最大不超过 255，段与段之间用"."隔开。为方便表达和识别，IP 地址是以十进制数形式表示的，每 8 位为一组用一个十进制数表示。例如，重庆广播电视大学的 IP 地址为：61.186.170.100。

TCP/IP 用 32 位地址标识主机在网络中的位置，IP 地址由网络地址和主机地址两部分构成，网络地址代表该主机所在的网络号，主机地址代表该主机在该网络中的一个编号，其格式如图 6-20 所示。

图 6-20　IP 地址组成

在 32 位地址中，根据网络地址及主机地址所占的位数不同，IP 地址可分为 5 类，如图 6-21 所示。

图 6-21　IP 地址的分类

（1）A 类地址：一个 A 类 IP 地址由 1 字节的网络地址和 3 字节主机地址组成。网络地址的最高位必须是"0"，地址范围为 1.0.0.0 到 126.0.0.0。可用的 A 类网络有 126 个，每个网络能容纳 1 亿多台主机（主机地址全 0 或全 1 有特殊含义，都要排除，所以常见"理论总数-2"表达形式）。

（2）B 类地址：一个 B 类 IP 地址由 2 个字节的网络地址和 2 个字节的主机地址组成。网络地址的最高位必须是"10"，地址范围为 128.0.0.0 到 191.255.255.255。可用的 B 类网络有 16382 个，每个网络能容纳 6 万多台主机。

（3）C 类地址：一个 C 类 IP 地址由 3 字节的网络地址和 1 字节的主机地址组成。网络地址的最高位必须是"110"，范围为 192.0.0.0 到 223.255.255.255。C 类网络可达 209 万余个，每个网络能容纳 254 台主机。

（4）D 类地址：用于多目的传输，是一种比广播地址稍弱的形式，支持多目的传输技术。

（5）E 类地址：用于将来的扩展之用。

除了以上 5 类 IP 地址外，还有几种具有特殊意义的地址。

（1）广播地址：TCP/IP 规定，主机地址各位均为"1"的 IP 地址用于广播，通常称为广播地址。广播地址用于同时向网络中的所有主机发送消息。广播地址本身根据广播的范围不同，又可细分为直接广播地址和有限广播地址。

（2）"0"地址：TCP/IP 规定，32 位 IP 地址中网络地址均为"0"的地址，表示本地网络。

（3）回送地址：用于网络软件测试以及本地机进程间通信的地址，是网络地址为"127"的地址（127.X.X.X），见图 6-22。无论什么程序，只要采用回送地址发送数据，TCP/IP 软件立即返回它，不进行任何网络的传送。我们常用它来测试本机网卡是否工作正常。

```
C:\Users\CC>ping 127.0.0.1

正在 Ping 127.0.0.1 具有 32 字节的数据:
来自 127.0.0.1 的回复: 字节=32 时间<1ms TTL=64
来自 127.0.0.1 的回复: 字节=32 时间<1ms TTL=64
来自 127.0.0.1 的回复: 字节=32 时间<1ms TTL=64
来自 127.0.0.1 的回复: 字节=32 时间<1ms TTL=64

127.0.0.1 的 Ping 统计信息:
    数据包: 已发送 = 4, 已接收 = 4, 丢失 = 0 (0% 丢失),
往返行程的估计时间(以毫秒为单位):
    最短 = 0ms, 最长 = 0ms, 平均 = 0ms
```

图 6-22　Ping 本机

（4）169 保留地址：169.254.X.X 是保留地址。如果用户的 IP 地址是自动获取的 IP 地址，而在网络上又没有找到可用的 DHCP 服务器，就会得到其中一个 IP。

（5）私有 IP 地址：在现在的网络中，IP 地址分为公网 IP 地址和私有 IP 地址。公网 IP 地址是在 Internet 使用的 IP 地址，而私有 IP 地址则是在局域网中使用的 IP 地址。

私有 IP 地址是一段保留的 IP 地址，只使用在局域网中，无法在 Internet 上使用。私有地址主机要与公网地址主机进行通信时必须经过网络地址转换（NAT）才能对外访问。

三类 IP 地址中的私有 IP 地址：

A 类 10.0.0.0～10.255.255.255

B 类 172.16.0.0～172.31.255.255

C 类 192.168.0.0～192.168.255.255

2. 子网掩码和子网

TCP/IP 标准规定：每一个使用子网的网点都选择一个除 IP 地址外的 32 位的位模式。位模式中的某位置为 1，则对应 IP 地址中的某位为网络地址中的一位；位模式中的某位置为 0，则对应 IP 地址中的某位为主机地址中的一位。这种位模式称作子网掩码。

子网掩码的表示方式通常也使用 IP 地址的"点分十进制"，子网掩码中的"1"和"0"并不是以字节为单位的，但是子网掩码一定是先全 1 连续，最后全 0 组合两段组成，前者表示网络地址位数，后者表示主机地址位数。通过子网掩码与 IP 地址按位与，我们可以快速得出该 IP 地址的网络地址。

当子网掩码反应的网络地址位数和当前网络类型不同时，就表示该网络划分了子网（也称为网段）。其中子网地址是通过占用该类型网络默认主机地址的连续高位来实现的。

例如，IP 地址 178.1.185.3 的子网掩码编码为 255.255.224.0，由 IP 首数 178 可以看出其是一个 B 类地址，其默认网络地址为 16 位，主机地址也为 16 位，但是掩码 $224=(11100000)_2$，所以该掩码共有 19 位网络地址（前 19 位都是 1）、13 位主机地址，其中子网地址有 3 位。另外，根据 IP 地址和子网掩码按位与，因为 $185=(10111001)_2$，其与 224 相与后结果为 $(10100000)_2=128$，我们可以得到该 IP 所属的子网的网络地址为 178.1.160.0。

子网掩码的最大用途是让 TCP/IP 能够快速判断两个 IP 地址是否属于同一个子网。子网掩码可以用来判断寻径算法条件。

若目标 IP 的网络地址和本机 IP 的网络地址相同，就把数据报发送到本地网络上，否则，就把数据报发送到目标 IP 地址相应的网关上。例如，两个 IP 地址 178.1.185.3 和 178.1.95.11，其子网掩码均为 255.255.224.0。利用和前面相同的计算方法，我们可以很快得出，两个 IP 的网络地址分别是 178.1.160.0 和 178.1.64.0，所以两个 IP 地址并不在同一个子网中。

3. 域名地址

在 Internet 上，对于众多的以数字表示的一长串 IP 地址，人们记忆起来是很困难的，因此，便引入了域名的概念。通过为每台主机建立 IP 地址与域名之间的映射关系，就可以避开难以记忆的 IP 地址，而使用域名来唯一标识网上的计算机。域名和 IP 地址的关系就像是一个人的姓名和他身份证号码之间的关系，显然，记忆一个人的姓名要比记忆身份证号码容易得多。

虽然域名地址也是唯一的，但连接在 Internet 上的计算机还是通过 IP 地址进行通信的，当使用域名访问时，必须经过域名服务器进行域名对应 IP 的查询过程，所以每台计算机的 IP 地址配置中都会有 DNS 服务器的配置（见图 6-23）。DNS 服务器有时可能会出错，出现连接失败，并且因为多了一个查询过程，使用域名地址连接时效率较 IP 地址会低一些，但是瑕不掩瑜，域名更容易记忆，更方便使用，而且更具有价值。

图 6-23　网卡 DHCP 获得地址信息

（1）组成

由于在因特网上的各级域名是分别由不同机构管理的，所以，各个机构管理域名的方式和域名命名规则也有所不同。一般来说域名命名的一些共同规则主要有以下几点：

①DNS（域名系统）规定：每段域名都由英文字母和数字组成，域名长度不超过 67 个字符（最开始限制为 20 个字符，又拓展为 26 个字符，最后拓展到 67 个字符），也不区分大小写

字母。域名中除连字符"-"外不能使用其他的标点符号。由多个域名组成的完整域名网址总共不超过 255 个字符。

②域名采用层次结构，按地理域或机构域进行分层，从较高层次向较低层次逐层缩进，中间用"."分隔。级别最低的域名写在最左边，而级别最高的域名写在最右边。

③完整域名一般由二段或三段子域名组成。

二段结构域名：二级域名.顶级域名

三段结构域名：三级域名.二级域名.顶级域名

（2）域名级别

互联网域名产生后为了规范化管理，对域名系统采用层次结构管理，根据域名层次，最多三级化管理。

①顶级域名

顶级域名又分为两类：

一是国家顶级域名（National Top-Level Domain Names，简称 NTLDS），200 多个国家都按照 ISO 3166 国家代码分配了顶级域名，例如中国是 cn，美国是 us，日本是 jp 等。

二是国际顶级域名（International Top-Level Domain Names，简称 ITDS），例如表示工商企业的.com，表示网络提供商的.net，表示非盈利组织的.org 等。大多数域名争议都发生在 com 的顶级域名下，因为多数公司上网的目的都是为了营利。

为加强域名管理，解决域名资源的紧张，Internet 协会、Internet 分址机构及世界知识产权组织（WIPO）等国际组织经过协商，在原来三个国际通用顶级域名（com、net、org）的基础上，新增加了七个国际通用顶级域名，即 firm（公司企业）、store（销售公司或企业）、web（突出 WWW 活动的单位）、arts（突出文化、娱乐活动的单位）、rec（突出消遣、娱乐活动的单位）、info（提供信息服务的单位）、nom（个人），并在世界范围内选择新的注册机构来受理域名注册申请。常用域名及其含义见图 6-24。

域名	含义	域名	含义	域名	含义
com	商业部门	cn	中国	info	信息服务组织
edu	教育部门	jp	日本	web	与 WWW 特别相关的组织
net	大型网络	de	德国	firm	商业公司
mil	军事部门	ca	加拿大	arts	文化和娱乐组织
gov	政府部门	us	美国	nom	个体或个人
org	组织机构	uk	英国	rec	强调消遣娱乐的组织
int	国际组织	au	澳大利亚	store	销售企业

图 6-24　部分定义域名及其含义

②二级域名

二级域名是指顶级域名之下的域名。在国际顶级域名下，它是指域名注册人的网上名称，例如 IBM、YAHOO、Microsoft 等；在国家顶级域名下，它是表示注册企业类别的符号，例如 com、edu、gov、net 等。

中国在国际互联网络信息中心（InterNIC）正式注册并运行的顶级域名是 cn，这也是中国的顶级域名。在顶级域名之下，中国的二级域名又分为类别域名和行政区域名两类。类别域名共 6 个，包括用于科研机构的 ac、用于工商金融企业的 com、用于教育机构的 edu、用于政府部门的 gov、用于互联网络信息中心和运行中心的 net、用于非盈利组织的 org，而行政区域名有 34 个，分别对应于中国各省、自治区和直辖市。

③三级域名

三级域名用字母（A～Z、a～z）、数字（0～9）和连接符（-）组成，各级域名之间用实点（.）连接。如无特殊原因，建议采用申请人的英文名（或者缩写）或者汉语拼音名（或者缩写）作为三级域名，以保持域名的清晰性和简洁性。

域名是上网单位和个人在网络上的重要标识，起着识别作用，便于他人识别和检索某一企业、组织或个人的信息资源，从而更好地实现网络上的资源共享。除了识别功能外，在虚拟环境下，域名还可以起到引导、宣传、代表等作用，对于单位来说域名的价值等于商标的作用。

由于域名的价值，很多公司因为域名被人注册，不得不花大价钱买回。国际最高成交价突破 1.3 亿美元，国内著名公众人物王思聪就花了 6000 万人民币购买了"wanda.com"域名，因此有条件的单位应该尽早注册自己的域名，并且按时续费，保证域名的所有权。

（3）域名与网址

如果把域名类比为单位的名称，那么网址就说明了以何种方式访问那个单位。我们通常把域名前缀称为主机名，由它确定主机的 IP 地址。

以重庆广播电视大学为例，学校的网址是 www.cqdd.cq.cn，但是学校实际申请的域名是cqdd.cq.cn，而网址中多出的 www 是学校门户网站的主机地址，如果学校有多个子站点对应不同 IP 地址，都可以通过主机名设置 A 记录来对应，见图 6-25。

图 6-25　DNS 服务器域名解析配置

从 6-25 图可以看出，DNS 服务器对域名做 IP 配置时除了可以使用 A 记录解析外，还可以做泛域名解析（即该域名所有主机都是同一个 IP 地址）和空主机解析。

【任务分析】

经过前面知识我们已经学习了网络的组成和各种名词术语。现在对于一台已经连接了电信运营商的计算机来说，配置上网主要就是配置拨号部分和 WiFi。由于目前光纤网络配置相对复杂，运营商已经将各项参数配置好，并不建议用户修改。因此真正需要配置的就只有让IP 地址自动获取这一项了。

【任务实施】

（1）打开"网络和共享"中心。

（2）单击"访问类型：Internet"下的超链接。

（3）在弹出来的"以太网状态"对话框中，单击"属性"按钮。

（4）在弹出的属性对话框中，选择"Internet 协议版本 4（TCP/IP）"，再单击"属性"按钮。

（5）在弹出的"Internet 协议版本 4（TCP/IP）属性"对话框中，确保勾选"自动获得 IP 地址"和"自动获得 DNS 服务器地址"，见图 6-26。

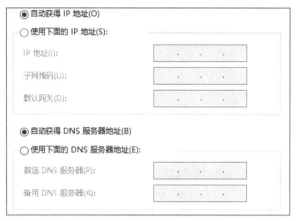

图 6-26　IP 地址配置

（6）单击"确定"按钮保存设置，再关闭前面的两个对话框，即可完成任务。

【任务小结】

本任务主要学习了：

（1）计算机网络的概念、类型与组成。

（2）Internet 的产生和发展现状。

（3）Internet 地址的概念与用途。

任务 6.2　浏览万维网

【任务说明】

小明计算机安装了电信宽带后，想使用 Internet，访问 Internet 上的各大门户网站，并且还希望能把感兴趣的网站收藏，他该怎么做？

【预备知识】

6.2.1　浏览器概述

用户要想进入 Internet 浏览、查询以及获得信息，最常用的工具就是 Web 浏览器。Web 浏览器（简称"浏览器"）是一种访问 Internet 上资源的客户端工具软件，通常它支持多种协议，如 HTTP（超文本传输协议）、SMTP（简单邮件传输协议）、WAIS（广域信息服务）、FTP（文件传输协议）等。有了它，用户只需按几下鼠标，就能快速地浏览网上信息，还可以收发电子邮件、下载文件。目前推出的浏览器软件较多，例如，Internet Explorer 11 浏览器、360 安全浏览器、Firefox 浏览器、Google Chrome 浏览器、腾讯公司的 QQ 浏览器等，本章重点介绍前面两种浏览器。

1. 浏览器概述

浏览器是指可以显示网页服务器或者文件系统的 HTML 文件（标准通用标记语言的一个应用）内容，并让用户与这些文件交互的一种软件。

它用来显示在 Internet 或局域网上 Web 站点的文字、图像及其他信息。这些文字或图像可以是连接其他网址的超链接，用户可迅速及轻易地浏览各种信息。

大部分网页为 HTML 格式。一个网页中可以包括多个文档，每个文档都是分别从服务器获取的。大部分的浏览器本身支持除了 HTML 之外的广泛的格式，例如 JPEG、PNG、GIF 等图像格式，并且能够支持众多的插件（Plug-Ins）。另外，许多浏览器还支持其他的 URL 类型及其相应的协议，如 FTP、Gopher、HTTPS（HTTP 协议的加密版本）。HTTP 内容类型和 URL 协议规范允许网页设计者在网页中嵌入图像、动画、视频、声音、流媒体等。

2. 浏览器的产生

1989 年仲夏之夜，蒂姆成功开发出世界上第一个 Web 服务器和第一个 Web 客户机。虽然这个 Web 服务器简陋得只能说是 CERN（欧洲粒子物理研究所）的电话号码簿，它只是允许用户进入主机以查询每个研究人员的电话号码，但它实实在在是一个所见即所得的超文本浏览/编辑器。1989 年 12 月，蒂姆为他的发明正式定名为 World Wide Web，即我们熟悉的 WWW（万维网）。1990 年蒂姆的第一个网页浏览器 World Wide Web 正式推出（后来改名为 Nexus）。在 1991 年 3 月，他把这个发明介绍给了在 CERN 工作的朋友。1991 年 5 月 WWW 在 Internet 上首次露面，立即引起轰动，获得了极大的成功并被广泛推广应用。从那时起，浏览器的发展就和网络的发展联系在了一起。

3. 浏览器大战

令人惊讶的是，蒂姆并没有为 WWW 申请专利或限制其使用，而是无偿向全世界开放。在蒂姆放弃了对 WWW 和浏览器的专利后，万维网和浏览器技术得到飞速发展。20 世纪 90 年代初出现了许多浏览器，包括 Nicola Pellow 编写的行模式浏览器（这个浏览器允许任何系统的用户都能访问 Internet，从 UNIX 到 Microsoft DOS 都涵盖在内），还有 Samba，这是第一个面向 Macintosh 的浏览器。

随着 Internet 商业化加速，企业普遍认为可以通过浏览器来捆绑、推销或边缘化某个在线服务（即使像默认搜索引擎这么简单的服务），也就是说谁控制了浏览器，谁就控制了互联网。各种浏览器产品都想占领所谓的 Internet 入口，想尽各种方法占领市场，扩大用户群，从而不断爆发出各种竞争。有些竞争非常激烈，被人形象地成为"浏览器大战"。图 6-27 所示为 2016 年 4 月全球浏览器市场。

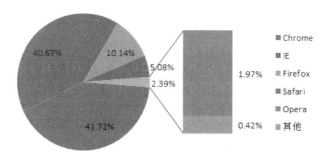

图 6-27　2016 年 4 月全球浏览器市场

6.2.2 IE 浏览器的使用

1. IE 浏览器基本情况

Internet Explorer 是美国微软公司推出的一款网页浏览器。原称为 Microsoft Internet Explorer（6 版本以前）和 Windows Internet Explorer（7、8、9、10、11 版本），简称 IE。在 IE 7 以前，中文直译为 "网络探路者"，但在 IE 7 以后官方便直接俗称 "IE 浏览器"。

2015 年 3 月微软确认将放弃 IE 品牌，转而在 Windows 10 操作系统上用 Microsoft Edge 取代。微软于 2015 年 10 月宣布 2016 年 1 月起停止支持老版本 IE 浏览器。

2016 年 1 月 12 日，微软公司宣布于这一天停止对 IE 8/9/10 三个版本的技术支持，用户将不会再收到任何来自微软官方的 IE 安全更新，作为替代方案，微软建议用户升级到 IE 11 或者改用 Microsoft Edge 浏览器。

尽管如此，短期内 IE 浏览器或使用 IE 内核的浏览器仍然是很多计算机所不可或缺的。IE 浏览器从 1998 年到 2016 年 4 月前一直作为浏览器市场霸主，占据了绝大部分市场，其技术标准成为事实上的工业标准。大量的网站特别是中小型商业网站都是基于 IE 浏览器进行设计的，甚至个别网银插件等都只提供了 IE 浏览器版本，为了正常访问这类网站，IE 系列浏览器短期内仍然是必须的。

此外，作为 PC 机主流操作系统的 Windows，其自动集成的 IE 浏览器也是很多用户的默认选择。

图 6-27 所示为最新操作系统市场份额，其中 Windows XP 操作系统默认是 IE 6.0 版本，Windows 7 操作系统默认是 IE 8.0，自动更新后升级到 IE 9.0，Windows 8 和 Windows 8.1 默认都是 IE 11 版本，而在 Windows 10 操作系统中默认使用 Edge 浏览器，但是也提供了 IE 11 浏览器。但是不管用户使用哪一种操作系统，我们都建议用户将 IE 浏览器升级到能够到达的最高版本。版本越高，其安全性与性能通常都会越好。

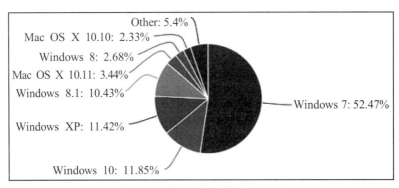

图 6-28   最新操作系统市场份额

2. IE 8.0 版本浏览器的基本使用

IE 8.0 浏览器使用和过去各个版本基本相同，和其他浏览器相比也大致类似。这里介绍其最常见的一些应用，在介绍中为了简略，直接称呼其为 IE 浏览器或浏览器。

（1）收藏夹、源和历史记录功能

单击浏览器的右上角 ☆ 图标，即可打开 IE 浏览器的收藏夹、源和历史记录，见图 6-29。

图 6-29　IE 8.0 浏览器

①收藏夹的使用

收藏夹（书签）是浏览器使用中必不可少的环节，使用收藏夹可以逐步完善自己的信息获取渠道，使打开网站变得更简单。当我们访问到一个网站的时候随时可以通过"添加收藏"对话框，将网页添加到收藏夹，见图 6-30。

图 6-30　使用收藏夹添加收藏

建议分门别类管理自己的收藏夹，这样使用时就可以很快递找到收藏的网址，单击收藏的链接名称就可以简便地打开网页了。

在添加收藏时可以先单击"新建文件夹（E）"按钮创建一个文件夹，在弹出的对话框中输入文件夹的名称，单击"创建"即可完成收藏夹中文件夹的创建（还可以在当前文件夹中创建子文件夹），见图 6-31。

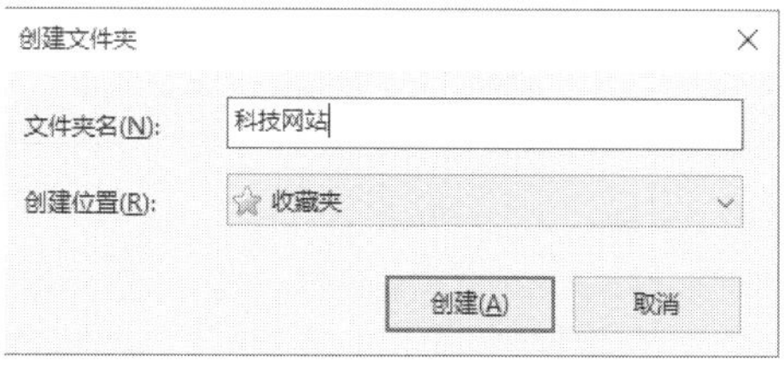

图 6-31　给收藏网址创建收藏文件夹

关闭"创建文件夹"对话框后，返回收藏网页的对话框，已经默认将刚创建好的"科技网站"文件夹作为当前网页收藏的位置了，见图 6-32。

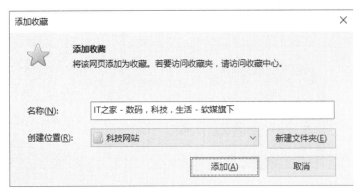

图 6-32　将网页收藏到收藏夹中的文件夹里

通过以上方式可以将各种网站分门别类地存放，便于以后查找使用。添加好的收藏夹如图 6-33 所示，以后访问时只要打开收藏夹，展开"科技网站"文件夹，单击 IT 之家的收藏名称就可以自动打开 IT 之家网站了，见图 6-33。

图 6-33　收藏夹下文件夹中收藏的网址

②"源"的使用

"源"功能是很多浏览器都支持的 RSS 订阅功能，RSS 是一种在互联网上被广泛采用的内容包装和投递协议，目前广泛用于网上新闻频道、Blog 和 Wiki，见图 6-34。使用 RSS 订阅能更快地获取信息，网站提供 RSS 输出，有利于让用户获取网站内容的最新更新。网络用户可以在客户端借助于支持 RSS 的聚合工具软件，在不打开网站内容页面的情况下阅读支持 RSS 输出的网站内容。

图 6-34　网站提供的 RSS 订阅

选择"RSS 订阅",打开图 6-35。

图 6-35　订阅 RSS 源链接

单击"订阅该源",即可添加到"源"中,见图 6-36。

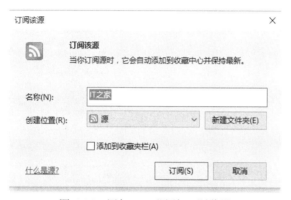

图 6-36　添加 RSS 源到 IE 浏览器

使用源的效果如图 6-37 所示。

图 6-37　使用 IE 收藏的 RSS 源

③历史记录的使用

IE 浏览器的历史记录保存时间比较短,默认情况下保存 20 天,也就是三周左右,见图 6-38。
IE 能够按用户喜好的方式呈现历史记录,方便查看,见图 6-39。

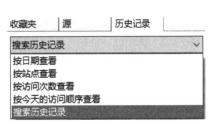

图 6-38 查看 IE 浏览器的历史记录   图 6-39 查看 IE 浏览器历史记录的方式

最常用的是"按日期查看"和"搜索历史记录",前者是默认打开时的方式,后者是对所有历史记录进行一个检索,见图 6-40。

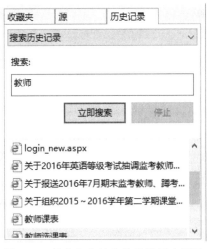

图 6-40 搜索包含特定信息的历史记录

单击检索出的信息链接,就可以在浏览器中打开对应的页面。

(2)菜单功能

IE 浏览器提供了丰富的菜单功能,整个菜单入口通过单击 ⚙ 唤出。通常借助菜单功能可完成:保存网页、配置浏览器"Internet 选项"、下载查看等。

①保存网页

IE 浏览器提供较为全面的保存网页的功能,可以将网页保存为多种形式,便于离线使用,见图 6-41。

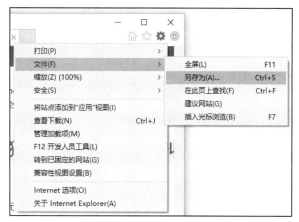

图 6-41　保存当前正在浏览的网页

除了通过菜单外，我们也可以通过快捷键 Ctrl+S 来调出"保存网页"对话框，见图 6-42。

图 6-42　设置保存当前网页的位置和名称

通过更换保存类型，可以将正在浏览的页面以四种方式保存，见图 6-43。

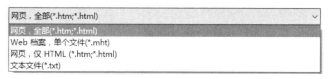

图 6-43　选择当前网页保存的类型

"网页，全部"方式下浏览器将网页和网页上可以下载的素材都保存到用户计算机上，素材用单独一个文件夹保存。打开网页后还能图文并茂地呈现接近原网页的效果。

"Web 档案，单个文件"方式下浏览器将网页和网页上可以下载的素材都保存到用户计算机上，但是所有信息集成为一个扩展名为.mht 的文件。打开效果类似"网页，全部"方式。

"网页，仅 HTML"方式下浏览器仅仅把网页上所有 HTML 内容保存到用户计算机的一个 HTML 文件里。浏览效果只能看到原网页的文本信息，所有多媒体效果都看不见，使用脚本实现的功能也看不到。

"文本文件"方式下浏览器只把浏览器呈现出来的文本（不含 HTML 内容）保存到用户计算机上。

②配置 IE 浏览器

在菜单中找到"Internet 选项"单击，即可打开配置对话框，见图 6-44。

在"常规"选项卡上，最常用的就是配置浏览器的主页，可以给浏览器设置一个或多个启动页面，见图 6-45。

图 6-44　IE 浏览器"Internet 选项"对话框

图 6-45　设置浏览器主页

　　改变浏览器弹出窗口功能时可以单击"常规"选项卡上"标签页"按钮，在弹出的对话框中配置，见图 6-46（a）。再配合"隐私"选项卡的"弹出窗口阻止程序"，见图 6-46（b）。

（a）　　　　　　　　　　　　　　　　　　　　（b）

图 6-46　设置 IE 浏览器如何处理弹窗

　　此外配置浏览器历史记录保存时间时，单击"常规"选项卡中"设置"按钮，在"网站数据设置"对话框中设置即可，见图 6-47。

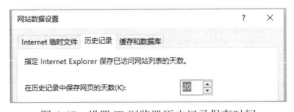

图 6-47　设置 IE 浏览器历史记录保存时间

　　注意："Internet 选项"是浏览器的重要配置，对于一些拿捏不定的功能，建议用户搜索查看配置方式后再进行配置，并记住配置前状态，一旦出现异常情况可以还原。

　　③保存网页上图片

　　当浏览网页时，如果用鼠标单击一个不可被浏览器解释的资源，比如一个压缩文档的链接，浏览器就会自动出现下载对话框，提示下载保存，但是若链接的对象是可以被浏览呈现的资源，如图片、PDF 文件、音频文件等，我们可以用鼠标右键单击目标，使用右键菜单的"目标另存为"功能下载该项资源。

对于图片来说，除了少数情况外，多数是直接呈现给用户的，这个时候也可以只用右键菜单进行下载，见图 6-48。

图 6-48　使用 IE 右键菜单保存网页上的图片

6.2.3　360 安全浏览器的使用

360 安全浏览器是 360 公司产品，它是一款基于 IE 内核的浏览器，和 360 安全卫士、360 杀毒等软件一同成为 360 安全中心的系列产品。

木马已经成为当前互联网上最大的威胁，90%的木马用挂马网站通过普通浏览器入侵，每天有 200 万用户访问挂马网站中毒。360 安全浏览器拥有全国最大的恶意网址库，采用恶意网址拦截技术，可自动拦截挂马、网银仿冒等恶意网址。360 安全浏览器独创沙箱技术，在隔离模式下即使访问木马也不会感染。除了在安全方面的特性，360 安全浏览器在速度、资源占用、防假死不崩溃等基础特性上表现同样优异，在功能方面拥有翻译、截图、鼠标手势、广告过滤等几十种实用功能，在外观上设计典雅精致。作为 IE 内核浏览器的代表，360 安全浏览器可以在绝大多数场合取代 IE 浏览器。

1. 安装 360 安全浏览器

安装步骤如下：

（1）从 360 安全浏览器主页上（http://se.360.cn/）下载 360 安全浏览器最新版本软件，并运行安装文件，见图 6-49。

图 6-49　安装 360 安全浏览器

（2）单击安装界面右下角箭头图标 ⊙ 可以定制安装的路径和安装好后的一些设置，见图6-50。

图 6-50　设置 360 安全浏览器安装选项

（3）完成设置后，单击"立即安装"，很快就能完成安装，安装程序会根据用户的选择在桌面和"开始"菜单中建立快捷方式。

2. 360 安全浏览器窗口介绍

启动 360 安全浏览器后，可以见到工作界面上有标题栏、菜单栏、工具栏、地址栏、状态栏和工作区等几部分，见图 6-51，窗口组成及各部分的功能跟 IE 浏览器基本相同。360 安全浏览器的使用、操作方法以及收藏夹的使用都跟 Internet Explorer 8.0 浏览器基本相同，在此不再详述，下面主要对 360 安全浏览器的特有功能进行介绍。

图 6-51　360 安全浏览器工作界面

3. 360 安全浏览器使用

（1）浏览器设置

因为 360 安全浏览器是基于 IE 内核进行开发的，所以对于 360 安全浏览器，仍然可以使用"Internet 选项"进行配置，但 360 安全浏览器自己提供了更清晰简便的配置功能。

打开 360 安全浏览器"工具"菜单，选择"选项"菜单项，见图 6-52。360 安全浏览器选项分类很清晰，并且提供了选项搜索功能，如果找不到对应项目，可以进行搜索，这个功能非常体贴，不用逐项去查找，自动将所有与搜索关键字相关的功能都显示在下面方便用户去选择配置，见图 6-53。

图 6-52　360 安全浏览器配置选项

图 6-53　通过搜索功能来进行设置

（2）浏览器特色功能

360 安全浏览器不仅具有很高的安全性，而且还结合了国内用户的使用习惯，集成了很多实用插件。

1）截图工具

单击浏览器工具栏上的扩展按钮  扩展 就会打开 360 安全浏览器插件配置界面，且自动将已经安装的插件显示出来，并可以添加新的插件，见图 6-54。

图 6-54　360 安全浏览器插件管理

安装了截图插件后，工具栏上就会出现截图功能按钮 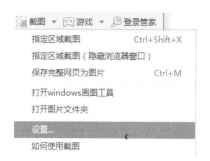 截图，单击按钮旁的黑色下拉箭头，可以弹出截图功能菜单，见图 6-55。

图 6-55　设置 360 安全浏览器截图功能

通过截图功能菜单可以看到 360 安全浏览器中截图的快捷键以及截图使用帮助（每个 360 安全浏览器插件都有使用帮助）。屏幕截图是一个非常实用的功能，最好能熟练掌握，并且当把浏览器界面缩小后，通过其截图功能还可以获取其他软件的界面图像，见图 6-56。

图 6-56　截图插件的截图效果

在截图界面上可以看到当前图片的大小、框选区域（可以任意缩放、移动），并且可以进行二次编辑后再保存。

2）翻译工具

当用户浏览网站时，有时需要把中文网站翻译成英文网站，或者把英文网站翻译成中文网站，这时就可以使用翻译插件。通过添加翻译插件后，就可以使用这项功能了。直接单击工具栏上的翻译按钮 翻译，弹出"翻译文字"对话框，见图 6-57。

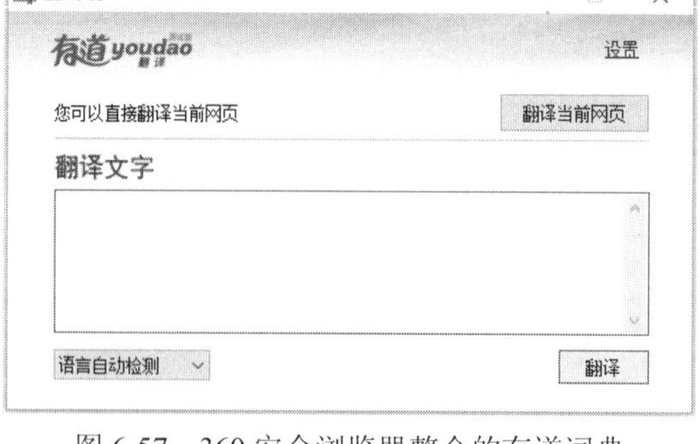

图 6-57　360 安全浏览器整合的有道词典

更厉害的是翻译插件可以将整个网页翻译。单击翻译插件边的黑色下拉箭头，选择"翻译网页"，即可将正在浏览的页面进行整体翻译，见图 6-58。

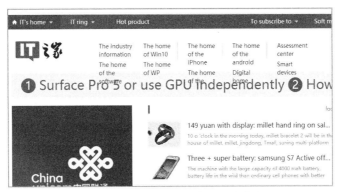

图 6-58 网页整体翻译（中文译为英文）

网页翻译功能，能够实现常见外语和中文的互译，这个功能对于外语"菜鸟"们简直就是福音了，浏览外文网站再也不是两眼一抹黑。

3）网络收藏夹

360 安全浏览器 3.1 以上版本自带了网络账户功能，可以将本地收藏夹保存到云端网络服务器上，实现网络收藏。用户只要记得账号信息就可以在任意一台安装有 360 安全浏览器的计算机或者移动终端上使用，真正实现各种设备间收藏夹信息共享，同时还可以防止因计算机故障、重装系统造成收藏信息丢失，而且有账号保护自己的隐私收藏，不用担心别人使用自己计算机的时候看到自己的收藏。

在登录状态下，浏览器自动切换到网络收藏夹，所有添加、修改、删除操作将会自动同步，如果在未登录状态下修改了本地收藏夹，也可以通过"合并收藏夹到账户"命令进行合并。

①注册网络账户

网络账户必须先注册才能使用。操作步骤如下：

单击浏览器左上角的浏览器图标 ，就会弹出账号信息对话框，见图 6-59。

单击"个人中心"，弹出账号登录对话框，见图 6-60。

图 6-59 360 安全浏览器用户个人中心　　　　图 6-60 360 安全浏览器登录个人账户

单击"免费注册",填写简单信息即可完成 360 账号注册,见图 6-61,该账号在所有 360 产品和网站上均通用。

注册成功后就可以登录账号,登录后的所有收藏行为都会自动保存在 360 公司云主机上。登录成功后 360 会进一步提示用户完善个人信息,确保账号安全。如果设置个人头像,则 360 安全浏览器左上角图标也相应改变,并且该账号是可以针对所有 360 服务的,对于各类软件和硬件的服务,该账号都通用。

注意:谷歌浏览器也有类似功能,但是国内用户目前无法打开谷歌服务器进行注册与登录。

②同步收藏夹

如果在登录账号前已经进行了收藏,可以单击"收藏夹"菜单,见图 6-62。选择"导入登录前的收藏夹"菜单项即可将存放在本地的收藏信息保存到网络收藏夹中。

图 6-61　360 账号注册　　　　　　图 6-62　将本地收藏夹同步到服务器

【任务分析】

根据任务说明可知,小明是一个计算机使用新手,这种情况下访问 Internet 网站必然有较大安全风险,尽管有很多浏览器可以选择,甚至很多浏览器市场排名非常高,但是这里还是建议安装 360 安全浏览器来访问 Internet 网站。

其他浏览器具有的功能 360 安全浏览器都具有,并且性能不弱,而且 360 安全浏览器具有很高的安全性,可以减少很多访问风险。

【任务实施】

(1)使用系统自带的 IE 8.0 访问 Internet 上 360 官方网站,下载 360 安全浏览器。

(2)安装 360 安全浏览器。

(3)使用 360 安全浏览器访问需要的网站。

如果需要的网站没有在 360 安全浏览器默认的导航主页上出现,可以直接在地址栏输入相应网站网址,然后按回车键即可进行访问,并且如果当前访问的网站将来还会频繁访问,则可以单击"收藏"菜单,将该网站添加到收藏夹中。

如果要访问的网站已经收藏了,可以直接单击"收藏"菜单,在上面找到收藏的网址,单击收藏名称即可访问。

【任务小结】

通过本任务我们主要学习了：

（1）浏览器的概念及其产生发展历程。

（2）IE 浏览器的使用。

（3）360 安全浏览器的使用。

任务 6.3　收发电子邮件

【任务说明】

小明听说电子邮件非常方便，想通过电子邮件和同学进行联系，他该怎么做呢？

【预备知识】

6.3.1　电子邮件概述

1．认识电子邮件

电子邮件（E-mail）是 Internet 提供的一项最基本的服务，也是用户使用最广泛的 Internet 工具之一。电子邮件是一种利用计算机网络进行信息传递的现代化通信手段，其快速、高效、方便、价廉等特点使得人们越来越热衷于这项服务。

电子邮件通常会在几秒到几分钟内到达目的地，甚至是地球另一端的目的地，它比纸张邮件更快、更容易传输。通过网络的电子邮件系统，用户可以用非常低廉的价格（不管发送到哪里，都只需负担电话费和网费），以非常快速的方式（几秒之内就可以发送到世界上任何指定的目的地），与世界上任何一个角落的网络用户联络，这些电子邮件可以是文字、图像、声音等各种方式。同时，用户可以得到大量免费的新闻、专题邮件，并实现轻松的信息搜索。这是任何传统的方式都无法相比的。正是由于电子邮件使用简易、投递迅速、收费低廉、易于保存、全球畅通无阻，电子邮件被广泛地应用，它使人们的交流方式得到了极大的改变。

2．电子邮件发展简史

据资料记载，早在公元前 6 世纪，波斯国王居鲁士大帝首次建立了为官方服务的邮政系统。2500 年后，基本的邮政系统才走进普通百姓间。第一个电子邮件大约是在 1971 年秋季出现的，由当时马萨诸塞州剑桥市的博尔特·贝拉尼克·纽曼研究公司（BBN）的重要工程师雷·汤姆林森（Ray Tomlinson）发明。当时，这家企业受聘于美国军方，参与 ARPANET（互联网的前身）的建设和维护工作。汤姆林森对已有的传输文件程序以及信息程序进行研究，研制出一套新程序，它可通过计算机网络发送和接收信息，而且为了让人们都拥有易识别的电子邮箱地址，汤姆林森决定采用@符号，符号前面加用户名，后面加用户邮箱所在的地址，第一个电子邮件由此而生了。

第一个电子邮件系统仅仅由文件传输协议组成。按照惯例，每个消息文件的第一行是接收者的地址。随着时间的推移，这种办法的限制变得越来越明显。其中一些缺点表现如下：

（1）发送消息给一群人很不方便。

（2）发送者不知道消息是否到达。

（3）用户界面与传输系统的集成很糟糕。使用者要在完成消息文件的编辑后，退出编辑器，然后启动文件传输程序进行发送。

（4）不能创建和发送包括图像、声音的消息文件。

随着经验的积累，更为完善的电子邮件系统被推出。由一群计算机系的研究生创造的电子邮件系统（RFC 822）击败了由全球的电信部门以及许多国家政府和计算机工业的主要部门所强烈支持的正式国际标准（X.400），原因是前者简单实用，后者过于复杂以至于没有人能驾驭它。

电子邮件可以说是计算机网络中历史较为悠远的信息服务之一，在它出现后的 40 多年间，电子邮件已成为使用最为广泛的基本信息服务，每天全世界有几千万人次在发送电子邮件，早期绝大多数 Internet 的用户对国际互联网的认识都是从收发电子邮件开始的。

3．电子邮件的特点

电子邮件和普通邮件相比有很多优点。

（1）方便快捷

E-mail 非常方便，尤其是足不出户就可以和远在万里之外的其他人通信，而且用户的信箱和普通信箱不同，是存在于 Internet 上的电子信箱，所以不管用户在什么地方，无论是家里还是办公室，或者出差在外，只要能连上 Internet，就能随时阅读和发送邮件。另外，充分利用 E-mail 的功能，还能把同一封信同时发给好几个不同的朋友。E-mail 比普通的邮政信件快得多，甚至比传真还要快。在网络通畅的情况下，一封几千字的 E-mail 只要几秒就能到达收信人的电子信箱，不论收信人的信箱是在国内还是在国外。

（2）便宜

对拨号上网的用户，为了尽量节省上网费用，通常应该在没有联网的时候把信写好。由于收发 E-mail 所占用的时间很短，所以相对费用就很便宜。一般收发一次 E-mail 的成本不会超过 5 分钱，无论是接收世界上哪个地方发来的 E-mail。而发一封传统的信件，即使是国内信件，也要 1.2 元钱，是 E-mail 的 24 倍；发一封国际信件需要 12 元左右，相当于一封 E-mail 的 240 倍。如果电子邮件每次进行批量发送，成本还会大幅度降低。而对于使用公司网络的用户或者自己包月上网的用户来说成本为零。

（3）信息多样

发送普通信件时，信息的量和种类十分有限。E-mail 则不同，它能把可以用数字表示的所有信息以附件的方式发给收信人，可以是文字、视频图像，也可以是声音甚至动画等形式的多媒体文件。

（4）一信多发

这是传统通信方式所不具备的功能。可以在 Internet 中将一封 E-mail 同时发给几个、几十个甚至成百上千的人。一般来说，用户在 ISP 处注册之后，就会得到 E-mail 地址。

4．电子邮件的工作原理

电子邮件的工作机制是模拟传统的邮政系统，使用"存储－转发"的方式将用户的邮件从用户的电子邮件信箱转发到目的地主机的电子邮件信箱。因特网上有很多处理电子邮件的计算机，它们就像是一个个邮局，为用户传递电子邮件。从用户的计算机发出的邮件要经过多个这样的"邮局"中转，才能到达最终的目的地。这些因特网的"邮局"称作电子邮件服务器。

　　电子邮件系统是基于客户机/服务器结构（C/S 模式）的，发送方将写好的邮件发送给邮件服务器，发送方的邮件服务器接收用户送来的邮件，并根据收件人的地址发送到对方的邮件服务器中，接收方的邮件服务器接收其他邮件服务器发来的邮件，并根据收件人地址将邮件分发到相应的电子邮箱中，接收方可以在任何时间和地点从自己的邮箱中读取邮件，并对它们进行处理。

　　电子邮件服务器通常有两种类型：发送邮件服务器（SMTP 服务器）和接收邮件服务器（POP3 或 IMAP 服务器），如图 6-63 所示。发送邮件服务器的作用是将用户编写的电子邮件转交到收件人手中。接收邮件服务器用于保存其他人发送给用户的电子邮件，以便用户从接收邮件服务器上将邮件取到本地机上阅读。通常，同一台电子邮件服务器既可完成发送邮件的任务，又能让用户从它那里接收邮件，这时发送邮件服务器和接收邮件服务器是相同的。但从根本上看，这两个服务器没有什么对应关系，可以在使用中设置成不同的，其设置原则采用"就近原则"。

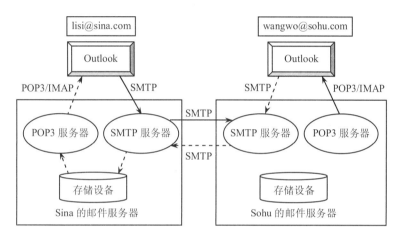

图 6-63　电子邮件收发过程

　　发送邮件服务器和接收邮件服务器是通过相关协议来进行工作的。也就是说，在用户写完一封电子邮件的信息并指定了接收方后，电子邮件软件将该信息的副本发送给每个接收方。在大多数系统中，需要两部分独立的软件。用户在写信息或读接收到的信息时与电子邮件接口程序进行交互。下层的电子邮件系统包括一个邮件传送（Mail Transfer）程序，它处理将信息发送给一台远程计算机的细节。当用户写好要发送的信息时，电子邮件接口将该信息置于一个队列中由邮件传送程序处理。

　　邮件传送程序等待信息放入队列，然后向每个接收方发送该消息的副本。向本地计算机上的接收方发送信息是简单的，因为传送程序只要向用户邮箱中添加信息就可以了；向远程用户发送信息相对复杂一些，邮件传送程序作为一个客户与远程机器上的服务器通信。

　　电子邮件和普通信件的不同在于它传送的不是具体的实物而是电子信号，因此它不仅可以传送文字、图形，甚至连动画或程序都可以寄送。电子邮件当然也可以传送订单或书信。由于不需要印刷费及邮费，所以大大节省了成本。通过电子邮件，如同杂志般厚厚的贴有许多照片的样本都可以简单地传送出去。同时，用户在世界上只要可以上网的地方，都可以收到别人寄来的邮件，而不像平常的邮件，必须回到收信的地址才能拿到信件。Internet 为用户提供完善的电子邮件传递与管理服务。电子邮件系统的使用非常方便。

5．电子邮件的地址格式

使用电子邮件的首要条件是要拥有一个电子邮箱，它是由提供电子邮件服务的机构为用户建立的。绝大多数用户通常会通过在某个知名网站上申请来获取免费邮箱服务的方式拥有一个自己的电子邮箱。实际上，电子邮箱就是指因特网上某台计算机为用户分配的专用于存放往来信件的磁盘存储区域，但这个区域是由电子邮件系统负责管理和存取。每个拥有电子邮箱的人都会有一个电子邮件地址，下面认识一下电子邮件地址的构成。

由于 E-mail 是直接寻址到用户的，而不是仅仅到计算机，所以个人的名字或有关说明也要编入 E-mail 地址中。

电子邮件地址的典型格式为：用户名@主机名（邮件服务器域名）。

这里@之前是用户自己选择的代表用户的字符组合或代码，@之后是为用户提供电子邮件服务的服务商名称，例如 chenzhengjun@cqdd.cq.cn。

E-mail 地址是以"域"为基础的地址，例如，chenzhengjun@cqdd.cq.cn 就是用户"chenzhengjun"（用户名可以包括字母、数字和特殊字符，但不允许有空格）的电子邮件地址，它由用户名"chenzhengjun"和邮件服务器域名"cqdd.cq.cn"组成。

6.3.2　电子邮件相关协议

电子邮件在发送和接收的过程中需要遵循一些基本协议和标准，其中最重要的是 SMTP、POP3 和 MIME。

1．SMTP

SMTP（Simple Mail Transfer Protocol）又称为简单邮件传输协议，是 Internet 上基于 TCP/IP 的应用层协议。该协议是负责邮件发送的，SMTP 服务器就是邮件发送服务器。

当邮件传送程序与远程服务器通信时，它构造了一个 TCP 连接并在此上进行通信。一旦连接存在，双方遵循简单邮件传输协议，它允许发送方说明自己，指定接收方，以及传送电子邮件信息。

2．POP3

POP（Post Office Protocol）又称邮局协议，是整个邮件系统中的基本协议之一，该协议是负责接收邮件的，POP3 服务器就是邮件接收服务器。

POP3 协议即第 3 号邮局协议（POP）标准的最新版本。邮局协议规定一台连接因特网的计算机如何能起到邮局代理的作用。消息到达用户的电子邮箱，这种邮箱装在服务提供商的计算机内。从这一中心存储点，可以从不同的计算机——办公室内联网工作站以及家庭 PC 上存取用户的邮件。无论是哪种情况，与 POP 兼容的电子邮件程序建立与 POP 服务器的连接，并检测是否有新的邮件。用户可以下载邮件到工作站计算机上，并根据需要进行答复、打印或存储等处理。

3．MIME 编码标准

MIME 是一种编码标准，它解决了 SMTP 只能传送 ASCII 文本的限制，MIME 定义了各种类型数据，如声音、图像、表格、二进制数据等编码格式。通过对这些类型的数据进行编码并将它们作为邮件中的附件进行处理，可以保证这部分内容完整、正确地传输。

【任务分析】

这里我们已经掌握了电子邮件的知识，根据任务说明小明应该首先去申请一个免费电子邮箱。根据国内当前各大企业提供的免费邮箱情况来看，腾讯提供的电子邮件服务器最方便。因为当用户申请一个 QQ 号的时候，也就自动获得了一个 QQ 邮箱。邮箱的用户名就是 QQ 号码，邮箱的域名是 "qq.com"。

QQ 已经整合了电子邮件的收发功能，而且还很方便，所有的 QQ 好友都相当于邮箱通讯录了。所以收发邮件可以通过 QQ 打开，也可以直接访问 QQ 邮箱首页（https://mail.qq.com/）

【任务实施】

（1）打开腾讯 "QQ 邮箱" 首页（https://mail.qq.com/），单击页面上 "注册新账号" 超链接，申请一个 QQ 号码。需要注意的是腾讯提供了两种类型的 QQ 账号，一种是数字，一种是邮件地址。前者目前正变得越来越长，很难记忆；而后者则需要避开已经被注册的邮箱账号，注册时麻烦，以后使用方便。总的来说，还是建议按邮箱类型注册，见图 6-64。

注册账号

邮箱账号		@qq.com ▾
昵称		
密码		
确认密码		

请创建邮箱名，由3-18个英文、数字、点、减号、下划线组成

图 6-64　注册 QQ 邮箱

（2）完成注册后，返回 "QQ 邮箱" 首页，使用刚注册的账号和口令进行登录（这里假定注册账号是邮箱类型—— "luckczj@qq.com"），见图 6-65。从图中可以看到邮箱总体情况，包括有多少封未读的普通邮件、群邮件等信息。

图 6-65　登录 QQ 邮箱

（3）查看邮件很简单，单击"收件箱"即可看到所有邮件，见图 6-66。

图 6-66　查看 QQ 邮箱的收件箱

无论单击邮件的"收件人"还是"主题"部分，都可以打开邮件进行查看，见图 6-67。

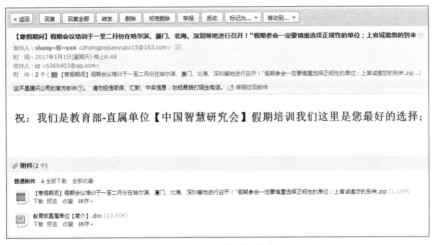

图 6-67　查看邮件内容

（4）发送邮件。

单击左侧"写信"，打开编辑新邮件窗口，见图 6-68。

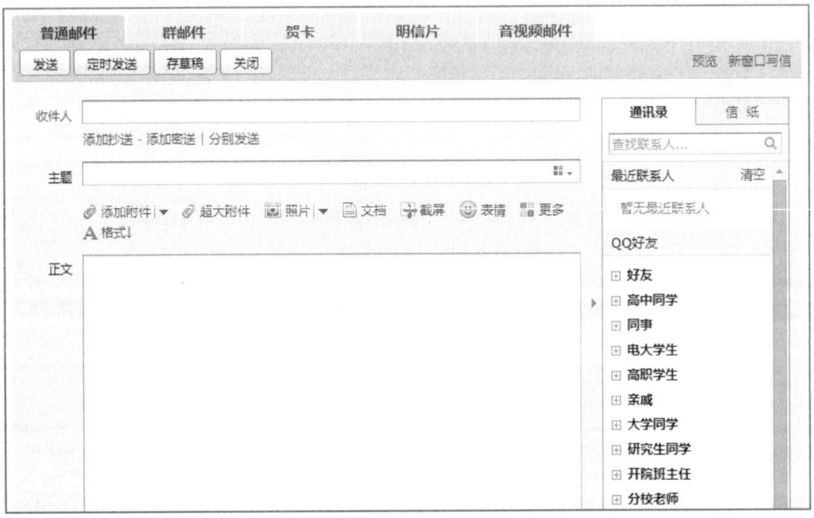

图 6-68　撰写邮件

①如果收件人是 QQ 好友，或者已经添加到通讯录中，可以直接在右侧联系人框中单击账号昵称或者 QQ 号码，即可将收件人添加上去，见图 6-69。

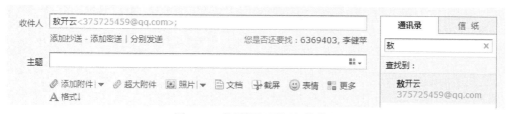

图 6-69　使用通讯录添加收件人

如果要一次性给多个人发送邮件，则可以反复查找，逐个添加上去。对于没有存在于通讯录的邮件地址，可以直接在收件人文本框中录入（如果是多个人，账号间用分号间隔）。

添加邮件主题（收件人收到邮件后直接看到的标题）和正文。

②QQ 邮件发送可以有多种方式。单击"发送"按钮，则邮件会被立即发送出去；如果单击"定时发送"则会弹出发送时间设定对话框，见图 6-70。

图 6-70　邮件定时发送设置

设置好发送时间后，单击"发送"按钮，则 QQ 邮件服务器会在设定时间到来时才把邮件发送出去。

无论哪一种发送方式，发送邮件时默认是"抄送"模式，即收件人会看到所有其他收件人。在抄送模式下，如果希望个别用户不看到邮件是群发的，可以单击"添加密送"，这样用户就以为邮件只发给了他（她）一个人。如果希望全体收件人都不能互相看见，则可以选择"分别发送"模式。

③添加附件。普通邮件内容默认是普通文本，如果有其他非文本的内容，可以使用附件来进行发送（如果附件特别大，可以选择超大附件）。对方收到邮件后，可以将附件下载后再使用。

【任务小结】

本任务中我们学习了：

（1）电子邮件的基础知识。

（2）电子邮件的相关协议。

（3）如何申请免费邮箱并发送邮件。

任务 6.4 保护计算机安全

【任务说明】

小明为了使用计算机方便，计算机没有设置口令。计算机接入 Internet 一些时间后，发现计算机工作不正常，启动慢，运行其他程序时经常报错。朋友告诉他计算机可能中病毒了，他该怎么办？

【预备知识】

6.4.1 信息安全概述

信息作为一种资源，它的普遍性、共享性、增值性、可处理性和多效用性，使其对于人类具有特别重要的意义。信息安全是任何国家、政府、部门、行业都必须十分重视的问题，是一个不容忽视的国家安全战略。但是，对于不同的部门和行业来说，其对信息安全的要求和重点却是有区别的。

1. 什么是信息安全

什么是计算机网络信息安全呢？单纯地从技术角度看，计算机网络信息安全就是指保护计算机网络信息系统中的硬件、软件及其数据不受偶然或者恶意原因而遭到破坏、更改、泄露，保障系统连续可靠地正常运行，使网络服务不中断。

信息安全要实现的六大目标：

可用性：指无论何时何地，只要用户需要，信息系统必须是可用的，也就是说信息系统不能拒绝服务。

可靠性：指系统在规定条件下和规定时间内，完成规定功能的概率。可靠性是网络安全最基本的要求之一，网络不可靠，事故不断，也就谈不上网络的安全。

完整性：就是指信息不被偶然或蓄意地删除、修改、伪造、乱序、重放、插入等的特性，即信息的内容不能为未授权的第三方修改。

可控性：就是指可以控制授权范围内的信息流向及行为方式，对信息的传播及内容具有可控制能力。

保密性：指确保信息不暴露给未授权的用户，即信息的内容不会被未授权的第三方所知。防止信息失窃和泄露的保障技术称为保密技术。

不可抵赖性：也称作不可否认性，是指用户不能抵赖自己曾做出的行为，也不能否认曾经接到对方的信息，确保通信双方信息真实同一的安全要求，它包括收、发双方均不可抵赖。

一个完整的计算机网格信息系统包括计算机、网络、信息三大部分，所以，从计算机网格信息系统组成上看，计算机网格信息安全包括物理安全、运行安全、信息安全三个方面。

2. 信息安全影响因素

信息安全与技术的关系可以追溯到远古。埃及人在石碑上镌刻了令人费解的象形文字，斯巴达人使用一种称为密码棒的工具传达军事计划，罗马时代的凯撒大帝是加密函的古代将领之一。"凯撒密码"据传是古罗马凯撒大帝用来保护重要军情的加密系统，它是一种替代密码，通过将字母按顺序推后三位起到加密作用，如将字母 A 换作字母 D，将字母 B 换作字母 E。

英国计算机科学之父阿兰·图灵在英国布莱切利庄园破解了德国海军的 Enigma 密电码，改变了二次世界大战的进程。

美国 NIST 将信息安全控制分为三类。

（1）技术，包括产品和过程，例如防火墙、防病毒软件、侵入检测、加密技术。

（2）操作，包括应用加强机制和方法，如纠正运行缺陷、控制物理进入、加强备份能力、免于环境威胁等。

（3）管理，包括使用政策、员工培训、业务规划和基于信息安全的非技术领域管控等。信息安全涉及政策法规、教育、管理标准、技术等方面，任何单一层次的安全措施都不能提供全方位的安全，安全问题应从系统工程的角度来考虑。

3. 信息安全的主要威胁

（1）泄密

泄密是指计算机网络信息系统中的信息，特别是敏感信息被非授权用户通过侦收、截获、窃取或分析破译等方法恶意获得，造成信息泄露的事件。造成泄密以后，计算机网络信息系统一般会继续正常工作，所以泄密事故往往不易被察觉，但是泄密所造成的危害却是致命的，其危害时间往往会持续很长。

泄密主要有六条途径：一是电磁辐射泄露；二是传输过程中泄密；三是破译分析；四是内部人员泄密；五是非法冒充；六是信息存储泄露。

（2）数据破坏

数据破坏是指计算机网络信息系统中的数据由于偶然事故被人为破坏，如恶意修改、添加、伪造、删除或丢失。信息破坏主要存在六个方面：一是硬件设备的破坏；二是程序方式的破坏；三是通信干扰；四是返回渗透；五是非法冒充；六是内部人员造成的信息破坏。

（3）计算机病毒

计算机病毒是指恶意编写的破坏计算机功能或者破坏计算机数据，影响计算机使用并且能够自我复制的一组计算机程序代码。计算机病毒具有寄生性、繁殖性、潜伏性、隐蔽性、破坏性和可触发性等特性。

（4）网络入侵

网络入侵是指计算机网络被黑客或者其他对计算机网络信息系统进行非授权访问的人员，采用各种非法手段侵入的行为。他们往往会对计算机网格信息系统进行攻击，并对系统中的信息进行窃取、篡改、删除，甚至使系统部分或者全部崩溃。

（5）后门

后门是指在计算机网络信息系统中人为地设定一些"陷阱"，从而绕过信息安全监督而获得对程序或系统访问的权限，以达到干扰和破坏计算机网格信息系统正常运行的目的。后门一般可以分为硬件后门和软件后门两种。硬件后门主要是指蓄意更改集成电路芯片的内部设计和使用规程；软件后门主要是指程序员忘删除掉的测试代码或蓄意留在软件内部的特定源代码。

4. 信息安全的主要防御策略

尽管计算机网络信息安全受到威胁，但是采取恰当的防护措施也能有效地保护网络信息的安全。信息安全策略是为了保障规定级别以下的系统安全而制定和必须遵守的一系列准则和规定，它考虑到入侵者可能发起的任何攻击，是使系统免遭入侵和破坏而必然采取的措施。实施信息安全不但要靠先进的技术，也得靠严格的安全管理、法律约束和安全教育。

（1）物理安全策略

（2）运行管理策略

（3）信息安全策略

（4）计算机病毒与恶意代码防护策略

（5）身份鉴别和访问控制策略

（6）安全审计策略

5．信息安全的标准

信息安全的标准是解决有关信息安全的产品和系统在设计、研发、生产、建设、使用、检测认证中的一致性、可靠性、可控性、先进性和符合性问题的技术规范和技术依据。因此，世界各国越来越重视信息安全产品认证标准的制订及修订工作。

CC 标准（Common Criteria for Information Technology Security Evaluation）是信息技术安全性评估标准，用来评估信息系统和信息产品的安全性。CC 标准源于世界多个国家的信息安全准则规范，包括欧洲 ITSEC、美国 TCSEC（桔皮书）、加拿大 CTCPEC 以及美国的联邦准则（Federal Criteria）等，由 6 个国家共同提出制定。国际上，很多国家根据 CC 标准实施信息技术产品的安全性评估与认证。1999 年 CC V2.1 被转化为国际标准 ISO/IEC 15408－1999《Information technology-Security techniques-Evaluation criteria for IT security》，目前，最新版本 ISO/IEC 15408－2009 采用了 CC V3.1。

为了加强信息安全标准化工作的组织协调力度，我国国家标准化管理委员会批准成立了全国信息安全标准化技术委员会，简称"信安标委会"，编号为 TC260。在信安标委会的协调与管理下，我国已经制修订了几十个信息安全标准，为信息安全产品检测认证提供了技术基础。

2001 年，我国将 ISO/IEC 15408－1999 转化为国家推荐性标准 GB/T 18336－2001（CC V2.1）。目前，国内最新版本 GB/T 18336－2015 采用了 ISO/IEC 15408－2008。

6.4.2 恶意程序及防范技术

恶意程序通常是指带有攻击意图而编写的一段程序。这些威胁可以分成两个类别：需要宿主程序的威胁和彼此独立的威胁。前者基本上是不能独立于某个实际的应用程序、实用程序或系统程序的程序片段；后者是可以被操作系统调度和运行的自包含程序。也可以将这些软件威胁分成不进行复制工作和进行复制工作的两类。简单说，前者是一些当宿主程序调用时被激活起来完成一个特定功能的程序片段；后者由程序片段（病毒）或者独立程序（蠕虫、细菌）组成，在执行时可以在同一个系统或某个其他系统中产生自身的一个或多个以后被激活的副本。

1．恶意程序常见类型

恶意程序主要包括：陷门、逻辑炸弹、特洛伊木马、蠕虫、细菌、病毒等。

（1）陷门

计算机操作的陷门设置是指进入程序的秘密入口，它使得知道陷门的人可以不经过通常的安全检查访问过程而获得访问。程序员为了进行调试和测试程序，已经合法地使用了很多年的陷门技术。当陷门被无所顾忌的程序员用来进行非授权访问时，陷门就变成了威胁。对陷门进行操作系统的控制是困难的，必须将安全测量集中在程序开发和软件更新的行为上才能更好地避免这类攻击。

（2）逻辑炸弹

在病毒和蠕虫之前最古老的程序威胁之一是逻辑炸弹。逻辑炸弹是嵌入在某个合法程序里面的一段代码，被设置成当满足特定条件时就会发作，也可理解为"爆炸"，它具有计算机病毒明显的潜伏性。一旦触发，逻辑炸弹可能改变或删除数据或文件，引起机器关机或完成某种特定的破坏工作。

（3）特洛伊木马

特洛伊木马是一个有用的，或表面上有用的程序或命令过程，包含了一段隐藏的、激活时进行某种不想要的或者有害的功能的代码。它的危害性是可以用来非直接地完成一些非授权用户不能直接完成的功能。特洛伊木马的另一动机是数据破坏，程序看起来是在完成有用的功能（如计算器程序），但它也可能悄悄地在删除用户文件，甚至破坏数据文件，这是一种非常常见的病毒攻击。

（4）蠕虫

网络蠕虫程序是一种使用网络连接从一个系统传播到另一个系统的感染病毒程序。一旦这种程序在系统中被激活，网络蠕虫可以表现得像计算机病毒或细菌，或者可以注入特洛伊木马程序，或者进行任何次数的破坏或毁灭行动。为了演化复制功能，网络蠕虫传播主要靠网络载体实现，如①电子邮件机制：蠕虫将自己的复制品邮发到另一系统。②远程执行的能力：蠕虫执行自身在另一系统中的副本。③远程注册的能力：蠕虫作为一个用户注册到另一个远程系统中去，然后使用命令将自己从一个系统复制到另一系统。网络蠕虫程序靠新的复制品作用在远程系统中运行，除了在那个系统中执行非法功能外，它继续以同样的方式进行恶意传播和扩散。

网络蠕虫表现出与计算机病毒同样的特征：潜伏、繁殖、触发和执行。和病毒一样，网络蠕虫也很难对付，但如果很好地设计并实现了网络安全和单机系统安全的管理，就可以最小化限制蠕虫的威胁。

（5）细菌

计算机中的细菌是一些并不明显破坏文件的程序，它们的唯一目的就是繁殖自己。一个典型的细菌程序可能什么也不做，除了在多个程序系统中同时执行自己的两个副本，或者可能创建两个新的文件外。每一个细菌都在重复地复制自己，并以指数级地复制，最终耗尽所有的系统资源（如 CPU、RAM、硬盘等），从而拒绝用户访问可用的系统资源。

（6）病毒

病毒是一种攻击性程序，采用把自己的副本嵌入到其他文件中的方式来感染计算机系统。当被感染文件加载进内存时，这些副本就会执行去感染其他文件，如此不断进行下去。病毒常都具有破坏性作用，有些是故意的，有些则不是。通常生物病毒是指基因代码的微小碎片，如 DNA 或 RNA，它可以借用活的细胞组织制造几千个无缺点的原始病毒的复制品。计算机病毒就像生物上的对应物一样，它是带着执行代码、感染实体，寄宿在一台宿主计算机上。典型的病毒获得计算机磁盘操作系统的临时控制后，每当受感染的计算机接触一个没被感染的软件时，病毒就将新的副本传到该程序中。因此，通过正常用户间的交换磁盘以及向网络上的另一用户发送程序的行为，病毒就有可能从一台计算机传到另一台计算机。在网络环境中，访问其他计算机上的应用程序和系统服务的能力为病毒的传播提供了基础。

比如 CIH 病毒，它是迄今为止发现的最阴险的病毒之一。它发作时不仅破坏硬盘的引导区和分区表，而且破坏计算机系统 Flash BIOS 芯片中的系统程序，导致主板损坏。CIH 病毒是发现的首例直接破坏计算机系统硬件的病毒。

再比如电子邮件病毒，很多人使用互联网是为了收发电子邮件。"爱虫"发作时，全世界有数不清的人惶恐地发现，自己存放在计算机上的所有文件都被删得干干净净。

2. 恶意程序防范技术

由于恶意程序的多样性，普通用户要进行防范与应对变得非常困难，因此应对这些问题的安全公司应运而生，它们推出的各种安全管理工具提供了大量自动化、智能化的安全解决方案，极大地保障了我们的计算机信息安全。

世界范围内享有盛誉的安全防范工具很多，并且都具有自己特色的功能。这里以国内最为普及的个人安全防范工具——360 安全卫士为例。360 安全卫士是 360 公司推出的一款免费的个人安全工具套装，套装除了 360 安全卫士程序外，还包括 360 杀毒软件、360 安全浏览器等工具，为个人计算机安全防范提供了完整解决方案。

（1）360 安全卫士

360 安全卫士是套装的主题部分，通过它可以完成其他工具的安装，其界面如图 6-71 所示。

图 6-71　360 安全卫士界面

360 安全卫士主要包括了"电脑体检""木马查杀""电脑清理""系统修复""软件管家"等实用功能。电脑体检主要进行故障检测、垃圾检测、安全检测三大类检测，然后根据各类检测下子项检查结果进行评分并给出修复方案；木马查杀主要针对木马病毒进行查杀；电脑清理主要清理系统运行后产生的临时文件或者一些无用的注册表信息；系统修复主要给操作系统打补丁，堵上系统的一些设计缺陷；软件管家则是为系统提供安全的软件下载、安装和卸载工具，非常方便普通用户使用，规避了网站下载软件的一些陷阱。除了用户主动使用这些功能外，360 安全卫士也动态监督系统的使用，发现安全威胁会主动进行拦截和提示。

360 安全卫士提供账号功能，注册账号并成功登录后，每天的主动安全行为可以为用户积累积分。积分可表示等级，用户甚至可以用积分在 360 商城中购物。账号可以在所有 360 产品中使用。

（2）360 杀毒软件

360 杀毒软件是国内最早推出的专业级免费杀毒软件，这个福利直接导致了安全行业的大洗牌，使得国内其他个人杀毒软件产品都只能免费提供给用户使用。360 杀毒软件杀毒功能强大，而且支持多引擎杀毒，扫描速度也很快，这在大硬盘普及的今天尤为重要。360 杀毒软件界面如图 6-72 所示。

图 6-72　360 杀毒软件界面

（3）360 安全浏览器

360 安全浏览器（360 Security Browser）是 360 安全中心推出的一款基于 IE 和 Chrome 双内核的浏览器，是世界之窗浏览器的开发者凤凰工作室和 360 安全中心合作的产品。它和 360 安全卫士、360 杀毒软件等产品一同成为 360 安全中心的系列产品。360 安全浏览器拥有全国最大的恶意网址库，采用恶意网址拦截技术，可自动拦截挂马、网银仿冒等恶意网址，独创沙箱技术，在隔离模式即使访问木马也不会感染。

360 安全浏览器除了 PC 版本外，也推出了手机版本（安卓、iOS），注册登录的用户其收藏夹会变成网络收藏夹，即无论在哪里登录，无论在什么平台登录都可以共享相同的收藏夹。

此外，360 安全浏览器还提供了很多特色功能，诸如网址大全、多语言词典、屏幕截图、下载加速等。

【任务分析】

根据任务说明，建议小明改善账号的安全性，除了设置登录口令外，还应该定期修改口令，另外安装安全管理工具，并定期进行安全维护。

【任务实施】

1. 修改操作系统账号的口令

建议设置 8 位以上的包括数字和字符的口令，并且每隔一个月修改一次口令。研究显示，如果用一台双核计算机破解密码：瞬间就能搞定 6 位数字密码，8 位需 348 分钟，10 位需 163 天；6 位大小写字母需 33 分钟，8 位大小写字母需 62 天；混合使用数字和大小写字母，6 位需一个半小时，8 位耗时 253 天；混合使用数字、大小写字母和标点，6 位耗时 22 小时，8 位需 23 年。

（1）单击"开始"菜单，单击"控制面板"，见图6-73。

（2）在打开的控制面板中找到"用户账户和家庭安全"，见图6-74。

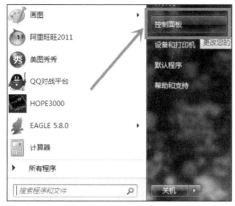

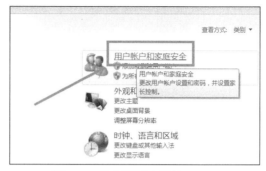

图6-73　"开始"菜单　　　　　　　　图6-74　控制面板账号管理入口

（3）单击"用户账户和家庭安全"，选择"用户账户"，见图6-75。

图6-75　用户账户入口

（4）进入"用户账户"窗口，根据用户账号的情况进行不同的选择。没有设置口令时选择"创建密码"，已经有了密码时选择"更改密码"，见图6-76。

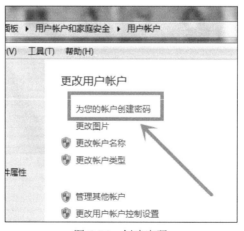

图6-76　创建密码

根据提示可以很容易地完成设置。

2. 安装 360 安全套装工具

至少确保 360 安全卫士和 360 杀毒软件是安装了的，并且每隔一段就主动检查一次，另外使用其他人的优盘或网络下载文件时，先检查后再使用。

（1）打开浏览器进入 360 官网（http://www.360.cn/），在"360 安全软件"栏目下下载 360 安全卫士、360 杀毒软件、360 安全浏览器，见图 6-77。

图 6-77　下载 360 安全套装工具

（2）安装三款软件。

（3）启动 360 安全卫士进行安全扫描，包括整体扫描、木马查杀、漏洞检查。

（4）启动 360 杀毒软件进行全盘扫描。

【任务小结】

本任务主要学习了：

（1）信息安全的相关概念和术语。

（2）恶意程序的类型和防范技术。

【项目练习】

一、单选题

1. 计算机网络按其覆盖的范围，可以划分为（　　　）。
   A. 以太网和移动通信网　　　　　B. 电路交换网和分组交换网
   C. 局域网、城域网和广域网　　　D. 星型、环型和总线型

2. 下列域名中，表示教育机构的是（　　）。
   A. ftp.bta.net.cn　　　　　　　B. ftp.cnc.ac.cn
   C. www.ioa.ac.cn　　　　　　　D. www.buaa.edu.cn

3. 统一资源定位符（URL）的格式是（　　）。
   A. 协议://IP 地址或域名/路径/文件名　B. 协议://路径/文件名
   C. TCP/IP　　　　　　　　　　　　D. HTTP

4. 下列各项中，非法的 IP 地址是（　　）。
   A. 126.96.2.6　　　　　　　　　B. 190.256.38.8
   C. 203.113.7.15　　　　　　　　D. 203.226.1.68

5．Internet 在中国被称为因特网或（　　　）。

　　A．网中网　　　　　　　　　　B．国际互联网

　　C．国际联网　　　　　　　　　　D．计算机网络系统

6．下列不属于网络拓扑结构形式的是（　　　）。

　　A．星型　　　　　　　　　　　　B．环型

　　C．总线型　　　　　　　　　　　D．分支型

7．因特网上的服务都是基于某一种协议的，Web 服务是基于（　　　）的。

　　A．SNMP　　　　　　　　　　　B．SMTP

　　C．HTTP　　　　　　　　　　　D．TELNET

8．电子邮件是 Internet 应用最广泛的服务之一，通常采用的传输协议是（　　　）。

　　A．SMTP　　　　　　　　　　　B．TCP/IP

　　C．CSMA/CD　　　　　　　　　　D．IPX/SPX

9．计算机网络的目标是实现（　　　）。

　　A．数据处理　　　　　　　　　　B．文献检索

　　C．资源共享和信息传输　　　　　D．信息传输

10．当个人计算机以拨号方式接入 Internet 时，必须使用的设备是（　　　）。

　　A．网卡　　　　　　　　　　　　B．调制解调器

　　C．电话机　　　　　　　　　　　D．浏览器软件

11．目前传输速率最高的传输介质是（　　　）。

　　A．双绞线　　　　　　　　　　　B．同轴电缆

　　C．光纤　　　　　　　　　　　　D．电话线

12．关于电子邮件，下列说法中错误的是（　　　）。

　　A．发送电子邮件需要 E-mail 软件支持

　　B．发件人必须有自己的 E-mail 账号

　　C．收件人必须有自己的邮政编码

　　D．必须知道收件人的 E-mail 地址

13．对于邮件中插入的"链接"，下列说法中正确的是（　　　）。

　　A．链接指将约定的设备用线路连通

　　B．链接将指定的文件与当前文件合并

　　C．单击链接就会转向链接指向的地方

　　D．链接为发送电子邮件做好准备

14．可传送信号的最高频率和最低频率之差称为（　　　）。

　　A．波特率　　　　　　　　　　　B．比特率

　　C．吞吐量　　　　　　　　　　　D．信道带宽

15．在计算机网络中，通常把提供并管理共享资源的计算机称为（　　　）。

　　A．服务器　　　　　　　　　　　B．工作站

　　C．网关　　　　　　　　　　　　D．网桥

16．计算机病毒可以使整个计算机瘫痪，危害极大。计算机病毒是（　　　）。

　　A．一种芯片　　　　　　　　　　B．一段特制的程序

　　C．一种生物病毒　　　　　　　　D．一条命令

17. 以下（　　）不是预防计算机病毒的措施。
  A. 建立备份
  B. 专机专用
  C. 不上网
  D. 定期检查

18. 以下关于病毒的描述中，不正确的说法是（　　）。
  A. 对于病毒，最好的方法是采取"预防为主"的方针
  B. 杀毒软件可以抵御或清除所有病毒
  C. 恶意传播计算机病毒可能是犯罪行为
  D. 计算机病毒都是人为制造的

19. 计算机病毒按照感染的方式可以进行分类，以下（　　）不是其中一类。
  A. 引导区型病毒
  B. 文件型病毒
  C. 混合型病毒
  D. 附件型病毒

20. 以下关于病毒的描述中，正确的说法是（　　）。
  A. 只要不上网，就不会感染病毒
  B. 只要安装最好的杀毒软件，就不会感染病毒
  C. 严禁在计算机上玩游戏也是预防病毒的一种手段
  D. 所有的病毒都会导致计算机越来越慢，甚至可能使系统崩溃

21. 目前使用的杀毒软件，能够（　　）。
  A. 检查计算机是否感染了某些病毒，如有感染，可以清除其中一些病毒
  B. 检查计算机是否感染了任何病毒，如有感染，可以清除其中一些病毒
  C. 检查计算机是否感染了病毒，如有感染，可以清除所有的病毒
  D. 防止任何病毒再对计算机进行侵害

22. 按链接方式分类，计算机病毒不包括（　　）。
  A. 源码型病毒
  B. 入侵型病毒
  C. 外壳型病毒
  D. Word 文档病毒

23. 消息认证的内容不包括（　　）。
  A. 证实消息发送者和接收者的真实性
  B. 消息内容是否受到偶然或有意的篡改
  C. 消息合法性认证
  D. 消息的序列和时间

24. 下面不正确的说法是（　　）。
  A. 打印机卡纸后，必须重新启动计算机
  B. 带电安装内存条可能导致计算机某些部件的损坏
  C. 灰尘可能导致计算机线路短路
  D. 可以利用电子邮件进行病毒传播

二、操作题

1. 打开 IE 浏览器，打开 D:\T 文件夹中的 WEB1.HTM 文件，将该网页中的全部文本以文件名 SFIE1.TXT 保存到 D:\T\TX1 文件夹中，并将该网页中的"褐马鸡"图片以默认类型，文件主名为 SFWEB1 保存到 D:\T\TX1 文件夹中。

2. 在地址栏中输入 http://pear.php.net/packages.php 并进入其页面，将该网页以文本文件的

格式保存到考生文件夹下，命名为 pear.txt。

3．请进入"中国教育和科研计算机网"网站，其网址为 www.edu.cn，将该网站设置为默认主页，并在收藏夹下新建文件夹"教育网站"，将网站收藏到该文件夹中。

4．启动电子邮件软件，如 Outlook Express。

收件人地址：jsjks@gxwgy.com.cn。

主题：稿件。

正文如下：

梁老师：

您好！本机的 IP 地址是　　　　　　　（注意：请考生在此输入本机的 IP 地址），网关地址是　　　　　　（注意：请考生在此输入本机的网关地址）。

此致

敬礼！

考生姓名

考生的准考证号

2017 年 12 月 27 日

附件：E03A.xls 文件作为电子邮件的附件。

将电子邮件以 mymail.eml 为文件名保存在 D:\T 中。